“十四五”国家重点出版物出版规划项目·重大出版工程

— 中国学科及前沿领域2035发展战略丛书

学术引领系列

国家科学思想库

中国人工智能基础研究2035发展战略

“中国学科及前沿领域发展战略研究（2021—2035）”项目组

科学出版社

北京

内 容 简 介

人工智能基础研究是人工智能持续发展的保证，是引领人工智能未来发展的必由之路。本书梳理了人工智能基础研究相关的主要学科领域及其在人工智能发展中的作用，论述了认知神经科学、认知心理学、统计学和数学各个分支（包括概率与随机分析、最优化、数理逻辑与自动推理、图论、博弈论、逼近论、几何与拓扑、统计物理学、科学计算）等学科领域在人工智能基础研究中的科学意义与战略价值、研究特点与发展规律、发展现状与发展态势，分析了当前人工智能的机理、数学建模、技术等面临的瓶颈，探讨了发展新的人工智能的理论方法，提出了未来人工智能基础研究的一些可能方向和方法以及面向 2035 年的发展思路与发展方向、政策建议等。

本书为相关领域战略与管理专家、科技工作者、企业研发人员及高校师生提供了研究指引，为科研管理部门提供了决策参考，也是社会公众了解人工智能基础研究领域发展现状及趋势的重要读本。

图书在版编目（CIP）数据

中国人工智能基础研究 2035 发展战略 / “中国学科及前沿领域发展战略研究（2021—2035）”项目组编. -- 北京：科学出版社，2025. 7. -- ISBN 978-7-03-081930-7

Ⅰ. TP18-12

中国国家版本馆CIP数据核字第20250FK056号

丛书策划：侯俊琳　朱萍萍

责任编辑：杨婵娟　姚培培 / 责任校对：韩　杨

责任印制：师艳茹 / 封面设计：有道文化

科学出版社 出版

北京东黄城根北街 16 号

邮政编码：100717

http://www.sciencep.com

北京中科印刷有限公司印刷

科学出版社发行　各地新华书店经销

*

2025年7月第　一　版　开本：720×1000　1/16

2026年1月第二次印刷　印张：25

字数：396 000

定价：228.00元

（如有印装质量问题，我社负责调换）

“中国学科及前沿领域发展战略研究（2021—2035）”

联合领导小组

组　长　吴朝晖　窦贤康

副组长　包信和　王希勤

成　员　高鸿钧　张　涛　裴　钢　朱日祥　郭　雷
杨　卫　王笃金　周德进　王　岩　姚玉鹏
倪培根　杨俊林　王璞玥　赖一楠　刘　克
刘作仪　洪　微　付雪峰

联合工作组

组　长　周德进　姚玉鹏

成　员　孙　粒　于　璇　王佳佳　马　强　王　勇
魏　秀　缪　航

《中国人工智能基础研究2035发展战略》

项　目　组

组　　长　袁亚湘

成　　员　鄂维南　戴彧虹　范更华　巩馥洲　郭田德
江　松　马志明　邵启满　谭铁牛　王小云
张平文　徐宗本　闫桂英　郑志明

编　写　组

主要成员　袁亚湘　郭田德　张　朋　朱莉琪　耿　直
邵启满　巩馥洲　文再文　高小山　闫桂英
陈旭瑾　鄂维南　明平兵　张志华　黄海平
王　闯

总　　序

党的二十大胜利召开，吹响了以中国式现代化全面推进中华民族伟大复兴的前进号角。习近平总书记强调“教育、科技、人才是全面建设社会主义现代化国家的基础性、战略性支撑”[①]，明确要求到2035年要建成教育强国、科技强国、人才强国。新时代新征程对科技界提出了更高的要求。当前，世界科学技术发展日新月异，不断开辟新的认知疆域，并成为带动经济社会发展的核心变量，新一轮科技革命和产业变革正处于蓄势跃迁、快速迭代的关键阶段。开展面向2035年的中国学科及前沿领域发展战略研究，紧扣国家战略需求，研判科技发展大势，擘画战略、锚定方向，找准学科发展路径与方向，找准科技创新的主攻方向和突破口，对于实现全面建成社会主义现代化“两步走”战略目标具有重要意义。

当前，应对全球性重大挑战和转变科学研究范式是当代科学的时代特征之一。为此，各国政府不断调整和完善科技创新战略与政策，强化战略科技力量部署，支持科技前沿态势研判，加强重点领域研发投入，并积极培育战略新兴产业，从而保证国际竞争实力。

擘画战略、锚定方向是抢抓科技革命先机的必然之策。当前，新一轮科技革命蓬勃兴起，科学发展呈现相互渗透和重新会聚的趋

① 习近平. 高举中国特色社会主义伟大旗帜 为全面建设社会主义现代化国家而团结奋斗——在中国共产党第二十次全国代表大会上的报告. 北京：人民出版社，2022：33.

势，在科学逐渐分化与系统持续整合的反复过程中，新的学科增长点不断产生，并且衍生出一系列新兴交叉学科和前沿领域。随着知识生产的不断积累和新兴交叉学科的相继涌现，学科体系和布局也在动态调整，构建符合知识体系逻辑结构并促进知识与应用融通的协调可持续发展的学科体系尤为重要。

擘画战略、锚定方向是我国科技事业不断取得历史性成就的成功经验。科技创新一直是党和国家治国理政的核心内容。特别是党的十八大以来，以习近平同志为核心的党中央明确了我国建成世界科技强国的“三步走”路线图，实施了《国家创新驱动发展战略纲要》，持续加强原始创新，并将着力点放在解决关键核心技术背后的科学问题上。习近平总书记深刻指出：“基础研究是整个科学体系的源头。要瞄准世界科技前沿，抓住大趋势，下好‘先手棋’，打好基础、储备长远，甘于坐冷板凳，勇于做栽树人、挖井人，实现前瞻性基础研究、引领性原创成果重大突破，夯实世界科技强国建设的根基。”①

作为国家在科学技术方面最高咨询机构的中国科学院和国家支持基础研究主渠道的国家自然科学基金委员会（简称自然科学基金委），在夯实学科基础、加强学科建设、引领科学研究发展方面担负着重要的责任。早在新中国成立初期，中国科学院学部即组织全国有关专家研究编制了《1956—1967年科学技术发展远景规划》。该规划的实施，实现了“两弹一星”研制等一系列重大突破，为新中国逐步形成科学技术研究体系奠定了基础。自然科学基金委自成立以来，通过学科发展战略研究，服务于科学基金的资助与管理，不断夯实国家知识基础，增进基础研究面向国家需求的能力。2009年，自然科学基金委和中国科学院联合启动了“2011—2020年中国学科发展战略研究”。

① 习近平. 努力成为世界主要科学中心和创新高地 [EB/OL]. (2021-03-15). http://www.qstheory.cn/dukan/qs/2021-03/15/c_1127209130.htm[2022-03-22].

2012 年，双方形成联合开展学科发展战略研究的常态化机制，持续研判科技发展态势，为我国科技创新领域的方向选择提供科学思想、路径选择和跨越的蓝图。

联合开展“中国学科及前沿领域发展战略研究（2021—2035）”，是中国科学院和自然科学基金委落实新时代“两步走”战略的具体实践。我们面向 2035 年国家发展目标，结合科技发展新特征，进行了系统设计，从三个方面组织研究工作：一是总论研究，对面向 2035 年的中国学科及前沿领域发展进行了概括和论述，内容包括学科的历史演进及其发展的驱动力、前沿领域的发展特征及其与社会的关联、学科与前沿领域的区别和联系、世界科学发展的整体态势，并汇总了各个学科及前沿领域的发展趋势、关键科学问题和重点方向；二是自然科学基础学科研究，主要针对科学基金资助体系中的重点学科开展战略研究，内容包括学科的科学意义与战略价值、发展规律与研究特点、发展现状与发展态势、发展思路与发展方向、资助机制与政策建议等；三是前沿领域研究，针对尚未形成学科规模、不具备明确学科属性的前沿交叉、新兴和关键核心技术领域开展战略研究，内容包括相关领域的战略价值、关键科学问题与核心技术问题、我国在相关领域的研究基础与条件、我国在相关领域的发展思路与政策建议等。

三年多来，400 多位院士、3000 多位专家，围绕总论、数学等 18 个学科和量子物质与应用等 19 个前沿领域问题，坚持突出前瞻布局、补齐发展短板、坚定创新自信、统筹分工协作的原则，开展了深入全面的战略研究工作，取得了一批重要成果，也形成了共识性结论。一是国家战略需求和技术要素成为当前学科及前沿领域发展的主要驱动力之一。有组织的科学研究及源于技术的广泛带动效应，实质化地推动了学科前沿的演进，夯实了科技发展的基础，促进了人才的培养，并衍生出更多新的学科生长点。二是学科及前沿领域的发展促进深层次交叉融通。学科及前沿领域的发展越来越呈现出多学科相互渗透的发展态势。某一类学科领域采用的研究策略和技术体系所产生的基础理论与方法论成果，可以作为共同的知识基础适用于不同学科领域的多个研究方向。三是科研范式正在经历深刻变革。解决系统性复杂问题成为当前科学发展的主要目标，导致相应的研究内容、方法和范畴等的改变，形成科学研究的多层次、多尺度、动态化的基本特征。数据驱动的科研模式有力地推动了新时代科研范式的变革。四是科学与社会的互动更加密切。发展学科及前沿领域愈加重要，与此同时，“互联网 +”正在改变科学交流生态，并且重塑了科学的边界，开放获取、开放科学、公众科学等都使得越来越多的非专业人士有机会参与到科学活动中来。

“中国学科及前沿领域发展战略研究（2021—2035）”系列成果以“中国学科及前沿领域2035发展战略丛书”的形式出版，纳入“国家科学思想库 - 学术引领系列”陆续出版。希望本丛书的出版，能够为科技界、产业界的专家学者和技术人员提供研究指引，为科研管理部门提供决策参考，为科学基金深化改革、“十四五”发展规划实施、国家科学政策制定提供有力支撑。

在本丛书即将付梓之际，我们衷心感谢为学科及前沿领域发展战略研究付出心血的院士专家，感谢在咨询、审读和管理支撑服务方面付出辛劳的同志，感谢参与项目组织和管理工作的中国科学院学部的丁仲礼、秦大河、王恩哥、朱道本、陈宜瑜、傅伯杰、李树深、李婷、苏荣辉、石兵、李鹏飞、钱莹洁、薛淮、冯霞，自然科学基金委的王长锐、韩智勇、邹立尧、冯雪莲、黎明、张兆田、杨列勋、高阵雨。学科及前沿领域发展战略研究是一项长期、系统的工作，对学科及前沿领域发展趋势的研判，对关键科学问题的凝练，对发展思路及方向的把握，对战略布局的谋划等，都需要一个不断深化、积累、完善的过程。我们由衷地希望更多院士专家参与到未来的学科及前沿领域发展战略研究中来，汇聚专家智慧，不断提升凝练科学问题的能力，为推动科研范式变革，促进基础研究高质量发展，把科技的命脉牢牢掌握在自己手中，服务支撑我国高水平科技自立自强和建设世界科技强国夯实根基做出更大贡献。

“中国学科及前沿领域发展战略研究（2021—2035）”
联合领导小组
2023年3月

前　言

人工智能（artificial intelligence，AI）技术经过七十年的发展，特别是最近十多年的快速发展，对人类社会产生了巨大的影响，以深度学习为代表的新一代人工智能技术的突破，成为国内外高技术竞争的焦点。随着人工智能技术的迅猛发展，人工智能成为全球科技竞争的核心领域之一。作为新一轮产业变革的驱动力量，人工智能技术在推动经济转型、社会进步和国家安全等方面展现出巨大潜力。人工智能是新一代信息技术深度发展的必然阶段，是信息技术与经济和社会发展深度融合的一个重要方向，也是当前整个信息技术领域研究和发展的重点及全球关注的热点，包括美国、中国、欧洲、日本在内的世界各主要国家和地区纷纷出台发展规划,加大投入，支持人工智能技术的发展，以抢占人工智能领域的制高点。为贯彻落实国家创新驱动发展战略，抢抓人工智能发展重大战略机遇，中国亟需加强人工智能基础研究的系统布局，突破关键核心技术，构建自主可控的创新生态，为实现高水平科技自立自强奠定坚实基础。

回看人工智能技术过去七十年的发展历程发现，其最大的突破来自由计算能力和数据量大增而产生的可扩展算法。虽然人工智能技术正在加速落地，但是制约人工智能技术落地的瓶颈和短板也不容忽视。目前，制约人工智能技术健康发展的最大短板就是基础研究薄弱。发展人工智能，必须加强基础研究，掌握关键核心技术，增强原创能力和应用落地能力。

实际上，过去七十年来，深度学习是唯一的重大突破。在这之后，卷积神经网络（convolutional neural network，CNN）和 GPT①、DeepSeek 等都算是重要的改善。但是，当前人工智能面临一些重大基础理论挑战，如可计算性、可解释性、泛化性、稳定性等，尤其是人工智能与基础学科（如数学）、认知的生物学基础、认知心理学之间的关系亟须进一步深化。其中最主要的原因是，深度学习不仅需要庞大的数据源，而且要求这些数据长时间恒定不变，以保证模型训练结果的可靠性，如人类的面容、语言就是相对稳定的数据源。深度学习无法应对快速变化的真实情况。在新冠疫情快速蔓延时，亚马逊出现了仓库货物紧缺的情况，不得不停止送货服务。这种经过深度学习高度优化后的系统发生崩溃，就是因为快速变化的疫情和深度学习对恒定数据源的需求是矛盾的。人工智能已经迈入更加成熟的新阶段，下一步发展需要纯数学、应用数学、统计学、理论物理学、应用物理学及重要交叉学科的专家们相互交流、共同推进。

当前，全球人工智能发展正处于从技术突破向规模化应用的关键阶段。我国在人工智能领域已取得显著进展，但在基础理论、原创算法、高端芯片、伦理治理等方面仍存在短板。面对国际竞争态势和技术挑战，必须立足国情，聚焦长远，制定面向 2035 年的基础研究发展战略，推动人工智能从“跟跑”向“并跑”乃至“领跑”转变。在此背景下，自然科学基金委和中国科学院在“中国学科及前沿领域发展战略研究（2021—2035）”项目中专门设置了“人工智能的基础研究发展战略研究”专题。该研究自 2019 年 12 月正式启动，组织了来自中国科学院、高校和行业研究机构从事人工智能基础研究相关领域、具有丰富研究经验的 15 位专家、学者，形成项目组。在项目的研究过程，随着研究内容的不断深化，先后又有 70 余

① 基于转换器的生成式预训练模型（generative pre-trained transformer，GPT）。

位专家学者参与到该研究中。项目组根据国家对于新一代人工智能基础研究的要求，探讨当前人工智能的主要方法和技术以及面临的困难，总结规律，寻找和凝练人工智能技术最基础与最本质的科学问题，特别关注人工智能本质问题的数学模型、理论和算法；探索人工智能基础研究的特点，系统梳理和分析发展态势，分析和比较国内外人工智能基础研究的现状，提出提高我国在该方向上的研究水平的对策建议，希望吸引更多的科学家从事人工智能基础研究。通过充分调研、分析、学术交流、研讨，中国科学院学部科学与技术前沿论坛之“人工智能的基础研究”论坛形成了一系列研究成果，经过多次院士咨询、十几稿修改，于2023年3月基本完成了本书的编写工作，后续又根据人工智能的发展情况进行了修订工作。

本书由13章组成，围绕人工智能基础研究的核心方向，系统分析了面向2035年的发展趋势和战略路径。第一章全面分析了人工智能基础所包含的学科领域，论述了人工智能作为引领未来的战略性技术，需要认知神经科学和认知心理学作为基础提供理论框架和研究成果的支撑，提出了数学及相关学科是人工智能关键的支撑学科，分析了数学理论与算法对人工智能诞生和发展阶段所起到的支撑作用。第二章至第十三章从认知神经科学、认知心理学、统计学和数学各个分支在人工智能研究中的科学意义与战略价值、发展规律与研究特点、发展现状与发展态势、发展思路与发展方向和资助机制与政策建议等方面展开论述。

未来，人工智能的突破可能依赖于数学理论的创新，如几何深度学习、量子机器学习或神经微分方程等新兴领域。战胜这些挑战不仅会推动人工智能技术进步，还可能催生新的数学分支。

本书凝聚了国内人工智能领域基础研究专家、学者和产业界的共识，旨在为国家政策制定、科研机构布局和企业创新提供指引。我们期待通过系统性部署，推动中国人工智能基础研究迈向全球前沿，为经济社会高质量发展和人类科技进步贡献中国智慧。参与本项目研究和本书编写与咨询的专家、学者有很多，我们仅列出了主要贡献者名单，还有很多学者、业界研发人员在研究中提供资料、参加讨论等，在此一并表示衷心的感谢。

人工智能基础研究涉及众多学科，尽管我们认真核对、修改内容，但是不妥之处仍然在所难免，敬请读者批评指正。

袁亚湘

《中国人工智能基础研究2035发展战略》项目组组长

2025年2月

摘　要

人工智能基础研究涉及人工智能的基础科学问题，其研究内容涵盖认知神经科学、认知心理学、统计学、数学等多个学科领域，具有很强的综合性、交叉性，以及很大的挑战性和难度。本书系统梳理了人工智能基础研究相关的主要学科领域及其在人工智能发展中的作用，重点论述了认知神经科学、认知心理学、统计学和数学（多个分支）在人工智能基础研究中的科学意义与战略价值、发展规律与研究特点、发展现状与发展态势，揭示了人工智能本质问题中认知神经科学和认知心理学的借鉴意义，分析了当前人工智能的机理、数学解释、建模和具体实现的方法、技术和面临的瓶颈困难，探讨了发展新的人工智能的理论方法，提出了未来人工智能研究的一些可能的基础研究方法和研究方向以及面向2035年人工智能基础研究的发展思路、发展方向与政策建议等；另外，还提出了人工智能基础研究各个学科领域的重点发展方向和优先发展领域，分析和研判了新的学科生长点。本书对人工智能的理论和应用有很好的参考价值，对加快我国人工智能原创性研发、推动我国新一代人工智能健康发展具有重要的科学意义与战略价值。

总的来说，本书揭示了当前人工智能的机理、数学实现方法、技术及其面临的瓶颈困难；总结规律，寻找和凝练了人工智能基础与本质的科学问题，探讨了人工智能本质问题的数学原理、建模和具体实现方法；分析了人工智能目前所需要的数学理论和方法，探讨了未来人工智能的数学理论方法；探讨了人工智能问题促进新的数学理论和方法的产生、发展的可能性；发展了新的人工智能理论方法；提出了未来人工智能的一些可能的基础研究方法和研究方向，以及面向2035年的人工智能基础研究领域的发展趋势。

人工智能的研究内容包括人工智能基础和人工智能应用两个层面。人工智能基础分为四个层次。第一层（最底层）是哲学和伦理学，主要从哲学和伦理学层次探讨人工智能，回答形式化规则或者形式化逻辑能否被用于推导出有效的结论，思维如何从物理的大脑中产生，知识来自何方，知识如何引导行动等问题。第二层是人工智能产生的生物结构和心理活动的基础，即认知神经科学和认知心理学。人工智能要跃升为正式的科学，需要在逻辑、计算和概率三个基础领域具有一定理论严密程度的数学形式体系，这是第三层基础的主要研究内容。为了让人工智能获得成功，我们需要智能和人工制品两件东西，而计算机是被选中的人工制品，这就是第四层实现人工智能的技术层面的基础，其中包括计算机科学与技术、信息科学与技术和控制科学与技术等。因此，人工智能的基础研究是一个多学科交叉的重大而复杂的课题。本书重点研究第二层和第三层自然科学基础中的部分内容。

本书凝练了人工智能基础研究的关键科学问题、发展思路、发展目标和重要研究方向。具体如下。

1. 认知神经科学

新一代人工智能的核心基础科学问题是“认知和计算的关系”，这又进一步细化为四个方面的关系：认知的基本单元和计算的基本单元的关系、认知神经表达的解剖结构和人工智能计算的体系结构的关系、认知涌现的特有精神活动现象和计算涌现的特有信息处理现象的关系，以及认知的数学基础和计算的数学基础的关系。研究任何一种过程，建立任何一种过程的科学理论，必须首先回答一个基本问题：过程操作的基本单元是什么？每门成熟的基础科学都有其特定的基本单元，如高能物理学的基本粒子、遗传学的基因、计算理论的符号以及信息论的比特等。对于认知神经科学而言，必须回答认知过程操作的基本单元是什么。目前的关键问题是，如何超越直觉的理解、科学准确地定义这些认知基本变量，从而建立这些基本变量的统一的认知基本单元模型。正如麦克利兰（McClleland）认为的“人类认知最伟大的主要成就是认知涌现的现象”，理解认知的涌现是对符号处理的认知计算理论的深远的挑战。意识正是认知涌现的特有精神活动现象的一个典型。如何把人工智能是否会产生意识之类的直觉思辨的讨论，变成科学实验的研究是意识研究的困难所在。基于人工智能的认知神经科学的基础研究要重视认知神经科学的新变量、新概念和新原则的研究；要强调系统、整体和行为的研究，要以人类为主、动物为辅；要宏观为主、结合微观进行研究。

2. 认知心理学

认知心理学的研究与人工智能的研究高度融合，互相交叉。人工智能的核心在于研究出一个“真正的智能”系统，而人类的认知系统是现存的智能系统中最好的模板。人工智能的研究借鉴了很多认知心理学的重要理论及研究发现，并从认知心理学中获得了大量启发。通过引进认知心理学的概念、理论、模型和实验方法，人工智能算法在学习、注意、语言、记忆、决策等重要领域不断实现突破。认知心理学在未来将继续帮助拓展人工智能研究的方向，比如在感知觉、表征等基础认知能力、学习、决策和人机交互等领域。另外，人工智能的研究也为认知心理学的研究提供了一些新的研究手段。

3. 统计学

传统的统计学在方法上侧重基于对提取特征的建模，在理论上重视大样本情形下的渐近理论，并不十分适用于深度学习等端到端建模方法，以及小样本、弱监督、多源异构等各种现实人工智能的数据场景。现代机器学习方法的统计学基础、大数据统计建模、可解释人工智能等三个方面存在一系列关键的科学问题，如深度学习的统计学基础、强化学习的统计学基础、机器学习的稳健性与稳定性、小样本、缺标签的学习、数据共享与隐私保护、分布式数据的统计分析、实时数据流的统计分析、时空和函数型数据的建模、网络和关系数据的建模、多源异构数据的融合、基于因果关系的人工智能方法和人工智能的可解释性等。人工智能统计学应建立和完善现代机器学习方法的统计学基础，解决上述关键问题，大力发展复杂大数据分析的统计方法和理论，创新探索因果关系启发和可解释的人工智能方法，积极推动融合领域知识与数据分析的人工智能应用研究。

4. 数学

数学是人工智能关键的支撑学科。现在的人工智能技术实际上都是建立在数学模型之上的，从解释到实现都离不开数学，并且几乎用到了现代数学的各个分支，所以又被称为数学智能。当前人工智能面临着可计算性、可解释性、泛化性、稳定性和创造性等重大理论挑战，这些挑战本质上都来自数学的挑战。统计学为解决人工智能问题提供了数据驱动的建模途径，代数、几何与拓扑、概率论、随机分析、微分方程、图论、博弈论、统计物理学等相关数学理论或工具被用来研究人工智能的数学机理、模型和算法。无论从统计学的角度还是数学的角度来研究人工智能，其实际性能最后都要通过优化和计算呈现出来，最优化和计算是人工智能基础模型和算法中最重要的工具。本书从概率与随机分析、最优化、数理逻辑与自动推理、图论、博弈论、逼近论、几何与拓扑、统计物理学、科学计算等方面进行了论述。

人工智能是国家重大战略，对中华民族的伟大复兴有着重大影响。近年来，国家围绕加强基础研究能力建设，不断完善基础研究多元投入机制，重大科技基础设施加快落地运营，新型研发机构培育建设取得成效，各类创新主体基础研究能力持续增强。同样，我国发展人工智能最大的压力不是应用技术的开发，而是来自基础研究。事实上，我国人工智能基础理论和原创算法与先进国家相比，特别是与美国等发达国家相比差距较大。我国人工智能研究起步较晚，原创性贡献不多，核心算法和开源系统比较薄弱，虽然近年我国高质量论文数量增长显著，但顶级论文和重大理论创新仍以美国、英国、加拿大等国为主。这是我国人工智能领域发展的最突出的瓶颈，导致我国深度学习模型、生成对抗网络等新的重大成果和原创性贡献不多，并在机器学习等通用开源算法平台方面布局不够，产业发展主要依赖国际巨头的开源代码和系统框架。中国科学院计算技术研究所研究员、AI芯片专家陈云霁在一篇文章中尖锐地指出："越是人工智能上层（算法层、应用层）的研究，我国研究者对世界作出的贡献越多；越是底层（系统层、芯片层），我国研究者的贡献越少。"①我国学者的研究主要集中在"人工智能应用"上，关注"人工智能科学基础"研究的比较少。我国的人工智能应用水平与世界多国相比毫不逊色，甚至走在世界前列，但是人工智能的基础研究仍然处于相对缺乏的阶段。国家应该加大对人工智能基础研究的支持力度，鼓励更多的研究者投身于人工智能基础研究中；培养人工智能基础研究人才，把人才队伍建设作为人工智能发展的重中之重，为人才提供良好的成长环境，激励他们从事基础研究，推动人工智能未来

① 陈云霁. 2019. 智能计算系统——一门人工智能专业的系统课程. https://zhuanlan.zhihu.com/p/70004736 [2019-06-20].

突破；坚持培养和引进相结合，完善人工智能教育体系，扩大研究生招生规模，加强人才储备和梯队建设，开辟专门渠道，实行特殊政策，实现人工智能高端人才精准引进。

Abstract

The basic research of artificial intelligence involves fundamental scientific issues related to artificial intelligence, covering multiple disciplines such as cognitive neuroscience, cognitive psychology, mathematics, statistics, etc. It has strong comprehensiveness, interdisciplinarity, and great challenges and difficulties. This book systematically summarizes the main disciplinary fields related to basic research in artificial intelligence and their roles in the development of artificial intelligence. It focuses on the scientific significance and strategic value, development laws and characteristics, development status and trends of various branches of cognitive neuroscience, cognitive psychology, statistics and mathematics in basic research of artificial intelligence. It reveals the reference significance of cognitive neuroscience and cognitive psychology in the essential problems of artificial intelligence, analyzes the current mechanisms, mathematical explanations, modeling and specific implementation methods, technologies and bottlenecks of artificial intelligence, explores the theoretical methods for developing new artificial intelligence, proposes some possible basic research methods and directions for future artificial intelligence research, and outlines the development ideas and challenges of basic research in artificial intelligence for 2035. In addition, the key development directions and priority areas of various disciplines in the basic research of artificial intelligence are proposed, and new disciplinary growth points are analyzed and judged. This book has a good reference value for the theory and application of artificial intelligence, and has great scientific significance and strategic value for accelerating the original research and development of China's artificial intelligence and promoting the healthy development of China's new generation of artificial intelligence.

目　录

第一章

人工智能基础研究总论

人工智能，就是人造智能，从其自身含义来看，也就是研究开发能够模拟、延伸和扩展人类或者其他生物体智能的理论、方法、技术及应用系统的一门技术科学，其研究目的是促使智能机器会听（语音识别、机器翻译等）、会看（图像识别、文字识别等）、会说（语音合成、人机对话等）、会思考（人机对弈、定理证明等）、会学习（机器学习、知识表示等）、会行动（机器人、自动驾驶汽车等）（Woniu，2021）。目前，基于大数据的深度学习人工智能主流范式与强人工智能有着本质的区别，人工智能的硬件基础——计算机，其计算能力依然受限，机器学习算法基本上还是基于数理统计的框架。发展新的人工智能，需要在基础理论领域取得突破。本书揭示了当前人工智能的机理、数学实现的方法、技术和面临的瓶颈，总结规律，寻找和凝练人工智能的基础且本质的科学问题，揭示出人工智能本质问题的数学解释、建模和具体实现方法，分析发展人工智能所需要的数学理论和方法，发展新的人工智能理论方法，提出未来可解释和具有创造性的强人工智能的一些可能的基础研究方法和研究方向，以及人工智能的基础研究方面面向 2035 年的发展趋势，并探讨人工智能促进新的数学分支产生和发展的可能性。具体包括如下几个方面：论述人工智能在当今科学技术中的战略地位，探索人工智能基础研究的特点，系统梳理和分析其发展态势，比较和分析人工智能基础研究的国内外现状；从人脑的生物结构和认知心理学两个层面，梳理当前的人工智能各个学派的机理，总结其代表性的人工智能技术，分析其缺陷和瓶颈，阐述现有人工智能技术可解释性差、不具备创造性思维能力的原因；研究现有人工智能建模与解释中的数学理论和方法，包括统计、概率、最优化、科学计算、数理逻辑与自动推理、图论、博弈论、逼近论、几何与拓扑、统计物理学等数学分支；研究现有人工智能训练与求解中的数学理论和方法等分支；提出人工智能的基础研究领域面向2035年的发展趋势，给出可解释的、具有创造性思维的强人工智能的一些可能的基础研究方法和研究方向，分析和研判新的学科生长点，提出关于人工智能基础研究的发展方向与布局，对国家自然科学基金委员会支持人工智能基础研究的资助方向给出建议。

第一节　人工智能研究的主要内容

一、人工智能基础和应用

人工智能的发展融合了许多学科，同时也在科学和技术的发展中发挥着越来越大的作用。

从图1-1中可以看出，人工智能的研发内容包括人工智能基础和人工智能应用两个层面。人工智能的基础分为四个层次：第一层是哲学和伦理学，从哲学和伦理学层面探讨人工智能，就是要回答什么样的形式化规则或者形式化逻辑能够被用于推导出有效的结论，思维如何从物理的大脑中产生，知识来自何方，知识如何导致行动等问题。第二层是人工智能产生的生物结构和心理活动的基础，即认知科学中的认知神经科学和认知心理学。认知神经科学研究大脑是如何处理信息的，认知心理学研究人类和动物是如何思考和行动的等问题。第三层的基础学科包括许多自然科学学科，其中主要有数学、统计学、物理学、化学、生物学、医学等。什么是“能够被用于推导出有效的结论”的形式化规则或者形式化逻辑？什么可以被计算？我们如何用不确

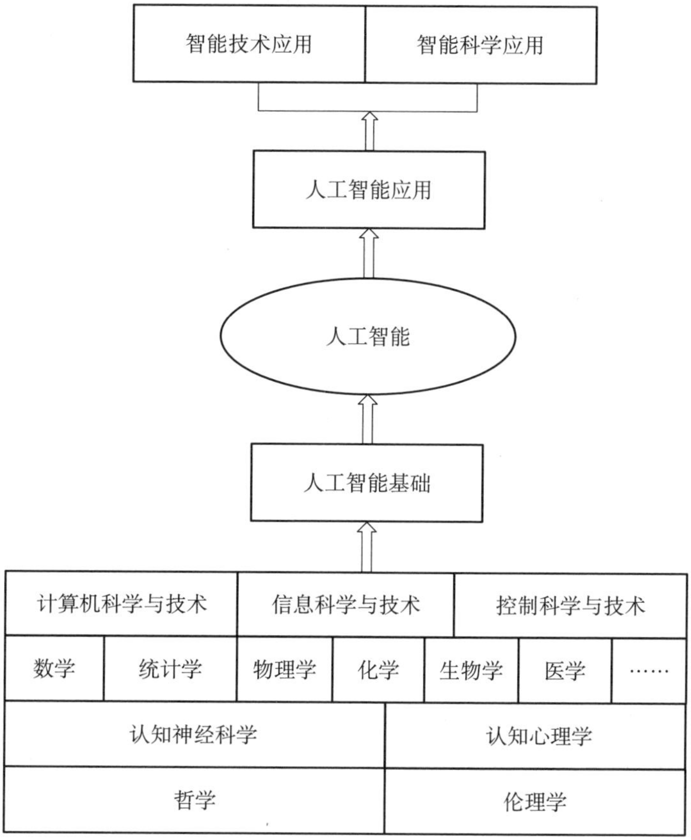

图 1-1　人工智能基础与人工智能应用

定的信息来推理？哲学给出了人工智能的一些基本思想，但是人工智能要跃升为真正的科学，需要在逻辑、计算和概率三个基础领域形成具有一定理论严密程度的数学形式体系。为了让人工智能获得成功，我们需要智能和人工制品两件东西，而计算机是被选中的人工制品，这就是第四层实现人工智能的技术层面的基础。因此，人工智能基础研究是一个多学科交叉的重大而复杂的课题，本书的研究没有涉及所有的层次，而是重点研究第二层和第三层自然科学基础中的部分内容，其他层的基础研究有待后续课题进一步研究。

人工智能第二层的基础学科是认知科学中的认知神经科学和认知心理学。人工智能研究的终极目标之一是创造出拥有类似甚至超越人类智能水平、可以灵活适应不同环境，同时可以解决各种问题的通用人工智能（强人工智能）系统。面对目前唯一已知的类似系统——人脑，搞清楚人脑究竟具备哪些功能，又是如何实现这些功能的，对人工智能的发展显然具有重要的基础性意义。第一，认知神经科学的发展不断为人工智能研究提出新的科学问题。第二，对生物智能的准确描述和测量可以为人工智能树立标杆。第三，认知神经科学发现的脑活动规律可能会直接启发人工智能产生新的方法和技术。第四，认知神经科学的研究结果有助于更好地评估和验证已有的人工智能技术。第五，认知神经科学和人工智能存在显著的协同性，二者的紧密结合将大大加速两个领域各自的发展。

认知神经科学对人工智能的发展做出了重要贡献，首先是对建立神经网络的贡献，这也是认知神经网络最著名的贡献。人工神经网络的灵感直接来源于生物神经元的结构与功能，如赫布学习规则（Hebbian Learning Rule）通过模拟神经元突触强度的可塑性，为神经网络的权重更新机制奠定了基础；卷积神经网络的视觉分层处理模仿了大脑视觉皮层的层级特征。其次是对学习机制的优化。强化学习的理论框架与大脑的多巴胺奖励系统存在关联，如时间差分学习（TD Learning）模型受到大脑奖赏回路的启发；稀疏编码等高效表征方式模拟了大脑的信息处理原则。最后是推动类脑计算与神经形态芯片的发展。脉冲神经网络试图模拟生物神经元的时序编码特性，推动低功耗人工智能硬件发展（如IBM的TrueNorth芯片为低功耗人工智能硬件提供了新范式）。虽然当前人工智能模型的能效比和泛化能力仍与大脑存在数量级差距，但认知神经科学将持续为人工智能提供新的发展方向（如注意力机制与大脑默认模式网络的关联）。

人工智能作为引领未来的战略性技术之一，需要认知心理学作为基础提供理论框架和研究成果的支撑。目前，在人工智能研究和应用中都非常活跃的语音识别、视觉识别、中文信息处理、自适应自主学习、直觉感知、综合推理、混合智能和群体智能等领域，认知心理学都发挥了重要作用。人工智能领域新算法的提出和发展，其中有很多是直接借鉴和模拟了人类的基本认知过程。在人工智能发展的过程中，许多人工智能的发现与大脑认知研究息息相关。20世纪五六十年代发展起来的认知心理学，也叫信息加工心理学，把人看成一个类似于计算机的信息加工系统，并以信息加工的观点，即从信息的输入、编码、传输、存取等过程来研究人的高级心理过程。认知心理学研究者对应地建立各种认知模型，进行计算机模拟（中国就业培训技术指导中心和中国心理卫生协会，2015）。认知心理学通过研究人类如何感知、学习、记忆、推理和决策，为人工智能提供了关键的理论框架和方法论指导。其核心意义在于将人类心智的抽象模型转化为可计算的人工智能系统设计原则，推动人工智能从“机械执行”向“类人智能”演进。当前的人工智能设计，大量参考了人的认知模型。在注意、编码、记忆等各个方面，计算机开始模仿真人的心理活动过程，一方面，通过这种仿真过程，帮助心理学家研究人的心理发展；另一方面，也推动了人工智能技术的进步。近年来，随着人工智能领域发展的加快以及领域复杂性的增加，许多研究者开始重新思考人工智能发展的方向。作为目前已知的唯一高级智能存在的证据，人脑的运行机制对人工智能研究具有非凡的意义。目前，该领域最为明显的发展趋势，就是脑启发的人工智能（brain-inspired AI）或类脑人工智能（brain-like AI）。人脑的表现明显优于人工智能，理解人类的认知功能机制有助于人工智能更好地发展。因此，认知心理学的研究与人工智能的研究是高度融合、互相交叉的。

数学相关学科是人工智能关键的支撑学科。众所周知，现在所谓的人工智能技术都是建立在数学模型之上的，从解释到实现都离不开数学，并且用到了现代数学的多个分支。当前人工智能面临着可计算性、可解释性、泛化性、稳定性和创造性等重大理论挑战。人工智能所面临的这些基础问题，其本质都是来自数学的挑战。机器学习是人工智能的重要分支，它主要用来从数据中挖掘有价值的信息，而数据本身是无意识的，它不能自动呈现出有用的信息。因此，机器学习首先要给数据一个抽象的数据再表达；然后基于数据再表达进行建模；最后估计模型的参数，也就是计算。机器学习的关键在于数据再表达学习。数据再表达既要适合后面的预测或者识别任务，也要适合计算。目前基于深度表示的数据逐层再表达遇到的挑战在于，要处理规模庞大的大数据可能导致过参数化，多层的表示结构导致问题高度非凸化。统计学为解决问题提供了数据驱动的建模途径，可以引入代数、几何与拓扑、概率论、随机分析、微分方程、图论、博弈论、统计物理学等数学理论或工具来研究人工智能的数学机理。无论从统计学角度还是数学角度来研究人工智能，其实际性能最后都要通过优化和计算呈现出来，最优化是人工智能基础模型和算法中的最重要的工具之一。

从数学来看人工智能，现在主要指机器学习，即人或者智能体通过与环境的交互来提升自身行为和解决问题能力的智能化操作。机器学习就是把这种智能形式化为数学公式，转换成计算机可以操作的算法和软件。进一步说，人工智能就是指机器能做人类智能能做的事情，也就是根据人们对人脑工作机制和人类认知方式的研究成果，了解人类智能的实质，建立相应的数学模型，利用一定的数据设计训练和求解算法，并用计算机软硬件来实现，从而生产出一种新的智能机器，能以与人类智能相似的方式做出反应，胜任一些通常需要人类智能才能完成的复杂工作。人工智能实际上是一个将数学、算法理论和工程实践紧密结合的领域，其核心就是模型和算法，也就是分析、概率论、几何与拓扑、数理逻辑、统计学、优化、博弈论、计算等数学的相关学科及其分支理论的体现。

二、人工智能诞生和发展

人工智能的诞生和发展从时间轴上可以分为三个时期：萌芽时期、诞生时期和发展时期。人工智能自其诞生到发展从研究内容上又大致可以分为三个阶段。第一阶段主要是研究人的认知与思维过程并将其机械化，使计算机可以模拟人的思考过程，即机械化推理（或称为形式推理）。第二阶段就是我们现在所处的阶段。在该阶段，我们不再只强调通过模拟人的思维过程进行逻辑推理，而是基于统计学原理和其他数学理论，利用智能算法在海量数据的基础上寻找规律并实现智能。现阶段最为广泛使用的人工智能就是按照智能算法，基于海量数据、大量实际运行经验，以及高性能运算、存储能力来做出最优决策，以此解决人们特定的问题。第三阶段也就是未来阶段，被称为强人工智能阶段，各方面都能和人类比肩的人工智能。琳达·高德弗里森（Linda Gottfredson）教授把智能定义为“一种宽泛的心理能力，能够进行思考、计划、解决问题、抽象思维、理解复杂理念、快速学习和从经验中学习等操作”（Urban，2015）。这种强人工智能在进行智能操作时应该像人类一样得心应手。

目前人工智能涉及的领域极为广泛，包括人类创造所需要的数学、物理学、信息科学、心理学、生理学、医学、语言学、逻辑学、经济学、法律、哲学等重要学科，其应用与研究领域则主要包括问题求解与博弈、逻辑推理与定理证明、计算智能（涉及神经计算、模糊计算、进化计算、粒子群计算、自然计算、免疫计算和人工智能等方向）、分布式人工智能与代理（其主要研究目标是创建一种能够描述自然系统和社会系统的精确概念模型和如何使各代理互相协作对特定问题进行求解）、自动程序设计、专家系统、机器学习、自然语言理解、机器人学、模式识别（主要研究如何使计算机能够有效地感知诸如声音、文字、图像、温度、振动等人类赖以发展自身、改造环境所运用的信息资料）、机器视觉（由模式识别中发展出来的一门独立的学科，前沿领域包括主动式定性视觉、动态和时变视觉、三维场景建模与识别、彩色图像处理与解释等）、神经网络、智能控制、智能调度与指挥、智能检索、系统与语言工具等。

数学虽然是人工智能的基础，但是由于不同阶段人们对人工智能的内涵和外延的理解不同，使用的研究方法、技术手段和条件也不同，人工智能主要的数学基础和数学理论也有所不同或侧重。

人工智能的萌芽大概出现在20世纪中叶，代表性学者是马文·明斯基（Marvin Minsky）。明斯基于1946年进入哈佛大学学习物理。大学期间，他选修了电气工程、数学、遗传学等多个学科的课程，甚至还在心理学系参加过课题研究。后来明斯基改修数学，并于1950年毕业，之后进入普林斯顿大学继续深造，并以《神经网络和脑模型问题》（“Neural nets and the brain model problem”）为题完成了博士论文，虽然当时的评审委员会并不认为这可以被看成是数学，但还是在1954年授予其博士学位。在人工智能的这个萌芽时期，布尔逻辑、概率论、可计算理论等数学理论取得了重大发展。在布尔逻辑的基础上发展出了一阶逻辑，研究了命题及由这些命题和量词、连接词组成的更复杂的命题之间的推理关系与推理规则，从而出现了谓词演算。这些成果奠定了人工智能抽取合理结论的形式化规则，即命题逻辑和一阶谓词逻辑。人工智能要解决各种不确定问题，如天气预测、经济形势预测、自然语言理解等，这就需要数学理论为其提供不确定推理的基础，概率理论则是实现不确定推理的数学基础。概率论、随机过程、数理统计构成了概率的相关理论，为人工智能处理各种不确定问题奠定了理论基础。支持向量机（support vector machine，SVM）是人工智能的主要分类方法之一，其数学基础为核函数（kernel）。可计算理论是人工智能的重要理论基础和工具，建立于20世纪30年代。为了回答是否存在不可判定的问题，数理逻辑学家提出了关于算法的定义（把一般数学推理形式化为逻辑演绎）。问题可以被计算，就是要找到一个解决问题的算法。除不可计算性问题以外，如果解决一个问题需要的计算时间随着实例规模呈指数级增长，则该问题被称为 NP 难问题（NP-hard problem），对这个问题的研究产生了计算复杂性理论。计算复杂性理论是讨论“P=NP？”的问题，这个问题到现在仍然是数学和理论计算机科学中最重要的未解决问题之一。可计算性和计算复杂性为人工智能判断问题求解可能性奠定了数学基础。

1956 年至 20 世纪 60 年代初是人工智能的诞生时期。人工智能自概念提出后，相继取得了一批具有重要学术价值和应用价值的研究成果，如机器定理证明、跳棋程序等，掀起了人工智能发展的第一个高潮。在此期间发展的混沌理论，成为人工智能不确定推理的新的数学理论基础。在概率论的基础上，出现了条件概率及贝叶斯定理，奠定了大多数人工智能系统中不确定推理的现代方法的基础。

自 20 世纪 60 年代初至今是人工智能的发展时期。在此期间，人工智能在机器证明、专家系统、第五代计算机、模式识别、人脑复制、人脑与电脑连接以及生物智能等领域取得了很多理论和应用成果。所有的成果都离不开数学理论和算法的支撑，并且人工智能的数学基础在这个时期也取得了重大发展。20 世纪 80 年代中期，反向传播学习算法（Rumelhart et al.，1986）得到广泛关注和认可，并且统计学在人工智能领域的使用取得了重要的进展，使得在新的结构和新的方法下，人工智能又重获新生。首先兴起的是语音识别领域，在这个方面取得重要成就的另外一个主要原因是隐马尔可夫模型方法开始主导这个领域。隐马尔可夫模型包含“隐含”和“马尔可夫链”两个概念。马尔可夫链是一种具有特殊性质的链条，就是现在的状态只与前一个状态有关，而与再往前的状态没有关系。因此遇到这样一个链条的时候，可以随机选择一个状态作为初始状态，然后按照上述规则随机选择后续状态。“隐含”的意思则是在这个马尔可夫链上再加一个限制，即任意时刻的状态是不可知的，但是这个状态会输出一个结果，这个结果只和这个状态相关，所以这也称为独立输出假设。由于隐马尔可夫模型具有严格的数学理论基础，所以语音研究者以此为理论依据进行研究开发。这个模型的这种随机性可以通过大量的真实语音进行训练，这就保证了性能的鲁棒性。在马尔可夫链的基础上还诞生了一个以对不确定性知识进行有效表示和严格推理的形式化方法——贝叶斯网络。贝叶斯网络是一个加权的有向图，是马尔可夫链的拓展。在这个网络中，每个节点的概率，都可以用贝叶斯公式来计算，贝叶斯网络因此得名。马尔可夫链保证了网络中的每一个节点状态只跟与其直接相连的状态有关，而跟与它间接相连的状态没有关系，这就是贝叶斯网络。贝叶斯网络起源于条件概率，是一种描述变量间不确定因果关系的图形网络模型，可实现贝叶斯网络的推理，是目前人工智能领域中典型的用于各种推理的数学工具。将时间量引入贝叶斯网络则形成了动态贝叶斯网络，它提供了随时间变化的建模和推理工具。如果贝叶斯网络节点兼容离散变量和连续变量，则形成了混合贝叶斯网络。混合贝叶斯网络在海量数据的挖掘和推理上具有较大优势。贝叶斯网络在人工智能领域的应用主要包括故障诊断、系统可靠性分析、航空交通管理、车辆类型分类等。贝叶斯网络解决了 20 世纪 60 年代和 70 年代概率推理系统存在的很多问题，它目前主导着不确定推理和专家系统中的人工智能研究，允许根据经验进行学习，并且结合了经典人工智能和神经网络最好的部分，极大地推动了人工智能领域走向现在我们正处的这个巅峰时代。

由于人们现在采用的方法基本上是各种基于概率的方法，所以需要用大量的数据集对系统进行训练，以完成监督学习。现在的互联网环境让这种极大数据集的获得变得越来越方便和容易，就如人们所熟知的 ImageNet。ImageNet 是一个带有标记信息的图片库，里面的图片内容均已经进行了人工标记。它就好比一个用于测试计算机视觉系统识别能力的“题库”，包含超过百万道“题目”。题目由图像和对应的单词（80% 为名词）组成，考察的方式是计算机视觉系统能否识别图像中的物体并返回正确的单词。ImageNet 使用训练题对计算机视觉系统进行“培训”，然后用测试题测试其识别能力。

人工智能的发展经历了以下七个历史事件（王金场，2018）。

（1）1943 年，沃伦·麦卡洛克（Warren McCulloch）和沃尔特·皮茨（Walter Pitts）提出了“神经网络”的概念，正式开启了人工智能的大门。虽然它在当时仅是一个数学理论，但是这个理论让人们了解到计算机可以如同人类大脑一样进行“深度学习”，描述了如何让人工神经元网络实现逻辑功能。

（2）1955 年，约翰·麦卡锡（John McCarthy）、马文·明斯基、纳撒尼尔·罗切斯特（Nathaniel Rochester）和克劳德·香农（Claude Shannon）联名

提交了一份提案，首次提出了“人工智能”的概念，真正拉开了人工智能研究与应用的大幕，其中麦卡锡被后人尊称为“人工智能之父”。

（3）1969 年，马文·明斯基和西摩·佩珀特（Seymour Papert）提出了后向传播（backpropagation）算法，这是 20 世纪 80 年代的主流算法，同时也是机器学习历史上最重要的算法之一，奠定了人工智能的基础。这个算法和链式法则结合用于有效地训练神经网络。在每次对网络的前向传播之后，可以用后向传播算法进行后向传播以调整模型参数（权重和偏差）。

（4）1966 年，麻省理工学院（Massachusetts Institute of Technology，MIT）的约瑟夫·魏岑鲍姆（Joseph Weizenbaum）研发了首台聊天机器人伊丽莎（Eliza），它能够识别出用户输入的关键词“母亲”，并继续提出相关的开放性问题“和我聊聊你的家庭吧”，可以同用户对话，缓解其压力和抑郁，这是语音助手的雏形。语音助手可以识别用户的语言，并进行简单的系统操作，如苹果的西丽（Siri）。从某种程度上来说，语音助手赋予了人工智能“说话”和“交流”的能力。

（5）1993 年，雷蒙德·库兹韦尔（Raymond Kurzweil）提出了人工智能的“奇点理论”：未来某一天人工智能会超越人类，并且终结人类社会，主宰人类世界。该理论被其称为“即将到来的技术奇点”。当然，关于人工智能的奇点也有很多的反对意见，他们认为人工智能的增长是有极限的，人工智能的天花板就是我们人类的智能。

（6）1997 年，美国国际商用机器公司（International Business Machine，IBM）的超级计算机“深蓝”战胜了当时的国际象棋冠军加里·卡斯帕罗夫（Garry Kasparov），引起了世界的轰动。虽然它还不能证明人工智能可以像人一样思考，但它证明了人工智能在推算及信息处理方面要比人类更快。这是人工智能发展史上，人工智能首次战胜人类。

（7）2012 年，谷歌研究人员从 YouTube 视频中提取了 1000 万个未标记的图像，训练一个由 16 000 个电脑处理器组成的庞大神经网络。在没有给出任何识别信息的情况下，人工智能通过深度学习算法从中准确地识别出了猫科动物的照片。

上述七个历史性事件中，“神经网络”的数学实现理论和方法、后向传播算法等数学理论和方法奠定了人工智能的基础。

三、人工智能面临的数学挑战

当前所谓的人工智能均建立在数学模型之上，本质上是数学智能，并且几乎用到了现代数学的各个分支。人工智能的快速发展依赖于数学基础，同时也面临许多深层次的数学挑战。这些挑战不仅影响人工智能模型的性能、可解释性、泛化能力和计算效率，还关系到人工智能（如通用人工智能）未来的发展方向。人工智能面临的诸多基础问题，如可计算性、可解释性、泛化性、稳定性和创造性，其本质都是来自数学的挑战。

新近一轮的人工智能热潮以广泛采用深度神经网络（deep neural network，DNN）这样的“大模型”为特征。训练这样过参数化的大模型自然要用大数据和使用“大算力”，所以大模型、大数据和大算力被认为是新一轮人工智能的核心驱动力。深度学习已经取得了巨大成功。这种巨大成功一方面极大提升了深度学习作为普适人工智能技术被广泛采用的“一统”地位，另一方面也唤起了人们对深度学习本质局限性和“后深度学习时代”的思考。事实上，任何一种方法、一项技术，都不可能是无所不能的，它会有独特的优势也会有致命的弱点。由于应用的普遍性，深度学习的独特优势与致命弱点似乎都已经暴露无遗了。它的独特优势体现在对任意复杂数据都有很强的建模能力，只要训练样本足够，就一定可学习、可应用，从而提供一种普适的人工智能解决问题范式；它的致命弱点也非常突出，包括网络结构设计艺术性多于科学性、结果不具有可解释性、对大数据训练有极强的依赖性、易受欺骗等。应该说，人们通常正是基于这样的公共认知去选择“追捧”或“批判”深度学习的。然而，为什么深度学习具有这些独特的优势，别的方法就不具备吗？为什么它有这些致命弱点，这些弱点就不能被克服吗？对全面认识深度学习和思考后深度学习时代人工智能的发展来说，理性而严格地回答这些问题是核心而紧迫的。对这些问题的回答，实质上是对深度学习的数学原理进行阐释的过程。

基于反向传播梯度下降的深度神经网络引领了当前的人工智能热潮，在诸多的人工智能应用中取得了不同凡响的成功，甚至被拓展到传统机器学习之外的工程应用问题中（如无线通信网络、智能电网等）。然而，深度学习的理论基础并没有因为其被成功地应用而取得实质的进展。具体而言，深度学习的模型训练过程对应一个复杂的、非凸、非光滑的优化问题，人们对于深度学习网络的架构（网络层数、大小、拓扑等）如何对应优化目标函数的几何性质、如何影响算法的收敛特性，以及如何影响机器学习任务的泛化能力等问题，仍然没有清楚的理论解释。不仅如此，众所周知，一般的深度学习网络对于细微的输入扰动非常敏感，容易输出错误结果。所以，如何从数学的角度理解这一特性，如何能有效运用数学优化的方法来提高网络鲁棒性也是难点问题。因此，有必要以数学方法深入理解深度学习网络的架构与其所取得的泛化性能的交互机理，这对于设计低计算复杂度、高性能的人工智能芯片来说是根本的基础科研课题。

现在大家都在谈数学是人工智能的基础，人工智能缺乏理论指导，但实际上人们更多的时候是在讨论一些数学工具在人工智能中的应用，如统计、优化、计算，也就是学习和求解方面的数学工具应用。人工智能到底需要什么样的数学理论指导？如何通过建立相应的数学理论，指导人工智能向具有可计算性、可解释性、泛化性、稳定性和创造性等特点的真正的人工智能发展，甚至实现具有创造性思维的人工智能（强人工智能）？当前，人工智能研究与应用中亟待解决的 10 个重大数理基础问题包括：①大数据的统计学基础；②大数据计算的基础算法；③数据空间的结构与特性；④深度学习的数学机理；⑤非正规约束下的最优输运；⑥如何学习学习方法论；⑦如何突破机器学习的先验假设；⑧机器学习的自动化；⑨知识推理与数据学习的融合；⑩智能寻优与人工智能芯片问题（徐宗本，2021）。

第二节　人工智能基础研究的科学意义与战略价值

人工智能的研究可分为两类：模型算法和应用。前者属于基础研究，聚焦基础理论方法与关键算法模型，是提升人工智能系统的智能性、可靠性、可解释性的关键；后者围绕某个特定应用任务领域，对已有方法和模型调整改进以获得现实效用。相对于应用技术研究，人工智能基础研究的门槛更高，取得成果的速度也更慢，不易直接产生效益，年轻科研人员自然就会觉得后者“性价比低”，对前者的热情更高。但是，人工智能基础理论方法与关键算法模型一旦突破，则影响深远。大力加强人工智能基础研究，对实现我国人工智能领域高水平科技自立自强至关重要。当前我国人工智能发展面临的主要挑战是人工智能算法、人工智能框架软件及人工智能芯片的研发。这三者都与人工智能基础研究密切相关。

基于此，本书尝试对当前人工智能的机理、数学实现的方法、技术和面临的瓶颈和困难进行全面描述并加以总结，其目的是：①寻找和凝练人工智能最基础、最本质的科学问题，探讨人工智能本质问题的数学解释、建模和具体实现方法；②分析人工智能目前所需要的数学理论和方法以及当前人工智能无法解决的一些问题可能需要的数学理论和工具；③探讨人工智能问题促进新的数学理论和方法的产生、发展的可能性；④发展新的人工智能理论方法，提出未来人工智能的一些可能的基础研究方法和研究方向和发展趋势。具体包括：①综述现有人工智能建模与解释中的数学理论和方法，包括概率、分析、几何与拓扑和数理逻辑等数学分支；研究现有人工智能训练与求解中的数学理论和方法，包括统计、优化和计算等分支；②提出未来人工智能基础研究的发展趋势，给出未来人工智能的一些可能的基础研究方法和研究方向，研究如何将一些现代数学理论分支引入人工智能的解释、建模与实现中；③分析和研判新的学科生长点，提出关于人工智能基础研究的发展方向与布局，对国家自然科学基金委员会、科学技术部等相关部门支持人工智能基础研究资助方向给出建议。

第三节 人工智能基础研究的关键科学问题、发展思路、发展目标和重要研究方向

艾伦·麦席森·图灵（Alan Mathison Turing）的计算模型，回答了“什

么是计算”的问题，奠定了整个计算机科学的基础；香农的通信数学原理，回答了“什么是信息”的问题，奠定了现代信息论的基础。那么，什么是人工智能的核心基础科学问题？我们究竟有什么能力和基础来建立回答这样问题的原创系统理论？

一、认知神经科学

认知神经科学诞生于20世纪70年代后期，是一门由认知科学和神经科学交叉结合而产生的新兴学科，融合了心理学、认知科学、计算机科学和神经科学等领域的研究，从基因—脑—行为—认知角度来阐明认知活动的脑机制。认知神经科学的核心仍是解决根本的认知问题，正如约翰·科莱考尔（John W. Krakauer）所强调的，仅将重心放在神经科学的研究上无法做到理解人类行为，只有通过理论和实践对行为的认知过程进行分解，并辅以神经科学研究对因果关系进行检验，才能真正理解大脑，真正理解认知，进而解释人类行为。

我们认为，人工智能的第一个核心基础科学问题实际上是认知和计算的关系。认知和计算的关系可以进一步细化为四个方面的关系：认知的基本单元和计算的基本单元的关系、认知神经表达的解剖结构和人工智能计算的体系结构的关系、认知涌现的特有精神活动现象和计算涌现的特有信息处理现象的关系，以及认知的数学基础和计算的数学基础的关系。认知神经科学在人工智能的研究中，重视认知层次的新变量、新概念和新原则的研究，要以人类为主、动物为辅，要以宏观为主、结合微观：人工智能的基础研究应当强调系统和行为层次；要重视以实验为基础的学科交叉，物理、计算的基本并不一定是认知的基本，适合描述物理世界的变量并不一定适合描述认知世界。

二、认知心理学

认知心理学是心理学分支之一，它于20世纪50年代中期在西方兴起，70年代开始成为西方心理学的一个主要研究方向。它研究人的高级心理过程，主要是认知过程，如注意、知觉、表象、记忆、思维和言语等。认知心理学的研究与人工智能的研究高度融合，互相交叉。人工智能的目的是模拟人类的智能行为，因此它需要了解人类的认知和心理过程。认知心理学的研究成果可以帮助人工智能更好地了解人类的认知的心理过程，从而更好地模拟人类智能行为。人工智能的核心在于研究出一个“真正的智能”系统，而人类的认知系统是现存的智能系统中最好的模板。所以，认知心理学的研究成果可以为人工智能提供启示和帮助，同时人工智能的发展也会反过来促进认知心理学的进一步发展。

三、统计学

传统的统计学在方法上侧重基于对提取特征的建模，在理论上重视大样本情形下的渐近理论，并不十分适用于深度学习等端到端建模方法以及小样本、弱监督、多源异构等各种现实数据场景。在现代机器学习方法的统计学基础、大数据统计建模、可解释人工智能三个方面有许多关键科学问题，包括深度学习的统计学基础、强化学习的统计学基础和机器学习的稳健性与稳定性、小样本、缺标签的学习、数据共享与隐私保护、分布式数据的统计分析、实时数据流的统计分析、时空和函数型数据的建模、网络和关系数据的建模、多源异构数据的融合、基于因果关系的人工智能方法和人工智能的可解释性等。人工智能统计学的总体发展思路是建立和完善现代机器学习方法的统计学基础、大力发展复杂大数据分析的统计方法和理论、创新探索因果关系启发和可解释的人工智能方法、积极推动融合领域知识与数据分析的人工智能应用研究。

四、数学

数学是人工智能中非常重要的基础学科，概率论、数理统计、图论、信息论、计算数学、最优化等分支更是人工智能中的核心学科。数学为人工智能提供了准确的建模方法、严密的逻辑推理、精确的量化分析和高效的计算方法。概率论是现在人工智能研究的主要理论框架，贝叶斯公式贯穿了机器学习中随机问题分析的全过程。概率论和数理统计也是机器学习的基础，例如最大似然估计、最大后验估计、期望最大化算法等。多数机器学习模型采用的都是基于概率论的方法。人工智能计算最后经常涉及大规模非凸优化的计算问题。针对该类问题，应发展一类非凸优化计算概率算法，其理论以马氏过程的遍历性理论，特别是随机分析中的泛函不等式理论与热核估计方法为基础。深度学习模型的核心是训练算法，而这类算法多数是概率算法。由于其随机性，一般假设输入数据空间服从某种分布，这是导致泛化性能差的一个主要原因。因此，要了解输入数据空间分割特征就需要深入研究随机分割理论。同时，对抗样本的研究也与输入数据空间分割特征的研究紧密相关，这对深度学习模型的实际应用十分关键。但是对抗样本的理论研究十分缺乏，需要发展适用于深度学习模型的随机失稳理论。最优化是人工智能的理论和算法基础，机器学习同时也为最优化模型与算法提供了很多新的思路。人工智能的目标就是最优化，即在复杂环境与多体交互中做出最优决策。事实上，几乎所有的人工智能问题最后都会归结为一个优化问题的求解，因而最优化理论同样是人工智能必备的基础知识，许多人工智能的基础问题都涉及最优化的模型、理论与算法，并且一般都是大规模、非凸、非光滑最优化问题。

模型和算法是科学计算的核心，而软件是基石。对于人工智能的数学建模，不仅仅是基于机理的建模，还包括基于数据的建模，以及基于二者的混合建模。人工智能基于数据的建模或者基于模型与数据混合的建模，通常都是参数（变量）规模巨大的超大模型，为了弥补算力需求上的鸿沟，高性能计算机的硬件体系结构日趋复杂，单纯依靠多核中央处理器（central processing unit，CPU）已经无法提供足够的算力输出，以异构、众核为代表的系统成为发展主流，图形处理单元（graphics processing unit，GPU）、网络处理单元（network processing unit，NPU）等加速处理器成为支撑人工智能计算需求的主要算力来源。人工智能中的一个核心问题是设计求解这些超大模型的基础算法，以及算法与底层硬件特征合理匹配，从而充分挖掘高性能计算机硬件的强大算力。

在人工智能的其他学派出现之后，符号主义仍然是人工智能的主流派别。无论哪个学派，知识表示用来研究如何以计算机可以推理的形式来表示知识，属于数据再表达的研究范畴。吴文俊先生所提出的数学机械化思想是对人工智能逻辑推理研究做出的杰出贡献。吴方法为人工智能的符号计算提供了坚实的理论基础和高效的算法，特别是算法步骤都可以被数学表达明确描述，它代表了智能中严密清晰的逻辑思维层面，与联结主义中概率模糊的模拟层面是互补的。人工智能的发展有待于逻辑推理的突破，而多项式代数的符号计算方法、数值计算几何、组合计算几何、计算代数几何、计算群论、符号分析、计算数论与现代密码学都是这个领域未来重要的研究方向。

人工智能领域的相关研究问题可以简洁而精确地通过图论的语言和符号进行描述，因而图论的诸多研究思想、方法及成果都能很自然地应用到人工智能学科的研究中。如今，图论方法已经成为人工智能领域的重要研究方法和工具之一，在从计算机视觉、模式识别、统计机器学习、智能搜索、图神经网络（graph neural network，GNN）、专家系统、知识表示、知识图谱、数据库知识发现（knowledge discovery from data，KDD）、数据挖掘和自然语言处理等多个人工智能领域的模型建立和算法实现方面都起到关键作用。

博弈论在现代人工智能解决方案中扮演着至关重要的角色，深度强化学习体现了博弈论在现代人工智能中的主要地位。从单智能体程序到复杂的多智能体深度强化学习环境，博弈论原理贯穿了人工智能发展的整个生命周期。目前，大多数深度强化学习模型事实上还停留在传统的博弈论层面，但随着深度强化学习的发展，传统博弈论方法已经逐渐显现出其不足之处，而同时则有一些新的博弈论方法被纳入人工智能的研发之中。若想进一步优化深度强化学习模型，必须融入新的博弈论方法。平均场博弈、随机博弈、进化博弈和黑箱博弈等四个新的博弈论方法，正在深刻影响着深度强化学习的发展，乃至影响未来人工智能的发展。

机器学习数学理论最重要的部分是泛化误差的估计。泛化误差分三个部分：逼近误差、估计误差、训练误差。第一部分依赖于假设空间的选取。第二部分依赖于样本数据的选取。第三部分依赖于训练算法或者说优化算法。逼近论是机器学习理论研究的基础。与经典逼近论不一样的是，机器学习理论关心的主要是高维函数。神经网络功能非常强大，可以将其用于几乎任何统计学习问题，而且效果很好。从逼近论的角度来看，基于神经网络的机器学习带给我们的最大的疑惑就是：为什么在大多数情况下此方法比许多其他算法更强大？也就是说，为什么神经网络对逼近高维函数如此有效？由于维数灾难带来的困难，传统的基于多项式、分片多项式、样条函数、小波函数等基函数的逼近方法对高维问题都基本无效。深度学习在计算机视觉等领域的成功，本质上是在解决一个高维的函数逼近问题。近年来，深度学习算法也被推广到了传统的科学计算领域，例如求解高维的微分方程和控制问题。这些成功的案例都表明，神经网络是逼近高维函数的极其有效的工具。许多机器学习领域里的研究人员用万能逼近定理（universal approximation theorem，UAT；Cybenko，1989）来解释神经网络的这种特殊能力：只要激活函数像S形函数且被逼近的函数是连续的，具有单个隐藏层的神经网络，只要神经元的个数足够多，就可以根据需要精确地对其进行逼近。事实上，类似的万能逼近定理对多项式同样成立，这就是经典的魏尔斯特拉斯（Weierstrass）定理。多项式逼近对于高维函数的应用困难是维数灾难问题，并且神经网络发明后的几十年来一直不受欢迎，也是由于维数灾难问题，缺乏一种计算有效的方法来使它们适合数据。正是反向传播算法和通用图形处理单元（graphics processing units，GPU-s）这两项重要的基础进步，才使训练庞大的神经网络变得轻而易举。所以，要解决神经网络对高维函数逼近带来的疑惑，就必须建立一套新的针对高维函数的逼近论。给定一个特殊的逼近模型，如某种神经网络模型，我们要找到其对应的函数空间，也就是能够被这个模型有效逼近的函数的集合，并在此基础上建立相应的泛化误差分析。

从几何与拓扑的角度研究人工智能，主要包括几何分析方法、代数拓扑方法和热带几何方法，尤其是最优传输理论与算法对深度学习网络起到了重要作用。基于最优传输理论的几何理论，给生成对抗网络提供了深刻的数学支撑。如何用人工智能方法从离散数据重构数据流形，使得重构的流形能够反映真实数据流形的各类几何与拓扑性质，如何将高维空间中的流形保结构地嵌入在低维空间中以便于学习和计算，如何精确刻画传输映射的奇异集合以避免模式坍塌，如何在数据的不同分布之间进行高效的映射计算等，这些都是人工智能亟须解决的问题。

统计物理学研究系统的宏观行为与微观组成之间的关系，它是处理大量粒子相互作用的复杂系统的首选工具。机器学习追求从数据中发现规律和模式，统计物理学的概念和方法可应用于机器学习中，如聚类、降维和图像识别等。通过结合统计物理学和机器学习的思想，可以提高模型的泛化能力和鲁棒性。历史上，平均场理论、变分方法、贝蒂近似等均起源于统计物理学，后在计算机科学和机器学习中流行和发展。统计物理学对复杂系统的研究启发了神经网络的发展，神经网络模拟了大脑神经元之间的相互作用，而复杂系统理论提供了对非线性动力学和网络结构的理解。这种交叉探索促进了神经网络模型的演化和改进，使其在模式识别、预测和优化等任务中取得了重大进展，极大地促进了人工智能的发展。

当前，物理学中的概念和原理为人工智能的发展提供了重要的启示。量子计算的原理对开发更快速、高效的计算方法具有指导意义；光学系统的性质可以启发新型的神经网络架构设计。通过深入理解物理学背后的数学和概念，我们可以改进和创新 AI 算法，提升其性能和鲁棒性。与之相关的一些重要的科学问题包括：无监督学习（unsupervised learning，UL）的本质、深度学习的非高斯行为、深度学习的能量景观、深度学习的对称性与守恒律、训练深度神经网络的非平衡统计物理学的理论、非平衡统计物理学的严格基础数学框架、统计物理学启发的实用性训练算法和训练策略以及基于统计物理学的泛化与过拟合理论等。通过对以上问题的研究，统计物理学可为算法、基础模拟软件、模型训练提供核心技术，为人工智能在可解释模型方面奠定理论基础，并且以此促进新兴交叉领域的形成，带动数学与统计物理学相关学科交叉型学生及研究人员团队的培育。

第四节　人工智能数学相关的基础研究核心挑战方向和亟须解决的科学问题

人工智能发展至今，数学相关的基础研究的核心挑战方向和亟须解决的科学问题总结如下。

一、非凸优化与深度学习训练

深度学习模型的损失函数通常是高维非凸函数，存在大量局部极小值、鞍点陷阱和梯度不稳定（梯度消失 / 爆炸）问题，往往导致训练困难。大量局部极小值导致模型可能收敛到泛化性能较差的解；在高维空间中，梯度接近 0 的临界点大多是鞍点而非局部极小值，这使得优化算法陷入停滞；在许多情况下，深度学习模型还存在梯度不稳定问题，如循环神经网络（recurrent neural networks，RNN）中的梯度消失 / 爆炸问题，可能导致训练无法进行。

要解决这些问题，需要的相关数学工具主要包括如下几种：

（1）随机梯度下降算法（stochastic gradient descent，SGD）及其变体，如自适应矩估计算法（adaptive moment estimation，Adam）、适应梯度算法（adaptive gradient，Adagrad）。

（2）二阶优化方法，如无海森矩阵优化（Hessian-Free Optimization，HFO）。

（3）动量法、归一化技术，如批量归一化（BatchNorm）。

其中，亟须解决的科学问题如下：

（1）如何设计更高效的优化算法，避免陷入不良局部解？

（2）能否理论证明某些优化方法，如随机梯度下降算法（SGD）在深度网络中的收敛性？

二、高维统计与泛化理论

现代人工智能模型（如深度神经网络）通常呈现参数量远超样本量的过参数化特性，但依然能泛化良好，这一现象似乎与传统统计学习理论（如 VC 维）矛盾。如何解开"深度学习泛化之谜"，即为什么过参数化模型不会严重过拟合？如何处理隐式正则化问题，如 SGD 等优化方法本身是否隐含正则化效应？

要解决这些问题，需要的相关数学工具主要包括如下几种：

（1）Rademacher 复杂度、PAC 学习理论。

（2）随机矩阵理论。

（3）信息瓶颈理论。

其中，亟须解决的科学问题如下：

（1）如何建立适用于深度学习的泛化理论？

（2）如何量化不同优化算法对泛化的影响？

三、概率推理与不确定性建模

现代人工智能系统（如自动驾驶、医疗诊断）需要量化预测的不确定性，但传统深度学习方法缺乏概率解释。这一方面涉及贝叶斯深度学习问题，即如何高效计算大规模神经网络的贝叶斯后验（Bayesian posterior）；另一方面涉及分布外检测（OOD Detection），即如何判断输入数据是否超出训练分布。

要解决这些问题，需要的相关数学工具主要包括如下几种：

（1）变分推断（variational inference，VI）、马尔可夫链蒙特卡洛（Markov Chain Monte Carlo，MCMC）。

（2）高斯过程（Gaussian process，GPs）、贝叶斯神经网络（Bayesian neural networks，BNNs）。

（3）证据下限（evidence lower bound，ELBO）、校准理论。

其中，亟须解决的科学问题如下：

（1）如何使深度学习模型具备可扩展的贝叶斯推断能力？

（2）如何设计更好的不确定性估计方法？

四、图神经网络（GNN）与组合优化（CO）

许多现实问题（如社交网络、分子结构）涉及图结构数据，但传统深度学习难以有效处理。这一方面涉及图同构问题，即如何设计具有强表达能力的 GNN；另一方面涉及组合优化问题，如旅行商问题（travelling salesman problem，TSP）、最大割问题（maximum cut，MaxCut）能否用人工智能高效求解。

要解决这些问题，需要的相关数学工具主要包括如下几种：

（1）谱图理论、消息传递算法。

（2）图表示学习（graph embedding）。

（3）强化学习（reinforcement learning，RL）与 GNN 结合。

其中，亟需解决的科学问题如下：

（1）如何提升 GNN 的泛化能力（如处理未见过的图结构）？

（2）能否利用人工智能突破传统组合优化的计算极限？

（3）如何设计统一的学习框架求解多类组合优化问题？

五、可解释性与因果推理

人工智能模型（如深度神经网络）通常是“黑箱”，难以解释其决策逻辑。这导致出现如下问题：如何量化每个输入特征对输出的贡献，以确定特征归因问题？如何区分相关性与因果性？例如，医疗人工智能能否突破“从症状到药物”的常规路径，转向“药物到疗效”的推断模式，从而解决因果推理问题？

要解决这些问题，需要的相关数学工具主要包括如下几种：

（1）因果图模型（directed acyclic graphs，DAGs）、因果推断中的 do-演算。

（2）信息论（如互信息）。

（3）稀疏建模（如 LASSO）。

其中，亟须解决的科学问题如下：

（1）如何将因果推理融入深度学习？

（2）能否建立统一的可解释性数学框架？

六、计算复杂度与高效算法

人工智能模型（如 Transformer）的计算成本随规模急剧增长，如何降低计算开销？具体问题包括如何降低注意力机制的平方复杂度，如大模型 GPT-3 的计算量随序列长度呈 $O(n^2)$ 增长；如何进行稀疏化与模型压缩？如何减少参数而不显著降低性能？

要解决这些问题，需要的相关数学工具主要包括如下几种：

（1）低秩近似、张量分解。

（2）哈希技巧、量化训练。

（3）动态计算（如早停机制）。

其中，亟需解决的科学问题如下：

（1）是否存在更高效的基础架构（如超越 Transformer）？

（2）如何理论分析模型压缩的极限？

七、多智能体系统与博弈论

在自动驾驶、金融市场等场景中，多个人工智能智能体需要协作或竞争，涉及复杂策略交互。例如，对于纳什均衡计算，在多智能体强化学习（multi-agent reinforcement learning，MARL）中如何高效求解？如何防止智能体利用规则漏洞（如人工智能竞标策略中的“博弈”行为）以避免欺骗与对抗？

要解决这些问题，需要的相关数学工具主要包括如下几种：

（1）博弈论（非合作博弈、演化博弈）。

（2）机制设计、拍卖理论。

（3）多智能体强化学习（MARL）。

其中，亟需解决的科学问题如下：

（1）如何设计可扩展的多智能体学习算法？

（2）能否理论保证多智能体系统的稳定性和公平性？

习近平总书记曾强调，要切实加强基础研究，夯实科技自立自强根基，要强化基础研究前瞻性、战略性、系统性布局[①]。人工智能是国家重大战略，对中华民族的伟大复兴有着重大影响。我们应进一步加强人工智能基础研究，自主研发我们自己的人工智能基础模型。首先，要做有组织的、具有重大创新的科研。高校、科研院所的相关力量要联合攻关，研究“真正的智能”系统，而不是现在基于统计学方法，由“大数据、大模型、大算力”训练出来的不可解释的一个巨大的“黑盒子”。正如诺贝尔经济学奖获得者托马斯·萨金特（Thomas J. Sargent）说的那样，现在的“人工智能其实就是统计学，只不过用了一个很华丽的辞藻”，而我国已故的数理统计学家陈希孺院士认为，“统计规律”反映的是人类认识上的局限性，是人类对偶然性的作用无力完全

① 天天学习 | 习近平：切实加强基础研究 夯实科技自立自强根基 . https://www.yunan.gov.cn/yfyabs/gkmlpt/content/1/1670/post_1670826.html#2416[2023-02-22].

掌握，却还要在这种局限性的约束下认识自然的一种努力。其次，要从人脑产生智能的机理入手，从脑科学、认知神经科学、认知心理学，到数学、统计学、物理学、生物学等各个领域，展开对人工智能基础模型的合作研究，用5～10年的时间，自主研发出我们自己的具有“真正的智能”的系统。这样才能在人工智能领域真正超过西方，走在世界的前列。再次，选择合适的人做合适的事情，要长远规划，认准了人，就要相信他们，鼓励他们勇于探索，不能急功近利，不考核发表论文。现在的大部分脑科学研究者，经常是在猴子身上做一些简单实验，取得一些数据并进行分析，发表论文，以发表论文为科研的最终目标。做人工智能基础研究的一些学者也热衷于发表论文，在前人工作的基础上做一些修修补补、不痛不痒的工作。我们必须从组织机制、考核机制上，在这类国家重大需求任务的研究中，彻底摒弃以发表论文为目的的研究。

本章参考文献

王金场 . 2018. 人工智能发展历史的重要事件 . https://www.toutiao.com/article/6635932382098620936/?wid=1685697461877[2023-03-23].

徐宗本 . 2021. 人工智能的10个重大数理基础问题 . 中国科学 : 信息科学，51(12): 1967-1978.

中国就业培训技术指导中心，中国心理卫生协会 . 2015. 心理咨询师（基础知识）. 3版 . 北京：民族出版社 .

Cybenko G, 1989. Approximation by superpositions of a sigmoidal function. Mathematics of Control, Signals, and Systems, 2(4): 303-314.

Rumelhart D E, Hinton G E, Williams R J. 1986. Learning representations by back-propagating errors. Nature, (323): 533-536.

Urban T. 2015. The AI Revolution: The Road to Superintelligence. http://waitbutwhy.com [2024-09-01].

Woniu. 2021. 人工智能的本质（人工智能的根本问题是什么）. https://www.chinaai.com/baike/10262.html[2023-03-22].

第二章

认知神经科学

广义的认知神经科学在人工智能的研究体系中占据重要的基础地位，二者近年来更是呈现出加速协同发展的态势，因此对认知神经科学进行超前布局对人工智能的发展具有极其重要的战略价值。发展新一代人工智能的核心基础科学问题是“认知和计算的关系”。在这个核心基础科学问题中，认知神经科学具有不可替代的地位。该问题可以进一步细化为四个方面的关系来研究：①认知的基本单元和计算的基本单元的关系；②认知神经表达的解剖结构和人工智能计算的体系结构的关系；③认知涌现的特有精神活动现象和计算涌现的特有信息处理现象的关系；④认知的数学基础和计算的数学基础的关系。认知和计算关系的问题需要长期探索，应当得到持续的支持。从认知神经科学的学科特点来看，应注意以下三个方面的研究布局。①重视认知层次的新变量、新概念和新原则的研究。②要以人类为主、动物为辅，以宏观为主、结合微观。③重视以实验为基础的学科交叉。

视觉生物（如人类）能够轻松地识别和分类各种物体，这是视觉系统最为显著的能力，也是视觉生物赖以生存的关键能力。当物体和观察者发生相对位移时，物体投射在观察者视网膜上的图像会发生变化：不仅图像的方位和大小会发生变化，而且图像中物体的表面可能会被缩短或拉伸、遮挡或显露；同样，环境照明的变化可能显示物体新的表面，又或者将物体之前显露的表面隐藏在阴影中，又或者在光亮结束和阴影开始的地方引入虚假边缘。尽管这些变化使得同一物体从在视网膜上表征开始就具有相当大的变化，但是视觉系统仍然能够对物体提取出合理、恒定的表征，进而实现对物体的准确感知和识别。这一过程背后的神经机制不仅是视觉认知神经科学研究的重点，而且正在为人工智能领域（特别是计算机视觉）的发展提供关键信息，并将持续发挥重要作用。

第一节　科学意义与战略价值

认知神经科学是研究心理过程的生物学基础，主要研究神经活动究竟如何产生各种精神现象，是横跨心理、神经、计算等多个领域的交叉科学。与之密切相关的还有系统神经科学（研究认知过程中单个神经元和神经回路的活动）和计算神经科学（建立数学模型来帮助分析和理解上述神经活动）等。简便起见，本章将采用相对宽泛的定义把相关学科合并在一起讨论。

人工智能研究的终极目标之一是创造出拥有类似甚至超越人类智能水平、可以灵活适应不同环境，同时可以解决各种问题的通用人工智能（强人工智能）系统。面对目前唯一已知的类似系统——人脑，弄清楚人脑究竟具备哪些功能，又是如何实现的，对人工智能的发展显然具有重要的基础性意义。中国“脑计划”提出了“一体两翼”结构，即以研究脑认知的神经原理为基础（“一体”），支撑重大脑疾病和人工智能（“两翼”），不仅充分说明了广义的认知神经科学本身的重要价值，更凸显了它对人工智能发展的推动作用。具体来说，这种推动作用至少表现在提出问题、树立标杆、启发灵感和验证方法四个方面。

一、认知神经科学的发展不断为人工智能研究提出新的科学问题

高级智能系统是一个复杂系统，许多独特规律难以还原至较低层次进行

研究，涌现出的一些现象可能暂时为人脑所独有，因此人脑在相当长的时间内都将是高级认知功能最佳的研究对象和参照物。认清高级智能系统具备哪些能力、哪些特点，可以为人工智能研究指明方向。通过不断追问“什么事情是人脑可以（轻松）完成而目前的机器却难以胜任的”，人工智能研究者可以不断开辟新的研究问题和研究方向。目前人工智能领域的一些前沿课题，如对抗性实例、持续学习（continual learning）、小样本学习、可解释性等备受瞩目，正是由于机器和人类表现之间的巨大差异引起了人们广泛的关注。

二、对生物智能的准确描述和测量可以为人工智能树立标杆

如何衡量智能系统的水平是一个比表面上看起来更加复杂的问题，而且智能系统的能力越强，准确衡量就越困难。一些简单的指标很快趋于饱和，如用于评价在 ImageNet 图片集上进行物体分类的正确率的指标，已经达到非常高的水平，这也导致部分研究者和媒体经常会产生“计算机视觉系统的能力正在逼近甚至超越人类”的错觉。但事实上，人类视觉认知系统可以从视网膜输入中提取出非常丰富的信息，从位置、轮廓、类别、姿态到动作、意图、可能的交互方式、因果关系等，而分类正确率这样的指标仅仅描述了其中很小一部分功能。认知科学的研究者十分善于利用不同的行为范式测量人和动物认知功能的极限，并将这些更具挑战性的任务移植到人工智能研究中来，不但有助于更准确地测试人工智能的水平，而且同时针对多种不同任务进行优化（而不仅仅是分类图像）还有望提供更有效的“归纳偏置”，帮助学习算法找到泛化能力更强的模型。

三、认知神经科学发现的脑活动规律可能直接启发人工智能衍生出新的方法和技术

神经系统是动物在不断变化的生存压力下经过漫长的进化优化而形成的。一个帮助人脑实现了灵活强大认知功能的机制或原理，虽然不一定是唯一解或者最优解，但显然值得尝试加入人工智能系统，看是否会带来更好的性能。按照大卫・马尔（David Marr）提出的视觉计算理论框架，对一个复杂信息

处理系统的理解包含计算理论、表征算法、硬件实现三个层次。神经科学在这三个层次上都可为人工智能带来灵感。例如，针对动物条件反射建立的理论以及脑内奖赏回路的研究启发了强化学习这个领域，而灵长类腹侧视觉通路的诸多特性启发了现今的深度卷积神经网络。就连常被认为不必照搬的真实神经元的形态、运算、网络特征，也启发了神经形态工程领域开发不同于现有数字计算机的超低功耗、更高效率的人工智能计算器件。需要指出的是，对人脑的深入认识通常并不提供可被简单复制的解决方案，而是在较为抽象的概念、原则、思路层面上带来灵感，启发人们尝试新的算法和设计。对于某些更加困难的问题（如人工意识），仅仅证明解是存在的，也足以使研究者确认问题的可行性，从而不停下探索的脚步。

四、认知神经科学的研究结果有助于更好地评估和验证已有的人工智能技术

设想两个独立的研究小组，在面对同一个问题时不约而同地提出了同样的解决方案。虽然这并不能保证解的正确性，但有较高概率表明研究人员确实抓住了问题的某些本质方面。历经演化表现良好的生物智能系统正像另一个颇具口碑的研究小组，可以帮助做出评估决策。例如，某一技术路线在诞生之初也许没有表现出惊艳的性能，但假如有证据表明大脑也采用了类似的机制进行认知加工，那么我们可能会更有信心坚持对这个技术路线进行长期投入，优化工程实现的细节，耐心发掘其潜能。一个典型的案例是，在深度学习兴起之前，人工神经网络（artificial neural network，ANN）技术曾经两起两落，大家普遍认为以支持向量机为代表的核方法才是更有希望的路线，在以具有深厚认知和神经科学背景的杰弗里·辛顿（Geoffrey Hinton）为代表的少数研究者的不懈坚持下，才有了如今的人工智能的第三次复兴。

人工智能研究的一个长远目标是实现人与人工智能系统的和谐共存与融合，其形式包括人机协作、脑机接口等。由于其中涉及人的因素，只有把人的行为模式、大脑对信息的编码方式等研究清楚，人机之间的交互才有可能实现。此外，为了实现人机之间的双向信息流动，需要通过某种方式将外部信号输入神经系统，有时甚至可能需要绕过人体天然的感觉通道。大脑将如

何解释这些新"感觉"的输入？这样会发生怎样的可塑性变化？这些都是实现人机融合必须回答的问题。因此，认知神经科学的进步是人机融合等方向的重要基础。

最后，认知神经科学和人工智能存在显著的协同性，二者的紧密结合将大大加速这两个领域各自的发展。神经科学对人工智能的推动作用在前文已述及，反过来，人工智能也正在显著改变神经科学研究的面貌，这种影响至少体现在如下两个方面。一方面，人工智能技术为体量越来越大的神经科学实验数据提供了强大的处理工具。例如，计算机视觉的进步使得脑切片电镜数据的分割、跟踪和重建开始摆脱繁重的手工操作，极大加速了脑连接组研究的速度。另一方面，可能更重要的是，越来越深地受到脑启发的人工神经网络模型，开始成为研究脑认知机理的一个可用的理论模型，其拟合程度超越了原先研究者手工设计的模型，并催生了一些全新的研究方法。例如，如果你对认知的神经机制产生了一个假设，可将其加入人工神经网络模型，比较模型的表现和对神经系统的实际测量以得到有用的结论。因此，神经科学可以促进人工智能的发展，人工智能反过来又会促进神经科学的发展，两者的协同性形成一种正反馈循环机制，使得这种相互作用的影响更为深远。

综上所述，广义的认知神经科学在人工智能的研究体系中占据重要的基础地位，两者近年来更是呈现出加速协同发展的态势，因此对其进行超前布局对人工智能的发展具有极其重要的战略价值。

我们必须开展什么样的新一代人工智能的基础研究，才能使我国成为人工智能领域真正意义上的科学大国？像图灵的计算模型，回答了"什么是计算"的问题，奠定了整个计算机科学的基础；像香农的通信数学原理，回答了"什么是信息"的问题，奠定了现代信息论的基础。对于我们而言，关键是能否提出"什么是新一代人工智能"的核心基础科学问题，以及我们究竟有什么能力和基础来建立回答这些问题的原创系统理论。通过总结前40多年从事认知科学研究的经验，陈霖（2018）提出，发展新一代人工智能的核心基础科学问题是"认知和计算的关系"。例如，要回答"人工智能会不会取代人类智力"这个广泛关注的问题，将其凝练成科学问题，本质上是要回答"认知和计算的关系"（或者"认知和计算的差别"）问题。

第二节　发展规律与研究特点

人类对于理解“什么是智能”的兴趣自古即有，早期仅限于哲学式的讨论，带有机械唯物观的二元论者勒内·笛卡儿（René Descartes）是这一阶段的巅峰代表人物。19世纪下半叶，古斯塔夫·西奥多·费希纳（Gustav Theodor Fechner）及威廉·冯特（Wilhelm Wundt）开启了实验心理学的时代。随之而来的是各种学派的争鸣，产生了构造主义、机能主义、行为主义等。在提出认知的计算理论，即把认知和智力的本质看成离散符号处理的计算之前，“我们几乎没有任何科学的概念和方法来研究智能和智力的本质（Simon）”（Casti and dePauli，2000）。20世纪50年代，数字计算机所执行的信息处理的独特概念，使理解“什么是智能”的研究，得以形成高度统一的学科，即（经典）认知科学。随着从符号主义到联结主义的认知理论的发展，认知科学开始反哺信息或者计算科学，推动了人工智能研究的突飞猛进。

明斯基在《感知器：计算几何导论》（*Perceptrons: An Introduction to Computational Geometry*）一书中指出局部性质计算只需要低阶知觉机，然而拓扑计算不是有限阶的。该结论的影响力体现在，由此产生的误解是第一次人工智能高潮结束和第二次人工智能兴起的重要原因。第一次人工智能高潮结束是因为误解成拓扑不可计算，夸大了知觉机的局限性；第二次人工智能兴起是因为误以为多层知觉机可以成功地解决拓扑计算的高计算复杂度问题。陈霖（1982）发现，相较于局部特征性质，人类认知系统对拓扑性质更敏感，他提出了拓扑初期知觉理论。该理论揭示了拓扑计算和拓扑认知的深刻矛盾。在人们看来，计算理论在视觉研究的领域已经是晴空万里，提出拓扑性质检测问题可能是计算理论的“一朵乌云”。在克服这个基本问题的过程中，人们越来越注意到大脑对认知和智力过程的生物学约束，是对智能研究的大一统体系的质疑，也就是对“认知即计算”的认知计算理论的质疑。

认知神经科学不是神经科学的一个分支，而是为了解决认知的计算理论的一个基本困难，即存在多种可能的理论的问题，而兴起的、认知科学的发展方向和新阶段。之前的认知科学更加注重的是用机器（主要是数字计算机）来模拟（实现）智能的问题，或者说是注重研究“智能和机器关系的问题”。认知神经科学的兴起，使得研究者重新回到“智能和大脑关系”这一古老的哲学问题上，利用各种脑认知成像技术，开展基于科学实验和分析的研究。这标志着认知神经科学在一个新的循环的层次上走上更加富有成效的发展道路，也必将给人工智能理论的突破提供更深刻的启发。一个典型的例子，尽管只是很肤浅地模拟了人类视觉认知中的层次化结构，人工智能研究者就提出和发展了深度神经网络，而深度神经网络是当前这一波人工智能高潮的核心力量。

认知神经科学发展的内生动力主要是科学家们对理解人类精神现象物质基础的强烈好奇，而外部动力则是攻克神经和精神系统疾病，以及发展人工智能系统的强烈需求。量子力学的奠基人之一埃尔温·薛定谔（Erwin Schrödinger）曾写过《生命是什么》一书，启发许多人投身于研究生物遗传的分子基础，其中就包括后来发现 DNA 双螺旋结构并由此开启分子生物学时代的詹姆斯·沃森（James Watson）和弗朗西斯·克里克（Francis Crick）。薛定谔后来又写了《心智与物质》一书，探讨意识的物质基础问题。受其影响，克里克后期转向神经科学领域，使得“意识的神经相关物”研究进入主流视野。另一位诺贝尔奖获得者利根川进（Tonegawa Susumu）在因阐明抗体多样性的遗传学原理而获奖之后，也转向神经科学领域，潜心研究记忆在脑内的存储印记。这些事例很好地展现了认知神经科学的内在吸引力。另外，随着医疗卫生条件的进步和人口结构的老化，神经和精神系统疾病的负担加重，高收入国家尤其如此，因此美国、欧盟、日本、中国等国家和组织都加大了对神经科学的投入以应对这一挑战。

认知神经科学与人工智能这两个领域具有紧密的内在联系和协同性，但具体的研究内容和方法又存在较大的差异。表现之一是许多术语（如“注意”）在两个领域都在使用，但其具体含义却不完全相同。因此如果两个领域的研究者对对方领域缺乏了解，在合作中可能会遇到一些障碍，也不利于产生原始创新。理想的情况是在人才培养过程中，有意识地加强交叉学科背景的培养，使年轻研究者对两个领域的基本概念方法和科学问题都建立起较全面的认识。人工智能领域许多做出开创性贡献的领军人物，都具有认知或神经科学背景。计算机视觉的奠基人马尔将毕生精力贡献于对脑工作机制的分析建模，被誉为“深度学习教父”的辛顿本科是实验心理学专业，创设ImageNet的李飞飞博士，其研究生导师之一是著名神经科学家克里斯托夫·科赫（Christof Koch），创立DeepMind公司并开发出阿尔法狗（AlphaGo）的戴密斯·哈萨比斯（Demis Hassabis）博士，其研究生专业是认知神经科学。这些例子表明，拥有跨领域的知识背景，十分有利于孕育全新的视角和方法，这在认知神经科学和人工智能领域体现得非常明显。

随着基于人工神经网络的机器学习技术在人工智能领域占据主导地位，“脑启发”“类脑”愈发受到重视，两个领域交叉和协同发展的趋势愈发明显。如图2-1所示，2022年利用谷歌学术搜索统计2000～2020年每年发表的含有特定关键词的论文数量，包含“人工智能”的论文数量总体平稳上升，反映了该领域的健康发展状况。包含“深度学习”的论文自2014年起呈现爆发式增长，但在2019年增长趋缓并到达峰值。这可能部分归因于新冠疫情带来的冲击，但也提示现有深度学习方法的简单扩展可能已达到某种瓶颈。几乎与此同时，包含“神经科学”的论文数量自2013年起出现下降，这可能反映了深度学习热潮带来的学术兴趣和研发投入的转移，也侧面反映了两个领域的紧密联系。最后，同时包含“神经科学”和“人工智能”这两个关键词的论文数量持续加速上升，甚至在2019～2020年也不例外。这充分说明了两个学科呈加速交叉融合的趋势。

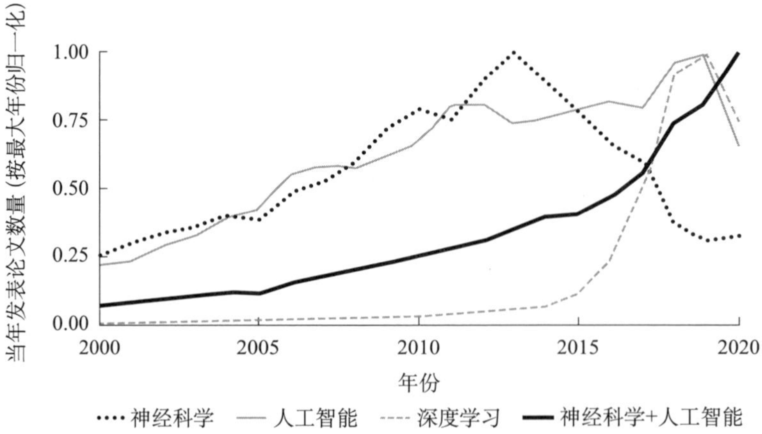

图2-1　2000～2020年每年发表的含有特定关键词的论文数量

对人类神经系统和认知过程的理解，促成了人工智能领域的许多重大创新，后者又反哺了神经科学的进一步发展。经典案例之一是深度神经网络技术的诞生。1943 年，受神经元“全或无”发放模式的启发，神经生理学家麦卡洛克和数学家皮茨提出了第一个神经元的数学模型用于逻辑演算。1957 年，心理学家弗兰克·罗森布拉特（Frank Rosenblatt）为模型加入了可调节的权重和一个基础的学习算法，提出了感知机模型。虽然这种单层的感知机只能学习线性分类平面，而无法学习特征本身，但这是现代人工神经网络的雏形。1980 年，福岛邦彦（Kunihiko Fukushima）根据诺贝尔奖获得者大卫·休伯尔（David Hubel）和托斯坦·维厄瑟尔（Torsten Wiesel）在视觉皮层神经元工作机制方面的开创性工作（感受野特性、简单细胞和复杂细胞、层级结构等），提出了神经－认知机（neo-cognitron）模型，奠定了深度卷积神经网络的基本架构，但仍缺乏好的学习方法。1986 年，心理学家大卫·鲁姆哈特（David Rumelhart）和辛顿等提出了误差的反向传播算法，至此人工神经网络终于有了有效的学习算法，虽然大脑是否采用了类似机制进行学习此后一直颇有争议。紧接着 1987 年，鲁姆哈特和詹姆斯·麦克莱兰（James L. McClelland）等发表了《并行分布式处理：认知微观结构的探索》（*Parallel Distributed Processing : Explorations in the Microstructure of Cognition*）一书，将用神经网络模型解释人类认知过程的联结主义推向了一次高潮。1989 年，杨立昆（Yann LeCun，又称扬·勒丘恩）等把反向传播算法应用于卷积神经网络，实现了手写邮政编码的有效识别，这是深度卷积神经网络的一次早期成功。在之后的十多年中，人工智能研究者在训练更深的人工神经网络模型以解决更复杂的问题时遭遇了瓶颈，研究兴趣渐渐转移到了其他方向，如以支持向量机为代表的核方法，只有以辛顿、约书亚·本希奥（Yoshua Bengio）、于尔根·施米德胡伯（Jürgen Schmidhuber）等为代表的少部分研究者继续坚持对人工神经网络的研究。2012 年，詹姆斯·迪卡洛（James DiCarlo）等系统综述了灵长类腹侧视觉通路的神经和计算机制，及其与深度神经网络的紧密联系。同年，辛顿等提出的 AlexNet 在 ImageNet 挑战赛一战成名，拉开了深度学习热潮的大幕。此后，人工智能研究者不断从神经系统中汲取灵感，如同一个脑区内存在具有不同大小感受野的神经元 GoogLeNet（在 2014 年的 ImageNet 大规模视觉识别挑战赛 ILSVRC 中以 6.67% 的 top-5

错误率获得大赛榜首的CNN模型），如不同层级间存在跨级连接，任何单一神经元的发放都是不可靠的Dropout2012（Hinton，2012），等等。与此同时，深度神经网络模型反哺神经科学研究的态势也开始形成。例如，仅以物体识别为目标优化的神经网络模型的顶层和中间层可以自发地很好预测猕猴高级视觉皮层IT和中级视觉皮层V4的神经元活动模式形成（Yamins，2014），而为最大化神经网络模型中某个人工神经元响应强度而特殊优化的刺激图形也可以在猕猴V4神经元中诱发出大大超越过去手工设计刺激的响应（Bashivan，2019）。

认知和神经科学的研究组织形式正呈现出科学家个人主导的独立探索和机构主导的大科学项目并重的趋势。科学家个人主导的独立探索是大部分科学领域的传统形式，鼓励多样性和原始创新。但是面对大脑异常复杂的结构和功能，一些具有重大价值的基础性项目需要巨大的人力和资金投入以及较长的项目周期，这却是单个研究小组无法承受的。机构主导的大科学项目集结大批不同背景的科学家，为了同一个目标开展长周期研究，制订明确的阶段性计划，协调不同方向的分工，促进新技术的突破和应用，并确保持续的资金支持。一个典型的例子是美国艾伦研究所的“大脑地图”和“大脑天文台”项目，以小鼠大脑为突破口，前者绘制出全脑细胞结构、突触连接和基因表达的精细图谱，后者则记录大量神经元在不同任务状态下单细胞水平的神经活动，投入了数百位工作人员和数亿美元的资助，项目跨度超过10年，产生了超过5PB的原始数据（Smith，2017）。类似的还有美国的“人脑连接组计划”等。

近年来，在原有的基础研究基金资助之外，世界各主要经济体都增加了对脑科学研究的专项支持，即各国的“脑计划”。也有越来越多的私人捐赠投入脑科学研究领域。比如，2012年微软联合创始人保罗·艾伦（Paul Allen）向自己创立的研究院追加捐赠了3亿美元，而2016年陈天桥夫妇向美国加州理工学院捐赠了1.15亿美元。还有政府和企业联合出资成立的研究院，同时开展脑科学和人工智能的研究，如2018年成立的北京智源人工智能研究院。资助来源的多元化将进一步助推神经科学的发展。

第三节 发展现状与发展态势

认知科学的大量实验事实，并不能用信息或者计算机科学的概念和变量来描述，推动了人们对于人类智能和机器智能关系的进一步理解。例如，乔治·米勒（George Miller）提出计量短时记忆大小的单元不是计算机计量记忆大小的比特，而是一种整体性的“组块”（chunk）。人类的工作记忆可以记住四个组块。一个组块可以是一个字母，可以是多个字母组成的词，甚至可以是多个词组成的短语，它们显然具有非常不同的信息量比特。再如，丹尼尔·卡内曼（Daniel Kahneman）提出注意选择的基本单元是整体性的“知觉物体”。还有珀佩尔提出时间组织的基本单元是整体性的“时间格式塔”。甚至包括认知计算理论的代表人物马尔提出关于形状变化的运动知觉的极为重要的观点，“时间引入了一个重要的新的因素。这个因素和物体的三维结构的细节无关。这个因素是时间过程中连贯的物体同一性（an object identity），是一个完全不同的问题”，“需要新的理论来解释”。“组块”“知觉物体”“时间格式塔”“物体同一性”，这些关于认知基本单元概念的重要性在于，它们不是借用自计算理论或信息科学，而是原创自认知科学的实验发现。陈霖等在十余年间，发展了“大范围首先”（global first）的认知基本单元理论。通过超越直觉的理解，科学准确地用大范围拓扑性质来定义上述认知基本变量，从而建立这些基本变量的统一的认知基本单元模型。这对理解“认知和计算的关系”，把新一代人工智能建成一门成熟的基础科学[①]具有重要的基本意义。

随着认知神经科学的发展，“大范围首先”的神经机制研究，也从早期包括前颞叶和杏仁核的模块化表征，发展到皮层下通路理论。在宏观和微观方向上，脑网络研究近期又有了进一步的拓展。宏观上的脑网络研究，结合了

---

① 即托马索·波焦（Tomaso Poggio）认为的“从炼金术转化成化学”。2018年1月28日，波焦在《麻省理工科技评论》的EmTech China全球新兴科技峰会上，发表了关于深度学习炼金术的精彩演讲。他提出：深度学习有点像我们这个时代的炼金术，但是需要从炼金术转化为真正的化学。这样我们才能知道，深度学习在未来到底可以实现什么。

默认网络的功能；微观上的脑网络研究，发现了自主感光神经节细胞的拓扑检测功能。这种超越脑区成像概念的认知神经科学研究，必将以其对认知神经表达的解剖结构的深刻理解，为发展新一代人工智能的计算体系结构提供深刻和丰富的启发。

正如麦克莱兰认为的“人类认知最伟大的主要成就是认知涌现的现象”，理解认知涌现是对符号处理的认知计算理论的深远的挑战。意识正是认知涌现的特有精神活动现象的一个典型。意识研究的困难在于，如何把人工智能是否会产生意识之类的直觉思辨的讨论变成科学实验的研究。

无论是经典的计算理论还是目前流行的贝叶斯计算理论，都认为认知过程是图灵意义的离散符号的计算。也就是说，计算的数学基础是图灵机。跟传统的、目前仍然占统治地位的认知计算理论不同，我们提出，体现在不同认知层次的认知基本单元（如组块、知觉物体、时间格式塔等）的共同本质——同一不变性和整体性——可以定义为容限空间上的大范围拓扑不变性质。各个认知层次（包括知觉、注意、学习、记忆、数的认知、发展和进化、情绪、意识）的实验，一致支持了这个被沃尔夫（Wolfe）称为“大范围首先”的认知基本单元的拓扑学定义。“大范围首先”的容限空间的拓扑学，与图灵机有显著差异。

陈霖教授的“大范围首先”研究团队始终保持和计算机/人工智能领域专家的合作，涌现出了一批受“大范围首先”理论启发的计算机科学、模式识别、人工智能的研究成果。早在2000年前后，人工智能技术尚未形成当今席卷全球的研究热潮时，该团队就参与了国家自然科学基金委员会前瞻性的战略布局。历经8年多的研讨论证和前期研究积累，于2008年正式启动重大研究计划“视听觉信息的认知计算”。2010年8月，受美国空军科学研究办公室（Air Force Office of Scientific Research，AFOSR）资助，陈霖教授和斯坦福大学数学系卡尔森（Carlsson）教授等，在清华大学召开了一个名为“当拓扑数据分析遇到拓扑视觉处理：从数据挖掘和视觉角度的拓扑计算”（“When TDA Meets TVP: Topological Computation from Data-Mining and Vision Perspectives”）的研讨会，讨论拓扑计算问题。在此之前，汪德亮等曾采用振荡神经网络计算拓扑性质。

“大范围首先”颠覆性的理论突破，长期受到计算机科学和人工智能领域前沿研究人员的关注。颠覆性的认知理论突破，在计算理论和算法的层次带来了变革性的进展。中国科学院自动化研究所谭铁牛院士团队应用“大范围首先”原理，在计算机视觉领域首次提出了早期整体注册的计算拓扑知觉组织（CTPO），将 CTPO 应用于一些计算机视觉主流算法，获得了具备竞争力的成绩。顾晓东通过在脉冲神经网络中增加拓扑通道来提高计算机视觉性能。王国胤等基于“大范围首先”理论，提出粗糙集的概念。多次入选 AI2000 计算机视觉领域全球最具影响力学者榜单的龚怡宏教授，长期和研究“大范围首先”的团队合作，应用“大范围首先”原理，有效解决了传统神经网络存在的“纹理偏执”问题和深度神经网络面临的“灾难性遗忘”问题，即学到的新知识会覆盖旧知识，而导致模型在旧样本上性能的急剧下降。北京大学吴思教授系统分析了“大范围首先”原理在神经信息处理上的计算优势，并基于“大范围首先”的行为和神经机制实验数据，初步构建了实现“大范围首先”的神经网络模型。

部分变革性的计算理论和算法层次的进展，在特定的应用场景中产生了重大的影响。“大范围首先”理论研究推动了国家自然科学基金委员会“视听觉信息的认知计算”重大研究计划的实施。在该计划的集成验证平台——无人驾驶汽车的发展中，郑南宁院士团队应用“大范围首先”原理，定义了注意基本单元——知觉物体。无人驾驶汽车通过对知觉物体的提取、记忆，可以降低视觉过程中场景目标检测和识别的计算复杂度，从而保障了该团队自动驾驶汽车的安全，在中国智能车未来挑战赛上屡屡斩获头奖。

第四节　发展思路与发展方向

陈霖及其团队向长期占统治地位的“局部首先”理论发起挑战，经过近 40 年的系统创新，建立了“大范围首先”认知基本单元理论。该理论提出用“大范围首先”的原理来描述认知过程操作的基本单元。在科学技术部总结陈霖院士 2003 年主持的 973 项目“认知基本单元”实施的通气会上，该理论被列为世界“领跑”的原创理论。国家自然科学基金委员会把“大范围首先”理论列入“‘十四五’优先发展领域”，并指出：“这一理论框架是我国认知科学家在认知科学重大基础理论问题上的独创系统的贡献。”

作为一门独立成熟的基础科学，认知科学最具原创性的贡献在于提出适合描述人类认知精神世界的变量和适合研究认知过程的科学实验方案。在认知神经科学新阶段，发展和应用脑认知成像技术是一个重大挑战。认知科学的生命力，认知科学最具原创性的创新，在于发现适合描述人类认知精神世界特有的、不可由其他学科替代的科学变量和实验范式。随着认知科学研究在认知变量和认知实验范式方面的深入发展，随着从电子成像到各种核素成像的大集合，脑认知成像的概念本身也必将发展。目前，我们正在关注超越脑区定位、整体的脑认知成像概念的发展。这样的脑认知成像概念的发展，对认知和大脑的关系乃至精神和物质关系的认识将具有不可替代的重大科学意义和深远社会影响！

发展新一代人工智能的核心基础科学问题是“认知和计算的关系”。认知和计算的关系问题可以进一步细化为以下四个方面的关系。

一、认知的基本单元和计算的基本单元的关系

基础科学面临四大问题：物质的本质、宇宙的起源、生命的本质、智力的产生。认知科学致力于研究四大问题的最后一个：智力的产生。四大问题的前三个基本上是关于物质世界的研究；而智力的产生是对精神世界的研究，是对精神世界和物质世界关系的研究。近代认知科学发展的一个重要趋势是，越来越多地受益于生物科学和信息科学。一方面，关于脑和神经系统的生物科学的新发现及数据前所未有地大量涌现；另一方面，物理的、计算的概念被借用到认知过程的分析的情况越来越普遍。毫无疑问，这些发展提供了理解“脑和认知关系”的空前机遇。但是，一个相对被忽视的问题是：如何在认知心理的层次来理解这些空前丰富的生物学层次的数据？这样的问题超越了生物学和信息科学的层次，必须要有认知、心理科学层次的，适合描述精神世界、认知和心理过程的新概念和新原则来回答。

二、认知神经表达的解剖结构和人工智能计算的体系结构的关系

脑成像（brain mapping）不是指成像技术，而是指大脑功能解剖结构的一种学说，即智力的模块性：大脑是由专司某种认知功能、结构和功能相对独立及分离的多个脑区组成的。这样的模块性结构，跟通用计算机的中心处理器和统一记忆存储器的计算体系结构是不同的。我们进一步提出认知神经表达的解剖结构的概念，这是因为近来我们发现，敲除了视杆、视锥细胞，只保留内在光敏感视神经节细胞（intrinsically photosensitive retinal ganglion cell，ipRGC）的盲鼠，能够检测拓扑性质。ipRGC 对一致地识别拓扑性质既是充分的，又是必要的。ipRGC 只是视网膜的一种神经节细胞，又分成 5 个子类，而且这 5 个子类中只有 2～3 类涉及识别拓扑性质。这样的神经表达实验表明，"大范围首先"的拓扑性质知觉起源和根源于一种形态、投射关系、分子特性特定的细胞。然而，人工神经网络的每个"细胞"都是相同的，只是连接不同。

三、认知涌现的特有精神活动现象和计算涌现的特有信息处理现象的关系

认知科学研究智力的产生，就是要揭示人类认知精神世界涌现的特有的现象。理解认知涌现是对符号处理的认知计算理论的深远的挑战。意识正是认知涌现的特有精神活动现象的一个典型。意识研究的困难在于，如何把人工智能是否会产生意识之类的直觉思辨的讨论，变成科学实验的研究。格式塔原理强调整体的涌现：整体不仅是大于其部分的和，而且更重要的是，整体是独立于其部分的存在（涌现）。"大范围首先"理论对经典格式塔原理进行了重新表述："大范围先于局部"代替"整体多于部分的和"。"大范围先于局部"更凸显了大范围是独立于局部的存在（涌现）。

四、认知的数学基础和计算的数学基础的关系

计算的数学基础是图灵机。无论是经典的计算理论还是目前流行的贝叶斯计算理论，都认为认知过程是图灵意义的离散符号的计算。基于计算概念的理论数学，都不能令人满意地解释我们发现的诸多亟待解释的基本认知现象，如“大范围首先”、不变性的直接知觉、认知偏向、意识涌现等。须提出和发展适合描述认知的新的数学框架，包括“大范围首先”的数学基础：用明斯基的感知器（perceptron）平行计算模型奠定分析高复杂性拓扑性质计算和“大范围首先”拓扑性质知觉关系的数学基础，用塞曼（Zeeman）的容限空间代数拓扑学（同调论）奠定“大范围首先”的知觉组织的数学基础，用克莱因（Klein）的埃尔兰根（Erlangen）纲领奠定“大范围首先”的不变性直接知觉的数学基础；包括认知基本单元（概念格的“知觉物体”刻画）、认知基本关系（半序的“容限”表征）、认知基本操作（泛拓扑的认知过程描述）的数学。近年来，我们寻找在大脑中实现“大范围首先”的量子模型，通过张量代数可以获得一些量子理论的构成要素。认知和计算的关系的研究使得数学与认知在各自最本源的地方相会。类似于把炼金术转化为化学，这正是对新一代人工智能的数学基础的探索。

第五节　资助机制与政策建议

认知和计算关系的问题需要长期探索，并且应当得到持续的支持。就认知科学的学科特点，建议注意三个方面的布局。

（1）重视认知层次的新变量、新概念和新原则的研究：目前脑科学发展的一个趋势是，一方面脑和神经系统的生物学的数据前所未有地大量涌现，另一方面计算的、物理学的概念越来越普遍借用到认知过程的分析。但是一个相对被忽视的问题是：如何在认知心理的层次来理解这些空前丰富的生物

学层次的数据？这样的问题超越了生物学和信息科学的层次，必须要有认知科学层次的、适合描述认知的新概念和新原则来回答。

（2）以人类为主、动物为辅，以宏观为主、结合微观：人工智能的基础研究应当强调系统和行为层次。

（3）重视以实验为基础的学科交叉：物理、计算的基本并不一定是认知的基本，适合描述物理世界的变量并不一定适合描述认知世界。认知和计算的关系的问题，如“什么是认知基本单元”的问题，不能单靠物理的推理或计算的分析来解决，根本上只有通过实验来回答。在这个意义上，认知科学本质上是实验的。因此，人工智能的基础研究要特别注重认知科学的实验研究，要注重以实验为基础的多学科的交叉。

本章参考文献

陈霖 . 2018. 新一代人工智能的核心基础科学问题：认知和计算的关系 . 中国科学院院刊 , 33(10): 1104-1106.

Bashivan P, Kar K，DiCarlo J J. 2019. Neural population control *via* deep image synthesis. Science, 364(6439) : #eaav9436.

Casti J L , DePauli W. 2000. Godel: A life of Logic. New York: Perseus Publishing.

Chen L. 1982. Topological structure in visual perception. Science, 218: 699-700.

Chen L. 2005. The topological approach to perceptual organization. Visual Cognition, 12: 553-637.

Gu X D, Fang Y, Wang Y Y. 2013. Attention selection using global topological properties based on pulse coupled neural network. Computer Vision and Image Understanding, 117: 1400-1411.

Hinton G E, Srivastava N, Krizhevsky A, et al. 2012. Improving Neural Networks by Preventing Co-adaptation of Feature Detectors. https://arxiv.org/pdf/1207.0580.

Huang Y Z, Huang K Q, Tan T N, et al. 2010. A novel visual organization based on topological perception[G]//Zha H B, Taniguchi R I, Maybank. ACCV’09: Proceedings of the 9th Asian Conference on Computer Vision-Volume Part I. Berlin: Springer-Verlag: 180-189.

Smith K. 2017. How to map the circuits that define us. Nature, 548(7667): 268-269.

Tao X Y, Gong Y H, Shi W W, et al. 2020. Object detection with class aware region proposal network and focused attention objective. Pattern Recognition Letters, 130: 353-361.

Tao X Y, Hong X P, Shi W W, et al. 2020. Analogy-detail networks for object recognition. IEEE TNNLS, 32(10): 4404-4418.

Wang C, Lian R, Dong X, et al. 2020. A neural network model with gap junction for topological Detection. Frontiers in Computational Neuroscience, 14: 571982.

Yamins D L K, Hong H, Cadieu C F, et al. 2014. Performance-optimized hierarchical models predict neural responses in higher visual cortex. Proceedings of the National Academy of Sciences of the United States of America, 111(23): 8619-8624.

第三章

认知心理学

认知心理学的研究与人工智能的研究高度融合，互相交叉。人工智能的核心在于研究出一个“真正的智能”系统，而人类的认知系统是现存的智能系统中最好的模板。在过往的研究中，人工智能的研究从认知心理学中获得了大量启发。通过引进认知心理学的概念、理论、模型和实验方法，人工智能算法在学习、注意、语言、记忆、决策等重要领域不断实现突破。我国心理学工作者在认知心理学与人工智能相结合方面开展的工作和取得的进展，较有代表性的是以下三个方面：①认知过程的模拟及其应用；②人机系统中的智能增强，促进各种智能系统的研发和人机系统的集成；③人工智能与教育的融合——教育人工智能领域的进展。总之，人工智能的研究借鉴了很多认知心理学的重要理论及研究发现。同时，人工智能的研究也为认知心理学的研究提供了一些新的研究手段。认知心理学与人工智能更进一步结合必将结出更丰硕的成果。

本章从认知心理学视角，对人工智能的起源与发展过程进行总结，讨论认知心理学的不同研究内容对人工智能发展起到的重要作用。

第一节　科学意义与战略价值

人工智能的迅速发展深刻改变了人们的生活，而各个与人工智能相关的学科则为人工智能发展提供了推动力，尤其是认知心理学和脑科学的成果，有力地推动了人工智能的发展。2017 年 7 月，国务院发布了《新一代人工智能发展规划》，指出“人工智能加速发展，呈现出深度学习、跨界融合、人机协同、群智开放、自主操控等新特征”。这些特征都离不开认知心理学、工程心理学等心理学相关分支的支持。认知心理学是研究人的心理过程和规律的科学。它主要用信息加工的观点研究人对信息的加工过程，包括知觉、注意、记忆、思维和语言等，旨在揭示信息的获取、存储、加工、表征和应用过程，分析人的心理和行为背后的机制。人工智能则是用计算机来模拟人的认知过程（如学习、记忆、注意、推理、决策等），制造类似于人脑智能的机器，服务人类。可见，人工智能作为引领未来的战略性技术，需要认知心理学作为基础并提供理论框架和研究成果的支撑。目前语音识别、视觉识别、中文信息处理、自适应自主学习、直觉感知、综合推理、混合智能和群体智能等领域都有认知心理学的贡献。人工智能领域新算法的提出和发展，有很多是直接借鉴和模拟了人类的基本认知过程。例如，在自然语言处理领域，借鉴认知心理学的短时记忆、长时记忆、注意机制等认知概念提出来的新算法，有效提升了系统的语言理解水平。在人工智能发展的过程中，许多智能和模型的发现与大脑认知研究息息相关。例如，利用显微镜发现的人类大脑的神经连接启发了人工神经网络的诞生（Morris，1999）；利用电子探测器发现的大脑的卷积性质和多层结构，启发了卷积神经网络和深度学习的发展（LeCun et al.，1989；Krizhevsky et al.，2017）；机器学习的注意模块、长短期记忆（long short term memory，LSTM）模型的发展同人类注意机制、工作记忆模型的发现和建立息息相关（Hochreiter and Schmidhuber，1997）；通过神经成像技术发现的人类学习过程中树突棘的变化（Nishiyama and Yasuda，2015），启发产生了持续学习的弹性权重固化（elastic weight consolidation，EWC）模型（Kirkpatrick et al.，2017）。

近年来，随着人工智能领域发展的加快以及复杂性的增加，许多研究者开始重新思考人工智能发展的方向（Ullman，2019；Mitchell，2020）。有研究者认为，作为目前已知的唯一高级智能存在的证据，人脑的运行机制对人工智能研究具有非凡的意义（Hassabis et al.，2017）。目前最为明显的发展趋势，就是脑启发的人工智能或类脑人工智能。马库斯（Marcus）在2016年的一篇演讲中提到①，在人工智能研究领域，研究者需要回到认知科学的维度上考虑问题，因为在日常生活的许多方面（如语音识别、车牌识别、分类等），人类的表现都明显优于人工智能，理解人类的认知功能机制有助于人工智能更好地发展。哈萨比斯等研究者也在其2017年的一篇综述中表达了类似的看法（Hassabis et al.，2017）：一方面，认知神经科学可以为人工智能算法和架构提供灵感，在传统的数理逻辑决定人工智能的思路上提供相对独立的补充；另一方面，认知心理学也可以为现有的人工智能技术提供其存在合理性的证明。因此，认知心理学的研究与人工智能的研究是高度融合、互相交叉的。

第二节 发展规律与研究特点

现代人工智能的提出起源于图灵1950年的论文《计算机器和智能》（“Computing Machinery and Intelligence”）。在这篇论文中，图灵对“机器是否能思考”这一问题进行了讨论。图灵认为，当一个机器具备足够多的存储空间和可模拟任何一种计算程序时，机器就学会了思考（虽然这与人类的思维是否具有相同哲学意义还存在争议）（Turing，2012）。图灵的文章引发了科学家创造“人工的智能”的强烈兴趣。1956年，麦卡锡在达特茅斯会议上正式提出了“人工智能”概念，希望能够建立“真正的智能”（Rota，2008）。与

① Is Big Data Taking Us Closer to the Deeper Questions in Artificial Intelligence? https://www.edge.org/conversation/gary_marcus-big-data-ai[2024-09-01].

会者对建立这种智能的途径进行了讨论：例如，可以通过数学逻辑和演绎推理作为理性思维的语言，通过归纳法从数据中提取统计特征进行概率处理，从生物学和心理学中提取灵感建立类似大脑的程序等。在达特茅斯会议之后，人工智能学者逐步提出了人工智能的发展阶段，即弱人工智能（artificial narrow intelligence，ANI）、强人工智能（artificial general intelligence，AGI）和超人工智能（artificial super intelligence，ASI）的阶段发展观点（Doya and Taniguchi，2019）。ANI又称专用人工智能，即在某一个领域内拥有远超人类能力的人工智能（Beaulac and Larribe，2017；Page et al.，2018），ANI远超人类的能力一般来自基于大量数据的模型拟合，这种基于数据的模型拟合保证了ANI在本领域的准确性，但也降低了ANI在算法上的自主性和实际应用中的安全性（Page et al.，2018）。AGI又叫通用人工智能，是指在全领域都拥有远超人类能力的人工智能（Doya and Taniguchi，2019），AGI具备全领域的问题解决能力，但其并不是ANI的简单集合，这是由AGI与ANI的算法差异所决定的（Doya and Taniguchi，2019）。ASI的定义来自尼克·博斯特罗姆（Nick Bostrom），它是指在所有领域的问题解决能力、科学创造力、社交技能等能力都超过人类所能够达到的极限水平（Bostrom，1998）。不过目前学术界对于ASI没有一个操作性的定义，这一概念本身更倾向于一种对于未来人工智能发展阶段的看法。大多数人工智能研究关注的是如何实现由ANI向AGI的跨越（Doya and Taniguchi，2019）。对于实现的方法，目前有3种理念或学派，即符号主义、联结主义和行为主义（Ellery，2015；Muthukrishnan et al.，2020）。这恰恰是心理学的重要理论。

符号主义认为，智能来自对代表物体及代表物体之间关系的抽象表征的操作。因此该学派的主要目标是开发能够在原始数据中发现对象之间关系的逻辑关系的AI算法和系统（Garnelo and Shanahan，2019）。基于符号主义的系统需要满足归纳、推理以及在特定模型下求解的搜索算法。这包括专家系统（通过规则与决策树从输入数据中推导出结论）、约束求解器（在一些给定可能性中求解）和规划系统（从一些初始状态值中规划一系列动作来实现给定目标）（Ellery，2015）。此外，该系统通常还包括一些能控制不确定性与风险的变量。该流派在模拟推理、决策等领域取得了较多成果，为深度学习的早期发展起到了较大的推动作用（Garnelo and Shanahan，2019）。符号人工智能就是通过数学逻辑解决通用问题的代表，利用程序对已知符号进行组合和处理，从而执行指定任务（Newell and Simon，1988）；亚符号人工智能则受到神经科学的启发，试图捕捉“快速感知”背后的无意识思考过程（如感知机）（Rosenblatt，1958）。但随着研究的继续，以符号主义和感知机为研究对象的人工智能的发展面临了许多危机，麦卡锡承认发展人工智能比预想的还要困难，而明斯基则坦言研究者其实尚未明白人类的心智最擅长什么（Minsky，1988）。

到了20世纪80年代，人工智能的联结主义观点兴起。联结主义又称为仿生学派或生理学派，其主要原理为神经网络及神经网络间的连接机制与学习算法。该观点受到人类大脑机制的启发，认为实现智能的关键在于构建一个合适的计算结构，以及系统具备从数据或现实世界的行为中进行学习的能力。联结主义是一种利用数学模型研究人类认知的方法（Collins，2019），模型以高度互联的、类似神经元的处理单元的形式出现。联结主义和计算神经科学之间没有明显的分界线，但联结主义者往往会把神经功能的具体细节抽象化，将其归纳为高级认知过程（如识别、记忆、理解、语法能力和推理）（Muthukrishnan et al.，2020）。在联结主义的影响下，人工智能愈发倾向于参考人类的认知系统，进而愈发需要认知心理学的帮助（Hatzilygeroudis and Prentzas，2015；Hassabis et al.，2017；Muthukrishnan et al.，2020）。

行为主义的原理为控制论及感知－动作型控制系统。该学派强调，对人工智能的研究应该更关注思维与环境的相互作用。受到图灵测试的启发，该学派更倾向于探索情景中行为的发生过程并进行模仿，即研究行为“如何”（how）发生的问题（Clark，2001）。通过把神经系统的工作原理与信息理论、控制理论、逻辑以及计算机联系起来，行为主义在机器人控制系统领域取得了较多的成果（Villamar et al.，2021）。

人工智能以符号主义为基础，在机器定理证明、专家系统等领域取得重大成就，形成了第一个高速发展期。联结主义是根据神经元和突触的发现而发展起来的认知理论，人工智能采用人工神经元网络并在此基础上对算法进行改进，解决了一系列模式识别问题，促成人工智能的第二个高速发展期。计算机硬件水平的提高、互联网生成的海量数据与深度学习算法的结合，使联结主义重新复兴，在众多领域达到或超越人类水平，人工智能由此迎来了第三个高速发展期（中国心理学会，2020）。

自此以后，认知心理学在人工智能的理论、方法与技术的发展中扮演了重要角色，主要体现在以下五个方面。

一、学习

学习是认知心理学对人工智能影响最大的一个领域。随着人工智能的联结主义观点兴起，研究者普遍认为实现高级人工智能的关键在于构建一个合适的计算结构，以及系统具备从数据或现实世界的行为中进行学习的能力（Rumelhart et al.，1986），这在一定程度上弥补了符号主义需要大量输入逻辑定义但无法处理一些人类轻松就能处理（如书写识别、声音识别）的任务的弊端。随后，这种区别于符号主义的人工智能研究方法被称为“机器学习”，成为一个独立的分支学科。在这里，我们重点讨论认知心理学对深度学习、强化学习、持续学习三个重要领域的影响。

1. 深度学习

深度学习（deep learning）是建立在表征学习（representation learning）基础上的。表征学习指的是允许机器接收原始数据，并自动发现检测和分类所需的表征的一种机器学习方法。深度学习则在此基础上拥有多级的表征，这是通过组合线性和非线性模块来实现的，每个模块都将一个级别的表征转换为更高级的、更抽象的表征。通过组合这样的转换，就可以使机器学习非常复杂的函数（LeCun et al.，2015）。

从诞生之初，深度学习就受到了人工神经网络研究的启发（Schmidhuber，2014）。20 世纪 40 年代，神经生理学家麦卡洛克和数学家皮茨提出了基于逻辑运算的神经网络模型（即 Mc Culloch-Pitts 模型，简称 MCP 模型），开创了用电子装置模仿人脑结构和功能的研究途径；1949 年，赫布（Hebb）提出了无监督学习，在没有给定标记数据训练的前提下，希望机器通过模仿建立一个外部世界的内部表征；随后，研究者使用无监督学习（Kohonen，1972；von der Malsburg，1973；Willshaw and von der Malsburg，1976）和监督学习（在有标记的训练集中进行学习，建立模式并依此模式推测新的实例）（Rosenblatt，1958；Widrow and Hoff，1962）对简单的神经网络进行了一系列训练。

生物和心理学家对动物和人的视觉机制的探索也启发了人工智能研究者对机器学习感知能力进行训练。20 世纪 60 年代前后，研究者（Hubel and Wiesel，1962）在猫的视觉皮层中发现了简单细胞和复杂细胞，这些细胞会对视觉输入的特定刺激做出反应，承担不同层次的视觉感知，这启发了后来的研究者（Riesenhuber and Poggio，1999）设计出不同的神经网络分层模型。1979 年，福岛邦彦提出新认知机（neocognitron）模型，该模型受到了生物视觉理论的启发。新认知机是一种分层的多层人工神经网络，能够像人类一样具有一定的模式识别能力。最初，新认知机被用于识别日语手写字，后来也成为无监督学习训练的卷积神经网络的灵感来源。先进的卷积神经网络包含了神经计算的几个典型特征，包括非线性转导（nonlinear transduction）、除法归一化（divisive normalization）和输入的最大池化（maximum-based pooling of inputs）（Yamins and DiCarlo，2016），这些特征的产生受到了哺乳动物视觉皮层单细胞记录（Hubel and Wiesel，1959）的启发。此外，目前的神经网络也学习使用哺乳动物皮层系统的层次组织，可以在连续嵌套的处理层中兼有收敛和发散的信息流（Hassabis et al.，2017；Krizhevsky et al.，2017）。

除此之外，认知心理学的经典模型也对深度学习的发展产生了重要的影响。例如，霍克赖特（S. Hochreiter）和施米德胡伯在 1997 年提出了长短期记忆人工神经网络，该神经网络能够使输入的信息处于一个固定的活动状态，直到需要适当的输出为止；这与认知心理学的工作记忆模型存在一定的联系（Hassabis et al.，2017）。

纵观深度学习的发展历史，其与认知心理学、神经科学的发展密不可分。可以说，认知心理学研究为人工智能神经网络的架构诞生和算法发展提供了重要的启发和指导。

2. 强化学习

强化学习是通过将状态映射到动作来获得最大奖励的学习机制，学习者必须通过试错来发现哪些动作会产生最大的回报，其核心在于将环境中的信息映射到行动中，是人工智能研究中使用最广泛的工具之一（Sutton and

Barto，1998）。

强化学习的早期发展过程涉及两条主线，其中一条主线源于心理学中动物通过试错实验进行学习的研究（Hassabis et al.，2017）。爱德华·桑代克（Edward Thorndike）在1911年发表的著作中提出将试错学习作为一种学习原则的"效果律"（law of effect），即强化事件会对选择行为的倾向造成影响：针对同一事件，伴随着给予动物良好体验出现的回应再次出现的概率会增加；反之，伴随着给予动物不适体验出现的回应再次出现的概率则会降低（Thorndike，1911）。之后，伊万·彼得罗维奇·巴甫洛夫（Иван Петрович Павлов）将强化学习描述为由于动物接受刺激（一种强化剂）与另一种刺激或反应有适当的时间关系而加强行为模式的现象（Pavlov，1927）。1948年，图灵称试错学习为一种"快乐-痛苦系统"，因此，研究者普遍认为，在计算机中实现试错实验是关于人工智能可能性的最早想法之一。

大量研究致力于构建能够进行强化学习的机器。例如，托马斯·罗斯（Thomas Ross）设计了一台机器，它能够通过一个简单迷宫并通过记住开关设置来记录行进的路径（Ross，1933）；格雷·沃尔特（Grey Walter）建造了能够进行简单学习的另一个版本的"机械乌龟"（Walter，1950）；香农建立了一个迷宫，该迷宫通过使用磁铁和继电器记录老鼠的试错学习方法，从而学习了正确的路径（Shannon，1952）。

在此之后，强化学习研究不再仅仅限于动物的试错学习本身，还会借助其他的心理学工具。例如，经济学研究者就采用了心理学中基于概率的模型，并将其应用于强化学习研究中。他们将Bush和Mosteller（1951）的学习理论应用于一系列经典经济模型（Cross，1973），并将研究目标从传统的理性人转变成为更像真实人类的人工个体（Arthur，1991）。

除了受到动物学习简单条件反射研究的启发，强化学习的时序差分（temporal-difference，TD）方法的发展还受到了动物学习研究中二阶条件作用（second-order conditioning）的影响（Hassabis et al.，2017）。时序差分方法是一种实时模型，在进行学习时，不用等到给出实际的奖励，机器就可以从时间连续估计之间的差异中进行学习。目前，时序差分方法和相关技术的发展已经为人工智能的最新进展提供了核心的指导。例如，机器人控制（Hafner and Riedmiller，2011）、双陆棋（Tesauro，1995）和围棋（Silver et al.，2016）

等领域的演进都与时序差分方法的发展紧密相关。

3. 持续学习

对人类和其余动物来说，持续学习是一种适应性的能力，指的是生命体能够有效地获取知识和技能，并在新获取经验后对其进行改进，并转移到多个领域的能力（Barnett and Ceci，2002；Calvert et al.，2004）。对人类来说，虽然个体会逐渐地遗忘过去获得的一些信息，但人类大脑不同区域的可塑性和稳定性能够进行有效的平衡，在一定程度上整合新的信息而又不至于对已有信息产生"灾难性遗忘"（catastrophic forgetting）（French，1999；Ditzler et al.，2015）。例如，研究者通过神经成像技术发现，人类大脑在学习新的任务时，一部分已经激活的突触的可塑性降低，尽管已经学习了其他任务，但已有的树突棘仍然处于持续扩张的状态（Cichon and Gan，2015；Nishiyama and Yasuda，2015；Yang et al.，2009）；同时，如果这些树突棘被突触光遗传（synaptic optogenetics）技术"抹去"，就会导致已经习得的任务被遗忘（Hayashi-Takagi et al.，2015）。

在机器学习领域，持续学习意味着模型的参数与结构能够在预测模型中平稳地进行更新，使其能够在重新使用和保持已有的有用信息的基础上考虑不同的任务和数据分布。研究者也在试图利用人类大脑突触的学习机制来帮助人工智能算法解决"灾难性遗忘"的问题（McCloskey and Cohen，1989），"灾难性遗忘"即当训练新的任务或类别时，神经网络往往会忘记在之前训练任务中所学到的信息，通常意味着新任务可能会覆盖过去已经学习到的信息，从而降低过去任务的模型性能。例如，柯克帕特里克（Kirkpatrick）等通过弹性权重固化的方式来处理深度学习中持续学习的问题：弹性权重固化模拟了突触整合的过程，在执行对先前的学习很重要的内容时减缓学习的速度，从而锚定这些参数到先前学习的结果上，保护这部分内容不被过度写入遗忘的程序当中，并能够协助解决新的问题（Kirkpatrick et al.，2017）。

二、注意

注意是认知心理学研究中的一个重要认知过程，指的是个体能够选择性地集中于可用信息的一个方面、增强处理和整合有用信息而忽略其他可感知的信息的能力，包括定位（orienting）、过滤（filtering）和搜索（searching）三个主要方面。近年来，不少人工智能研究都受到了注意这一认知能力的启发。例如，将注意机制应用在扩充长短期记忆网络［循环神经网络（RNN）的一种特殊变体］时，能够使循环神经网络的每一步都能从更广泛的信息体中选择要关注的信息。除此之外，注意机制还在机器学习的其他领域发挥着非常重要的作用。

1. 物体识别

能够进行物体识别是人工智能的一个重要的标志。以往大多数用于注意识别的卷积神经网络模型可直接对整个图像进行处理，在处理的最初阶段，对所有像素给予同等的优先级——这与灵长类动物的注意处理方式大不相同。在进行视觉处理时，灵长类动物的视觉注意能在位置和对象之间进行有策略的转移，将处理资源依次集中在不同的区域上（Koch and Ullman，1985；Moore and Zirnsak，2017；Posner and Petersen，1990），这种方法可以优先排序或剔除任何给定时刻的相关信息，从而帮助主体达成想要的行为结果（Olshausen et al.，1993；Salinas and Abbott，1997）。因此，研究者也将动物的选择性注意能力运用到了人工智能模型中。例如，Mnih 等（2014）在循环注意模型（recurrent attention model，RAM）中学习了灵长类动物选择性注意的能力，在每一步都“瞥一眼”（glimpses）进行图像输入，并更新内部状态表示，然后选择下一个位置进行采样，从而帮助模型忽略场景中无关物体的干扰，在混乱的情况下成功完成物体识别任务。基于类似的原理，Ba 等（2014）也使用了深度循环注意模型（deep recurrent attention model，DRAM）来进行图像中多个物体的定位和识别。

2. 生成模型

生成模型（generative models）指的是能够随机生成观测数据的模型，也受到了注意机制的启发和影响。Hong 等（2016）开发了基于卷积神经网络的深度生成模型（deep generative model，即以多层神经网络的形式实现的生成模型）。该模型整合了类似注意的机制，能够根据输入标签自适应地关注不同的区域，从而能够捕捉真实场景的形式和结构。另外，在 Gregor 等（2015）

开发的用于图像生成的深度循环注意力写入器（deep recurrent attentive writer，DRAW）神经网络中，注意可以帮助系统逐步生成图像，且允许编码器每次只关注一部分输入，解码器只修改“心理画布”（mental canvas）的一部分，使该模型在实际训练时生成的图像几乎与实际图像相同。

三、工作记忆

工作记忆（working memory，WM）指的是个体在理解、推理和学习时，将必要的信息进行储存和处理的系统（Baddeley，1992）。1974 年，巴德利（Baddeley）和希契（Hitch）将工作记忆分成一个注意力控制系统以及两个辅助系统［工作记忆三成分模型（three-component model of working memory）］（Baddeley and Hitch，1974）。其中，中央执行系统（central executive）负责整体的执行控制；语音回路（phonological loop）负责以言语为基础的信息储存；视空间模板（visuospatial sketchpad）负责视觉和空间信息的储存。

人工智能研究从工作记忆的模型中获得了启发，如循环神经网络就以其记忆性被用作构建机器学习的工作记忆的基础（Botvinick and Plaut，2006）。1997 年，霍克赖特和施米德胡伯开发了长短期记忆人工神经网络，将其用于多种应用领域的精确记录，这是最常见的循环神经网络之一。在长短期记忆人工神经网络模型中，信息可以在输入后进入一个固定的活动状态，直到适时输出（Hochreiter and Schmidhuber，1997），被常用于手写识别（Graves et al.，2009）、语音识别（Sak et al.，2014；Li and Wu，2015）、语法学习（Schmidhuber et al.，2002）、人类动作识别（Baccouche et al.，2011）等。

值得注意的是，在普通的长短期记忆人工神经网络中，控制和存储的功能模块是紧密交织在一起的（Hassabis et al.，2017）；但在人类的工作记忆经典模型中，中央控制系统和负责存储的语音回路、视空间模板在结构和功能上则有所区分。这一机制也启发研究者探究出更加类似人类大脑处理方式（将控制和存储模块分开）的人工智能结构。例如，可微神经计算器（differentiable neural computer，DNC）的一个单元即由神经控制器部分和存储部分组成；其中，控制器可以是人工神经网络，也可以是其他的机器学习模型，可以处理外部记忆矩阵，也可以从中读取数据（Graves et al.，2016）。由于其控制器与存储器的设置，DNC 可以执行长短期记忆人工神经网络模型目前无法完成的各种复杂的记忆和推理任务，如在图形结构中找到最短路径、河内塔任务等（Hassabis et al.，2017）。

四、语言

语言是人类拥有的一类复合交流系统，使人类能够进行交际、交流，达到互相了解和组成共同生活的社会的目的；人类还借助语言进行思维互动，揭露事物的本质和规律，创造人类的物质和精神生活。同时，人的其他认知能力，如知觉、记忆、注意、思维、想象等，都由于语言的存在而出现一系列新的特点（彭聃龄和谭力海，1991）。在人工智能发展的过程中，认知心理学对语言的探究（如心理语言学研究）起到了不可替代的作用，具体表现在进行自然语言处理、形成深度学习训练标准、提供更灵敏的测试材料等方面（Linzen，2018）。

1. 进行自然语言处理

人工智能的一个重要部分是认知智能，认知智能又主要体现为语言智能，即自然语言处理。自然语言处理（natural language processing，NLP）是以实现计算机理解和使用自然语言及与人类交流为目的的理论和技术，主要包括语音识别、自然语言理解和自然语言生成。自然语言处理是人工智能一个重要的研究和应用领域，致力于探索如何使用计算机来理解和处理自然语言，从而进行有效的应用（Chowdhury，2003）。传统的自然语言处理模型，如经典的神经机器翻译通常建立在编码器（encoder）– 解码器（decoder）的架构上（Kalchbrenner and Blunsom，2013），属于循环神经网络模型的范畴。与纯粹的数理统计方法相比，基于循环神经网络的模型结构有更好的性能，但存在两个严重的缺点：首先，循环神经网络在经过多个时间步（time step）传播后，旧的信息会逐渐消退；其次，循环神经网络在解码阶段没有明确的字组对齐，因此焦点分散在整个序列。为了解决这些问题，注意机制被引入神经机器翻译领域（Bahdanau et al.，2014）。

2014 年，Bahdanau 等（2014）提出了一种神经机器翻译模型，在进行英语－法语翻译时应用了注意机制。系统读取英文输入时（编码器），解码器进行法语的翻译输出，注意机制通过随机梯度下降（SGD）算法来转移关注焦点，将其集中在正在被翻译的单词周围。这一模型比传统的基于短语的模型展现出了更大的优势。2017年，脸书（Facebook）人工智能研究团队在进行神经机器翻译模型研究时使用了高度并行的卷积神经网络，并在每个解码器层放置了独立的注意模块。这一模型中使用的是多跳（multi-hop）注意模块，该模块可以通过对句子的多次浏览来决定接下来要翻译什么，而非先看一遍句子然后在不回看的情况下进行翻译。这一模型的翻译结果比英语－德语和英语－法语翻译的最优结果要快一个数量级（Gehring et al.，2017）。除此之外，注意机制也被应用在自然语言处理问题的其他方面，包括文本分类（Yang et al.，2016）、语言处理（Chaplot et al.，2017）和文本理解（Dhingra et al.，2016）等。

业界把自然语言理解称为人工智能这顶皇冠上的一颗明珠，因为只有通过自然语言理解，才能实现机器智能与人类智能的无缝对接，实现真正意义上的人工智能。

2. 形成深度学习训练标准

在深度学习的语言模型领域，循环神经网络模型可以根据之前出现的单词来估计某个单词出现的可能性。在利用大型的语料库进行训练时，循环神经网络模型会根据语料库的句子中的某个单词后面所跟的单词来调整类似情况下所跟单词的权重。如果在训练后，模型能够对来自同一语料库的新句子样本中的单词赋予更高的权重，则说明训练有效。当下，神经网络模型在许多语言任务，如语言建模、机器翻译中都有了较为精确的表现，但要进一步提高这些模型的表现则需要更为先进的评估标准（Linzen，2018）。由于心理语言学致力于研究人类如何学习和使用语言，并通过大量实验研究探究特定的语言能力机制，因此，在这个方面，心理语言学的研究能够为神经模型训练提供较为详细的语言认知理论，并提供测定特定语言能力的测试句。

Linzen等（2016）使用心理语言学上常用的在目标能力上略微有差异的句子对，探究了神经模型对英语主谓一致的判断情况（Elman 1991；Bock and Miller 1991）。研究者发现，随着诱导词的增多，模型的表现逐渐下降（Bernardy and Lappin，2017），在使用了更为复杂的循环神经网络模型后，虽然准确性有所上升，但仍然比没有诱导词的条件下表现出更多错误（Kuncoro et al.，2018）。学者针对主谓一致判断情况进行了大量的模型改进研究（Gulordava et al.，2018；Kuncoro et al.，2018；Tran et al.，2018），这些以心理语言学作为训练标准的研究不断推动语言模型的发展。

3. 提供更灵敏的模型测试材料

通过心理语言学的理论为语言模型提供测试句的方法虽然可行，但存在一定局限性，如只能涉及较为简单的语法现象，难以应用于复杂的句子等；手工解析的语料库也存在样本过小等问题。因此，研究者在寻求其他更为有效的方法。被心理语言学家用来评估个体对层次句法结构的敏感性的材料开始被用于测试神经网络的语法能力，如 Marvin 和 Linzen（2018）使用一系列数据集来评估模型对主谓一致、反身代词语法现象的理解和处理能力。由于所选的数据在语料库中很难找到，且具有清晰的语言能力指向性，因此其对循环神经网络模型的检测敏感性大大提升。但值得注意的是，研究者也发现，为了证明某一测试的任务需要语法的复杂性，应该将该模型与原则上不能代表语法的基线模型进行比较，否则就会对模型能够完成语法任务的能力产生误判（Lewis and Elman，2001；Gulordava et al.，2018）。

除此之外，研究者也试图通过循环神经网络模型预测人类对语言学研究中常见例句的可接受度对比来判断神经网络的语法能力。但由于语言学研究通常使用最简单的例子来说明语法现象，并依靠读者自身对语言的知识来推断其他符合该现象的句子，且人类个体对句子的判断过程与循环神经网络模型存在较大的差异，因此能够预测语言学研究中例句的可接受度并不一定能代表模型发展出了特定的语法能力（Lau et al.，2017）。因此总体而言，心理语言学上用于评价语言能力的标准在逐渐被用于评价语言模型的表现，但目前的研究仍然较为有限，需要研究者的进一步探索。

五、决策

决策（decision-making）是人类智能的综合体现（Fischhoff and Broomell，

2020），图灵在提出 AI 初步设想时的理念就是机器是否能像人类一样思考，因此使 AI 能像人一样决策，一直是 AI 领域的重要研究方向。由于 AI 决策是以人类决策为模板的，因此借鉴认知心理学对人类决策过程的研究结果是一个方便且科学的方法。在 AI 这一概念提出的达特茅斯会议上，现代认知心理学家，同时也是人工智能创始人之一的赫伯特·西蒙（Herbert A. Simon）就已将认知心理学中关于启发式（heuristic）策略（一种决策策略，通过忽略不重要信息来进行快速、准确和节省认知资源的决策）的研究结果应用到 AI 领域，并以此编写了 AI 程序“逻辑理论家”（Logic Theorist）（Kline，2011）。随着认知心理学和人工智能的发展，部分研究者运用启发式策略编写了更多 AI 算法，如针对车辆路径问题（vehicle routing problem，VRP），有研究者针对每一个变量（如消费者需求、车辆类型、节点间距离）引入了不同的算法规则（启发式策略）作为低级启发式策略，将基于这些算法（策略）的强化学习作为高级选择策略。此外，研究者还利用深度学习来提取已收集数据中的隐藏模式，以更好地匹配各低级启发式策略。最终模拟数值实验结果表明，该算法在面对具有庞大数据量的情况时，其给出的分配方案要优于现有混合整数线性规划（mixed-integer linear programming，MILP）模型算法（Qin et al.，2021）。

总体而言，人工智能和认知心理学有着十分紧密的联系。如前所述，人工智能的核心在于研究出一个“真正的智能”系统，而人类的认知系统是现存的智能系统中最好的模板。在过往的研究中，人工智能的研究从认知心理学中获得了大量启发。与此同时，人工智能也对认知心理学的研究产生了深刻的影响，促进了认知心理学研究方法和理念的革新。基于人工智能和认知心理学之间紧密的关系，国内外很多高校和研究机构都设置了跨学科的研究部门，促进认知心理学家和人工智能专家展开实质性的深度合作，培养交叉学科人才。此外，国内外成立了众多结合认知心理学和人工智能等多个领域的学会和组织，并定期举办学术会议，以促进各领域学者之间的交流。其中，最为著名的组织之一是认知科学学会（Cognitive Science Society），该学会旨在促进认知科学领域的发展，每年聚集心理学、计算机科学、语言学、人类学、神经科学、教育学、哲学等多个领域的专家进行学术交流，对学科交叉产生了深远影响。其旗下还设有《认知科学》（*Cognitive Science*）等专注于发表跨领域认知科学研究的期刊，为各领域的进一步交流提供平台。除了学术界，互联网企业也投入了大量资源进行跨学科研究。例如，在人工智能领域属于龙头机构的DeepMind公司十分强调认知心理学对机器学习的影响，2017年发表《用认知心理学解释深度神经网络》（“Interpreting Deep Neural Networks Using Cognitive Psychology”），将认知心理学的方法引入深度神经网络的研究，引起广泛关注。DeepMind公司从牛津大学、剑桥大学等顶级学府引入大量人工智能、认知心理学、神经科学、发展心理学、生态学等学科的专家，在深度增强学习、贝叶斯神经网络、机器人学、迁移学习等研究领域展开广泛而深入的研究，取得了令人瞩目的成就。综上，在学术界和工业界的共同努力下，认知心理学和人工智能通过学术机构、学术组织、学术会议和企业展开了广泛的交流和深入的合作，且这类跨学科深度合作的趋势十分明显。

第三节　发展现状与发展态势

《2018—2019心理学学科发展报告》介绍了我国心理学工作者在将心理学与人工智能相结合方面开展的工作和取得的进展，较有代表性的有以下三个方面。

一、进行认知过程的模拟及其应用

以人工神经网络建模（artificial neural network modeling）为例，它常被用于模拟人类各种心理活动，在学习过程和学习特征上与人类的内隐学习十分相似。一方面，这种模型可以构建心理状态和心理过程的神经网络模型；另一方面，这种模型还能够模拟人类的记忆和学习等与语言相关的智能活动。比如，国内有心理学研究者考察了是否能对汉语声调倒映规则和逆行规则进行内隐学习。其研究采用简单循环网络模型（simple recurrent network，SRN）

对人类被试的此类内隐学习进行了模拟（李菲菲和刘宝根，2018）。

二、致力人机系统中的智能增强，促进各种智能系统的研发和人机系统的集成

国内研究者主要在自然人机交互、自动驾驶、人机信任、认知增强（综合利用生物学、心理和认知科学、信息科学等领域的前沿技术来改进与提升人的认知与情绪能力）与虚拟现实（virtual reality，VR）技术等方面取得了一定进展。传统的人机交互未能在和计算机的信息交流之中考虑人的因素，而自然的人机交互充分考虑人在各个信息加工过程中的心理活动规律和局限性，从而降低了人的学习成本和心理负荷，提高了用户的情绪体验。比如，利用排队网络模型人类处理器（the queuing network model human processor，QN-MHP）研究驾驶员在驾驶过程中的信息处理特点，以此确定人机交互过程中信息动态呈现的最优延迟时间，进而提出针对驾驶疲劳现象的控制系统。

三、促进人工智能与教育的融合，推动教育人工智能领域的进步

近年来，国内学界在智慧教育的理论构建与实践应用方面开展了一系列研究，取得了较为丰富的成果（中国心理学会，2020）。智慧教育是一种由学校、区域或国家提供的高学习体验、高内容适配性和高教学效率的教学行为系统。教育人工智能的应用导向，是通过对学习过程的分析反馈，为学习者提供个性化的学习指导平台、系统和各类应用终端。由此，一批相应算法和模型的研发应运而生，如程序教学（programmed instruction）、计算机辅助教学（computer-assisted instruction）和智能导学系统（intelligent tutoring system）。教育人工智能研究以实现有效的、大规模的一对一教学为目标，关注点聚焦于学生个体的知识水平、学习需求和微观学习过程。

第四节 发展思路与发展方向

我们认为，未来认知心理学在人工智能发展方面在以下方向有望突破。

一、利用认知心理学和认知发展心理学启发模型发展

按照国务院《新一代人工智能发展规划》的部署，未来将以突破人工智能应用基础理论瓶颈为重点：“高级机器学习理论重点突破自适应学习、自主学习等理论方法……类脑智能计算理论重点突破类脑的信息编码、处理、记忆、学习与推理理论，形成类脑复杂系统及类脑控制等理论与方法，建立大规模类脑智能计算的新模型和脑启发的认知计算模型。”这些都是认知心理学的方向。认知心理学还可以从以下方面有所建树。

1. 感知觉、表征等基础认知能力

人类在婴儿阶段早期，就逐渐具备了对客观环境的感知觉、表征等基础认知能力。例如，在空间知觉方面，出生 1～2 天的新生儿就可以在某种程度上辨认物体的方位，4 个月左右的婴儿可以依据双眼视差拥有方位知觉；坎波斯（Campos）等研究者在 Gibson 和 Walk（1960）的著名视崖（Visual Cliff）实验的基础上发现，3.5 个月左右的婴儿已经具备了一定的深度知觉（Campos et al.，1978，1992）。在表征方面，Starkey（1992）发现，婴儿能够将听到的声音数量与物体的视觉数量相匹配，表现出了一定程度上的内部数量表征。随着年龄的增长，人类婴儿的这些能力不断发展，大多数基础认知能力在儿童时期就可以达到一个很高的水平。但对于人工智能来说，这些能力却是相对缺乏的（Gilmore et al.，2007；Gopnik and Schulz，2004；Lake et al.，2016）。

一方面，一些人工智能新的神经网络正在逐步被开发出来，通过将场景分解成独立的对象并分析其间的关系来帮助模型以类人的方式理解和推理情

境（Chang et al.，2016；Eslami et al.，2016）；一些深度强化学习模型通过捕捉儿童通过互动实验来理解常识的信息来进行学习（Denil et al.，2016）；已经开发出来的深度生存模型也致力于从原始的感官输入构建丰富的物体模型（Higgins et al.，2016）。另一方面，未来人工智能在学习以人类的方式进行感知、表征过程时，仍需要大量参考人类认知能力的发展过程，通过对关键因素的把握推动模型的建立。

2. 高效学习

由于人类能够从少数的几个例子中快速地学习新的概念，并且利用已有的知识进行归纳推理，这一能力也启发人工智能领域的研究者探究人工智能的高效学习（efficient learning）方案（Hassabis et al.，2017）。Lake 等（2016）发现，在只观察一个手写字符样本的条件下，人类能够很好地将与其相似的新字符和其他类型的字符进行区分，而经典人工智能系统则很难完成这一任务。

随着研究的推进，有研究者利用结构化概率模型（structured probabilistic model）和 DRAW 模型，尝试在缺乏数据的情况下对新的概念进行推断，在单个概念范例中生成新的样本（Lake et al.，2015；Rezende et al.，2016）。此外，研究者也尝试使人工智能“学会学习”，试图使模型利用之前在相关问题上获得的经验来获得与新的任务有关的知识，从而进行一次性概念学习（one-shot concept learning）（Santoro et al.，2016；Vinyals et al.，2016）。但“学会学习”的过程和机制与动物学习研究、认知心理学研究都息息相关［如 Harlow（1949）研究了灵长类动物的问题解决能力和辨别反应学习，Piaget 提出了感知运动促进儿童认知发展等］。因此，在人工智能发展高效学习能力时，认知心理学的基础研究应成为不可或缺的参考。

3. 迁移学习

人类能够将在一个环境中获得的整合性的知识转移到新的、从未着手的领域（Barnett and Ceci，2002；Holyoak and Thagard，1997），即为人类的迁移学习（transfer learning）能力。人工智能的研究者也在尽力开发具有归纳和转移能力的人工智能模型，力图使人工智能能够像人类一样进行大范围、大规模的学习和迁移学习。例如，Higgins 等（2016）认为，基于成分表征

（compositional representations），深度学习模型可以对训练分布之外的新形状进行零样本推断（zero-shot inferences）。

除此之外，一种新型的递进网络（progressive network）可以帮助模型利用在一款电子游戏中获得的知识在另一款游戏中进行快速的学习，有可能进一步帮助模型具有人类的迁移学习能力（Rusu et al.，2016）。哈萨比斯等认为，这一架构与一个人连续学习的计算模型具有一定的相似之处（Hassabis，2017；Collins and Koechlin，2012；Donoso et al.，2014）：关系推理能力是人类进行迁移学习的一个重要标志，而人工智能研究人员也在试图通过视觉类比来建构解决这类问题的深层网络（Reed et al.，2015）。因此，在这方面，认知心理学相关的研究将为人工智能模型提供理论参考，这对人工智能的迁移学习能力十分重要，值得进一步探索。

4. 决策

决策指的是个体在各种备择方案中，根据个人信念或综合各项因素的推理，决定最终选择或行动的认知过程。现有的人工智能在进行学习和决策时，会在初始信息的基础上进行推导（Goodfellow et al.，2016），其呈现的方式以及推导函数对后续的结果会产生明显的影响（Martınez-Miranda and Aldea，2005）。但由于目前人工智能所使用的大多是经由大量数据模拟的概率密度函数，在缺少心理学理论指导的情况下，容易出现函数过拟合（over-fitting）或欠拟合（under-fitting）的情况，从而使模型在决策的过程中存在准确性和自主性缺陷（Mutasa et al.，2020），同时也难以模拟人类进行的一些较为高阶的决策（如与道德、情绪相关的社会情景决策）（Brozek and Janik，2019）。认知心理学的研究理论和方法也许能在不同方面为人工智能决策研究提供启发（Hassabis et al.，2017；Fan et al.，2020）。

人工智能模型在执行决策任务时，通常面对的并非单个任务，而是一系列事件，因此模型需要能够在多个时间点内遇到的多种任务之间进行相应的处理，这就要求模型具备持续学习的能力。正如前文部分提到的，在机器学习过程中，持续学习能使模型的参数与结构在预测模型中平稳地进行更新，在重新使用和保持已有的有用信息的基础上考虑不同的任务和数据分布，以此使模型在执行新的任务时不至于对旧的任务进行覆盖“遗忘”（Barnett and

Ceci，2002；Calvert et al.，2004；French，1999；Ditzler et al.，2015）。为此，已有弹性权重固化（elastic weight consolidation，EWC）（Kirkpatrick et al.，2017）和双储存系统（dual memory system）（Atkinson et al.，2021）两种模型在认知心理学的工作记忆模型以及神经突触原理的启发下，对机器学习中的“灾难性遗忘”问题进行了改进，但在相关领域仍缺乏对机器决策过程中的持续学习能力进行必要的探讨，值得进一步探究。

在与社会信息有关的决策方面，人工智能也面临着大量不确定的情景。一部分研究者提出，机器学习模型应该学习人类基于社会互动而形成的道德行为，以此为模板建立相应的算法（Brozek and Janik，2019）。因此，研究人类的道德决策过程、寻找其依据的规律或机制就变得尤为重要。目前，已有的研究发现，成人在进行道德决策时，仍存在大量的不确定性：一方面，个体是否希望做出道德行为可能取决于他们对助人行为结果的想象，以及助人行为所处的空间环境（Gaesser et al.，2018）；另一方面，个体的道德意图可能并不等于其实施具体的道德行为，因此道德行为与所处的社会互动环境之间的关系并不明晰，这也为模型对人类道德决策学习造成了阻碍。甚至在道德决策由个体层面推至群体层面时，成人的道德决策将面临更多更为复杂的影响。因此有必要在未来的研究中，加强对人类决策过程的研究，探明影响和决定决策过程的一些关键变量，为机器学习人类的决策过程提供更有价值的参考。

5. 人机交互

自然人机交互是人工智能、心理学、神经科学等学科交叉融合研究的重要领域，从广义上或其本质来讲，是基于自然情境，利用更加自然的交互语义进行人机交互，充分降低交互中的学习成本和认知负荷，使计算系统和人类对现实世界已有的认知进行无缝对接，甚至是融合；从狭义上或其实现角度来讲，自然交互就是以用户为中心，以人类的信息加工能力为约束，利用相关设备、算法和建模等实现更加充分的交互信道输入和更加丰富自然的模态输出，使用户获得更为逼真的可理解性和感受效果俱佳的反馈和体验，从而实现人机交互的自然化。另外，自动驾驶汽车是人工智能在交通领域的重要应用之一；自动驾驶的不断发展，对人机交互的设计提出越来越多的需求，如视觉增强、语音交互以及触觉交互等。自动驾驶有助于减轻驾驶员的心理负荷，其与人机交互的结合也产生了一个新的研究主题——人机信任。人和人工智能系统之间的关系也是人机信任关系研究中关注的重点，影响着操作员对于自动化系统的使用程度；认知增强是指综合利用生物学、心理和认知科学、信息科学等领域的前沿技术，改进与提升人的认知与情绪能力（中国心理学会，2020）。

情感计算也是一个多学科高度交叉综合化的研究领域。它不仅影响人工智能技术的实现，还影响人机交互的方式。比如，在教育人工智能领域中，赋予机器识别学习者的学习状态、学习过程中的情感，并形成互动反馈的能力，以提升学习者的兴趣、动机，进而增强学习效果（中国心理学会，2020），这些都是未来认知心理学和人工智能可以进一步融合的方向。

二、利用认知心理学和认知发展心理学帮助解释深度神经网络

2017年，DeepMind实验室在论文《深度神经网络的认知心理学》"Cognitive psychology for deep neural networks: A shape bias case study"（Ritter et al.，2017）中探讨了利用认知心理学理解深度神经网络的方法。随着研究的不断推进，以深度神经网络为基础的深度学习模型已经帮助人工智能改进了在许多任务上的表现。但深度神经网络本身的内在解决方案却很难被理解（Bornstein，2016），这导致相关模型的研究和在现实问题中的应用面临困难（Caruana et al.，2015）；相对地，认知心理学则长期以来致力于揭示人脑黑箱的机制。因此，DeepMind实验室就考虑借助认知心理学的方法，使用一次性词语学习①（one-shot word learning）任务检测匹配网络（matching networks，MNs）模型（Vinyals et al.，2016）和初始基线模型（inception baseline model）（Szegedy et al.，2015）的表现，研究参考了认知发展心理学领域中对儿童如何识别和命名物体的研究，假设进行深度学习时，模型会和儿童一样存在形状偏见②（shape bias）（Diesendruck and Bloom，2003）。研究发现，通过模拟在儿童身上观察到的形状偏见，这两个模型为人类一次性单词学习提供了可

① 从一个或几个训练样本/图像中学习关于对象类别的信息。

② 即在学习一个新的命名时，儿童倾向于基于物体的形状而非颜色或质地来进行判断。

行的计算解释。

在儿童认知的许多方面都存在大量被观测或待观测的特性以及已发掘或待发掘的机制，以儿童物体命名为例，还存在整体偏见①（whole object bias）、类别偏见②（taxonomic bias）等现象。利用认知发展心理学对这些现象的探究可以帮助研究者进一步优化深度神经网络模型，并加强相关方面的应用。

除此之外，还存在大量可以帮助理解深度神经网络机制的认知心理学研究。例如，认知心理学上情境记忆的研究（Tulving，1983）可以用于深度学习中情景记忆架构模型（Blundell et al.，2016；Graves et al.，2016）的探究，认知心理学上语义认知方面的研究（Lamberts and Shanks，2013）可以用于概念形成模型的探究（Higgins et al.，2016；Raposo et al.，2017）等。

未来，随着认知心理学和认知神经科学等领域研究的深入，新的认知理论模型会不断建立或更新，为人工智能的长足发展提供更进一步的支持，而人工智能领域的进展也会反过来推动认知心理学的进步。

三、资助机制与政策建议

我国认知心理学整体研究水平与发达国家相比仍存在差距，缺少重大的原创性成果，在基础理论以及关键技术等方面差距较大，多数研究处在“跟跑”而非“领跑”阶段，国际影响力有待加强。尖端人才需要大力培养和引进；按照国务院《新一代人工智能发展规划》中的战略目标，“到 2025 年人工智能基础理论实现重大突破，部分技术与应用达到世界领先水平，人工智能成为带动我国产业升级和经济转型的主要动力，智能社会建设取得积极进展”；“到 2030 年人工智能理论、技术与应用总体达到世界领先水平，成为世界主要人工智能创新中心，智能经济、智能社会取得明显成效，为跻身创新型国家前列和经济强国奠定重要基础”。该规划指出，要“推动人工智能与神经科学、认知科学、量子科学、心理学、数学、经济学、社会学等相关基础学科的交叉融合”。认知心理学任重道远，应该加强跨学科探索性研究，为实现国家在该规划中提出的目标做出应有贡献。

---

① 儿童倾向于认为一个词是指整个物体，而不是这个物体的某个组成部分。

② 儿童倾向于认为一个词是指一个物体所属的最基本的范畴。

本章参考文献

李菲菲，刘宝根．2018．远距离规则的内隐学习使用了何种记忆存储器：来自神经网络模拟的证据．心理科学，(4): 796-802.

彭聃龄，谭力海．1991．语言心理学．北京：北京师范大学出版社．

中国心理学会．2020．2018—2019 心理学学科发展报告．北京：中国科学技术出版社．

Arthur W B. 1991. Designing economic agents that act like human agents: A behavioral approach to bounded rationality. The American Economic Review, 81(2): 353-359.

Atkinson C, McCane B, Szymanski L, et al. 2021. Pseudo-rehearsal: Achieving deep reinforcement learning without catastrophic forgetting. Neurocomputing, 428: 291-307.

Ba J, Mnih V, Kavukcuoglu K. 2014. Multiple Object Recognition with Visual Attention. https://arxiv.org/abs/1412.7755[2016-04-24].

Baccouche M, Mamalet F, Wolf C, et al. 2011. Sequential deep learning for human action recognition//Salah A A, Lepri B. HBU'11: Proceedings of the Second international conference on Human Behavior Unterstanding. Berlin Heidelberg: Springer-Verlag: 29-39.

Baddeley A D, Hitch G. 1974. Working memory. Psychology of Learning and Motivation, 8:47-89.

Baddeley A. 1992. Working memory. Science, 255(5044): 556-559.

Bahdanau D, Cho K, Bengio Y. 2014. Neural Machine Translation by Jointly Learning to Align and Translate. https://arxiv.org/abs/1409.0473[2019-09-01].

Barnett S M, Ceci S J. 2002. When and where do we apply what we learn? A taxonomy for far transfer. Psychological Bulletin, 128(4): 612-637.

Beaulac C, Larribe F. 2017. Narrow artificial intelligence with machine learning for real-time estimation of a mobile agent's location using hidden Markov models. International Journal of Computer Games Technology, 2017: 3.

Bernardy J P, Lappin S. 2017. Using deep neural networks to learn syntactic agreement. Linguistic Issues in Language Technology, 15(2): 1-15.

Blundell C, Uria B, Pritzel A, et al. 2016. Model-free Episodic Control. https://arxiv.org/abs/1606.04460[2016-06-14].

Bock K, Miller C A. 1991. Broken agreement. Cognitive Psychology, 23(1): 45-93.

Bornstein A. 2016. Is Artificial Intelligence Permanently Inscrutable? Despite New Biology-

Like Tools, Some Insist Interpretation is Impossible. https://nautil.us/is-artificial-intelligence-permanently-inscrutable-236088/[2019-08-29].

Bostrom N. 1998. How long before superintelligence? International Journal of Futures Studies, (2):1-20.

Botvinick M M, Plaut D C. 2006. Short-term memory for serial order: A recurrent neural network model. Psychological Review, 113(2): 201-233.

Brozek B, Janik B. 2019. Can artificial intelligences be moral agents? New Ideas in Psychology, 54: 101-106.

Bush R R, Mosteller F. 1951. A mathematical model for simple learning. Psychological Review, 58(5): 313-323.

Calvert G, Spence C, Stein B E. 2004. The Handbook of Multisensory Processes. Cambridge Mass: MIT Press.

Campos J J, Bertenthal B I, Kermoian R. 1992. Early experience and emotional development: The emergence of wariness of heights. Psychological Science, 3(1): 61-64.

Campos J J, Hiatt S, Ramsay D, et al. 1978. The emergence of fear on the visual cliff//Lewis M, Rosenblum L A. The Development of Affect. Boston: Springer: 149-182.

Caruana R, Lou Y, Gehrke J, et al. 2015. Intelligible models for healthcare: Predicting pneumonia risk and hospital 30-day readmission// Proceedings of the 21th ACM SIGKDD International Conference on Knowledge Discovery and Data Mining. Sydney: ACM, 1721-1730.

Chang M B, Ullman T, Torralba A, et al. 2016. A Compositional Object-Based Approach to Learning Physical Dynamics. https://arxiv.org/abs/1612.00341[2017-03-04].

Chaplot D S, Sathyendra K M, Pasumarthi R K, et al. 2017. Gated-Attention Architectures for Task-Oriented Language Grounding. https://arxiv.org/abs/1706.07230[2018-01-09].

Chowdhury G G. 2003. Natural language processing. Annual Review of Information Science and Technology, 37(1): 51-89.

Cichon J, Gan W B. 2015. Branch-specific dendritic Ca^{2+} spikes cause persistent synaptic plasticity. Nature, 520: 180-185.

Clark A. 2001. Reasons, robots and the extended mind. Mind & Language, 16(2): 121-145.

Collins A G E. 2019. Reinforcement learning: Bringing together computation and cognition . Current Opinion in Behavioral Sciences, 29: 63-68.

Collins A, Koechlin E. 2012. Reasoning, learning, and creativity: Frontal lobe function and human decision-making. PLoS Biology, 10(3): e1001293.

Cross F. 1973. The behavior of stock prices on Fridays and Mondays. Financial Analysts Journal, 29(6): 67-69.

Denil M, Agrawal P, Kulkarni T D, et al. 2016. Learning to Perform Physics Experiments *via* Deep Reinforcement Learning. https://arxiv.org/abs/1611.01843[2017-08-17].

Dhingra B, Liu H X, Yang Z L, et al. 2016. Gated-attention Readers for Text Comprehension. https://arxiv.org/abs/1606.01549[2017-04-21].

Diesendruck G, Bloom P. 2003. How specific is the shape bias? Child Development, 74(1): 168-178.

Ditzler G, Polikar R, Rosen G. 2015. Multi-layer and recursive neural networks for metagenomic classification. IEEE Transactions on Nanobioscience, 14(6): 608-616.

Donoso M, Collins A G E, Koechlin E. 2014. Foundations of human reasoning in the prefrontal cortex. Science, 344(6191): 1481-1486.

Doya K, Taniguchi T. 2019. Toward evolutionary and developmental intelligence. Current Opinion in Behavioral Sciences, 29: 91-96.

Ellery A. 2015. Artificial intelligence through symbolic connectionism—A biomimetic rapprochement// Ngo TO. Biomimetic Technologies: Principles and Applications. Cambridge Sawston: Woodhead Publishing: 227-252.

Elman J L. 1991. Distributed representations, simple recurrent networks, and grammatical structure. Machine Learning, 7(2): 195-225.

Eslami S M A, Heess N, Weber T Y T, et al. 2016. Attend, Infer, Repeat: Fast Scene Understanding with Generative Models. https://arxiv.org/abs/1603.08575[2016-08-12].

Fan J T, Fang L M, Wu J M, et al. 2020. From brain science to artificial intelligence. Engineering, 6(3): 248-252.

Fischhoff B, Broomell S B. 2020. Judgment and decision making. Annual Review of Psychology, 71: 331-355.

French R M. 1999. Catastrophic forgetting in connectionist networks. Trends in Cognitive Sciences, 3(4): 128-135.

Fukushima K. 1980. Neocognitron: A self-organizing neural network model for a mechanism of pattern recognition unaffected by shift in position. Biological Cybernetics, 36: 193-202.

Gaesser B, Keeler K, Young L. 2018. Moral imagination: Facilitating prosocial decision-making through scene imagery and theory of mind. Cognition, 171: 180-193.

Garnelo M, Shanahan M. 2019. Reconciling deep learning with symbolic artificial intelligence: Representing objects and relations. Current Opinion in Behavioral Sciences, 29: 17-23.

Gehring J, Auli M, Grangier D, et al. 2017. Convolutional Sequence to Sequence Learning. https://arxiv.org/abs/1705.03122[2017-07-25].

Gibson E J, Walk R D. 1960. The "visual cliff". Scientific American, 202(4): 64-71.

Gilmore C K, McCarthy S E, Spelke E S. 2007. Symbolic arithmetic knowledge without instruction. Nature, 447: 589-591.

Goodfellow I, Bengio Y, Courville A, et al. 2016. Deep Learning. Cambridge: MIT Press.

Gopnik A, Schulz L. 2004. Mechanisms of theory formation in young children. Trends in Cognitive Sciences, 8(8): 371-377.

Graves A, Liwicki M, Fernández S, et al. 2009. A novel connectionist system for unconstrained handwriting recognition. IEEE Transactions on Pattern Analysis and Machine Intelligence, 31(5): 855-868.

Graves A, Wayne G, Reynolds M, et al. 2016. Hybrid computing using a neural network with dynamic external memory. Nature, 538: 471-476.

Gregor K, Danihelka I, Graves A, et al. 2015. DRAW: A Recurrent Neural Network for Image Generation. https://arxiv.org/abs/1502.04623[2015-05-20].

Gulordava K, Bojanowski P, Grave E, et al. 2018. Colorless Green Recurrent Networks Dream Hierarchically. https://arxiv.org/abs/1803.11138[2018-03-29].

Gómez L V, Miura J. 2021. Ontology-based knowledge management with verbal interaction for command interpretation and execution by home service robots. Robotics and Autonomous Systems, 140: 103763.

Hafner R, Riedmiller M. 2011. Reinforcement learning in feedback control. Machine Learning, 84(1): 137-169.

Harlow H F. 1949. The formation of learning sets. Psychological Review, 56(1): 51-65.

Hassabis D, Kumaran D, Summerfield C, et al. 2017. Neuroscience-inspired artificial intelligence. Neuron, 95(2): 245-258.

Hatzilygeroudis I, Prentzas J. 2015. Symbolic-neural rule based reasoning and explanation. Expert Systems with Applications, 42(9): 4595-4609.

Hayashi-Takagi A, Yagishita S, Nakamura M, et al. 2015. Labelling and optical erasure of synaptic memory traces in the motor cortex. Nature, 525: 333-338.

Higgins I, Matthey L, Glorot X, et al. 2016. Early Visual Concept Learning with Unsupervised Deep Learning. https://arxiv.org/abs/1606.05579[2016-09-20].

Hochreiter S, Schmidhuber J. 1997. Long short-term memory. Neural Computation, 9(8): 1735-1780.

Holyoak K J, Thagard P. 1997. The analogical mind. American Psychologist, 52(1): 35-44.

Hong S, Oh J, Lee H, et al. 2016. Learning transferrable knowledge for semantic segmentation with deep convolutional neural network//2016 IEEE Conference on Computer Vision and Pattern Recognition（CVPR）. Las Vega: IEEE: 3204-3212.

Hubel D H, Wiesel T N. 1959. Receptive fields of single neurones in the cat's striate cortex. The Journal of Physiology, 148(3): 574-591.

Hubel D H, Wiesel T N. 1962. Receptive fields, binocular interaction and functional architecture in the cat's visual cortex. The Journal of Physiology, 160(1): 106-154.

Kalchbrenner N, Blunsom P. 2013. Recurrent Convolutional Neural Networks for Discourse Compositionality. https://arxiv.org/abs/1306.3584[2015-06-15].

Kirkpatrick J, Pascanu R, Rabinowitz N, et al. 2017. Overcoming catastrophic forgetting in neural networks. Proceedings of the Bational Academy of Sciences of the United States of America, 114(13): 3521-3526.

Kline R. 2011. Cybernetics, automata studies, and the Dartmouth conference on artificial intelligence. IEEE Annals of the History of Computing, 33(4): 5-16.

Koch C, Ullman S. 1985. Shifts in selective visual attention: Towards the underlying neural circuitry. Human Neurobiology, 4(4): 219-227.

Kohonen T. 1972. Correlation matrix memories. IEEE Transactions on Computers, (4): 353-359.

Krizhevsky A, Sutskever I, Hinton G E. 2017. Imagenet classification with deep convolutional neural networks. Communications of the ACM, 60(6): 84-90.

Kuncoro A, Dyer C, Hale J, et al. 2018. LSTMs can learn syntax-sensitive dependencies well, but modeling structure makes them better//Proceedings of the 56th Annual Meeting of the Association for Computational Linguistics. Melbourne, Stroudsburg: Association for Computational Linguistics: 1426-1436.

Lake B M, Salakhutdinov R, Tenenbaum J B. 2015. Human-level concept learning through probabilistic program induction. Science, 350(6266): 1332-1338.

Lake B M, Ullman T D, Tenenbaum J B, et al. 2016. Building Machines that Learn and Think Like People. https://arxiv.org/abs/1604.00289[2023-03-23].

Lamberts K, Shanks D R. 2013. Knowledge Concepts and Categories. Cambridge: MIT Press.

Lau J H, Clark A, Lappin S. 2017. Grammaticality, acceptability, and probability: A probabilistic view of linguistic knowledge. Cognitive Science, 41(5):1202-1241.

LeCun Y, Bengio Y, Hinton G. 2015. Deep learning. Nature, 521: 436-444.

LeCun Y, Boser B, Denker J S, et al. 1989. Backpropagation applied to handwritten zip code recognition. Neural Computation, 1(4): 541-551.

Lewis J D, Elman J L. 2001. Learnability and the statistical structure of language: Poverty of stimulus arguments revisited//Skarabela B, Fish S, Do A H J. Proceedings of the 26th Annual Boston University Conference on Language Development. Sommerville: Cascadilla Press: 359-370.

Li X G, Wu X H. 2015. Constructing long short-term memory based deep recurrent neural networks for large vocabulary speech recognition//2015 IEEE International Conference on Acoustics, Speech and Signal Processing(ICASSP). South Brisbane: IEEE: 4520-4524.

Linzen T, Dupoux E, Goldberg Y. 2016. Assessing the ability of LSTMs to learn syntax-sensitive dependencies. Transactions of the Association for Computational Linguistics, 4: 521-535.

Linzen T. 2018. What Can Linguistics and Deep Learning Contribute to Each Other? Response to Pater. https://arxiv.org/abs/1809.04179[2018-09-15].

Martınez-Miranda J, Aldea A. 2005. Emotions in human and artificial intelligence. Computers in Human Behavior, 21(2): 323-341.

Marvin R, Linzen T. 2018. Targeted Syntactic Evaluation of Language Models. https://arxiv.org/abs/1808.09031[2018-08-27].

McCloskey M, Cohen N J. 1989. Catastrophic interference in connectionist networks: The sequential learning problem. Psychology of Learning and Motivation, 24: 109-165.

McCulloch W S, Pitts W. 1943. A logical calculus of the ideas immanent in nervous activity. The Bulletin of Mathematical Biology, 5(4): 99-115.

Minsky M. 1988. The Society of Mind. New York: Simon and Schuster: 1-339.

Mitchell M. 2020. On crashing the barrier of meaning in artificial intelligence. AI Magazine, 41(2): 86-92.

Mnih V, Heess N, Graves A. 2014. Recurrent models of visual attention// Ghahramani Z, Welling

M, Cortes C, et al. NIPS'14: Proceedings of the 27th International Conference on Neural Information Processing Systems - Volume 2. Cam-bridge: MIT Press: 2204-2212.

Moore T, Zirnsak M. 2017. Neural mechanisms of selective visual attention. Annual Review of Psychology, 68: 47-72.

Morris R G M. 1999. D. O. Hebb: The Organization of Behavior, Wiley: New York; 1949. Brain Research Bulletin, 50(5-6): 437.

Mutasa S, Sun S, Ha R. 2020. Understanding artificial intelligence based radiology studies: What is overfitting? Clinical Imaging, 65: 96-99.

Muthukrishnan N, Maleki F, Ovens K, et al. 2020. Brief history of artificial intelligence. Neuroimaging Clinics of North America, 30(4): 393-399.

Newell A, Simon H A. 1988. GPS, a program that simulates human thought. //Collins A M, Smith E E. Readings in Cognitive Science San Francisco: Morgan Kaufmann: 453-460.

Nishiyama J, Yasuda R. 2015. Biochemical computation for spine structural plasticity. Neuron, 87(1): 63-75.

Olshausen B A, Anderson C H, Van Essen D C. 1993. A neurobiological model of visual attention and invariant pattern recognition based on dynamic routing of information. Journal of Neuroscience, 13(11): 4700-4719.

Page J, Bain M, Mukhlish F. 2018. The risks of low level narrow artificial intelligence//2018 IEEE International Con-ference on Intelligence and Safety for Robotics (ISR). Shenyang: IEEE: 1-6.

Pavlov I P. 1927. Conditioned Reflexes: An Investigation of the Physiological Activity of the Cerebral cortex. Anrep G V trans. London: Oxford University Press.

Posner M I, Petersen S E. 1990. The attention system of the human brain. Annual Review of Neuroscience, 13: 25-42.

Qin W, Zhuang Z L, Huang Z Z, et al. 2021. A novel reinforcement learning-based hyper-heuristic for heterogeneous vehicle routing problem. Computers & Industrial Engineering, 156: 107252.

Raposo D, Santoro A, Barrett D, et al. 2017. Discovering Objects and Their Relations from Entangled Scene Representations. https://arxiv.org/abs/1702.05068[2018-02-16].

Reed S, Zhang Y, Zhang Y, et al. 2015. Deep visual analogy- making// Cortes C, Lee D D, Sugiyama M, et al. NIPS'15: Proceedings of the 28th International Conference on Neural Information Processing Systems - Volume 1. Cambridge: MIT Press: 1252-1260.

Rezende D J, Mohamed S, Danihelka I, et al. 2016. One-shot Generalization in Deep Generative

Models. https://arxiv.org/abs/1603.05106[2017-05-25].

Riesenhuber M, Poggio T. 1999. Hierarchical models of object recognition in cortex. Nature Neuroscience, 2(11): 1019-1025.

Ritter S, Barrett D G T, Santoro A, et al. 2017. Cognitive psychology for deep neural networks: A shape bias case study// Precup D, Teh Y W. ICML'17: Proceedings of the 34th International Conference on Machine Learning - Volume 70. Sydney: JMLR: 2940-2949.

Rosenblatt F. 1958. The perceptron: A probabilistic model for information storage and organization in the brain. Psychological Review, 65(6): 386-408.

Ross T. 1933. Machines that think. Scientific American, 148(4): 206-208.

Rota G C. 2008. Indiscrete thoughts. Boston: Birkhäuser Boston.

Rumelhart D E, McClelland J L, Group P. 1986. Parallel Distributed Processing: Explorations in the Microstructures of Cognition. Cambridge: MIT Press.

Rusu A A, Rabinowitz N C, Desjardins G, et al. 2016. Progressive Neural Networks. https://arxiv.org/abs/1606.04671[2018-09-07].

Sak H, Senior A, Beaufays F. 2014. Long short-term memory recurrent neural network architectures for large scale acoustic modeling//Li H, Ching P. The Fifteenth Annual Conference of the International Speech Communication Association. New York: Curran Associates, Inc.

Salinas E, Abbott L F. 1997. Invariant visual responses from attentional gain fields. Journal of Neurophysiology, 77(6): 3267-3272.

Santoro A, Bartunov S, Botvinick M, et al. 2016. One-shot Learning with Memory-Augmented Neural Networks. https://arxiv.org/abs/1605.06065[2018-05-19].

Schmidhuber J, Gers F, Eck D. 2002. Learning nonregular languages: A comparison of simple recurrent networks and LSTM. Neural Computation, 14(9): 2039-2041.

Schmidhuber J. 2014. Deep Learning in Neural Networks: An Overview. https://arxiv.org/abs/1404.7828[2016-10-08].

Shannon C. 1952. Creative Thinking. http://www1.ece.neu.edu/~naderi/Claude%20Shannon.html[2020-02-27].

Silver D, Huang A, Maddison C J, et al. 2016. Mastering the game of Go with deep neural networks and tree search. Nature, 529: 484-489.

Starkey P. 1992. The early development of numerical reasoning. Cognition, 43(2): 93-126.

Sutton R, Barto A. 1998. Reinforcement Learning. Cambridge: MIT Press.

Szegedy C, Liu W, Jia Y Q, et al. 2015. Going deeper with convolutions//Proceedings of the IEEE Conference on Computer Vision and Pattern Recognition. Boston: IEEE: 1-9.

Tesauro G. 1995. Temporal difference learning and TD-Gammon. Communications of the ACM, 38(3): 58-68.

Thorndike E L. 1911. Mental fatigue. Journal of Educational Psychology, 2(2): 61.

Tran K, Bisazza A, Monz C. 2018. The Importance of Being Recurrent for Modeling Hierarchical Structure. https://arxiv.org/abs/1803.03585[2018-10-02].

Tulving E. 1983. Elements of Episodic Memory. New York: Oxford University Press.

Turing A M. 2004. Intelligent machinery. // Copeland B J. The essential Turing: Seminal Writings in Computing, Logic, Philosophy, Artificial Intelligence, and Artificial Life Plus the Secrets of Enigma. Oxford: Oxford University Press. (Original report written 1948)

Turing A M. 2012. Computing machinery and intelligence// Copeland B J. The Essential Turing: The Ideas That Gave Birth to the Computer Age. Cambridge: Cambridge University Press: 433-464.

Ullman S. 2019. Using neuroscience to develop artificial intelligence. Science, 363(6428): 692-693.

Vinyals O, Blundell C, Lillicrap T, et al. 2016. Matching Networks for One Shot Learning. https://arxiv.org/abs/1606.04080[2018-11-29].

von der Malsburg C. 1973. Self-organization of orientation sensitive cells in the striate cortex. Kybernetik, 14(2): 85-100.

Walter W G. 1950. An imitation of life. Scientific American, 182(5): 42-45.

Widrow B, Hoff M E. 1962. Associative storage and retrieval of digital information in networks of adaptive "neurons"// Bernard E E, Kare M R. Biological Prototypes and Synthetic Systems. Boston: Springer: 160.

Willshaw D J, von der Malsburg C. 1976. How patterned neural connections can be set up by self-organization. Proceedings of the Royal Society of London Series B Biological Sciences, 194(1117): 431-445.

Wooldridge M. 2020. Artificial Intelligence requires more than deep learning: But what, exactly? Artificial Intelligence, 289: 103386.

Yamins D L K, DiCarlo J J. 2016. Using goal-driven deep learning models to understand sensory cortex. Nature Neuroscience, 19: 356-365.

Yang G, Pan F, Gan W B. 2009. Stably maintained dendritic spines are associated with lifelong memories. Nature, 462: 920-924.

Yang Z C, Yang D Y, Dyer C, et al. 2016. Hierarchical attention networks for document classification//Proceedings of the 2016 Conference of the North American Chapter of the Association for Computational Linguistics: Human Language Technologies. San Diego: Association for Compuational Linguistics: 1480-1489.

第四章

统　计　学

解决人工智能系统的可解释性、安全性、可靠性、公平性问题，离不开统计学的理论、方法和实践。无论是在人工智能的发展过程中，还是在当前的人工智能研究中，统计学都发挥了重要的基础性作用。人工智能与统计学的交叉及融合方兴未艾，前景广阔。然而，传统的统计学在方法上侧重基于对提取特征的建模，在理论上重视大样本情形下的渐近理论，并不十分适用于深度学习等端到端建模方法，以及小样本、弱监督、多源异构等各种现实数据场景。理解深度学习、强化学习等主流人工智能方法的需要，以及针对复杂大数据场景的建模需求，对统计学的发展提出了诸多挑战。

第一节　科学意义与战略价值

现有的人工智能技术框架存在明显的局限性，在实际应用中仍存在许多隐患。第一，基于“黑盒模式”的深度神经网络，大多不具有可解释性，令人很难理解其决策逻辑，从而难以产生信任感并与之形成有效协同。第二，人工智能主要基于大数据驱动，对领域知识的利用不够充分，对机理理解不足，难以发现并建立因果机制，常常是“知其然，但不知其所以然”。第三，人工智能常常假设应用场景中的数据与训练数据是同分布的，但该假设在实际中一般都不成立，这使得人工智能系统时常出现不可预知的行为，性能不稳健，难以应对恶意攻击，做不到安全可信，在社会性问题决策中容易导致不公平。第四，人工智能的能力边界不明确，缺乏“自知之明”，存在算法被误用和滥用的风险。这些局限性使得当前的人工智能技术处理“理解型”任务的能力较差，应用于“风险敏感型”领域时存在性能不稳定、不安全、不公平等问题，阻碍了人工智能技术的深度应用。

产生这些局限性的根源有如下几方面：首先，基于“目标函数优化”的学习范式过度简化了数据分析问题，对数据分布及算法性能的不确定性刻画不足；其次，缺乏“大数据”与“富知识”相结合的系统框架，未能有效利用领域知识；最后，以预测分类为主的学习任务过于简单，依靠一个简单的分类界面即可解决问题，对理解数据和任务深层次机理的动力不足。思考如何克服这些局限性，并探求可能的解决方案，对人工智能技术发展和产业应用具有重大的理论和现实意义。

展望未来，整个社会对人工智能技术的需求会越来越强烈，人工智能会在越来越多的领域发挥重要作用，对很多重要决策产生关键性影响。随着人工智能研究和应用走向深水区，人们对人工智能系统的安全性、可靠性、公平性会提出越来越高的要求。特别是在那些风险敏感的应用领域（如医疗、金融、军事等），对人工智能系统的性能要求会非常苛刻。在这些领域，一旦人工智能系统的决策出了问题，往往会导致严重的后果，不仅会产生巨大的社会和经济损失，还会面临复杂的法律和伦理问题。同时，在可预见的未来，人工智能研究与应用的重点必将从简单的“单模态场景”向复杂的“多模态场景”转变，从“预测型任务”向“决策型任务”转变，需要综合多通道数据信息进行联合分析，并结合领域知识和业务场景进行复杂决策。此时，提前设计好一个能够包治百病的全局损失函数（loss function）来指导多层次、多目标、动态性的复杂学习进程是不现实的；有效刻画并度量各通道数据生成及处理过程中的本质机理和不确定性，并通过综合分析进行理性的推断和决策才是解决问题的根本途径。因此，显著降低并有效控制人工智能系统的潜在风险，将其从“性能驱动模式”转变为“风险敏感模式”，构建安全可信的人工智能，大幅提升人工智能系统对机制的认知能力，从解决“预测型任务”转变为解决“理解型任务”和“决策型任务”，构建“具有可解释性”的人工智能，将是未来人工智能发展的重要趋势和核心目标。

解决人工智能系统的可解释性、安全性、可靠性、公平性问题，离不开统计学的理论、方法和实践。与深度学习不同，统计学习特别重视数据分布和算法性能的不确定性，非常强调对因果机理的认知和结合领域知识建立模型，因而一般具有较好的可解释性，并能够建立较清晰的能力边界。这些特点与当前的人工智能技术具有极强的互补性，恰好能够补齐短板。因此，二者之间有潜力形成优势互补，融合发展前景广阔。在人工智能基础研究领域大力推动统计学发展，培养一大批具有统计学思维的人工智能专家和深刻理解人工智能技术的统计学专家，促进两个学科深度交叉、融合发展，对促进人工智能技术进步、抢占人工智能战略制高点具有非常重要的意义。

作为一门收集、整理和分析数据并运用数据智慧指导实践的学科，统计学在近代科学技术的发展史上，为人类利用数据认知自然、描述和发现自然规律及社会规律做出了巨大贡献。统计方法已被广泛地应用于自然、社会、经济、人文和科学技术等众多领域。人们利用统计方法进行数据分析、预测和推动新发现等研究，取得了辉煌的成就。统计学能把数据变为信息、知识和智慧，能揭示暗藏在数据中的“是什么”和“为什么”，是迈向新一代人工智能的关键要素和核心动力。

安德里亚斯·卡普兰（Andreas Kaplan）和迈克尔·亨莱因（Michael Haenlein）将人工智能定义为“系统正确解释外部数据，从这些数据中学习，并利用这些知识通过灵活适应实现特定目标和任务的能力”。这一定义强调了人工智能基于数据学习和决策的属性，清楚地表明了人工智能方法与统计学的密不可分。基于类似的观点，Ghahramani（2015）指出：在人工智能、机器学习、机器人领域，能描述并处理不确定性的概率统计方法将可能成为主流方法。更进一步，诺贝尔经济学奖获得者托马斯·萨金特在2018年的世界科技创新论坛上明确表示：“人工智能其实就是统计学”。无独有偶，2019年华为技术有限公司（简称华为）总裁任正非在接受央视采访时指出：“人工智能就是统计学，计算机与统计学就是人工智能。”图灵奖获得者艾伦·凯

（Alan Kay）在 2020 北京智源大会上指出：当今机器学习所做的一切不过是曲线拟合、多项式、深度神经网络，仅仅寻找输入数据和输出数据之间的模式，并非“理解”数据。他呼吁：我们应该严肃对待人工智能中的“智能”二字，用更深刻的方式理解数据。李国杰（2022）院士在祝贺《中国计算机学会通讯》出刊 200 期时也指出：以统计和概率计算为特征的人工智能技术展现出前所未有的巨大潜力。

图灵奖获得者 Pearl 和 Mackenzie（2018）将人工智能中因果关系研究划分为三个层级：第一层级为“观察能力”层面的“关联”与“预测”（如果我观测到……会怎样？），第二层级为“行动能力”层面的“干预”与“决策”（如果我实施……行动，将会怎样？），最高的第三层级为“反事实的想象”与“归因”（假若当初我做了……，将会怎样？为什么？）。他指出：当今的人工智能技术仅处于第一层级，未来的强人工智能要具有真正的“智能”，迫切需要具备第二和第三层级的行动决策和因果认知能力。Pearl（2009）指出：在过去的一个世纪中，许多发现被推迟是由于缺少描述因果的数学语言。统计因果推断是建立因果认知能力的一个重要手段。

上述这些观点从不同的角度说明了一个重要事实：统计学理论和方法对人工智能的发展有着至关重要的意义，是推动人工智能理论研究和实际应用的重要动力；统计学与人工智能的融合发展很有可能会是根本突破当前人工智能技术核心瓶颈的一个重要途径。在全球数据呈现爆发式增长、海量集聚的时代，在人工智能成为大国科技竞争制高点的时代，在“数字经济”逐渐成为继“农业经济”和“工业经济”之后新的经济发展模式的时代，创造条件、建立机制，大力鼓励并推动统计学与人工智能的深度交叉和融合发展具有十分重要的战略意义。

第二节 发展规律与研究特点

统计学致力于研究收集、分析、解读数据的理论、方法和技术，为各学科领域提供科学的数据分析工具，帮助自然科学和人文社会学研究者发现、探索和掌握自然界和人类社会中的普遍规律，拓宽其科学视野，提高其理解和认知更深层次科学理论的能力，促进各个学科领域发展，推动人类社会进步。在人类科技与文明的发展史上，许多重大科学现象的发现、关键技术的发明和重大研究成果的产生都与统计学思想、理论与方法有着千丝万缕的联系。统计学与生命科学、信息科学、材料科学、环境科学、认知科学、工程科学、经济学、金融学等众多学科领域的交叉，已经并且正继续在这些领域产生重要影响，发挥着不可或缺的作用。这些成果的诞生与统计学研究的特点密切相关。同时，统计学研究的这些特点与当前人工智能研究的核心痛点有很强的互补性，有潜力成为推动人工智能研究走向深水区的关键助力。

一、强调与业务场景的深入结合和对领域知识的充分运用

统计学研究非常强调结合具体的业务问题和领域知识来构建统计模型，通过统计模型将数据与业务需求联系起来，选择性地提取数据中的特定信号来回答业务问题，从而实现模型复杂度与分析预测精度之间的平衡，并尽可能保持模型的可解释性。这种传统使得统计学研究非常重视对业务问题的理解和对领域知识的运用，特别是在统计模型的构建方面，一般需要通过与业务专家的深入沟通来提炼问题、选取数据、取舍信号，并最终构建模型。这种思想传统与人工智能领域当前流行的端到端学习有着较大的区别。在感知类人工智能任务中，由于目前仍很难得到明确的、具有建设意义的领域知识，端到端学习具有其合理性；但是，更为复杂的决策性任务一般都具有较清晰明确的业务场景、需要明确的领域知识，此时更好地发挥统计学重视业务问题的传统，更有效地利用领域知识会成为提高学习效率的关键。

二、强调对数据产生过程的刻画和对不确定性的度量与分析

统计学研究非常强调运用统计模型对数据的产生机制进行刻画，通过抓住主要矛盾、忽略次要矛盾的方式近似描述数据的生成过程。这种传统使得统计模型与产生数据的实际过程具有较好的对应，从而使统计学习具有较好

的可解释性和可操控性。基于此，我们可以较为自然地将数据生成过程中的不确定性引入模型之中，运用概率语言对其进行刻画，并在数据分析的过程中始终关注这些不确定性，对其进行有效的度量与刻画。这种对不确定性的高度重视是统计学研究的一个核心特点，也是统计学区别于其他学科的重要特征。当前，主流的人工智能方法在不确定性量化和不确定性推断方面仍有较大的局限性。面向未来，如何在大规模端到端学习的框架下对数据、模型和算法的不确定性进行有效分析和推断，是亟待我们解决的一个关键问题。

三、强调分析结果的可解释性和对因果关系的认知

统计学研究的上述两个特点自然地诱导出它的第三个特点：对分析结果的可解释性和因果关系非常重视。由于统计模型一般能够较好地反映数据生成机制的主要结构和数据生成过程中的不确定性，统计模型中的参数一般具有较明确的物理意义，因而基于统计模型的推断一般具有较好的可解释性。将模型参数所代表的物理意义与领域知识相结合，时常会产生具有因果意义的结论，从而使得统计分析具有因果性。当领域知识不足以支持我们得到明确的因果关系时，统计学家还提出了基于随机化试验来确立并计量因果关系的系统方法，该方法已经成为评价因果效应的唯一金标准。更进一步，统计学家在一定的假设前提下将相关思想方法进一步推广到观测性研究，大幅拓展了统计因果推断的应用边界。2000 年诺贝尔奖获得者 Heckman（2008）描述了因果推断的三个层次的挑战问题：①评价历史上曾执行过的干预的效果；②预测在一个环境中执行过的干预在其他环境中将产生的效果；③预测历史上从没有经历过的干预在各可能环境中的效果。利用观察性研究数据解决这三个层次的因果推断问题中的任何一个均非易事，其中第三层次的问题尤为困难。

目前有两个主要的因果推断模型：潜在结果模型、因果网络模型。前者引入潜在结果变量来度量因果效应，不必假定更多变量之间完整的因果机制，利用随机化试验、可忽略处理分配机制假定、工具变量等方法定量地评价原因变量对结果变量的因果效应。后者利用因果网络描述多变量之间的因果关系，探索从数据中发现数据的产生机制，基于因果网络定量地评价因果效应。

在实际应用中，这两种因果研究的范式可以互为补充，从不同的角度帮助我们定量地评价因果效应和发现变量之间的因果关系。

在科学研究中，当可以在可控的环境中进行科学试验时，有利于进行因果推断。当难以在可控的环境中进行科学试验时，因果推断常常要求一些假定，而这些假定不能用数据进行检验。如何建立更有力的因果推断框架，在更广泛的自然科学和社会科学领域实施更有效的因果推断是今后研究的重点。

四、广泛使用正则化方法来应对过参数化和过拟合

自 20 世纪 90 年代以来，针对高维数据分析问题建立高维统计模型、发展高维统计方法一直是统计学研究的热点和前沿领域，并取得了丰硕的成果。高维模型是指参数个数随样本量增长的参数模型，或者包含有限维参数的半参数模型。在高维模型中，常常会出现过参数化的现象，即模型中未知参数的个数会远远超过数据样本点的个数。对过参数化的模型如果不加以控制，会产生严重的过拟合现象，使得所学习到的模型泛化性能显著降低。为了克服这类问题，统计学家发展出了“正则化”的思想和方法，通过引入 L1 正则化（又称 Lasso 正则化）、L2 正则化、L1 与 L2 相结合的正则化等不同形式的正则化项对传统统计分析的目标函数（如似然函数、残差平方和等）进行正则化改造，以达到稳定统计分析结果、减轻过拟合、提高模型泛化能力的目的。特别是基于 L1 正则化的方法，可以利用 L1 惩罚导致的稀疏性来同步实现变量选择和参数估计，该方法已经成为高维过参数化模型统计分析的核心方法。这些在高维统计中发展起来的稀疏和非稀疏正则化理论和方法是对过参数化模型进行理论分析的有力工具。

现代深度神经网络由于具有海量参数，天然就是过参数化模型，这使得“过参数化”成为深度学习的一个显著特点。近年来，上述正则化思想和方法已被广泛应用于深度学习的研究与实践，催生了一系列适用于深度学习的正则化技术，包括权值衰减、早停、随机失活、数据增广、参数共享等。但是，与经典的统计正则化方法相比，这些适用于深度学习的正则化方法也有许多不同的特点。例如，深度学习中常用的正则化技术大多属于隐式或算法正则

化，因此并非总能表示为带显式正则项的优化问题；这些正则化技术往往不能导致参数的稀疏性；经典统计正则化方法主要适用于基于单层基展开形式、损失函数为凸的非参数或高维模型，而深度学习模型则是基于多层函数复合形式、损失函数高度非凸的复杂过参数化模型。由于这些重要差异，简单套用经典的正则化理论无法解释过参数化深度学习模型防止过拟合的真实原理和机制，这对统计学习理论提出了全新的挑战。

从统计学视角开展复杂过参数化模型的基础理论研究，不仅有助于解答深度学习实践中涌现的理论瓶颈问题，而且对发展基于统计学原理、具有良好可解释性的新一代人工智能方法具有重要的指导意义。例如，著名统计学家 Efron（2020）比较了以深度学习为代表的纯预测和以传统回归模型为代表的归因算法之间的区别，提出若干可能挑战现有统计学理论的关键问题：能否发展一种最优预测理论作为预测算法的理论基础？是否可以融合两类算法以改进预测算法的可解释性？现有理论用于深度学习等新型算法是只需不太复杂的修补，还是需要本质的革新？这些问题尚需我们进一步研究。某些研究利用稀疏性或其他复杂度控制，已经可以在某些特定目标函数类上说明深度神经网络相对于传统非参数方法的优越性，可以在一定意义上成功地克服维数灾难（Guo et al.，2021；Hoefler et al.，2021）。然而，缺少与非凸优化算法的结合仍然是这一理论框架的重大短板，无法解释深度学习中随机梯度下降等常用算法对泛化性能的影响和隐式正则化效果。

第三节　发展现状与发展态势

人工智能的发展阶段包括确定性推理、不确定性推理、专家系统、贝叶斯网络等。随着大数据的发展，各种机器学习、数据挖掘、深度学习、强化学习等新的方法不断涌现出来。这些方法基本上都是从数据中发现相关关系和关联性。近年来，依据数据进行因果推断和分析因果关系的研究越来越受到重视。

一、发展现状

1. 深度学习理论研究陷入瓶颈期

关于神经网络的现有理论分析大多从逼近论角度入手，研究神经网络的表示能力。经典的万能逼近定理表明：存在至少包含一个隐藏层的神经网络可以任意精度逼近任何博雷尔可测函数（Borel measurable function）。进一步的研究表明：对于两层网络，在最坏情形下，需要指数多的隐藏单元；而增加网络的层数（宽度）可以有效地减少隐藏单元的数量。Mei 等（2019）的研究在网络宽度趋于无穷时，建立了网络参数分布的“平均场理论”以及刻画参数演化动力学的“神经正切核理论”。

这些理论为基于神经网络的最优拟合函数建立了理论存在性，并较好地描述了“无穷宽网络”的性质。但是，不涉及有限样本上的统计估计问题，对理解实际使用的“有限宽网络”帮助不大，尚无法为深度网络的泛化能力提供直接解释。从经典机器学习理论视角来研究神经网络的工具还包括 VC 维、间隔理论等，但这些理论都有一定的局限性，要么不能说明深度网络是如何克服维数灾难的，要么只适用于分类问题且无法保证训练算法的性能。短期内，尚未看到能够全面解决深度学习理论问题的数学框架，深度学习理论研究暂时陷入瓶颈期。

2. 对过参数化模型的统计学理论研究有重要发现

偏差 - 方差权衡（bias-variance tradeoff）是统计推断中广泛成立的一个基本原则。这个原则告诉我们：估计误差和逼近误差一般不能同时减小，要通过控制模型复杂度在二者之间取得最优平衡。基于这一原则的理论分析方法也是推导非参数模型误差界的一个基本手法。近年来的一系列研究运用这一思路对神经网络进行了大量的理论分析，从两层网络到深度网络，从光滑激活函数到非光滑的修正线性单元（rectified linear unit，ReLU）激活函数，从经典目标函数类到多层复合目标函数类，研究者还尝试通过限制交互变量的个数来解决维数灾难问题。然而，现有理论结果仅适用于活跃参数数目较少、结构较简单的小规模网络，与深度学习实践还存在较大的差距。

近期，有研究发现经典的“偏差－方差权衡”原则对某些过参数化模型可能并不适用：当模型的参数规模超过某临界点后，模型的综合估计误差会“再次下降”并无限趋近于零。这种模型估计误差随着参数规模的增加而再次下降的现象被称作“双下降现象”，是一种有悖于传统统计的直观但又客观存在的数据分析现象。这一现象的发现对理解过参数化模型的理论性质具有重要的作用。由于深度神经网络本质上也是一个过参数化模型，对“双下降现象”的研究有可能会对揭示深度神经网络的理论性质具有重要作用。尽管当前关于“双下降”现象的理论分析仅限于过参数化线性模型或传统非参数模型，尚未真正触及深度学习中的“双下降”现象，但相关研究进展值得期待。

3. 强化学习理论研究有重要突破

强化学习通过不断与环境交互，利用环境给出的奖惩来持续改进决策策略，即在什么状态下采取什么动作，以求获得最大的累积奖励。强化学习的核心特点是不需要人为构造训练数据，而是通过环境给出的奖惩来学习。其学习过程是动态的，交互的，其解决的主要问题是决策问题。强化学习的研究已有几十年的历史，横跨不同科学领域且发挥着重要作用。近年来，研究者将强化学习与深度学习相结合，发展出“深度强化学习”，并取得了令人瞩目的成就。

强化学习以马尔可夫决策过程和哈密顿－雅可比－贝尔曼方程为基础，已经建立了较完善的理论框架和迭代式求解方法，可以有效地解决低维度问题；基于深度神经网络的函数逼近方法的广泛应用显著提升了强化学习处理高维问题的能力；基于蒙特卡洛树搜索（MCTS）的计算方法，解决了高维度价值函数估计问题；基于函数优化和自然梯度的思想，通过引入正则项，显著提升了策略迭代的效率；基于降维和特征分解的思想，提升了策略的建模效率和可解释性；基于统计度量和分层模型，实现了复杂场景的模仿学习和高效回报函数设计。此外，适用于多智能体的分布式强化学习方法，有效解决了多智能体决策维度爆炸的问题。

4. 应用驱动的方法研究非常活跃

尽管人工智能基础研究整体上进展较为缓慢，但是以重要应用为驱动的人工智能方法研究非常活跃。在复杂博弈与决策、复杂函数拟合与预测、智能制造、智慧医疗等领域发展迅速，取得了一系列重要成果。

1）基于强化学习的游戏博弈与复杂决策

由 DeepMind 公司开发的人工智能围棋软件 AlphaGo 于 2016 年击败人类顶尖围棋高手，引起巨大轰动。AlphaGo 使用蒙特卡洛树搜索探索巨大的行动空间，借助估值网络（value network）来评估特定行动决策的潜力，借助走棋网络（policy network）来选择最具潜力的行动决策，由此获得了巨大的成功。之后，DeepMind 公司又相继开发了 AlphaGo Zero、AlphaZero、MuZero，它们可以直接从零开始学习，能力得以大幅提升。DeepMind 公司将相关技术进一步发展，扩展到电子竞技游戏领域，开发了可以与人进行星际争霸游戏对抗的人工智能程序 AlphaStar。该程序达到了人类玩家的黄金级别。采用类似的方法，由脸书公司开发的 AI 智能程序 Pluribus，在六人无限下注德州扑克比赛中击败人类专家，首次在“不完全信息”复杂博弈游戏中击败两个人或（两个团队）。由 OpenAI 公司开发的人工智能程序 OpenAI Five，在更为复杂的多人视频游戏 Dota 2 中，最终获得了专家级别的表现。研究人员将上述强化学习技术与自动驾驶业务场景相结合，推动了自动驾驶技术的快速发展，无人车可根据当前的路况、自身的状态自主决定行驶行为。

2）超复杂函数的准确拟合与精准预测

从蛋白质的一维氨基酸序列出发来预测其三维空间结构是计算结构生物学中的一个核心问题。在过去的 50 年中，该问题吸引了无数生物学家和数据科学家展开研究，但得到的预测结果一直与真实的蛋白质结构相差甚远。2020 年 11 月，DeepMind 公司开发的人工智能系统 AlphaFold 在蛋白质结构预测国际竞赛“结构预测关键评价”（The Critical Assessment of Structure Prediction，CASP）中排名第一，预测精度评分中位数达到 92.4 分，超过了公认的可接受分值 90 分，这意味着 AlphaFold 预测的蛋白质结构与真实的蛋白质结构已经非常接近，达到可以实用的水平。此外，中国腾讯科技（深圳）有限公司（简称腾讯）开发的基于人工智能的蛋白质结构预测工具 tFold 也进入了 CASP 竞赛的前 10 名。2022 年《科学》（*Science*）上的论文提出了 ProteinMPNN 算法，该算法能在几秒内设计出在自然界中不存在的全新蛋白质。AlphaFold 用于预测蛋白质结构，而 ProteinMPNN 的作用是设计蛋白质，解决了蛋白质逆折叠问题。ProteinMPNN 借鉴图像识别的神经网络，设计特定结构相对应的序列，根据给定的蛋白质结构，确定折叠成该结构的氨基酸序列，生成的蛋白质可按预期计划折叠，造出复杂蛋白质复合体。

3）智能制造

在智能制造领域，人工智能在包括材料研发、订单获取、生产制造、仓储物流、运维服务等环节在内的全产业链上均有成功应用。在材料研发方面，运用人工智能技术对海量材料数据进行系统分析挖掘，从中提取、总结出材料的成分、工艺、结构等可控要素与材料性能之间的关系，该方法已逐渐成为推动新材料研发的一种重要手段（Yang et al.，2021）。在生产制造方面，通过把互联网思维和人工智能技术与传统行业生产组织相结合，推动工业互联网大发展，大幅提高了对市场用户数据的采集能力，大幅优化了生产制造产业链的运行效率和生产灵活性。在仓储物流方面，将人工智能技术与射频识别等技术结合以解决仓储优化管理、动态库存追踪、配送中心最优化选址、运输成本最小化等核心问题，并逐渐深入到对各种预测、优化的不确定性度量以及大量影响因素对结果影响的因果性分析。

4）智慧医疗

人工智能技术与医疗的结合意义重大，影响深远。近年来，人们在医学影像分析、可穿戴设备、精准医疗等方面取得了一系列重要进展。在医学影像分析领域，以深度学习为核心的计算机视觉方法有了广泛的应用，在皮肤癌、肺癌、乳腺癌、眼底疾病等医学影像智能分析方面产生了一批突出成果。相关应用主要包括分类、检测、分割和配准四个方面。在分类方面，主要涉及病变良恶性分类和多种疾病的鉴别；在检测方面，主要目标是在图像中定位异常或可疑区域，避免在检查中遗漏病变，提高患病区域的检出率，同时降低假阴性率；在分割方面，对计算机体层成像（computed tomograph，CT）和磁共振成像（magnetic resonance imaging，MRI）的图像分割（image segmentation）研究涵盖了肝脏、前列腺和膝关节软骨等多种器官，但大量工作主要集中在脑部图像分割方面，用于给出脑部肿瘤的确切边界，指导手术切除；在配准方面，图像配准技术开始应用于神经外科手术或脊柱外科手术，以定位肿瘤或脊柱骨界标，便于手术切除肿瘤或植入脊柱螺钉。

人工智能与可穿戴设备的结合也得到了飞速发展，产生了一系列极具潜力的应用场景。但仍有许多难点问题和理论问题需要通过进一步的深入研究来解决，包括如何定义数据中蕴含的巨大差异性并建立适当的分析模型，如何对非标准的多维时间序列和函数型数据进行有效的分析和推断，如何分析带有约束性条件的过程数据等。

精准医疗与人工智能方法的结合同样令人鼓舞。近年来，基于“最优个性化治疗”思想和方法的“精准医疗”是医学研究的一大热点，也是人工智能在医学应用的一个重要领域。其主要有两个思路：从病人的协变量 X 出发，构建某种最优的“个性化治疗规则”［即协变量 X 的一个二值函数 $g(X)$，$g(X)=1$ 表示对该病人实施治疗，$g(X)=0$ 表示不对该病人实施治疗］，使得对该规则所选定的病人群体［即 $g(X)=1$ 的病人群体］进行治疗时能够达到最佳的治疗效果。当协变量 X 维度较高时，对各协变量分层下的治疗效果进行准确估计面临较大困难，有待使用统计学与人工智能结合的方法加以解决。

二、发展趋势

人工智能与统计学的交叉及融合方兴未艾，前景广阔，相关方法和理论亟待深入发展。从人工智能的角度来看，未来的研究和应用已经展现出如下几个明显的发展趋势。

1. 从解决“预测型问题”向解决“决策型问题”转变

在过去相当长的一段时期，人工智能研究主要关注“ 预测型问题”，即通过端到端学习的方法来拟合预测变量 X 与响应变量 Y 之间的复杂关系，并根据 X 的取值来预测响应变量 Y 的值。基于深度学习强大的逼近能力，许多非常困难的复杂关系拟合问题都得到了较好的解决。但是，解决“决策型问题”要复杂得多，也是很多科学研究所追求的目标。与“预测型问题”不同，“决策型问题”是对未经受干预的个体或总体预测其被干预后的结果，其困难是如何寻找与其具有可比性的另一个曾经被干预过的个体或总体。一个从未被干预的总体与一个曾经被干预过的总体具有可比性的假定是不可被观测数据检验的。对于解决“决策型问题”，仅仅做好数据拟合是远远不够的，需要具备数据信息之外的对目标系统的运行机制的认识，或者利用人为的或自然的随机化方法引入含有因果信息的数据；如果得不到这样的数据，就需要敏感性分析。面对一个内部机制尚不清楚的大规模复杂系统，要做到这一点还面临许多重大挑战。但是，已经有越来越多的研究者开始关注这一类问题，并把解决它们作为进入更高层次人工智能领域的一个重要途径。

2. 从重视“性能优化”向重视“不确定性度量”转变

当前人工智能研究的核心范式是针对一个事先给定的“损失函数”进行参数优化，并基于优化得到的模型参数进行数据处理和预测决策。上述范式的一个重要缺陷在于：用一个简单的“损失函数”来引导整个学习过程，会导致对数据分析和行动决策复杂性的过度简化，不能充分描述和反映数据分布和算法性能的不确定性，从而导致泛化能力降低、表现不稳定、能力边界难以明确等问题。越来越多的研究者意识到这方面的问题，逐渐将不确定性量化、不确定性推断和人工智能系统能力边界的刻画作为重要的研究任务（Begoli et al.，2019；Abdar et al.，2021）。

3. 从重视“相关性”向重视“因果性”转变

在深度学习快速发展的过程中，曾经有人认为：在大数据时代，只要从数据中得到变量之间的相关关系，就能准确进行预测，而探寻因果关系不再重要了（Mayer-Schonberger and Cukier，2013）。但是，众所周知：相关关系不等于因果关系！打疫苗多的地方或时期，可能是因为疫情较严重，打疫苗与疫情有正的相关性；但绝不能因此论断打疫苗没有作用，甚至得出打疫苗会扩大疫情的结论。根据疫苗对预防疾病有因果效应进行决策，可以得到打疫苗能有效减轻疫情的结果。关于因果性的应用实践和学术反思一再表明：对因果关系的探寻是数据分析至关重要的任务和目标，是保证人工智能系统能够安全可靠工作的重要保障。特别是最近几年，越来越多的人工智能研究者认识到研究因果推断的重要性，并付出很多努力研究人工智能中的因果问题。在未来的强人工智能中，因果推断将发挥重要的作用（Pearl and Mackenzie，2018；况琨等，2020；Geng et al.，2019；苗旺等，2018）。

4. 从单纯的大数据驱动向大数据与富知识“双轮驱动”转变

回顾人工智能发展的历史，我们经历了从以“专家系统”为代表的主要依靠“知识驱动”的第一代人工智能，到以“深度学习”为代表的主要依靠“数据驱动”的第二代人工智能的转变。对于新一代人工智能的发展，一个重要的趋势是要把“知识”和“数据”有效地结合起来，形成大数据与富知识相结合“双轮驱动”的新范式。如何建立有效的框架来完成这一目标，使知识和数据互为补充、相互驱动，将是下一阶段研究的核心方向之一。

从统计学的角度来看，为更有效地解决人工智能研究和应用中的关键问题，更好地推动人工智能基础理论的发展，需要对统计学研究的关注点和指导思想进行深刻的调整和大胆的创新。

5. 从结构化小数据分析向非结构化大数据分析转变

传统的统计学模型和方法主要针对表格型的结构化数据，处理的数据一般规模不大、结构也相对简单。在这种场景下，人们不太需要关注数据的有效表示和特征提取等相对底层的数据处理步骤，仅需将注意力集中在数据生成过程的建模和基于模型的推断等相对上层的数据分析过程。但是，随着人工智能研究和应用走向深入，对文本、图像、语音、视频等非结构化数据的有效处理和理解逐步成为研究和应用的核心，如何对这些非结构化数据进行有效表示和特征提取变得非常关键。近年来，随着以深度学习为代表的人工智能技术快速发展，我们对复杂非结构数据的有效表示和特征提取建立起了比较好的框架。然而，现有的人工智能框架在对数据分布特征和不确定性的刻画方面还有很大的局限性。将深度学习对复杂非结构数据的表示能力与统计学习在不确定性度量和推断方面的特色相结合，在已有深度学习框架的基础上将简单的“目标函数优化”升级为“不确定性推断”，从而发展出兼具二者优势的新一代人工智能方法，已经到了“水到渠成”的关键阶段。

6. 从小规模简单模型精准推断向大规模复杂模型快速推断转变

在传统统计学的研究场景下，人们主要运用结构相对简单的模型对小规模数据进行精细建模，希望在信息总量十分有限的情况下，通过精细的分析和精准的推断来充分地利用数据中的信息，其显著特征是常常把追求理论上的某种“最优性”作为主要的目标。但是，在人工智能的前沿研究中，随着数据体量显著增大、数据形态日趋多样化、模型规模和结构越来越复杂，数据分析的重点和难点从“如何有效利用关键信号”转变为“如何有效发现关键信号”。

这种数据分析场景的深刻变化客观上需要我们在数据分析的基本思想和指导原则上进行相应的改变。在新的场景下，数据的“生成过程”变得极为复杂，不再像传统统计学问题那样易于把握，导致“数据生成模型”的建立必须要在一个极大的模型空间中进行探索才能逐步实现。此时，找到好的“模型结构”比找到“好的模型参数”要重要得多。在这种情形下，追求在特定模型结构下模型参数某种理论上的“最优解”并无很大意义；相反，如何在巨大的模型空间中快速识别那些真正“有潜力”的模型才是最重要的。

因此，在人工智能前沿研究中，传统统计学中“精准推断”的范式将不再是最适合的，需要发展面向超大模型空间进行“快速推断”的技术方法与理论框架。在这个新框架中，最重要的事情是能够以很快的计算速度扫描大量的潜在模型，并对它们的“潜力”进行粗线条但快速的评价，并在此基础上进行“大尺度”而不是“小尺度”的不确定性分析。

7. 从“独立同分布”数据分析向“多源异构”数据分析转变

传统的统计学习主要着眼于对独立同分布数据的处理和分析，尽管也涉及时空数据等具有相关性结构的数据，但总体上仍假设数据具有较好的“同源性”，能够较容易地在统一的模型框架下得到有效表示。然而，在前沿人工智能研究中，待分析的数据往往具有多源异构、时空特征变化剧烈等特点。如何建立起有效的分析框架和相应的方法及理论来处理具有这些特点的复杂数据，将是下一个阶段统计学研究的一个重点，也是推动人工智能基础研究的一个重要方向。

8. 从传统的“集中式小数据分析”向“分布式大平台分析”转变

传统的统计学习常将所有数据集中存放在一处，可以方便地被分析者访问并调用。但是，在当前的人工智能研究框架下，由于数据的规模非常大、结构特别复杂、对数据安全和隐私保护的要求非常高，传统的“集中式小数据分析”模式不再适用，数据分析模式逐渐向“分布式大平台分析”转变。在面向“分布式大平台分析”场景时，数据维度高、数量大、结构复杂、存储分散的特点使得访问数据的成本显著增加，提取数据特征特别困难，整合分布式存储的数据信息特别具有挑战性。在此背景下，“分布式数据分析”“大规模数据流分析”等新型数据分析问题和数据分析模式必将受到越来越多的重视。

综上所述，统计学与人工智能都以分析数据为主要手段，以服务并指导决策为核心目标，以真正解决生产生活中的实际问题为最高理想，两个学科方向有着密切且深刻的联系。然而，由于历史的机缘和学科发展环境的制约，统计学与人工智能在数据分析研究的侧重点上产生了分化：统计学更侧重对小规模、结构化数据的精细分析，人工智能更关注对大规模、非结构化数据的整体把握。两个学科方向各自发展，在过去的几十年里均取得了辉煌的成就。随着数据科学与人工智能研究和应用逐渐进入深水区，各自的局限性也日益凸显。面向未来，统计学与人工智能的融合发展可能会是根本解决当前人工智能技术核心瓶颈的一个重要途径。

第四节　发展思路与发展方向

一、关键科学问题

无论在人工智能的发展史上，还是在当前的人工智能研究中，统计学都发挥了重要的基础性作用。然而，传统的统计学在方法上侧重对提取特征的建模，在理论上重视大样本情形下的渐近理论，并不十分适用于深度学习等端到端建模方法，以及小样本、弱监督、多源异构等各种现实数据场景。理解深度学习、强化学习等主流人工智能方法的需要，以及针对复杂大数据场景的建模需求，对统计学的发展提出了诸多挑战。以下从现代机器学习方法的统计学基础、大数据统计建模、可解释人工智能三个方面列举一些关键科学问题。

1. 深度学习的统计学基础

建立深度学习的严格理论基础是当前人工智能发展的最迫切需求之一，是促使人工智能发展从基于经验向基于原理转变的关键，也是瓶颈问题。尽管可以从众多角度、运用不同数学工具开展深度学习的理论研究，但研究者最为关心、最为本质的问题仍然是深度神经网络的泛化能力，即深度学习在训练集上得到的模型在测试集上的预测或分类误差有何理论保证。传统统计学在解决这一难题上遇到的挑战主要有：①深度神经网络的过参数化、多层复合、不可识别等特点使得作为主要目标的预测与对网络参数的估计和推断完全分离开来；②深度神经网络的高度非凸性使得对其泛化性的分析高度依赖于优化算法解的动力学行为，而将优化动力学与统计误差分析结合起来的理论研究手段十分缺乏。针对前一个挑战，美国科学院院士、当今最有声望的统计学家之一 Efron（2020）呼吁发展与“基于估计和归因”的统计学经典框架不同的最优预测理论，探讨分析深度学习、随机森林等纯预测算法与经典统计建模方法相比较的优势；后一个挑战涉及统计学与最优化的深度交叉，除了无穷宽浅层神经网络等特殊情形，尚无太多进展。

2. 强化学习的统计学基础

强化学习是一种动态的学习过程，主要涉及探索（exploration）与利用（exploitation）的权衡，与经典统计学中的序贯分析有一定的相似性，但其试图解决的学习任务远远超出了后者的研究范围。伴随着强化学习研究的深入和应用领域的扩大，涌现出许多有待解决的问题，如目标的确定、抽样技术、稀疏奖励函数、泛化能力、多智能体和分布式强化学习等。这些问题既是强化学习研究的前沿，也是很多实际应用面临的挑战。

3. 机器学习的稳健性与稳定性

以深度神经网络为代表的机器学习算法尽管在许多应用中获得了优异的性能，但也因为容易遭受对抗样本的攻击而备受诟病和争议。攻击者通过人类难以察觉的微小扰动，就可以对分类和预测结果产生巨大的影响，这使得人们对将深度学习等机器学习算法应用于自动驾驶、网络安全等领域产生了重大安全疑虑。尽管统计学中有稳健统计的分支，但其研究主要是针对非正态分布和异常值的统计，很少研究在对输入添加微小扰动这一意义下的稳健性。这一意义下的稳健性在统计中往往被称为稳定性，其因为与可重复性紧密关联而受到越来越多的重视。美国科学院院士郁彬将可预测性、可计算性与稳定性并称为数据科学的三大核心原则（Yu and Kumbier，2020）。为稳健性（robustness）和稳定性（stability）的研究建立一般理论和算法框架，是提高现有机器学习算法可靠性和安全性的关键。

4. 小样本、缺标签的学习

人工智能应用通常会遭遇数据标签不足的问题，从而给机器学习模型的训练带来困难。半监督学习、弱监督学习、迁移学习等为此提供了可能的解决方案：半监督学习在训练数据中会引入大量的无标记数据来训练机器学习模型，通过使用自学习、标签传播、深度生成模型等技术，减小机器学习对标记数据的需求；弱监督学习通过众包的方式收集标记数据，并利用课程学习、元学习等技术，降低众包数据中标签噪声的影响，从而减少训练数据集的构建成本；迁移学习则利用分布校准、对抗训练等技术从已有的数据中迁移知识，从而降低机器学习在目标域任务中对标签数据的过度依赖。

5. 数据共享与隐私保护

人工智能模型依靠数据驱动，随着数据隐私及其引发的伦理问题受到越来越多的关注，隐私保护已成为人工智能发展中的一大挑战。一方面，要防止模型泄露用户隐私；另一方面，也要防止数据收集过程中对数据的泄露。主要的隐私保护方法有联邦学习、差分隐私等。例如，联邦学习框架下的多模态融合技术可以在数据加密的场景下，对不同节点上的数据模态进行融合，有很大的发展潜力。此外，作为一种有严格定义的概念，差分隐私为解决隐私保护问题提供了一种统一的框架，对差分隐私基本算法的研究及其拓展是一个重要的研究方向。

6. 分布式数据的统计分析

从统计学的视角研究分布式数据，不仅要充分发挥统计学的特长和优势，也要充分利用分布式优化算法。分布式的数据收集机制往往导致非独立同分布的数据（如无线传感网络数据、联邦学习的终端用户数据等）的出现，使得通常的大数定律和中心极限定理不再成立。因此，有必要研究非独立同分布情形下的分布式推断，为此类分布式数据分析提供一个新的统计学框架。此外，由于大量统计方法都需要通过求解优化问题来实现，因此分布式统计分析也离不开分布式优化算法。两者结合的关键是要充分利用模型结构和随机噪声的特点，降低算法复杂度和通信代价，并提供最优收敛速率等统计理论保证。在经典独立同分布情形下，一些重要模型的分布式推断已经有了长足发展，如分位数回归、支持向量机、低秩矩阵填补等。未来，统计学也可以为其他问题（如去中心化数据的统计分析、恶意攻击下的分布式数据分析等），提供有效的解决方案。

7. 实时数据流的统计分析

大规模实时数据流是一种重要的大数据形式，广泛出现在各个应用领域。此类数据对统计分析的挑战主要体现在两个方面：①有效的在线预测和预警要求统计方法具有良好的可扩展性和通信有效性，对结构时变作出快速反应；②多源异构是实时数据流的重要特征，数据源既有结构化的（如传感器信号）、半结构化的（如人工操作记录），也有非结构化的（如图像、音频文件），且数据的来源多样。现有的在线学习方法主要基于观测数据来自同一模型的假设，仍然缺少针对结构时变和多源异构的大规模数据流的统计推断方法。未来实时数据流统计分析研究的发展方向包括：数据流在模型时变下的降维方法、正则化等统计学习理论；传输有效、计算快速且能够动态加权的数据流预测方法和不确定性度量方法；快速变点检测方法，对过程中的结构变化进行快速识别和预警；分布式异构数据流和多源数据流的融合算法；实时算法的统计和计算效率、通信有效性和稳健性分析等。

8. 时空和函数型数据的建模

数据随时间或空间的变化是体现大数据复杂性的重要方面。如何合理、有效地对包含连续变化信息的数据进行建模和分析成为近年来统计学研究的热点。针对此类数据，可以借助无穷维函数空间的数学基础，通过非参数方法进行估计、推断与学习，具体包括：复杂时空和函数型相依结构的建模和学习；高维、实时、几何结构、多源异构等复杂时空和函数型数据的统计推断方法；非结构化时空和函数型数据的表示学习与特征提取理论；等等。这些问题的解决将极大地丰富和拓展经典统计学的理论和方法。

9. 网络和关系数据的建模

“互联网 +”和知识经济等新业态的发展带来了更多以网络、图或相互关系表示的数据，如社交网络、交通网络、科学引用网络等。网络数据在统计学上的挑战主要是：数据一般不具有独立性，网络规模的增长不能简单等同于样本量的增长；同时，参数的个数往往随着网络规模的增长而增加。现有统计模型和方法主要针对静态网络，而动态网络的时变性、高维、非线性、重尾分布等特性大幅提高了统计建模的难度，尚缺少完整的统计建模框架和方法。主要难点包括：点或边进入系统的时间间隔分布是不对称分布，且具有爆发性和周期性等特点，给模型的求解和极限分布的推导带来了很大挑战；在动态网络的结构刻画方面，基于静态网络结构指标的简单改进很难完全反映动态网络的结构特征；传统的社区划分算法，如随机块模型，也较难推广到动态网络上。

10. 多源异构数据的融合

多源异构是智能制造应用中数据的主要特征之一，数据的来源多种多样，且一些数据源是结构化的（如传感器信号），一些是半结构化的（如人工操作记录），还有一些是非结构化的（如图像文件）。这就要求我们能够利用不同时间和空间的信息资源，对具有相似或不同特征模式的多源数据进行处理，发展相应的统计理论和方法。传统统计学中“独立同分布”这一基本出发点被破坏，亟须对以下问题进行研究：分布式平台下的噪声积累和个体之间数据统计特异性对统计学习的影响；高维稀疏结构下基于非独立同分布数据的假设检验；多源异构分布式信息融合技术等。在精准医疗应用中，随机化是临床试验的金标准。然而，在很多研究中，受伦理、经济等因素的制约，随机化试验代价太高，只能获得少量的随机化试验数据，同时又有大量容易获得的观察性数据，包括横断面调查数据、多时间点的纵向数据、前瞻性追踪调查数据、回顾性研究数据等。如何将不同来源和类型的数据进行有效融合与联合分析，提高统计推断的有效性和稳健性，是有待未来研究解决的关键问题。

11. 基于因果关系的人工智能方法

发现因果关系和评价因果作用是许多科学研究的重要目标。相关关系不同于因果关系，两事物之间没有因果关系，可能表现出虚假的相关关系。相关关系仅适用于总体不变情况下的预测，而因果关系是对事物之间联系的更本质解释，因而更有助于决策。现有的人工智能方法一般都不具备对因果机制的了解，对信号和噪声区分得不充分，容易造成数据过拟合的问题；同时，引入大量有关联但无因果关系的冗余特征，增加了模型复杂度，降低了学习效率。明确因果机制可以区分变量之间表面上的关联和真实的因果关系，简化现有模型和框架，增强模型的泛化性和稳健性。如何在复杂任务、大数据场景下进行有效的因果学习，是一个亟待研究解决的关键问题。此外，需要研究将逻辑推理与因果推断相结合的理论和方法。早期人工智能范式采取的符号逻辑手段，以及人们习惯的常识推理方式，在不确定性情况下，经常会出现与直观相悖的现象，即“中间变量悖论”，又称为“替代指标悖论”。Moore（1995）给出了一个实例：临床试验证明某种药物能显著纠正心律失常，医生的常识是纠正心律失常可以减少猝死，然而该药物不但没有减少猝死，反而增加了数万死亡病例。探讨各种不同定义下关联性度量和因果作用的可传递性和可迁移性等理论，将有助于发展基于因果关系的新一代人工智能方法。

12. 人工智能的可解释性

当前的人工智能研究面临着可解释性问题的重大理论挑战。统计模型常依赖于领域专家的知识建模，其模型和参数都具有很好的可解释性。然而，深度学习、随机森林等主流人工智能方法，都是基于数据内部表示构建的复杂模型，在测试数据集上取得优异性能的同时，其不透明、不可解释的“黑箱”属性也广受诟病。然而，对大多数现有的机器学习算法来说，优异的泛化性与良好的可解释性仍然是一对本质矛盾，“鱼与熊掌不可兼得”。目前解决人工智能的可解释性问题仍存在以下主要障碍：缺少对深度学习等主流人工智能方法的理论解释；缺少结合复杂与简单模型来平衡泛化性与可解释性的手段；缺少针对黑箱模型的统计诊断、变量重要性评估、模型归纳及可视化等一般理论和方法。根据不同的应用目的，可以选择建立可解释的白箱模型，或选择对黑箱预测结果进行事后解释。黑箱模型的可解释性问题的解决将有助于突破人工智能研究的可解释性瓶颈，推动新一代人工智能的建立和发展。

13. 因果推荐系统

推荐系统是因果推理发展和应用的一个新兴领域。推荐系统中的许多实际问题本质上都是因果问题，如浏览后的点击率预测、点击后转化率预测和提升建模（uplift modelling）等。与传统的推荐方法相比，因果推荐方法有几个优势，包括更好的可解释性和稳定性、更高的准确性和可概括性。然而，一个统一的因果分析框架还没有建立起来。一方面，现有的推荐系统的因果分析方法对人们感兴趣的科学问题缺乏明确的因果和数学表述，导致该领域普遍存在许多模糊的因果概念，阻碍了因果推荐方法的发展，需要澄清许多混乱的问题：到底是什么被估计？为了什么目的？在什么情况下？通过什么技术？在什么合理的假设下？另一方面，推荐系统的观察数据的一个明显特征是存在各种偏差，这是得出因果结论的主要障碍。然而，尽管各种偏差已经被发现并以描述性的方式提出，推荐系统中偏差的正式因果定义仍然不明确。由于缺乏对因果问题和偏差类型的正式阐述，人们很难清楚地讨论去偏方法的理论属性、优点和缺点。这些问题的解决将有助于清楚地解释因果推荐方法背后的假设，以及开发新的去偏算法。

二、总体发展思路

围绕以上关键科学问题，我们提出统计学在人工智能研究中的以下总体发展思路。

1. 建立完善现代机器学习方法的统计学基础

主要思路是创造性地运用非渐近和高维渐近统计理论、非凸优化方法与动力学分析，以及任何有用的数学工具，建立一套完整的深度学习、强化学习统计理论框架，用于分析其泛化性、稳健性和稳定性等理论性质。针对半监督和弱监督学习、迁移学习、联邦学习等复杂任务和场景下的机器学习方法，提出明确的问题定义和模型，在切合实际的合理假设下建立机器学习理论保证。

2. 大力发展复杂大数据分析的统计方法和理论

主要思路是针对大数据的不同来源和类型，面向复杂数据和复杂任务，建立有效学习数据结构和分布规律的一般框架。重点关注不符合、不适用于统计学经典假设和原理的情形，针对分布式大数据、实时数据流、时空和函数型数据、网络和关系数据、多源异构数据等分别建立有效的统计分析和推断方法，建立完善大数据分析的统计学基础。

3. 创新探索因果关系启发和可解释的人工智能方法

主要思路是探索将因果推断与机器学习相结合的因果学习框架，重点关注各种因果作用的可识别性、可传递性和可迁移性，以及高维图模型、带隐变量的高维模型、模型无关解释方法等方面的理论和方法，利用因果学习获得数据的真实产生机制，进行精准干预决策，提高现有人工智能方法的可靠性、安全性和可解释性，探索因果关系启发的全新人工智能框架。

4. 积极推动融合领域知识与数据分析的人工智能应用研究

主要思路是充分发挥统计学优势，如擅长将领域知识与数据分析相结合、重视统计建模与不确定性刻画、可解释性程度高等，在服务于国家战略需求的关键领域大力推动人工智能应用研究。主要应用领域包括医学影像、可穿戴设备、精准医疗、智能制造、生物信息、智慧城市、数字经济、互联网营销、金融科技、公共政策等。

三、发展目标

本专题领域的发展目标主要包括以下三个方面。

（1）建立适应人工智能发展和大数据分析的完整统计学理论框架，为深度学习、强化学习等主流人工智能方法提供泛化性、稳健性、稳定性等理论保证，建立基于统计学原理和因果关系的人工智能体系，为新一代人工智能和数据科学发展提供核心理论指导。

（2）围绕人工智能和大数据分析的复杂任务和复杂场景，引领分布式与在线学习、时空与函数型数据、动态网络建模、因果学习、可解释性统计学等统计学分支的创新和发展，形成人工智能和大数据统计学的“中国学派”，为我国人工智能和数据科学发展培养大批基础研究人才和中坚力量。

（3）鼓励统计学与各类前沿应用领域的深度交叉，促进统计学思想和方法与领域知识的深度融合，推动在关系国计民生的关键应用领域的落地应用，提升统计学对接国家需求、服务国家战略的能力和水平，培养一批兼具理论知识和实践经验的人工智能跨学科复合型人才。

四、重要研究方向

1. 深度学习和强化学习的统计学基础

针对深度学习、强化学习等主流人工智能方法的理论瓶颈，结合非参数、半参数和高维统计的现代统计学观点，研究过参数化模型和动态决策过程的泛化性、稳健性、稳定性等理论性质和正则化策略，为深度学习和强化学习提供严格的统计理论保证。

2. 面向复杂任务和复杂数据的统计学习

针对小样本和零样本学习、半监督和弱监督学习、迁移学习、联邦学习等复杂任务，以及分布式数据、实时数据流、时空和函数型数据、网络和关系数据、多源异构数据等复杂数据，发展计算高效的统计学习方法，拓展基本模型和算法对复杂具体问题的适用性。

3. 基于统计学原理和因果关系的可解释人工智能

构建基于统计学原理的人工智能研究范式，有效融合可解释统计模型与纯预测算法，提升现有人工智能方法的可解释性，发展大规模图模型和因果关系发现算法，探索符号逻辑、常识推理和因果学习相统一的人工智能框架，构建具有因果关系发现、因果作用评价、反事实因果归因、精准决策等能力的新一代人工智能系统。

4. 统计学与各应用领域的交叉研究

对接国家重大需求，服务国家发展战略，推动统计学与人工智能各关键应用领域（包括医学影像、可穿戴设备、精准医疗、智能制造、生物信息、智慧城市、数字经济、互联网营销、金融科技、公共政策等）的深度交叉，从基础研究和源头创新的角度解决“卡脖子”技术难题。

第五节 资助机制与政策建议

人工智能是国家重大战略，“数据资源”的利用能力将决定未来科学技术发展的速度和高度。国家应该将大数据作为新兴资源，启动相关的研究和技术开发措施，构建和优化大数据处理、分析和研究的环境，培养多层次的人才。特此，我们提出如下有关统计学的研究机构、研究项目和科普培训方面的建议。

（1）参照国际上很多国家建立“国家统计研究机构”的做法，成立中国科学院与高校联合协同创新的“国家统计与数据科学中心”，统筹规划统计学科的发展；并在全国各个大区设立若干“统计与数据科学中心或研究所”，与国家级中心形成点面结合、相互呼应、互为支撑的良好局面。

（2）在高校和科研机构设立若干个具有不同特色的、与统计学和数据科学有关的人工智能方面的国家级联合重点实验室。

（3）建立国家主导的大数据共享平台，制定大数据的收集、跟踪、管理等规范，确立数据资产的所有权、使用权、隐私保护规范等，使得数据资源能够长久持续地积累，并能够以市场化的方式进行有效配置，从而更好地发挥数据价值；建立国家科研数据共享制度，保证国家资助研究的各种项目获得的研究数据能被国家资助的其他研究项目共享。

（4）在国家自然科学基金委员会、国家社会科学基金委员会、中国科学院、教育部、国家卫生健康委员会等部门领导下，由高校和研究机构联合组织“数据分析与人工智能咨询中心”。该中心采用虚体与实体结合的形式，大部分成员为兼职研究人员。该中心面向各科学领域和企业，进行数据分析咨询和人才培训等，孕育带有统计学特色的跨学科交叉研究。

（5）设立人工智能的统计学基础研究重大计划项目，建立有关统计学理论和应用研究的科学技术部和国家自然科学基金重大项目、重大研究计划，加强统计学与其他学科交叉的重大研究项目的设立。

（6）加强跨学科合作环境建设，推动统计学在政府部门、国防部门、企业等各领域的横向研究项目的开展，建设基础研究与业界应用联合的平台。

（7）加强统计学及交叉学科人才培养。加大普及统计知识的力度，面向全社会，进行统计学的科普宣传和教育，提高大众对统计知识的了解；在有条件的大学中，率先把统计课作为所有专业学生必修的通识课、基础课，以普遍提高我国大学生的统计学素养。

（8）建立和完善良好的跨学科、跨领域的合作模式，建立有效的跨学科研究评价体系。

（9）人工智能是一门多学科紧密融合的学科，尤其依赖于计算数学、概率统计、运筹学、计算机科学、数据科学等基础学科，并对这些学科有较高的要求；同时在企业开发应用方面有着巨大的潜力，对青年人才有很大的需要。高等院校肩负着培养高质量人才队伍的重任。国家可以加强对高校人才队伍培养的支持，为高校与企业之间的密切合作提供更加宽松的政策，鼓励校企联合培养紧缺人才。

（10）大数据平台建设需求。鉴于目前数据平台的发展尚未成熟，人才培养是重中之重，相关资助机构应该考虑在这方面投入资金，吸引更多的有志青年加入数据平台的开发行列，为高校与企业之间的衔接上储备更多的人才。数据平台的研究需要企业与高校科研机构的密切合作，需要政府或有关部门给与宽松政策，支持校企关于数据平台的合作项目，解决需求对接问题以及校企联合培养硕士研究生和博士研究生的问题。一方面，动态网络的分析和建模需要信息科学和统计学的深入交叉合作，建立良好的合作机制比较重要；另一方面，建立大型动态网络数据分析平台除需要技术、设备的投入外，还需要各社交、媒体等企业的数据支持，建立完善的企业数据共享机制也比较重要。

本章参考文献

陈维宣，吴绪亮. 2020. 通用数字技术扩散的模式、特征与最优路径研究. 经济研究参考，(18): 5-17.

封顺天 . 2016. 可穿戴设备在医疗健康领域的关键技术及应用场景分析 . 电信技术 , (5): 32-34.

寇家华 . 2020-06-12. 深化智能可穿戴设备在医疗健康领域的应用 . 人民邮电 , 第 7 版 .

况琨 , 李廉 , 耿直 , 等 . 2020. 因果推理 . 工程 , 6(3): 253-263.

李国杰 . 2022. 为计算机科学技术的大变局立言 ——祝贺 CCCF 出刊 200 期 . 中国计算机学会通讯 , 18(10): 8-10.

李森彪 . 2021. 我国产业互联网的发展演进及趋势展望 . 未来与发展 , 45(1): 6-11.

苗旺 , 刘春辰 , 耿直 . 2018. 因果推断的统计方法 . 中国科学 : 数学 , 48(12): 1753-1778.

任保平 . 2021. 我国产业互联网时代的新特征及其发展路径 . 人民论坛 , (1): 66-68.

田雪晴 , 游茂 . 2019. 我国医学人工智能在医疗机构发展面临的问题及政策建议 . 卫生软科学 , 33(10): 42-44.

Abdar M, Pourpanah F, Hussain S, et al. 2021. A Review of Uncertainty Quantification in Deep Learning: Techniques, Applications and Challenges. https://arxiv.org/pdf/2011.06225[2024-09-01].

Agrawal A, Gans J, Goldfarb A. 2018. Prediction Machines: The Simple Economics of Artificial Intelligence. Boston: Harvard Business School Press.

Balli S, Sağbas E A. 2017. The usage of statistical learning methods on wearable devices and a case study: activity recognition on smartwatches// Hokimoto T. Advances in Statistical Methodologies and Their Application to Real Problems. Crotia: Intech Open.

Barrett J K, Henderson R, Rosthøj S. 2014. Doubly robust estimation of optimal dynamic treatment regimes. Statistics in Biosciences, 6(2): 244-260.

Begoli E, Bhattacharya T, Kusnezov D. 2019. The need for uncertainty quantification in machine-assisted medical decision making. Nature Machine Intelligence, 1: 20-23.

Carpenter J. 2015. IBM's Virginia Rometty Tells NU Grads: Technology Will Enhance Us. https://www.chicagotribune.com/bluesky/originals/ct-northwestern-virginiarometty-ibm-bsi-20150619-story.html[2019-02-13].

Dai Q Y, Li H X, Wu P, et al. 2022. A generalized doubly robust learning framework for debiasing post-click conversion rate prediction// Zhang A, Rangwala H. KDD'22: Proceedings of the 28th ACM SIGKDD Conference on Knowledge Discovery and Data Mining. Washington D C: Association for Computing Machinery: 252-262.

Davenport T, Mule L D, Lucker J. 2011. Know what your customers want before they do. Harvard

Business Review, 89(12): 84-92.

Efron B. 2020. Prediction, estimation, and attribution. Journal of the American Statistical Association, 115(530): 636-655.

Gans J, Agrawal A, Goldfarb A. 2017. How AI Will Change Strategy: A Thought Experiment. https://hbr.org/2017/10/how-ai-will-change-strategy-a-thought-experiment[2019-10-03].

Gaudin S. 2016. At Stitch Fix, Data Scientists and AI Become Personal Stylists. https://www.computerworld.com/article/3067264/artificial-intelligence/at-stitchfix-data-scientists-and-ai-become-personal-stylists.html[2016-05-06].

Geng Z, Liu Y, Liu C C, et al. 2019. Evaluation of causal effects and local structure learning of causal networks. Annual Review of Statistics and Its Application, 6: 103-124.

Ghahramani Z. 2015. Probabilistic machine learning and artificial intelligence. Nature, 521: 452-459.

Guo W B, Huang S, Tao Y Z, et al. 2018. Explaining Deep Learning Models—A Bayesian Non-parametric Approach. https://proceedings.neurips.cc/paper/2018/file/4b4edc2630fe75800ddc29a7b4070add-Paper.pdf[2024-09-01].

Guo W C, Zhou X H, Ma S J. 2021. Estimation of optimal individualized treatment rules using a covariate-specific treatment effect curve with high-dimensional covariates. Journal of the American Statistical Association, (533): 1-29.

Harding K. 2017. AI & Machine Learning for Predictive Data Scoring. https://www.objectiveit.com/blog/use-ai-and-machine-learning-for-predictive-lead-scoring[2019-02-13].

Heckman J. 2008. Econometric causality. International Statistical Review, 76(1): 1-27.

Hoefler T, Alistarh D, Ben-Nun T, et al. 2021. Sparsity in deep learning: Pruning and growth for efficient inference and training in neural networks. Journal of Machine Learning Research, 22(1): 10882-11005.

Holland P W. 1986. Statistics and causal inference (with discussion). Journal of the American Statistical Association, 81: 945-960.

Imbens G W, Rubin D B. 2015. Causal Inference for Statistics, Social and Biomedical Sciences: An Introduction. Cambridge : Cambridge University Press.

Jin X F, Liu C H, Xu T L, et al. 2020. Artificial intelligence biosensors: challenges and prospects. Biosensors and Bio-electronics, 165: 112412.

Kang C, Janes H, Huang Y. 2014. Combining biomarkers to optimize patient treatment recommendations. Biometrics, 70(3): 695-707.

Learmer R, Simmons M. 2007. Get Off Your Ass and Join the Revolution. New York: HarperCollins.

Ma Y B, Zhou X H. 2017. Treatment selection in a randomized clinical trial *via* covariate-specific treatment effect curves. Statistical Methods in Medical Research, 26(1): 124-141.

Matsouaka R A, Li J L, Cai T X. 2014. Evaluating marker–Guided treatment selection strategies. Biometrics, 70(3): 489-499.

Mayer-Schonberger V, Cukier K. 2013. Big Data A Revolution That Will Transform How We Live Work and Think. Boston: Houghton Mifflin Harcourt.

Mehta N, Detroja P, Agashe A. 2018. Amazon Changes Prices on Its Products About Every 10 Minutes—Here's How and Why They Do It. https://www.businessinsider.com/amazon-price-changes-2018-8?international=true&r=US&IR=T[2019-02-11].

Mei S, Misiakiewicz T, Montanari A. 2019. Mean-field Theory of Two-layers Neural Networks: Dimension-free Bounds and Kernel Limit. https://proceedings.mlr.press/v99/mei19a/mei19a.pdf[2024-09-01].

Moore T J. 1995. Deadly Medicine Why Tens of Thousands of Patients Died in America's Worst Drug Disaster. New York: Simon Shuster.

Muhammad E H, Chowdhury A K, Yazan Q, et al. 2020. Machine Learning in Wearable Biomedical Systems. London: IntechOpen.

Müller V C, Bostrom N. 2016. Future progress in artificial intelligence: A survey of expert opinion. In Fundamental Issues of Artificial Intelligence Springer, 2016: 555-572.

Murphy S A. 2003. Optimal dynamic treatment regimes with Discussion. Journal of the Royal Statistical Society Series B, 65(2):331-355.

Parekh J. 2018. Why Programmatic Provides A Better Digital Marketing Landscape. https://www.adweek.com/programmatic/why-programmatic-provides-a-better-digital-marketing-landscape/[2018-09-08].

Pearl J. 2009. Causality Models Reasoning and Inference Second Edition. Cambridge: University Press.

Pearl J, Mackenzie D. 2018. The Book of Why: The New Science of Cause and Effect. New York: Basic Books.

Robins J M. 2004. Optimal Structural Nested Models for Optimal Sequential Decisions. New

York: Springer.

Spirtes P, Glymour C, Scheines R. 2000. Causation Prediction and Search Second Edition. Cambridge: MIT Press.

Takakusaki K. 2017. Functional neuroanatomy for posture and gait control. Journal of Movement Disorders, 10(1):1-17.

Taylor J M G, Cheng W T, Foster J C. 2015. Reader reaction to "a robust method for estimating optimal treatment regimes" by Zhang et al. (2012). Biometrics, 71(1): 267-273.

Verghese J, Ambrose A F, Lipton R B, et al. 2010. Neurological gait abnormalities and risk of falls in older adults. Journal of Neurology, 257(3):392-398.

Wu P, Li H X, Deng Y H, et al. 2022. On the Opportunity of Causal Learning in Recommendation Systems: Foundation, Estimation, Prediction and Challenges. https://www.ijcai.org/proceedings/2022/0787.pdf[2023-03-23].

Yang Y, Ji C L, Deng K. 2021. Rapid design of metamaterials *via* multitarget Bayesian optimization . The Annals of Applied Statistics, 15 (2):768-796.

Yu B, Kumbier K. 2018. Artificial intelligence and statistics. Frontiers of Information Technology & Electronic Engineering, 19: 6-9.

Yu B, Kumbier K. 2020. Veridical data science. Proceedings of the National Academy of Sciences of the United States of America, 117(8): 3920-3929.

Zabin J, Brebach G. 2004. Precision Marketing: The New Rules for Attracting, Retaining and Leveraging Profitable Customers. Hoboken: John Wiley & Sons Inc.

Zhang B Q, Tsiatis A A, Davidian M, et al. 2012. Estimating optimal treatment regimes from a classification perspective. Stat, 1(1): 103-114.

Zhao Y Q, Zeng D, Rush A J, et al. 2012. Estimating individualized treatment rules using outcome weighted learning. Journal of the American Statistical Association, 107: 1106-1118.

第五章

概率与随机分析

近年来，随着移动互联网、大数据、高性能计算等新技术的出现，人工智能快速发展，呈现出跨界融合、人机协同、群智开放、自主操控等新特征。当前，新一代人工智能相关学科发展、理论建模、技术创新、软硬件升级等整体推进，正在引发链式突破，推动经济社会各领域从数字化、网络化向智能化加速跃升（国务院，2017）。

第一节 科学意义与战略价值

智能，是智慧和能力的总称，这里的能力包括感知能力、记忆与思维能力、学习和自适应能力以及行为能力（曹承志，2010）。1956年夏季，麦卡锡（麻省理工学院）、明斯基（麻省理工学院）、鲁彻斯特（N. Lochester）（美国国际商用机器公司）、香农（贝尔实验室）、塞缪尔（A. L. Samuel）（美国国际商用机器公司）、塞尔福里奇（O. Selfrige）（麻省理工学院）、索罗蒙夫（R. Solomonff）（麻省理工学院）、纽厄尔（A. Newell）（美国卡内基梅隆大学）、赫伯特·西蒙（美国卡内基梅隆大学）等科学家在美国的达特茅斯学院经过两个月的研讨，提出了 artificial intelligence 这一学术术语。从工程角度来看，人工智能是指用人工方法使机器具有判断、推理、证明、感知、理解、思考、识别、规划、设计、学习、问题求解等与人类智慧有关的功能，是人类智慧在机器上的实现（曹承志，2010）。

人工智能的研究途径主要分为符号主义途径和联结主义途径。符号主义研究逻辑演绎在机器上的实现，模拟人类的逻辑思维能力；而联结主义研究人脑仿生工作模型的实现，模拟人类的形象思维能力。此外，还有由二者衍生的综合途径，如系统集成和行为主义，前者将逻辑思维与形象思维综合起来，而后者通过建立与（模拟）环境交互作用和逐步进化的研究途径来实现人工智能（曹承志，2010）。

第一代人工智能的主要特点包括：以数理逻辑和形式语义学理论为基础，以揭示一般思维规律及人工智能的通有性为目标，以确定性算法为主流，注重模型与算法的理论清晰性与通有性等。具体的例子有：塞缪尔的跳棋程序；王浩、鲁滨孙（J. A. Robinson）以及吴文俊的数学定理机器证明程序；纽厄尔的通用问题求解程序（general problem solver，GPS）等。

第二代人工智能的特点包括：以结构化获取领域专家的知识为基础，目标是以知识工程理论为指导集成各类专家群体的智慧，以建立各类专家系统为主流，注重第一代人工智能系统与各类专家系统的融合等，如费根鲍姆（E. A. Feigenbaum）小组的化合物分子结构分析专家系统 DENDRAL、地矿勘探专家系统 PROSPECTOR、感染性疾病诊治专家系统 MYC-IN、内科诊断专家系统 CADUCEUS、信用卡认证辅助决策系统 American Express、美国国际商用机器公司的国际象棋系统“思考”（IBM704，1958 年）以及“深蓝”（1997 年与 2002 年曾与国际象棋棋王卡斯帕罗夫对弈）等。

新一代人工智能的特点包括：以吸收普罗大众的群体智慧为基础，以量化建模各类群体智慧为目标，以基于各类痕迹大数据的卷积神经网络等深度学习的网络模型为主流，注重大数据、高性能计算和不确定推理的融合，可以通过大量的痕迹数据提取默会知识并以不稳定特征加以表示，以非凸优化的反向传播算法和随机梯度下降等概率性算法为主等，如深度置信网络（DBN），深度全连接前馈神经网络（FNN），卷积神经网络，循环神经网络和长短期记忆人工神经网络，残差网络（residual network，ResNet），生成对抗网络，谷歌（Google）公司的围棋程序 AlphaGo、AlphaZero 以及 Master，大规模预训练语言模型，蛋白质结构预测模型 AlphaFord2 等。这使以不确定推理为基础的贝叶斯公理体系受到人工智能研究界的重视。

第二节　发展规律与研究特点

一、贝叶斯公理体系

柯尔莫哥洛夫（Kolmogorov）的概率论公理化体系的特点包括：以测度论为基础，以建立经验性概率的严格数学基础为目标，强调概率理论的客观性，通过数学公理体系展示凸显理论的逻辑严密性等。在柯尔莫哥洛夫公理体系下，Ω 为样本空间，如果 F 为 Ω 上的 σ-代数、P 为 F 上的测度、$P(\Omega)=1$，则称三元组（Ω, F, P）为概率空间。

贝叶斯公理体系的特点包括：以不确定推理为基础，以建立概率的动态学习机制为目标，秉持概率的主观诠释，注重理论的前提条件与概念的直观性。可以从数学上严格证明，贝叶斯公理体系可以从如下更基本的不确定性推理公设中推出（Jaynes，2009）：命题为真的可能性用实数表示；推理规则符合归纳推理的经验事实要求（即常识要求）；若结论可以通过两个以上方式得到，对任何方式按常识要求导致的结论为真的可能性相同。这在一定程度上说明：概率论是不确定性推理的严格数学表达形式，它在定量描述与刻画现实世界中无处不在的复杂与不确定现象的过程中，必将起到越来越关键的作用。在概率论的贝叶斯公理体系下，若 F 为 Ω 上的 σ-代数，$P(A|B)$ 表示在以事件 B 为前提条件时事件 A 发生的可能性大小（其中 A, B 都是 F 中的事件），且满足 $0 \leqslant P(A|B) \leqslant 1$、$P(A|A)=1$、$P(A|B)$ 关于 A 是 σ-可加的、$P(AB|C)=P(A|BC)P(B|C)$，则称三元组〔$\Omega, F, P(\cdot|\cdot)$〕为概率

空间。容易证明，柯尔莫哥洛夫公理体系与贝叶斯公理体系是等价的。

一方面，若事件 A 的发生以事件 B 的发生为前提条件，可以根据 A 发生的结果与贝叶斯公式 $P(A|B)=P(B|A)P(A|\Omega)/P(B|\Omega)$ 来校正事件 B 发生的可能性大小，还可以再根据事件 B 被校正后发生的可能性大小来校正事件 A 发生的可能性大小。不断重复上述过程，正好定量刻画了人类的学习过程和与环境交互作用的过程。这也正是当前人工智能领域重要的无监督学习方法——对偶学习的基本原理。另外，在大数据处理中，利用大数据确定关注事件的条件分布比确定其先验分布更准确，这就给利用大数据准确确定两个关注事件的联合分布带来了困难。事实上，在非常广泛的条件下可以利用大数据去计算两个对偶的条件分布并使用生成式建模模式 CyGen 来计算联合分布（Chang et al.，2021），从而有效地解决大数据处理中这个十分基本的关键困难问题。

另一方面，可以将 $P(A|B)$ 解释为利用当前事件 B 来对未来事件 A 发生的可能性大小按方差大小标准所做的最优预测，不断交替使用贝叶斯公式也可以定量刻画人类通过预测未来发生事件的可能性来逐步认识未知事物的过程。

因此，可以想象，贝叶斯公理体系会成为新一代人工智能研究的主要理论框架。

二、非凸优化计算的概率算法与理论

新一代人工智能计算经常涉及非凸优化计算，其主要原因包括：①处理的问题复杂程度高；②大量涉及与环境的逐步交互作用；③从数学角度看，处理的问题可以用动态博弈来描述，问题的解是非凸目标函数下动态博弈模型的子博弈精炼纳什均衡点。涉及的非凸优化计算可以用数据处理中常用的最小二乘法为例来加以说明。若 X 为输入数据，而 Y 为输出数据，那么最小二乘法就是求解如下的凸优化问题：

$$B \in \operatorname{argmin} \| Y - BX \|^2$$

但是若利用线性的人工神经网络来处理上述问题，则是求解下述的非凸优化问题：

$$B_1,\cdots,B_n \in \operatorname{argmin} \| Y - B_1 \cdots B_n X \|^2$$

其中，$B_1,\cdots,B_n$为指定阶数的不同矩阵。

非凸优化计算的确定性算法的主要难点是容易陷入非最值型的驻点，除非预先知道非凸目标函数的重要性质，如目标函数精确的最值或目标函数具有某些特殊的性质［如目标函数极小（大）值都相等］。

非凸优化计算的概率算法包括随机梯度下降算法、模拟退火算法、模拟回火算法、遗传算法等进化算法，以及马尔可夫链蒙特卡洛算法等。在比较广泛的条件下可以保证算法依概率收敛到最值点之一，其中人们只需要知道相关（随机环境中）马尔可夫链转移密度函数的精细估计，但收敛速度较慢。

非凸优化计算的概率算法是以（随机环境中）马尔可夫过程的遍历性理论特别是随机分析中的泛函不等式理论与热核估计或尾部概率估计方法为基础，如一般蒙特卡洛算法的收敛理论（Liu，2001）和模拟退火算法的收敛性理论（Holley and Stroock，1988）。在深度学习的算法分析中，斯蒂芬·曼特（Stephan Mandt）等在 2017 年说明了深度学习中常用的随机梯度下降算法与广义模拟退火算法一致（Mandt et al.，2017），桑杰夫·阿罗拉（Sanjeev Arora）等在 2018 年针对深度线性神经网络分析了随机梯度下降算法在概率收敛意义下的收敛性（Arora et al.，2018）。

第三节　发展现状与发展态势

这一部分以笔者指导的一些学生完成的工作为例来介绍概率与随机分析在人工智能研究中的发展现状与发展态势。

一、生成对抗网络

生成对抗网络由伊恩·古德费洛（Ian Goodfellow）等在 2014 年提出。

以往的生成模型因为多种原因，并不能像判别模型那样得到有效的训练，而生成对抗网络的出现很好地解决了这一问题。生成对抗网络启发自博弈论中的二人零和博弈，博弈双方由生成器和判别器充当。生成器根据服从简单分布的噪声（如标准高斯噪声）来生成与训练集中样本同分布的样本；判别器输入的样本来自真实样本和生成样本，判别器要判断生成样本与真实样本是否同分布。

深度学习算法的改进1：文字→图像。把文字描述翻译成图像的生成模型，可以用于生成验证码图像、为文章生成配图等，进行此领域的研究有助于推进人工智能技术在创作文章、图片、视频等创造性工作中的应用。斯科特·里德（Scott Reed）等在2016年提出了GAN-CLS算法，使生成对抗网络可以通过输入一句简短的文本描述来生成一张内容符合描述的图像（Reed et al.，2016）。但是，在夏梓耕2018年的本科毕业论文中，通过理论推导发现，该算法目标函数的最优解与原本的生成对抗网络目标函数的最优解不符（夏梓耕，2018）。因此，我们改进了这一算法的目标函数，并进行了模拟实验。实验采用为每张图片配有相应文本描述的Oxford-102花卉数据集。实验结果表明：改进模型的算法生成的图像相比于原模型的算法取得了更好的效果，并进一步加强了生成图像与输入文本的匹配程度，但也存在不成功与失败的例子，需要新的思想方法来改进。

深度学习算法的改进2：图像翻译（image-to-image translation）。图像域（domain）指的是由图像内容具有某些相同属性的图像所组成的集合。图像翻译的任务是将图像内容从一个图像域迁移到另一个图像域。以前的图像翻译模型，需要成对数据集进行训练，而在现实之中，很多图片并不能找到另外一张图片与之配对。由于受到这种训练数据集的限制，很多图像翻译任务都未能取得令人满意的效果。加州大学伯克利分校人工智能实验室（The Berkeley Artificial Intelligence Research，BAIR）的阿列克谢·叶夫罗斯（Alexei A. Efros）团队于2017年发表的循环生成对抗网络（CycleGAN）打破了这一限制。该算法能够突破成对训练数据的限制，利用非配对的数据集，实现从一个图像域到另一个图像域的图像翻译（Zhu et al.，2017）。例如，从马到斑马的转换、从照片到莫奈画作的转换和从夏天到冬天的转换等，都是令人惊叹的结果。在现有的图像翻译模型的基础上，基于生成对抗网络并结合对偶学习和自编码器的基本思想，赵尉辰在其 2018 年的本科毕业论文中，对算法 CycleGAN 做出了改进，取得了更好的图像翻译效果：在一些情况下，CycleGAN 出现了图像失真的结果；然而我们的改进算法，能够在尽量保证不失真、背景与原来图像一致的前提下，较好地实现从马到斑马的图像翻译（赵尉辰，2018）。

深度学习算法的改进 3：贝叶斯生成对抗网络。生成对抗网络和变分自编码器（variational autoencoder，VAE）是两种应用广泛的生成模型，可以有效地学习文本、图像和音频等数据集的概率分布。当时，性能最好的半监督 / 无监督学习模型是康奈尔大学的安德鲁·戈登·威尔逊（Andrew Gordon Wilson）和尤努斯·萨奇（Yunus Saatchi）在 2017 年提出的贝叶斯生成对抗网络（Saatchi and Wilson，2017）。该方法在 Mnist、SVHN、CelebA 等数据集上展示了十分优异的测试性能，其效果超过监督学习、WGAN（Wasserstein GAN）和 DCGAN 等。针对变分自编码器生成的图像轮廓模糊的问题，黄玮琼在其 2018 年的本科毕业论文中，尝试通过改变重构损失来改进生成图像的效果。她在贝叶斯生成对抗网络的基础上，加入了变分自编码器来帮助生成网络的训练，且真实样本与生成样本之间的重构损失使用了最大平均差异（黄玮琼，2018）。实验结果表明：改进后的贝叶斯生成对抗网络的收敛速度和训练效果有所改进，但程度有限，需要进一步研究。

深度学习算法的改进 4：编程语言翻译。于静在其 2020 年的硕士学位论文中，研究了将自然语言翻译成编程语言的问题。她将生成对抗网络、TreeGAN、TreeLSTM、长短期记忆人工神经网络、GRU、上下文无关文法与 ASDL 语法解析器、对偶学习等巧妙结合起来，首次提出了无语法错误的无监督编程语言翻译网络模型——Seq2CodeGAN 模型，将 CycleGAN 推广到编程语言翻译领域。在现有的两个数据集上，通过预训练确定模型的初始参数，接着再正常训练模型，实证分析表明：规则集的准确率和代码的准确率都超过了许多已有的、经过预训练的、监督学习型编程语言翻译模型。另外，通过简单删除模型内对偶学习中反向的部分，可以得到一个新的监督学习型编程语言翻译模型（于静，2020）。在当时已有的两个数据集上训练该模型，实证分析表明：规则集的准确率和代码的准确率都超过了除一个以外所有经过预训练的监督学习型编程语言翻译模型。

二、深度学习网络

利用股市中的结构数据（如历史股价及其技术指标）使用卷积神经网络、循环神经网络、长短期记忆人工神经网络与 GRU 等深度学习网络进行股价与投资组合预测已经有大量的研究。根据投资规模与收益无关的经典假设，股价预测可导出收益率及其投资组合。依据年化收益率、波动率、夏普比率、最大回撤率等股价和投资组合预测的常用评价指标，虽然深度学习网络总体上比传统的投资组合方法和传统的机器学习方法预测效果好，但其鲁棒性比较弱。

深度学习算法的改进 5：股价预测。程卓在其 2016 年的硕士学位论文中，基于几何布朗运动模拟股指高频 Tick 数据（即分时数据，指按数据最短更新时间间隔记录的数据，当时中国以约 0.5 秒为最短时间间隔），并利用泊松过程对实盘分钟交易量进行分解以获得高频 Tick 交易量数据，接着使用支持向量机和 BP 神经网络进行训练，再将实盘股指 Tick 数据输入训练好的模型来检验预测准确率（程卓，2016）。实证分析表明：这两种传统机器学习算法对该种形式的股指高频数据预测效果不佳。

深度学习算法的改进 6：投资组合预测。杨波在其 2017 年的硕士学位论文中，依据年化收益率、波动率、夏普比率、最大回撤率等常用评价指标，利用上海证券交易所与深圳证券交易所全部 3000 多只股票的实盘数据，实证检验了传统投资组合（最小方差、风险评价组合、最大多元化组合）方法、传统机器学习（支持向量机、决策树、提升方法）方法和长短期记忆人工神经网络预测投资组合的有效性（杨波，2017）。实证分析表明：最大多元化组合方法与传统机器学习方法预测效果都不佳，最小方差和风险评价组合方法预测效果有效，长短期记忆人工神经网络预测效果最佳。

深度学习算法的改进 7：股价预测。黄晓萌在其 2019 年的硕士学位论文中，通过在股市结构数据中增加模拟股市外部干扰源和散户投资波动源的高斯白噪声序列，定量检验深度学习网络预测股价的鲁棒性（黄晓萌，2019）。实证分析表明：长短期记忆人工神经网络的鲁棒性最高。接着，按当日股价涨跌标注每日证券新闻的标题和摘要，利用自然语言处理中的 TF-IDF 的词频统计方法，从这些非结构化的文本信息中提取特征并将其再加入输入数据中，用长短期记忆人工神经网络预测股价。实证分析表明：预测效果改进不明显，需要改进文本信息提取方法。

三、计算机自动投资技术

在一些先锋证券投资公司的持续推动下，大多数国际证券投资公司主要使用高频交易和量化交易等计算机自动投资技术进行证券投资。在计算机自动投资技术中，股价预测不再成为最终的目标，而直接预测股票的交易量才是最终的目标。根据交易量预测，无须考虑投资规模与收益无关的经典假设并自然采纳了行为金融学的理念，计算机可以代替人进行自动股市操作，从而自动完成证券投资行为。

深度学习算法的改进 8：交易量预测。李亚莉在其 2019 年的硕士学位论文中，将内部交易理论中的价格理性预期思想和超基准［或追踪误差（tracking-error）］投资组合理论结合起来，先利用长短期记忆人工神经网络建立了模拟股市外部干扰源和散户投资波动源的高斯白噪声序列、股价与交易量等历史结构数据以及当日交易量与当日股价的函数关系。然后，在考虑交易量、涨跌幅、卖空机制、初始资金限制的情况下，提出一种通过优化当日交易量选择来最大化超额收益（相对于选定当日股价基准的平均收益溢价）的方法，来预测当日交易量（李亚莉，2019）。实证分析表明：依据常用评价指标，该方法预测交易量的效果显著好于杨波（2017）论文中的研究结果和按基准股价确定交易量的方法。

深度学习算法的改进 9：交易量预测。张艳（2020）在其 2020 年的硕士学位论文中，进一步改进了李亚莉（2019）论文中的研究成果。首先利用卷积神经网络和半监督－虚拟对抗网络来提取以同时刻股价涨跌标注的少部分财经新闻和其余未标注的财经新闻中投资者情绪的量化信息，将其增加到李亚莉论文使用的输入数据中，并利用当日交易量来分别最大化超基准收益的均值－方差与均值－半方差效用的方法，预测了当日交易量。实证分析表明：依据常用评价指标，该方法预测交易量的效果显著好于上述杨波（2017）和李亚莉（2019）论文中的研究结果。

第四节　发展思路与发展方向

一方面，近期算法收敛性分析方面的两项工作引起了人们的关注，分别利用不同的矩阵分解技巧对深度神经网络、卷积神经网络及残差网络证明了随机梯度下降算法在概率收敛意义下以多项式速度收敛（Du et al.，2019；Allen-Zhu et al.，2019）。

然而，算法收敛性研究均未考虑随机失活（drop out）导致的计算环境的随机性。在随机梯度下降算法中，也均未考虑快速收敛且能控制计算结果方差到预定水平的数据抽样方法，特别是可以有效避免维数灾难的重要度数据抽样方法。到目前为止，绝大多数算法收敛性分析的研究，只是将随机梯度下降算法看成随机系数的差分方程或连续化后的随机系数常微分方程，再通过特殊的技巧逐一对不同深度学习模型中随机梯度下降算法的目标函数梯度平均值的收敛速度进行估计，无法证明最终依概率收敛到最值。

只有少部分的算法收敛性研究成果从连续化后相应的随机微分方程或其解之转移密度满足的福克尔－普朗克方程（Fokker-Planck equation）出发来开展研究（Chaudhari and Soatto，2018）。这类研究最终可得到，算法依概率收敛到最值点之一。但是，利用模型超参数来对算法收敛性进行定量估计的研究还未出现，因为这样的研究成果可以为模型超参数及学习率选择提供理论指导，所以有必要开展此类研究。另外，若考虑随机失活以及图深度网络快速算法中结构图抽样等导致的计算环境的随机性，就需要研究随机环境中的相应问题，发展随机环境中扩散过程与马尔可夫过程的定量长时间行为分析理论。若能将马尔可夫链蒙特卡洛研究中的高效算法设计技巧与随机梯度下降算法巧妙结合，必将提高深度学习算法的效率与精度。这仍然需要发展更有效的随机分析方法来定量分析此类算法的收敛性。

另一方面，深度学习模型的可解释性得到了学术界和工业界的广泛关注。首先，有学者从可视化方法角度展开研究（van der Maaten and Hinton，2008；

Erhan et al.，2009；Zeiler and Fergus，2013）；也有学者以交叉学科的视角研究深度学习模型可解释性问题，包括公理化视角（Sundararajan et al.，2017）、科学哲学视角（Mittelstadt et al.，2018）、信息论视角（Nouaili and Zaag，2017），以及量子力学与统计物理学等物理学视角（Lei et al.，2018）。值得一提的是，统计物理学中的相变与重整化理论的视角可以为深度学习模型自动特征提取功能的有效性提供普适的理论解释。但目前的研究还未将重整化过程与随机梯度下降算法等算法结合起来，也未将相变理论与深度学习模型自动特征提取功能的有效性深入结合起来。其次，可以利用逻辑回归、随机森林、支持向量机等解释性清晰的模型作为近似等效模型来解释深度学习模型。特别地，利用更本质的生成（随机）图灵斑图的（随机）反应－扩散方程作为近似等效模型来解释图像处理的深度学习模型是值得深入研究的。最后，用刻画聚类问题的深度学习模型对输入数据空间的分割特征展开研究，也是深度学习模型可解释性研究领域一种重要的方法。由于深度学习模型的主要训练算法是概率算法，对其输入数据空间分割特征的研究需要深入研究随机分割理论。同时，对抗样本的研究也与输入数据空间分割特征的研究紧密相关。一般而言，可以欺骗训练好的深度学习模型而不能欺骗人类的样本被称为对抗样本。这对深度学习模型的实际应用十分关键。目前，已有系统通过算法生成了这样的样本（Su et al.，2018）。但对抗样本的理论研究十分缺乏，需要发展适用于深度学习模型的随机失稳理论。

本章参考文献

曹承志 . 2010. 人工智能技术 . 北京 : 清华大学出版社 .

程卓 . 2016. 高频交易发展综述及典型数据挖掘方法对股指预测 . 北京 : 中国科学院大学与系统科学研究院 .

国务院 . 2017. 新一代人工智能发展规划 . http://www.gov.cn/zhengce/content/2017-07/20/content_5211996.htm[2022-03-22].

黄玮琼 . 2018. 贝叶斯 GAN 及其改进 . 北京 : 中国科学院大学 .

黄晓萌 . 2019. 具有外部信息和限制性条件的股票市场研究 . 长沙 : 长沙理工大学 .

李亚莉 . 2019. 具有风险中性内部交易行为及市场限制的深度套期研究 . 北京 : 北京科技大学 .
夏梓耕 . 2018. 利用 GAN 生成符合文本描述的图像 . 北京 : 中国科学院大学 .
杨波 . 2017. 量化投资理论及其在 A 股市场中的模拟试验 . 北京 : 中国科学院大学与系统科学研究院 .
于静 . 2020. 基于生成对抗网络的编程语言翻译 . 北京 : 中国科学院大学与系统科学研究院 .
张艳 . 2020. 具有外部信息及均值 - 方差效用下的内部交易研究 . 长沙 : 长沙理工大学 .
赵尉辰 . 2018. 基于 GAN 的图像翻译及改进 . 北京 : 中国科学院大学 .
Allen-Zhu Z, Li Y Z, Song Z. 2019. A Convergence Theory for Deep Learning *via* Over-Parameterization. https://arxiv.org/pdf/1811.03962v1[2022-03-22].
Arora S, Cohen N, Golowich N, et al. 2018. A Convergence Analysis of Gradient Descent for Deep Linear Neural Networks. https://arxiv.org/abs/1810.02281[2022-03-22].
Chaudhari P, Soatto S. 2018. Stochastic Gradient Descent Performs Variational Inference, Converges to Limit Cycles for Deep Networks. http://export.arxiv.org/abs/1710.11029?context=cs[2022-03-22].
Du S S, Lee J D, Li H C, et al. 2019. Gradient Descent Finds Global Minima of Deep Neural Networks. https://arxiv.org/pdf/1811.03804[2022-03-22].
Erhan D, Bengio Y, Courville A, et al. 2009. Visualizing higher-layer features of a deep network. Bernoulli, (1341): 1-13.
Holley R, Stroock D. 1988. Simulated annealing *via* Sobolev inequalities. Communications in Mathematical Physics, 115(4): 553-569.
Jaynes E T. 2009. Probability Theory the Logic of Science. Beijing: Posts & Telecom Press.
Lei D, Chen X X, Zhao J F. 2018. Opening the Black Box of Deep Learning. https://arxiv.org/abs/1805.08355[2022-03-22].
Liu C, Tang H Y, Qin T, et al. 2021. On the Generative Utility of Cyclic Conditionals. https://arxiv.org/abs/2106.15962 [2022-03-22].
Liu J. 2001. Monte Carlo Strategies in Scientific Computing. New York: Springer.
Mandt S, Hoffman M D, Blei D M. 2017. Stochastic Gradient Descent as Approximate Bayesian Inference. https://arxiv.org/abs/1704.04289[2022-03-22].
Mittelstadt B, Russell C, Wachter S. 2018. Explaining Explanations in AI. https://arxiv.org/pdf/1811.01439[2022-03-22].
Nouaili N, Zaag H. 2017. Construction of A Blow-Up Solution for the Complex Ginzburg-Landau

Equation in Some Critical Case. https://arxiv.org/abs/1703.00081[2022-03-22].

Reed S E, Akata Z, Lee H, et al. 2016. Learning Deep Representations of Fine-Grained Visual Descriptions. //2016 IEEE Conference on Computer Vision and Pattern Recognition (CVPR). Las Vegas: IEEE: 49-58.

Saatchi Y, Wilson A G. 2017. Bayesian GAN. https://arxiv.org/pdf/1705.09558[2023-03-23].

Su J W, Vargas D V, Sakurai K. 2018. Attacking Convolutional Neural Network using Differential Evolution. https://arxiv.org/abs/1804.07062[2022-03-22].

Sundararajan M, Taly A, Yan Q Q. 2017. Axiomatic Attribution for Deep Networks. https://arxiv.org/pdf/1703.01365v1[2022-03-22].

van der Maaten L, Hinton G. 2008. Visualizing Data using t-SNE. Journal of Machine Learning Research, 9(86): 2579-2605.

Zeiler M D, Fergus R. 2013. Visualizing and Understanding Convolutional Networks. https://cs.nyu.edu/%7Efergus/papers/zeilerECCV2014.pdf[2022-03-22].

Zhu J Y, Park T, Isola P, et al. 2017. Unpaired Image-to-Image Translation Using Cycle-Consistent Adversarial Net-works//2017 IEEE International Conference on Computer Vision. Venice: IEEE: 2242-2251.

第六章

最　优　化

最优化是人工智能的理论和算法基础之一。美国科学院院士迈克尔·乔丹（Michael I. Jordan）教授在2018年国际数学家大会一小时报告中指出：优化为这个大时代提供了计算模型、算法、深刻理解。作为人工智能核心的机器学习为最优化模型与算法提供了很多新的思路，机器学习的发展史就是不同学习模型与优化算法融合的过程。本章阐述了机器学习中的典型优化模型及算法的发展现状和存在的问题，涉及的主要领域有：通用最优化模型和算法、深度学习、强化学习、整数规划、基于学习的优化范式和科学计算等。机器学习在这些领域的深入发展离不开新的优化模型的建立和算法的创新。建议进一步增加计算资源投入、鼓励校企合作、鼓励科研软件研发、延长项目周期，以及建立理论创新、人才培养和成果应用体系。

第一节　科学意义与战略价值

机器学习是人工智能的核心领域，而最优化是机器学习重要的理论和算法基础。机器学习研究数据的再表达，发展推理策略来预测未来、指导行动。很多机器学习问题都可能归结为优化问题。一个良好的机器学习优化模型必须是可高效求解的，小规模问题可以通过传统优化算法解决，而大规模或者具有特殊结构的问题则需要设计高效的优化算法来解决。

人工智能的蓬勃发展需要最优化在模型、算法和理论方面的支持。不同领域优化模型的建立有利于人工智能在工业界的广泛应用，促进产能提高、科技进步；优化算法的设计能够加速机器学习的发展，充分利用已有的计算资源，实现在更大规模的数据、更一般的场景下的应用。深入研究机器学习的优化模型与方法，是实现机器学习长远发展的关键。

本章将从通用优化模型与算法入手，介绍深度学习、强化学习中的优化模型与算法，并且介绍由机器学习带来的整数规划、科学计算、优化范式的发展。

一、通用最优化模型和算法

最优化问题（也称优化问题）泛指定量决策问题，主要关心如何对有限资源进行有效分配和控制，并达到某种意义上的最优。它通常需要对需求进行定性和定量分析，建立恰当的数学模型来描述该问题，设计合适的计算方法来寻找问题的最优解，探索研究模型和算法的理论性质，考察算法的计算性能等。由于很多数学问题难以直接给出显式解，最优化方法就成为人们最常见的选择，计算机的高速发展也为最优化方法提供了有力的辅助工具。因此最优化方法被广泛应用于科学与工程计算、金融与经济、管理科学、资源能源、工业生产、图像与信号处理、数据分析与人工智能、计算物理与化学等众多领域。它是运筹学、计算数学、机器学习、数据科学等热门领域的核心基础。

最优化问题的具体形式非常丰富，我们可以按照目标函数、约束函数以及最优解的性质将其分类。①按照目标函数和约束函数的形式来分：当目标函数和约束函数均为线性函数时，将优化问题称为线性规划；当目标函数和约束函数中至少有一个为非线性函数时，将相应的问题称为非线性规划；如果目标函数是二次函数而约束函数是线性函数则将优化问题称为二次规划；包含非光滑函数的问题称为非光滑优化；不能直接求导数的问题称为无导数优化；变量只能取整数的问题称为整数规划；在线性约束下极小化关于半正定矩阵的线性函数的问题称为半定规划，其广义形式为锥规划。②按照最优解的性质来分：最优解只有少量非零元素的问题称为稀疏优化；最优解是低秩矩阵的问题称为低秩矩阵优化。此外还有几何优化、二次锥规划、张量优化、鲁棒优化、全局优化、组合优化、网络规划、随机优化、动态规划、带微分方程约束优化、微分流形约束优化、分布式优化等。就具体应用而言，最优化问题可涵盖统计学习、压缩感知、最优运输、信号处理、图像处理、机器学习、强化学习、模式识别、金融工程、电力系统等领域。

优化与数学的各分支都有密切的联系。数值代数是数值优化的核心部分，数值分析、实分析、泛函分析等学科对研究优化方法的理论性质（如收敛性、收敛速度等）至关重要。由于求函数极值在几何上是求解曲面上的最高或最低点，函数的几何性质对设计优化方法有很好的指导作用。基础数学的理论和结果对数学优化有深刻的影响。例如，共轭梯度法就是由著名几何学家施蒂费尔（Stiefel）和曾任美国数学会副会长的著名数学家赫斯特内斯（Hestenes）合作提出的；组合优化的匈牙利算法是基于矩阵组合性质的亚哥法利定理，而亚哥法利（Egervary）是匈牙利著名数学家，曾获匈牙利国家科技最高奖科苏特（Kossuth）奖；多项式优化与大卫·希尔伯特（David Hilbert）第17问题有密切联系，关于多项式优化的研究，依赖于代数中的许多纯理论结果；近年来逐渐受到重视的流形上的优化的研究，则需要利用流形上的几何性质。统计和优化联系同样非常密切，针对许多实际问题利用统计方法建立的模型大多是优化问题。

改革开放以来，我国在最优化方面的研究有了长足的进步，在既约梯度法、非线性共轭梯度法、信赖域方法、拟牛顿方法、子空间方法、交替方向方法、稀疏优化、张量优化等多个方向上取得了突出的成绩，涌现了一批非常优秀的优化学者。海外有一批数量可观的杰出华人优化专家，他们对我国数学优化的学科发展和人才培养发挥了重要的作用。

二、深度学习的优化模型和算法

深度学习是实现人工智能的一种重要方法，在图像识别、自然语言处理等尚未有清晰明确的数学模型的复杂任务中有良好的表现。深度学习以深度神经网络为基础，依靠神经网络本身强大的拟合能力，根据大规模的数据样本对神经网络中的参数进行训练。尽管目前通用的神经网络模型还缺乏可解释性，但部分领域的实践已经证明，神经网络具有良好的表达能力和较强的泛化能力，因此深度学习已经成为目前监督学习等人工智能领域的主要手段。

神经网络的训练可以看作是最小化损失函数的过程，即最小化与已知的数据样本的偏差的过程。因此，从最优化的角度分析并改进神经网络是深度学习研究的重点。例如，神经网络本质上是一个非凸函数，这使得神经网络的训练很容易出现诸如落入局部极小点等问题，而最优化领域对非凸函数的性质和特性已有相当深刻的理解。

另外，现实应用往往表明，神经网络的深度和广度对其表达能力具有决定性的作用，因此当前深度学习的研究逐渐趋向于超大规模的神经网络，其中有高达数百万个参数。与此同时，神经网络尽管出现了许多变种，但仍然以线性层与非线性激活函数为其主要组成部分，其函数结构有鲜明的特征。因此，最优化方法需要经过一定的改造以适应神经网络的训练规模，同时根据其特有结构对方法进行特殊优化，从而在神经网络的训练上能够获得更好的效果。

当前，对于神经网络的优化模型和算法的研究在理论和实践上都还有很大的发展空间，如二阶随机优化算法、更适用于新计算硬件的优化算法、高可并行性的优化算法等。对这方面的研究将使得训练深度神经网络过程的效率和对资源的使用率得到提高，从而促进深度学习的应用和研究水平的提升。

三、强化学习的优化模型与算法

强化学习是一种在交互中进行学习，从而实现特定目标的方法。它的优化目标是为决策者建立策略，以最大化依该策略交互而获得的总预期收益。在一定意义上，强化学习有着更为丰富的内涵和更加广阔的应用场景，它被认为是通往通用人工智能的最佳途径。近年来，计算机硬件性能的大幅度提升使得需要同时对上百万个参数进行优化的深度学习技术迅速发展，它与强化学习相结合形成的深度强化学习技术在游戏博弈、机器人控制、推荐系统等领域取得了重大进展。

最优化对强化学习的模型与算法的发展起着至关重要的作用。一方面，成熟的优化理论可以指导强化学习模型的设计。强化学习通常可以描述为一个马尔可夫决策过程，最优价值函数满足哈密顿－雅可比－贝尔曼方程，该模型本质上等价于一个经典的线性规划问题。关于线性规划，已有相当成熟的算法和理论方面的研究。另一方面，高效的优化算法可以提高强化学习模型的求解效率。动态规划方法中的策略迭代实质上是线性规划的单纯形法，它在收敛性以及复杂度方面都有一定的理论保证；优化领域中有更快收敛速度的随机二阶算法同样可以用到强化学习的模型中；借鉴信赖域法等算法的思想构建适用于强化学习的快速算法；对于多智能体强化学习，由于场景中通常缺少中心节点，各个智能体是分布式的，因此分布式优化算法能够帮助这个模型高效准确地进行计算。

四、整数规划的模型和算法

整数规划作为一种应用极为广泛的优化模型，在机器学习与人工智能领域有着重要的地位。在人工智能领域，整数规划可以应用于自动规划和调度（简称 AI 规划）问题。AI 规划是人工智能领域的一个重要分支，其在自主机器人、无人驾驶载具等方面发挥着巨大的作用。AI 规划问题，就是要在一个状态空间中选择一系列决策，来完成一个确定的目标或任务。与传统的最优控制问题相比，AI 规划问题模型更加复杂，决策变量通常在一个高维空间中。通过对 AI 规划问题建立整数规划模型，可以得到求解这一问题的一种高效算法。

在机器学习方法上，整数规划模型同样有着重要意义。在支持向量机问题中，通过对问题建立混合整数规划模型，可以避免交叉验证，满足对模型外环境优化的需求。此外，深度神经网络同样可以建模成为一个混合 0-1 型整数规划问题，从而简化求解算法。因此整数规划问题，特别是大规模整数规划问题的求解对人工智能领域有着不可或缺的价值。

五、基于学习的优化范式

模型参数的选取是机器学习中极为重要的一环，与模型性质相匹配的算法往往能快速收敛。传统的优化算法是针对较为一般的优化模型提出的，其优点是适用范围广且有收敛性保证。在一些具有特殊结构的问题上，针对这些结构改进过的算法往往表现优异，但这一过程往往进展缓慢且需消耗大量的人力。

基于学习的优化范式是设计优化算法的新模式，它致力于利用机器学习改进优化算法。针对具有特殊结构的优化问题，基于学习的优化范式将其大量的实例与对应的最优解作为训练集，利用机器学习挖掘其具有的特殊结构，并形成针对这一类问题的专用算法。基于学习的优化范式将人为地改进传统算法的过程自动化，从而节省大量的时间与人力，并大幅提升优化算法的收敛速度，对人工智能的发展极为关键。

六、科学计算中的优化模型与算法

机器学习为科学计算的模型和算法注入了新的活力。科学计算在物理、化学、工程等领域发挥着重要的作用，行之有效的计算方法往往可以更高效地解决科学研究和工程实践中的困难。与传统的单一机理建模或者单一数据建模不同，机器学习与科学计算结合的建模方法，为科学研究提供了新的范式，即数据与机理的融合建模与计算。机器学习提供了一种适用于超高维的函数近似方法，为多尺度模型带来了更多的可能性，有望解决材料科学、计算化学、高能物理中的瓶颈问题。同时，对于数值求解薛定谔方程等偏微分方程，近几年人们提出了许多利用机器学习的算法，这些算法表现出了惊人的潜力。科学计算提供了分析算法的角度，利用计算数学的传统理论进行拓展，我们可以体系化地认识机器学习的原理，促进相关理论的建立。

第二节　发展规律与研究特点

一、通用最优化模型和算法

机器学习的发展离不开运筹学的发展。在这里，我们先简要阐述运筹学发展的历程，再概括机器学习的发展历史、规律以及研究特点。

线性规划泛指研究目标函数和约束函数都是线性函数的最优化理论与算法及应用，是最优化理论中非常重要的一类优化问题，也是形式上最简单且应用最广泛的数学优化问题。一个线性规划问题在可行域为多面体和多胞形上极小化或者极大化线性目标函数。线性规划在经济管理、金融、军事、交通运输、工业等领域有着广泛的应用，为合理利用有限的人力、物力、财力等资源作出最优决策并提供科学的方法。1938 年，苏联数学家列奥尼德·坎托罗维奇（Leonid V. Kantorovich）针对列宁格勒胶合板厂的计划任务建立了一个线性规划的模型，并提出了“解乘数法”的求解线性规划问题的方法。他还提出线性规划模型的经济学概念，出版了《生产组织与计划中的数学方法》一书，为数学与管理科学的结合做出了开创性的工作，因此获得了诺贝尔经济学奖。线性规划领域的另一个重要里程碑发生在 1947 年。乔治·丹齐格（George Dantzig）在第二次世界大战期间（及战后）为美国陆军空军研究规划方法时，于 1947 年首次提出了求解线性规划的单纯形法。单纯形法迄今仍是求解线性规划的最重要的方法之一，被绝大多数提供求解线性规划功能的商业软件及开源软件采用。线性规划的研究成果还直接推动了其他数学规划问题包括整数规划、随机规划和非线性规划的算法研究。随着计算机的发展，出现了许多线性规划的软件，如 MPSP、OPHEIE、UPPIRE、CPLEX、XPRESS、GUROBI、MOSEK 等，利用这些软件可以方便地求解带有上万个变量或约束的线性规划问题。

在 20 世纪 50 年代，人们开始研究无约束优化问题。无约束优化研究的是极小化非线性目标函数的问题。一个最简单的无约束优化问题就是对称正定二次函数的极小化问题。1952 年，Hestenes 和 Stiefel 提出了求解二次函数极小化的（线性）共轭梯度法。这种方法生成的搜索方向相互共轭，算法具有二次有限终止性质。这种方法同样可以应用于一般的无约束非线性优化问题。对于一般的无约束非线性优化，当采用非精确线搜索时，不同的共轭梯度参数所对应的共轭梯度法其理论性质和数值表现可能很不相同。目前有四个著名的共轭梯度法：赫斯特内斯－斯蒂弗尔（Hestenes-Stiefel）方法、弗莱彻－里维斯（Fletcher-Reeves）方法、波拉克－里比埃－波利亚克（Polak-Ribière-Polyak）方法以及戴－袁方法。在 20 世纪 50 年代末至 60 年代初，戴维登（Davidon）、弗莱彻（Fletcher）和鲍威尔（Powell）提出的拟牛顿法大大地促进了非线性规划的研究。该工作被特雷费森（Trefethen）认为是 20 世纪数值分析中 13 个经典工作之一。目前认为最有效的拟牛顿法是由布罗伊登（Broyden）、弗莱彻、戈德法布（Goldfarb）和沙诺（Shanno）在 1970 年左右独立提出的布罗伊登－弗莱彻－戈德法布－沙诺（BFGS）方法。BFGS 方法包括求解大规模问题的有限内存 BFGS 方法，已经被工业与应用数学界所广泛使用。1970 年，鲍威尔把信赖域方法引入无约束最优化算法来保证算法的全局收敛性。与线搜索方法先确定搜索方向然后选择适当的步长不同，信赖域方法是先确定信赖域半径的大小，然后在以当前迭代点为中心的信赖域中寻找最好的试探步。如果试探步不够满意，则需要缩小信赖域半径并寻找新的试探步。除了无约束优化，当前信赖域技术还被广泛应用于求解约束优化、对称锥规划、纳什均衡（Nash equilibrium）问题、非线性方程组的列文贝格－马夸特（Levenberg-Marquardt）方法等。

到了 20 世纪 80 年代，另一求解线性规划的重要方法——内点法被提出。线性规划的原始对偶内点算法的设计思想是从初始点出发，迭代点跟随中心路径到达问题的最优点。这是一种已经被证明可以在多项式时间内成功求解问题的算法。1984 年，卡马卡尔（Karmarkar）首次提出了投影内点算法，从计算复杂性、求解实际问题的有效性，以及处理大规模和稀疏问题的能力和速度等方面，全面超越哈奇扬（Khachiyan）的椭球算法。卡马卡尔投影内点算法问世后，在优化领域引起相当大的关注。1994 年，涅斯捷罗夫（Nesterov）和涅米罗夫斯基（Nemirovskii）的著作揭示了内点算法与非线性凸规划有着本质的联系。内点算法对求解凸规划具有突出的数值表现，推动了新的凸优化模型的发展，如半正定规划、对称锥规划等。

近20年，多种求解稀疏优化模型以及低秩模型的算法被提出，其中一类重要的问题便是低秩稀疏矩阵优化问题。矩阵的秩与稀疏度是刻画数据线性关系及可解释性的基本度量。低秩稀疏矩阵优化问题是为满足大数据时代需求而产生的一类新型优化问题，其主旨是寻求满足一定约束条件且使某损失函数值尽可能小的低秩和（或）稀疏矩阵，其中低秩是要求拟寻求的矩阵（简称目标矩阵）具有很少的非零奇异值，而稀疏是要求目标矩阵具有很少的非零元素。源于实际应用的低秩稀疏矩阵优化通常具有较大规模，采用全局优化方法寻求其全局最优解的思路几乎不可行。如何根据这类优化问题的特点设计快速有效的求解算法是优化领域面临的新挑战。低秩稀疏矩阵优化的研究不仅为数据处理提供快速有效的计算方法，还为其他类组合优化问题的求解提供新的思路。

低秩矩阵优化问题一般可以建模为秩（正则）极小化模型和因子分解优化模型。由于秩函数的组合性，处理这一类非凸优化问题的关键是寻求秩函数的有效代理，然后通过求解相应的代理模型或其凸松弛模型来得到秩（正则）极小化问题的满意解，比较流行的代理方法有法泽勒（Fazel）于2002年在其博士学位论文中提出的核范数代理法、2013年左右提出的Schatten-p拟范数代理法，以及2017年提出的基于等价利普希茨（Lipschitz）代理的凸松弛法。非负矩阵分解是一类重要的低秩矩阵优化问题。其主旨是对已知高维数据矩阵，在给定低维空间维数下，寻求两个非负低秩矩阵使得它们的积矩阵能够逼近数据矩阵。

低秩加稀疏矩阵优化问题的一个典例是矩阵分离问题，即已知数据矩阵是一个低秩矩阵与一个稀疏型矩阵之和，需要将它的低秩部分与稀疏部分精确恢复出来。人们针对这一模型提出了许多求解秩加零模问题的凸松弛方法，如主成分追踪法。该方法是用核范数和矩阵L1范数分别代替秩函数与矩阵元素零模（或列零模），然后通过解相应的凸代理问题来得到近似解。寻找非负矩阵分解问题的全局最优解是NP难问题，但是计算上有很多算法能有效产生局部最优解，比如交替非负最小二乘法和分层交替最小二乘法。

除了低秩和稀疏矩阵优化，还有一类重要的稀疏优化问题是稀疏信号的相位恢复。在工程应用中，人们通常需要对信号进行观测，然后依据观测值对信号进行重建。然而，实际中难以得到观测的真实值，而只能得到观测的绝对值。那么，利用观测值的绝对值对信号进行恢复是一个具有重要应用背景的问题。该问题被称为相位恢复。相位恢复已经渗透到成像的各个领域，包括光学、显微镜技术、天文成像等。相位恢复与多个领域均有关联。在工程应用中，人们虽然难以得到信号的真实值，但是经常会有一些关于它的一些先验信息。例如，人们可假定目标信号是稀疏的，由此得到的优化问题就是稀疏信号的相位恢复。解决这类问题常见的优化算法包括交替方向法、基于光滑模型的梯度下降法以及基于二次模型的梯度下降法。

二、深度学习的优化模型和算法

深度学习的优化算法与其模型是共同发展、不可分割的。在深度学习发展的不同阶段，模型的训练对优化算法有着不同的要求。反过来，优化算法的发展也促进了深度学习模型的进步。

神经网络最早以感知机的形式被引入机器学习领域，并在 20 世纪 60 年代引发第一轮学术热潮。此时，最复杂的神经网络也仅仅是最简单的二层全链接网络的形式，只是机器学习的众多难分伯仲的模型之一。从最优化的角度来说，当时的神经网络的梯度有简单的显式解析解，可以方便地使用通用的梯度法等传统优化方法来实现对神经网络的训练过程。

在 20 世纪 80 年代，学术界发现，使用非线性激活函数的多层感知机，即最初始的深度神经网络，对非线性分类问题有着良好的表达能力。然而，多层感知机作为数学函数，随着层数的增加，其训练参数的梯度的解析解难以得到并计算，以此解析解为基础的传统的优化方法也寸步难行。辛顿等也因此引入了反向传播算法用以求解神经网络的损失函数的梯度。对于具有嵌套形式的函数，反向传播算法利用链式求导法则，可以根据外层函数对输入值的梯度，计算出外层函数对内层函数参数值的梯度。这一方法对深度神经网络的层级结构具有天然的适配性。反向传播算法的出现也掀起了第二波神经网络的热潮。

受限于当时的计算硬件条件与对神经网络结构的研究认识，深层神经网络的训练过程仍然面临着梯度消失的问题，而相对浅层的神经网络其参数量又大大超过了诸如支持向量机等性能相当的浅层算法。针对这两个问题，多年后研究者提出了相应的解决办法：一是辛顿团队提出的在深度神经网络中使用修正线性单元（ReLU）激活函数而非 Sigmoid 函数，使得梯度消失的问题大大缓解；二是使用卷积层替代全连接层，使得深层网络的参数量大大减少。两方面问题的解决使得深层神经网络的训练变得可行，其成果 AlexNet 在 ImageNet 的竞赛中成功获得了令人瞩目的表现，并引发了时至今日的第三轮神经网络的研究热潮。

在以 AlexNet 为代表的卷积神经网络被提出后，深度学习的训练数据规模持续增大，而随机梯度下降算法正是针对大规模数据进行训练的典型优化方法。神经网络的训练过程可以看作是对一个目标函数的优化过程，这个目标函数就是所有样本对应的损失函数的和。随机梯度下降算法正是随机地选取其中一个损失函数，并以这个函数为暂定的目标函数使用梯度下降法来调整参数的。

随机梯度下降算法在理论与实践上均得到了检验，成为深度学习领域最主流的基础优化算法。可以说，目前为止，所有主流训练方法都是基于随机梯度下降算法演变而来的，如目前被广泛采纳的小批量随机梯度下降算法、动量方法以及针对梯度下降的自适应学习率方法等。这些研究成果主要的出发点相当直观、合理，主要基于对历史信息的积累和使用，适用性广泛，且对随机梯度下降算法的训练效果有显著的提升。同时，人们也认识到了随机梯度下降法带来的泛化性能的优势。目前工业界更加偏重训练速度，即研究如何加快随机梯度下降算法。有研究表明，如自适应梯度算法（Adagrad）等自适应学习率的方法在加快训练速度的同时，可能会降低模型的泛化性能，使得模型尽管在训练集上有突出的表现，但在测试集上的效果却没有明显改进。

随着 GPU 等硬件的发展，更多深度学习的模型和更加复杂的优化算法应运而生，对网络和算法有了更深层次的考量，并对深度学习在不同领域的应用有了更多的探索。

目前，研究者对深度神经网络的表达能力的认识有了相当的共识，并据此做了相应的研究。例如，研究人员普遍认为，更深层的网络具有更强的表达能力，因此在大量增加神经网络层数后，训练过程中梯度爆炸与梯度衰减的问题又浮出水面，而残差网络通过残差学习的方式，大大减轻了梯度的尺度问题，大大加深的残差网络表现出了卓越的表达能力，时至今日已作为标准的网络模型被采纳使用。

随着计算硬件的发展，更复杂的优化方法也得到了应用。从实践上来说，神经网络的参数规模使得更加高效的优化算法无法直接应用，因为高效的优化算法往往会涉及黑塞矩阵（Hessian matrix）等更加丰富的函数信息，而这些信息的获取和计算过程会因为过大的参数量而无法进行。然而，深度学习被证实可以容忍具有一定优化误差的算法，因此，一些复杂的传统优化方法可以通过一定程度的简化使得算法得以应用在神经网络中，并大大加快训练速度。以随机二阶算法为例，克罗内克积分近似曲率（K-FAC）算法以自然梯度法为基础，从克罗内克积（Kronecker product）的角度简化了自然梯度法并得到了它的一个近似，在实际实现中又使用了对角块近似等方法，才得到了针对神经网络的二阶优化方法，大幅提高了神经网络的训练速度。

从理论来看，目前尚没有理论能清晰地认识和分析优化模型和算法对神经网络泛化能力等各方面的确切影响，但相关的研究仍然在不断进行，已成为当前深度学习领域的优化过程研究的主流，并涌现出了不少各具特色的算法。

三、强化学习的优化模型与算法

经典强化学习的发展和最优控制密切相关。20 世纪 50 年代，理查德·贝尔曼（Richard Bellman）扩展了哈密顿（Hamilton）和雅可比（Jacobi）的理论，借助动力学系统的状态和价值函数等概念定义了一个函数方程，这就是大名鼎鼎的哈密顿－雅可比－贝尔曼（HJB) 方程。贝尔曼还引入了最优控制问题的离散随机版本，即马尔可夫决策过程，这是现代强化学习理论和算法研究的基石。通过求解哈密顿－雅可比－贝尔曼方程来求解最优控制问题的方法被统称为动态规划，其中最为著名的算法包括价值迭代和策略迭代，它们的收敛性由贝尔曼算子的压缩性质保证。随后，为了克服环境动力学未知的困难，蒙特卡洛方法和时序差分方法被提出，在时序差分方法的框架下又发展出了 Sarsa、Q 学习（Q-learning）等一系列算法。这些算法的目标均通过迭代的方法计算基于表格形式的最优价值函数，然而这类基于表格的方法所需的计算代价及存储空间随状态变量及动作变量的数量呈指数增长，从而造成维数灾难的问题。近似动态规划算法旨在解决维数灾难的问题，它对价值函数用一个带参数的逼近函数进行近似，然后对参数进行学习，从而起到了减小维数的作用。事实上，以上所有算法都基于求解价值函数，强化学习的另一条发展线路是基于策略梯度的算法。这类算法直接对策略进行参数化，然后通过对目标函数计算策略梯度直接对策略参数进行更新。演员－评论家（actor-critic）算法同时计算价值函数和策略函数，利用价值函数的估计加快策略更新的收敛速度，也是现代强化学习一类常用的框架。

借助于神经网络、深度学习以及高性能计算的发展，端到端的强化学习（也称为深度强化学习）取得了很多令人瞩目的成果。DeepMind 公司提出的深度 Q 网络（deep Q-network，DQN）算法将表格形式的 Q 学习算法推广并应用到雅达利经典游戏这一重要的基准环境中，在其中几个游戏场景上实现了与人类持平或者超越人类玩家的表现。随后一些相关改进方案，例如双重深度 Q 网络（Double DQN）、竞争深度 Q 网络（Dueling DQN）等，进一步解决了 DQN 在某些环境中出现的过拟合、不稳定等问题，DeepMind 公司深入研究了这些改进方案对 DQN 的贡献，并整合这些方案得到一个性能更优的算法——彩虹深度 Q 网络（RainbowDQN），最终在大部分雅达利经典游戏中都超越了人类玩家。DeepMind 公司基于 DQN 和“蒙特卡洛树”搜索开发的 AlphaGo、AlphaGo Zero 在围棋上的成功证明了深度强化学习发展的潜力，也自此正式开启了强化学习研究领域的新篇章。舒尔曼（Schulman）等基于策略梯度开发了一系列用于策略迭代的算法，使得深度强化学习在运动控制等连续型问题上有了大幅提升，同时在部分雅达利经典游戏中也有突出表现。其中近端策略优化算法（proximal policy optimization，PPO）由于其算法实现简单、学习效果显著，已列为 OpenAI 默认强化学习算法，应用于 ChatGPT 等大语言模型的训练，备受业界青睐。目前深度强化学习在很多领域都有了广泛使用，例如自动驾驶、问答系统、超参数学习、推荐系统、通信网络等。

四、科学计算中的优化模型与算法

机器学习在量子化学、材料科学的计算中有着越来越多的应用。量子化学计算本身是基于薛定谔方程的求解，以获得某些振动特性或反应动力学。机器学习在薛定谔方程的求解中，发挥出其对超高维函数的近似作用，最终在加速材料研究方面取得了成功，如合金设计、太阳能电池材料的发现等。

在20世纪90年代，机器学习已经被应用于原子间势的计算之中，但被认为其精度一般。自21世纪前十年的中期以来，机器学习从建模方法到训练规模都有了大幅度的提高，现在已经成为一种描述原子间势的高精度方法。随着机器学习模型和算法的更新，高精度地计算薛定谔方程也成为可能。2019年，DeepMind公司开发出费米网络（FermiNet）来近似求解薛定谔方程，为深度学习在量子化学计算领域的应用拓展了道路。薛定谔方程的求解体现了机器学习在科学计算问题中的作用，并展现出求解更多科学问题的前景，如其他量子多体问题、哈密顿－雅可比－贝尔曼方程的电磁控制问题、复杂分子的玻尔兹曼问题等。

机器学习给科学计算带来了建模方法和优化方法的改变。科学计算正从单纯基于机理或数据的范式，向数据与机理融合的建模与计算方向发展。随着机器学习方法和技术的飞速发展，以GPU为代表的硬件技术提供算力支持，以深度学习为代表的基于数据的建模方法在计算机视觉、自然语言处理等领域获得了前所未有的成功。机器学习为高维函数的表示和优化提供了真正有效的工具，从而有望在本质上解决大量多尺度建模和可计算建模中的瓶颈问题。同时，机器学习众多的参数量也对优化方法提出了更高的要求。如何处理超大规模的参数和数据集，如何避免陷入局部极小，如何设计分布式并行算法，如何合理地减小计算成本，都是我们需要考虑的问题。随机优化算法在机器学习中得到了广泛的应用，应用高效的随机优化算法解决科学计算问题，对优化算法的适用性和鲁棒性提出了新要求。

五、整数规划的模型和算法

整数规划作为最优化应用最广泛的分支之一，覆盖了众多领域，如交通（如路径规划）、金融（如资产配置）、物流（如驿站的选址）、人工智能（如调度问题）等。其中组合优化更是与整数规划有着密不可分的联系，许多组合优化问题都可以转化成整数规划问题。

早期的整数规划问题求解方式是精确求解，这种方式主要应用于线性整数规划问题的求解。在20世纪五六十年代，两种重要的精确求解算法——割平面法和分支定界法被先后提出。割平面法首先需要求解原问题对应的线性规划问题，若得到的解不满足整数约束条件，则通过单纯形表构造新的线性约束来割去这个解，然后将新的约束加入线性规划问题中继续求解，直到得到最优解。分支定界法则通过固定某个变量，得到一棵检索树，通过对这棵检索树的节点进行比较来得到最优解。

由于整数规划可行域是极度非凸的，精确求解方式很难解决大规模实际问题。20世纪后半叶，随着半定规划等求解算法的发展，凸松弛成为研究整数规划问题的重要工具，由此产生了整数规划的许多近似求解算法。这类算法并不直接求解原始问题，而是通过松弛、划分等方式得到原始问题的松弛形式，进而得到一个近似最优解，并给出一个与实际最优解的近似比。此外，对于求解较为困难的整数规划问题，如非线性整数规划问题和一些组合优化问题，启发式算法得到广泛的应用。这类算法可以在短时间内给出整数规划问题的一个可行解，但解的质量并没有理论保证。比较典型的启发式算法有模拟退火算法和蚁群优化算法。模拟退火算法从一个初始解出发，通过改变解的一个或若干个分量得到新的解，然后根据新的解的可行性与目标函数值的下降量计算一个接受概率，并以此概率接受这个解并作为下一步的迭代点。蚁群优化算法则主要应用在组合优化问题中，通过在图中的一些节点上放置“人工蚂蚁”，这些“蚂蚁”在每个节点上都会选择最优路径到达其他节点，“蚂蚁”每次经过路径时会在路径上留下“信息素”。算法迭代完成后根据路径上信息素浓度确定出一个最优路径（最优解）。

进入大数据时代，随着问题规模的增加，原有的整数规划算法很难满足实际需要。近年来，机器学习方法广泛地应用在了整数规划问题中。通过建立和训练深度神经网络，割平面算法可以更快速地构造出新的割平面，分支定界法也可以找到更好的分支点，进而建立更高效的检索树，从而提升算法的效率。此外，强化学习的应用极大地改进了启发式算法，一方面降低了启发式算法的问题依赖性，另一方面提升了算法得到的解的质量。

六、基于学习的优化范式

基于学习的优化范式的研究分为理论和实践两个方面。其实践往往领先于理论，并能极大地提升经典方法的效率，但仍需要坚实的理论来保证其可靠性。理论的发展往往将揭示新的研究方向，给这个领域带来新动力。2010 年，将用于求解压缩感知问题的优化算法展开为神经网络的想法首次被提出，其数值结果展现了基于学习的优化范式的广阔前景，其后又有许多工作将这一想法发展完善，展现了算法展开的通用性。近年来，算法展开的理论性质研究取得了较大进展，使得其可靠性有了保障，并为构建可解释的神经网络提供了方法。即插即用（plug and play）的方法于 2013 年被首次提出，其最初的想法是将优化算法中的一些算子替换为人工设计的算子，这些人工设计的算子往往具有特殊的性质，能够提升原方法的表现。直到人们注意到可以用机器学习的方法来设计算子，这使得即插即用的想法有了更广泛的适用性。最有影响力的免模型方法由 DeepMind 公司和牛津大学于 2016 年提出，作者将梯度法在每一步的行为看做强化学习中智能体针对环境做出的反应，成功构建了强化学习模型并在大量数值结果中取得了优异的表现。这一方法基于一般的机器学习模型，其理论分析难以借用已有的优化理论，故十分困难。

第三节 发展现状与发展态势

一、典型优化模型

1. 凸优化

优化领域里最常见的线性规划以及最小二乘问题就是两种重要的凸优化模型。典型的凸优化模型还包括凸二次规划、锥规划、二次锥规划、半定规划等。近三四十年以来，凸优化在许多领域有许多应用，包括自动控制系统、信号分析和处理、通信和网络、电子电路设计、数据分析和建模、统计以及金融。典型的例子包括各种类型的统计回归、模型拟合以及电力系统中发电的优化问题。凸优化在组合优化和全局优化中也有广泛的应用，它被用来寻找最优值的界限以及近似解。例如，投资组合优化和最坏情况风险分析就是凸优化在资本市场中的两个典型应用。

2. 非凸优化

现代应用经常需要优化算法在极高维空间中运行。例如，在网络规模的文档分类问题上，学习算法需要在数百万甚至更高的维度空间中运行。在推荐系统中，数以百万计的商品被推荐给成千上万用户。其他典型的实际应用还包括人脸识别、图像处理以及生物信息学任务，如拼接和基因检测。所有这些应用都涉及在极高维的空间中进行数据处理。为了处理这样的高维数据，就必须对优化模型施加结构约束。这种约束不仅有助于优化问题的规范化，而且往往是防止问题病态化的必要手段。这样的结构性约束通常情况下都是非凸的。在很多应用中，学习任务的目标本身是一个非凸函数。常见的例子包括训练深度神经网络和张量分解问题。

3. 流形优化

流形优化问题是一类带有流形约束的约束优化问题，是将欧氏空间的约束优化问题看成流形上的无约束优化问题。流形优化描述了计算和应用数学、统计学、机器学习、数据科学和材料科学等很多领域中的重要科学问题。这些问题的研究曾获多项诺贝尔物理学奖和诺贝尔化学奖。流形约束的存在是这些非凸优化问题的算法设计和理论分析的主要困难之一。流形上的优化算法保证每一步的迭代点都是在维数较低的流形上，因而在实际中往往更有效。

4. 稀疏优化

在信号和图像处理等许多工程和科学领域，都需要寻求欠定线性系统的稀疏解。处理大数据或高维数据时，高效的稀疏表示成为研究的核心，在这方面已经有了丰硕的理论和现实成果。数学优化在这些成果的发展过程中起着根本性的重要作用，并作为大数据处理、压缩感知、统计学习、计算机视觉等产生的稀疏性求解问题的主流数值算法。因此，稀疏优化在工程、数学和计算机科学等领域都有重要意义。

5. 低秩矩阵优化

低秩矩阵优化应用十分广泛，包括量子断层扫描、协同滤波、传感器定位，从压缩测量中进行低秩矩阵恢复，以及矩阵补全。然而，由于模型的秩约束，即使目标函数本身是凸的，低秩矩阵优化在一般情况下也是高度非凸的，且在计算上是 NP 难问题。为了处理秩约束，并找到一个低秩的解，核范数被广泛使用。虽然核范数可以确保很强的统计稳定性，但其计算复杂度是非常高的（因为大多数算法需要在每次迭代中执行昂贵的奇异值分解）。

6. 最优运输

最优运输优化的目标是比较两个概率分布之间的差异，这对很多领域都有很重要的意义。概率分布可以是图形、流形、点集等。计算差异涉及计算两个分布之间的映射。当对应的概率空间是一个度量空间时，最优传输是一个比较概率分布的有力工具。最优运输问题已被广泛应用于许多现代领域，例如图像修复、钓鱼网页检测、植物颜色差异的测量、图形匹配等。

7. 深度学习

深度学习是当前图像识别、自然语言处理等尚未有准确数学模型的场景下的主要解决办法。由于深度神经网络具有强大的拟合能力和较好的泛化能力，通过基于大量数据的拟合就可以达到优秀的性能，因此被广泛应用于监督学习等问题中。深度神经网络的训练过程可以看作是对数据的损失函数的极小化优化过程，但由于模型中数以百万计的参数量和大规模的样本量，只有线性的计算复杂度是可以被接受的。因此，将已有的最优化方法与技巧通过改造以适应这一问题，是加速神经网络训练过程的关键。

8. 强化学习

强化学习已广泛运用于众多实际场景中，包括自动驾驶、机器人控制、金融投资、推荐系统、竞技游戏等。这些实际应用问题都是一类序列决策问题，在强化学习中它们被统一建模为马尔可夫决策过程，其中包含状态空间、动作空间、转移概率、奖励函数、衰减因子。强化学习的目标是计算最优策略，其对应的最优价值函数是贝尔曼方程的唯一不动点，该模型也可以写成一个标准的线性规划的形式。

9. 整数规划

整数规划是指变量（全部或部分）限制为整数的规划问题，供应链、物流、能源、交通等许多工业界实际问题都用到了整数规划模型。典型的整数规划模型有如下几类。①线性混合整数规划（MLIP）。线性混合整数规划是在线性规划的基础上，要求部分变量取值为整数。②旅行商问题（TSP）与车辆路径问题。旅行商问题是指在带权完全图上找一个最短回路使其包含这个图的所有节点。在旅行商问题的基础上，丹齐格将旅行商改为车辆，并假设车辆具有有限的装载量，车辆需要从一个给定的节点（称为仓库）出发运输货物到其余所有的节点，一旦货物送完就需返回仓库重新装载货物，问题的目标则是使运输路径最短或者使运输总时间最短，这一问题称为车辆路径问题。③最大割问题。最大割问题是指在一个图上找到一个节点集的子集，使得在此子集中的节点与不在此子集中的节点间的边权和最大。

10. 基于学习的优化范式

基于学习的优化范式（L2O）旨在借助人工智能设计针对特定优化问题的高效算法，与理论驱动的传统优化算法不同，它是数据驱动的。这使得基于学习的优化范式适合重复解决具有类似结构的问题，其数值表现高度依赖于问题的形式，在合适的问题上往往能超越其他算法。

二、典型优化算法

1. 复合优化算法

对于大部分常见凸优化问题，可以应用典型的复合优化算法进行求解，其中包括近似点梯度法、Nesterov 加速算法、近似点算法、块坐标下降法、对偶算法、交替方向乘子法。针对非凸问题，适用的算法有近似点梯度法、块坐标下降法、交替方向乘子法。Nesterov 加速算法和近似点算法在经过合适变形后也可推广到一些非凸问题上。

近似点梯度法是解决非光滑、无约束、规模较大问题的常用算法。通常情况下，它能利用问题的结构，获得比次梯度法更好的表现。基于近似点梯度法的一些变形包括镜像下降算法、条件梯度算法、惯性近似点梯度法等。Nesterov 加速算法［包括快速迭代软阈值收缩算法（FISTA）、第二类 Nesterov 加速算法、第三类 Nesterov 加速算法等］能够对近似点梯度算法进行加速，对于凸复合优化问题目标函数的收敛速度能够从 $\mathcal{O}(1/k)$ 的速度提升到 $\mathcal{O}(1/k^2)$ 。值得注意的是，这些加速算法框架同样可以应用到非凸的复合优化问题中。近似点算法可以理解成一种特殊的近似点梯度算法，也可以理解成次梯度算法的隐式格式。同时，近似点算法与增广拉格朗日函数法存在某种等价性，增广拉格朗日函数法可以视作（次）梯度算法隐式格式的一种实现方式。

统计学习和机器学习的迅速发展推动了传统分块坐标下降法的发展。机器学习中的优化问题的特点是自变量维数高，而且不需要求解太精确，因此块坐标下降法非常适用于处理大规模问题。有关收敛性方面的结论也很丰富。在分块坐标下降法中，每个变量块更新的顺序对算法的表现有很大影响，常用的做法是循环更新、随机更新以及选取梯度模长最大的分量更新等，随机更新的块坐标下降法还可衍生出异步并行算法。

对于复合优化问题，许多实际问题的原始问题有时候比较难以处理，这时候一个非常重要的技巧就是考虑其对应的对偶问题。由此衍生出的对偶算法是复合优化中的典型算法之一。常见的对偶算法主要有两种：一种是将近似点梯度法应用到对偶问题上，如对偶近似点梯度法；另一种是同时把原始问题和对偶问题结合起来求解，如著名的原始－对偶混合梯度类的算法。

机器学习中很多优化问题具有结构复杂、非凸、非光滑的特点。交替方向乘子法提供了一个适用范围广泛、易于理解和实现且相对可靠的解决方案，在 21 世纪初产生了大量的相关应用。该方法是在 20 世纪 70 年代发展起来的，与许多其他算法等价或密切相关，如对偶分解、乘子方法、道格拉斯－拉什福德分裂方法（Douglas-Rachford splitting method）、戴克斯特拉（Dykstra）交替投影方法等。

2. 随机梯度算法

在机器学习领域，有限和形式的目标函数是最为广泛的函数形式。一般而言，每一个样本都对应一个损失函数，将所有样本的损失函数进行求和就得到最终需要优化的目标函数。对于一个连续且可导的目标函数，梯度下降法是最简单也最通用的寻找局部极值的方法，其使用目标函数的导数作为优化方向，寻找函数在这一方向上的最小值点作为单步迭代的点，或是使用预先设定好的学习率参数沿这一方向进行迭代。然而，对于样本数量较多的有限和形式的目标函数，逐一求解每一项的导数需要消耗大量的计算资源，这是难以承受的。随机梯度下降算法是一类利用目标函数结构典型的代表。随机梯度算法的思想最早由 Robbins 和 Monro（1951）提出，利用问题的统计特性，极大地减小了每步迭代的运算量。随着梯度后传算法的提出（Rumelhart et al.，1986），随机梯度算法成为深度学习中的主要算法。为了加快随机梯度算法的收敛速度，许多改进算法被提出。Sutskever 等（2013）通过在迭代格式中添加一个与梯度相关的动量项，加速神经网络的训练。这一策略的理论根源最早可以追溯到 Nesterov 加速算法（Nesterov，1983）。

此外，注意到随机梯度算法只能达到次线性渐进收敛速度，而经典的梯度算法却可以达到线性的收敛速度，主要是由于随机梯度存在方差。为了改进这一问题，基于凸函数的分析，Roux 等（2012）设计了一种具有线性收敛速度的随机梯度算法，既能保持随机梯度算法每步运算量小的特性，又能获得像经典梯度算法一样很快的收敛速度，但是缺点是需要很大的存储空间，导致其很难应用于深度学习中。之后，同样基于凸函数的分析，许多具有线性收敛速度的随机梯度算法被给出，如随机对偶双坐标上升法（SDCA）（Shalev-Shwartz and Zhang，2012）、随机方差缩减梯度法（SVRG）（Johnson and Zhang，2013）、增量替代优化最小化算法（MISO）（Mairal，2015）和随机平均梯度加速算法（SAGA）（Defazio et al.，2014）等。这些算法很多都有与随机梯度算法相同的问题，都需要很大的存储空间，如随机平均梯度加速算法等。约翰逊（Johnson）和张潼提出的随机方差缩减梯度法则是不需要这么大的存储空间且同时有线性收敛速度的随机一阶方法（Johnson and Zhang，2013）。在关于随机梯度下降的收敛性分析中，其不同项的梯度的方差是限制其收敛性的重要原因，换言之，由于随机梯度下降算法每次优化的方向可能有相当大的波动，因此其收敛路径可能会出现大幅的波动，而方差缩减则是通过引入一个与原先随机变量正相关的项降低原随机变量的波动。除此之外，通过使用各种加速技巧，许多改进的算法被提出，如催化剂（catalyst）算法（Lin et al.，2015）、卡秋莎（Katyusha）算法（Allen-Zhu，2016）等。Friedlander 和 Schmidt（2012）分析了如何通过改变采样大小加速算法收敛。Wang 和 Zhang（2017）建立了在子采样下 SVRG 的收敛结果。

3. 随机牛顿法

随机梯度算法尽管在很多机器学习任务中能很好地完成任务，但是在很多应用中存在收敛速度慢的缺点，利用二阶信息是一种加速梯度算法的常用手段。近几年，许多针对有限和光滑目标函数的随机牛顿法被提出，主要是用随机采样方法来获得近似真实梯度和黑塞矩阵。Byrd 等（2012，2016）提出并分析了一种牛顿 -CG 算法的复杂度和采样尺寸。Erdogdu 和 Montanari（2015）考虑在样本量远大于参数个数情形下设计一种结合低秩近似子采样牛顿法，并分析其收敛速度。Roosta-Khorasani 和 Mahoney（2016a，2016b）运用矩阵集中不等式的工具分析了在样本量和参数个数都很大的情形下子采样牛顿算法的全局收敛率和局部收敛率。Xu 等（2016）推导了在均匀分布采样下子采样牛顿法的收敛速度。Ballapragada 等（2016）分析了子采样牛顿法的期望收敛率。Wang 和 Zhang（2017）提出了一种结合降低方差和子采样的技巧以加快收敛速度，并分析了子函数为二次函数情形下的收敛速度。Pilanci 和 Wainwright（2017）提出了一种新的牛顿 -Sketch 算法，他们通过随机投影黑塞矩阵计算近似牛顿步，并分析其在一定条件下的超线性收敛性。Berahas 等（2019）比较了牛顿 -Sketch 算法和子采样牛顿法的数值表现。Agarwal 等（2016）针对广义线性模型提出了一种新的黑塞逆矩阵的估计方法，复杂度随参数线性增长，并设计新的牛顿型算法 LiSSA。除了直接近似黑塞矩阵，许多其他工作结合了拟牛顿法的技巧。Bordes 等（2009）提出了一种基于对角曲率估计矩阵的随机梯度下降算法。Byrd 等（2011）考虑了将随机梯度下降算法和随机有限内存的 BFGS 算法（L-BFGS）相结合。Moritz 等（2016）提出了带有降低方差技巧的 L-BFGS 算法。Gower 等（2016）提出了一种带方差缩减技巧的块 L-BFGS 方法，并证明了其线性收敛速度。几乎所有这些工作都是针对光滑目标函数开展的，但在实际应用中，经常会涉及非光滑的正则项，比如 L1 范数，如何设计非光滑的随机二阶算法是一个非常有价值的问题。

4. 非凸优化、带正交约束优化、流形优化

机器学习中的优化问题往往是非凸的。基于 SVRG，一些针对非凸目标函数的降低方差的随机梯度算法被提出（Allen-Zhu and Hazan，2016；Allen-Zhu and Yuan，2016；Reddi et al.，2016），能够改进随机梯度算法对非凸问题的收敛速率。对于波利亚克－洛贾谢维奇（Polyak-Lojasiewicz）类目标函数，Reddi 等（2016）在文章中也分析了 SVRG 和 SAGA 的线性收敛阶。机器学习中还有一些流形约束的优化问题，如正交约束的特征值问题、低秩矩阵和半正定矩阵约束的相关问题。Bonnabel（2013）提出了黎曼随机梯度下降算法并给出了非渐近分析。Hosseini 和 Sra（2015）对高斯混合模型给出了黎曼有限内存 BFGS 方法，验证了运用流形结构加上仔细实现有助于更快收敛。

5. 优化算法的变分 / 微分方程形式

由于机器学习中的优化问题规模较大，梯度类算法是实际中应用最广的一类算法。因此如何利用梯度信息构造更加快速的算法显得尤为重要。Nesterov（1983）提出了加速梯度法并证明其达到梯度类算法的最优收敛阶。这个加速思想之后被应用到凸优化、随机优化和非凸优化问题中，取得了更好的理论与数值结果（Ghadimi and Lan，2016；Hu et al.，2009；Nesterov，2013）。对于这个方法的加速原理，目前有很多不同的解释。借助于 Helmke 和 Moore（1996）、Schropp 和 Singer（2000）等关于微分方程与优化算法的联系的研究，Dürr 和 Ebenbauer（2012）给出了控制设计中的连续时间的 Nesterov 算法。Lessard 等（2016）通过求解非线性动力系统的模型来设计算法。Su 等（2015）证明 Nesterov 加速梯度法对应的连续时间极限是一个二阶的微分方程。Wibisono 等（2016）从连续时间的角度提出了布雷格曼（Bregman）拉格朗日函数，通过求解其对应的变分问题来极小化原问题，由此诱导产生了一大类加速算法。

6. 深度学习的优化算法

随机梯度下降算法是应用于深度神经网络训练的最基础的优化方法，早在 20 世纪 20 年代便有相关方法的讨论，是目前深度学习领域大部分随机优化算法的基础。一般而言，梯度的反方向是函数值在局部下降最快的方向，因此传统的梯度下降法会沿函数梯度的反方向调整参数，从而达到函数值最快下降的目的。对于神经网络而言，目标函数为所有样本的损失函数的和，因此若使用梯度下降法，每一步迭代都需要将所有样本的损失函数轮番进行求导，这样的计算代价在庞大的样本数量面前是不可接受的。为了克服这个问题，随机梯度下降每次更新时随机选取一个样本，根据这个样本的损失函数的梯度来调整参数的值。相比于梯度下降法，尽管随机梯度下降每一步的调整并非根据真正的梯度来进行，但其每一步迭代的计算代价小，能对参数进行快速地迭代，从而拥有远高于梯度下降法的计算效率。

在随机梯度下降算法的基础上，又衍生出一些简单但能显著提升性能的方法，如目前被广泛使用的小批量随机梯度下降算法。其做法是将每次迭代使用的样本从原先的随机选取一个调整至随机选取多个，如 32 个样本、64 个样本等。在统计意义上，样本通常遵循一定的分布，因此理论上仅需选取小规模的样本，得到的梯度方向就和真正的梯度方向相差甚小，在实践中，通常会根据计算资源来选择尽可能大的批量（batch），从而达到更好的训练效果。

受到传统优化方法的启发，一些基于随机梯度下降的更高效的优化算法也被开发出来。比如受 Nesterov 启发的动量方法，即在每次更新时并非以梯度的反方向作为下降方向，而是对加上衰减后的上一次的优化方向进行修正从而得到这一步的下降方向。这一方法能在改善黑塞矩阵病态的情况下优化问题的求解表现，即当两次迭代之间的梯度的变化幅度过大时，原先的随机梯度下降会不断振荡，而动量方法则以相对稳定的方向向最小值点下降。

随机梯度下降中的学习率，即每次沿下降方向调整的幅度，也被认为是对训练效率至关重要的因素。对学习率进行合理的动态调整，对于训练过程，尤其是训练后期有显著的效率提升。自适应梯度算法（Adagrad）记录训练过程的所有梯度的平方和，并利用其平方根的倒数作为学习率的缩放因子，使得在训练后期动态地降低学习率。均方根传播算法（root mean square propagation，RMSProp）则每次对上述平方和进行缩小后再加上新的梯度方的平方和，使得早期的信息对学习率的影响尽可能小。自适应矩估计算法（Adam）将上述动量方法和学习率调整方法结合，有效地加速了随机梯度下降算法的训练过程。

一些与随机梯度下降算法不同的优化算法也在被开发之中。以随机二阶算法为例，传统的二阶优化算法需要显式地使用黑塞矩阵，而在神经网络的参数规模下，获取黑塞矩阵显然不可能，因此目前的随机二阶算法都以自然梯度法等不需要黑塞矩阵的随机二阶算法为基础开展研究。以 K-FAC 算法为例，其以自然梯度法为基础，进一步使用对角块近似和克罗内克积来调整自然梯度法，使得单步训练过程更快，并更加适用于分布式计算的情形。

基于随机梯度下降的主流训练方法均通过反向传播算法计算原函数的梯度。反向传播算法由 Werbos（1990）在 20 世纪 70 年代提出，通过链式法求得深度神经网络的导数。对于带逻辑函数（sigmoid）等光滑激活函数的神经网络（简称 sigmoid 网络），链式法则在数学上严格成立。自 2012 年以来，人们发现通过训练 ReLU 网络等非光滑网络，得到的网络具有较强的泛化能力，有一定的稀疏性，同时具有更强的表达能力。因此，以 ReLU 网络为代表的非光滑网络已成为目前使用最多的深度神经网络。

在训练一个非光滑网络时，可以对链式法则做一定的调整，依旧使用基于反向传播算法的训练方法。然而，链式法则在非光滑点上不严格成立。因此，这些训练方法在理论上不仅没有全局收敛性保证，而且即使收敛也不能保证收敛点是原问题的一个稳定点。这些问题进一步导致在实际应用上遇到各种情况，如过拟合、欠拟合等。事实上，主流训练方法的全局收敛性问题依旧是一个开放问题。

要解决非光滑网络中的这些问题，可以引入若干新变量，将神经网络优化问题视为一个等式约束模型（Carreira-Perpiñán and Wang，2012；Taylor et al.，2016），然后通过 L2 罚函数方法、增广拉格朗日法、块坐标下降法、交替方向乘子法等快速算法求解该等式约束模型。然而这类方法仍旧缺乏全局收敛性，在实际计算中往往难以得到可行解。Cui 等（2020）利用 L1 罚函数方法提出了具有全局收敛性的算法。注意到其收敛性需要假设迭代序列的有界性以及算法在大规模问题上效率较低，Liu 等引进了新的约束分裂方法，并基于 L1 罚函数提出了一类新的求解非光滑网络的模型，并证明了新模型的有界解集性质以及与原模型的等价性，进一步在一类特殊的两层非光滑神经网络和非光滑稀疏深度神经网络上提出两类具有全局收敛性的新算法（Liu et al.，2022）。这两类算法不仅在理论中严格收敛到神经网络的一个稳定点，并且在数值上相较于主流训练方法有一定的优势。这一类方法在一定程度上为求解非光滑激活函数的神经网络训练模型提供了具有严格收敛性质的方法，且有一定的应用前景。

7. 强化学习的优化算法

免模型的深度强化学习是指在不需要知道环境转移模型的前提下，仅通过与环境交互获取经验进行策略学习的算法。目前这类算法可以大致分成两种。一种是基于策略迭代的算法，一般是将策略参数化，并基于一个优化模型以及策略梯度学习可以最大化累计回报的最优参数。信赖域策略优化算法（trust region policy optimization，TRPO）、邻近策略优化算法（PPO）是这一类算法中最具代表性的两个工作。在这类算法中，策略可以是随机的或者确定性的，因此对任何环境都适用。另一种是以深度 Q 网络（DQN）为代表的基于值函数的算法。这类方法都是基于强化学习中一个很重要的结论：最优的值函数是贝尔曼方程的唯一解。这类方法的共同点是将值函数参数化，学习极小化贝尔曼残差的最优参数，然后基于预测的值函数得到一个贪婪策略。为了让深度 Q 网络及相关改进方案适用于连续型环境，深度确定性策略梯度算法（deep deterministic policy gradient，DDPG）、双延迟深度确定性策略梯度算法（TD3）两个工作通过构造额外的行为网络去近似贝尔曼算子中的最优行为预测，在机器人运动控制等连续问题上也取得了成功。除此之外，基于贝尔曼方程诱导出来的线性规划问题，其等价的鞍点问题中原始变量为最优的值函数，对偶变量与最优策略线性相关，因此如何求解该鞍点问题也是一部分算法的关注点，如对偶演员－评论家算法（Dual AC）。还有基于最大熵的强化学习算法，它在一般的强化学习基础上增加关于策略熵的惩罚项，旨在提高策略的随机性。事实上，随机策略对提高算法探索能力和稳定性是有积极作用的，而且随机策略有助于观测接近最佳行为的多种模式，并避免过早收敛。柔性演员－评论家算法（SAC）将最大熵的强化学习算法和参数化结合起来，在部分运动控制问题上达到了目前最好的表现水平。

强化学习中另一大类算法称为基于模型的强化学习。目前这类算法大致可以分为三种。第一种以 Dyna 为框架，分两步进行，首先使用当前策略与真实环境进行交互来收集数据，并用于模型的拟合，然后使用免模型的强化学习算法与模型进行交互，产生虚拟经验，并用于策略优化。这种算法包括 ME-TRPO、SLBO 等。在这种算法中，模型只用于产生虚拟经验，相当于一个黑箱，而第二种算法通过使用模型的梯度信息，尝试将黑箱打开。第二种算法能够通过反向传播解析地计算目标函数关于策略参数的梯度，从而改进策略，这类算法包括学习控制的概率推理算法（PILCO）、引导策略搜索算法（GPS）、随机价值梯度算法（SVG）等。第三种算法以 MCTS 为代表，它会从某个分布中随机采样候选的动作序列，在模型中对其进行评估，然后选择最优的动作。在连续环境中，这类算法还包括随机打靶法（random shooting）、轨迹采样的概率集成算法（PETS）等。在许多场景中，因为涉及多个智能体之间的协作或竞争关系，所以采用多智能体强化学习作为模型更加合理和准确，单智能体中的算法也可以推广到多智能体的情形下。一些算法会假设值函数具有可分解的结构，这保证了到每一个部分取得最大值时整体也能取到最大值，如值分解网络算法（value decomposition network algorith，VDN）以及 Q- 混合算法（Q-mixing algorith，QMIX）。除基于价值函数的算法外，另一种是基于策略梯度的。为了解决智能体的联合动作空间维数过高的问题，采取中心化训练 - 去中心化执行的方式。例如，多智能体深度确定性策略梯度算法（MADDPG），在值函数中涉及所有智能体的动作，在选择策略时仅涉及单个智能体。此外，在合作问题中，所有智能体具有相同的奖励函数，因此会存在信用分配问题，许多算法针对这个问题提出了解决方案，如反事实多智能体策略梯度算法（COMA）。

8. 整数规划的算法

整数规划的算法具有较强的问题相关性，下面列出常见的几个整数规划模型及其近年来的发展，从这些成果中也可以看出机器学习对于整数规划求解算法的重要意义。

1）线性混合整数规划

这一问题已经得到了广泛的研究，很多具有良好表现的算法已经被提出，如割平面法、分支定界法（Land and Doig，2010）、拉格朗日法以及 Lovász 和 Schrijver（1991）提出的提升投影算法。目前大多数工业应用的优化软件（如 CPLEX、Gurobi 2020）在求解线性整数规划问题时采用的算法为分支定界法。近年来，由于机器学习的发展，这一算法也得到许多改进。在分支定界法中，通常的分支点选取方式（强分支）是比较这些分支点对于对偶界的改进幅度，这样会造成较大的计算开销。Khalil 等（2016）提出通过强分支方式的结果来训练一个分支点选取函数，然后通过这一函数来预测分支点的选取方式。Balcan 等（2018）则基于分支定界法中线性规划松弛子问题的求解结果，依据子问题最优解的分量是否为整数提出了一种新的损失函数模型，通过训练同样可以有效地选取分支点。除此之外，由于启发式算法在混合整数规划问题中的地位，Nair 等（2020）提出将混合线性整数规划问题展开成一个图卷积神经网络（GCN），通过训练这一网络可以得到该问题的一个高质量的可行解，这一结果可以用在分支定界法中，为最优解提供一个上界。

2）旅行商问题与车辆路径问题

这一问题在物流与供应链管理等领域有重要的应用。随着科技的发展，特别是无人驾驶载具的出现，原始的车辆路径问题形式已经无法满足实际需要。Agatz 等（2018）结合一些网购平台的物流现状，提出了一种改进的问题模型，即带无人机的旅行商问题（TSP-D）。这种模型在原始车辆路径问题的基础上，引入了一架“无人机”，无人机可以离开车辆单独运输货物，无人机只有单位装载量，每运输完单位货物后都需返回车辆处，而且无人机与车辆只能在物流网络的节点处交接货物。这一问题模型的目标为最小化运输总时间。这个新的问题形式很快得到了进一步的研究。Bouman 等（2018）提出了 TSP-D 问题的动态规划解法，并证明了此解法的时间复杂度。Poikonen 等（2019）通过建立决策树，给出了 TSP-D 的分支定界法。Yurek 和 Ozmutlu（2018）则将 TSP-D 分解成了两个子问题——车辆路径决策和无人机路径决策，通过混合整数规划模型求解子问题，进而得到了一种迭代算法。

由于旅行商问题是 NP 难问题，因此这一类问题很难快速地找到最优或者次优的解。机器学习方法的引入为这类问题的算法的改进提供了新的可能。Pihera 和 Musliu（2014）提出了旅行商问题的几个问题特征，并依据这些特征将不同问题进行了分类，然后通过监督学习过程对不同类型的问题选择不同的旅行商问题算法。Bello 等（2016）则通过对旅行商问题建立循环神经网络，将负的路径总长度设置为奖励函数，采用基于策略的强化学习算法来求解此问题，取得了不错的数值表现。Nazari 等（2018）则利用类似的框架，用深度学习算法解决车辆路径问题，并在中等规模的问题上超越了传统算法。

3）最大割问题

在 20 世纪 90 年代，Goemans 和 Williamson（1995）基于半定规划松弛的思想，提出了解决最大割问题的近似比为 0.879 的随机近似算法。然而，求解最大割问题的精确解是一个 NP 完全问题。近年来，机器学习相关算法也被应用在了解决最大割问题中。Wang 等（2013）的算法基于半监督学习的框架展开，Barrett 等（2020）则提出了基于深度 Q 学习的算法。

9. 基于学习的优化范式

基于学习的优化范式（learning to optimize，L2O）有两种范式（Chen et al.，2021）：一种是基于一般神经网络的免模型方法，另一种是结合传统优化算法的基于模型的优化方法。免模型方法借助了迭代法与循环神经网络的相似性。其中大部分使用长短期记忆人工神经网络来模拟迭代法的行为。在每一步中，长短期记忆人工神经网络将局部信息（如函数值和导数值）作为输入，并返回下一次迭代。这方面的典型工作有 Andrychowicz 等（2016）利用长短期记忆人工神经网络，将梯度信息作为输入，构建了针对每个坐标进行更新的优化算法，并在一系列问题上超越了传统方法。Chen 等（2017）利用循环神经网络，将函数值作为输入，构建了适用于黑盒优化的新算法。

除此之外，也有利用强化学习进行学习优化的尝试，这方面的典型工作如下。Li 和 Malik（2016）将不同优化方法视为具有不同策略的代理。基于这个想法，他们提出将历史梯度信息作为输入，使用学习强化学习策略来预测更新规则，该方法成功减少了优化问题的计算量。通过在浅层和窄层网络上训练，并在较宽的网络上进行测试，验证了这种方法的泛化能力。Bello 等（2017）避免了直接建模更新规则，相反地，他们以梯度、梯度的指数移动平均等输入信息以及处理这些输入的一元函数［如e^x、$\log(x)$等］为基础，设计用于强化学习搜索的空间。强化学习控制器从有限的搜索空间中选择一个元素序列，构造一个函数来处理输入，并输出更新规则。他们搜索到的最佳L2O优化器（强化学习控制器）在不同的任务（包括ImageNet分类和谷歌公司的神经机器翻译系统）中显示出很强的可迁移性。一方面，免模型方法面临一般神经网络所共有的挑战：缺乏理论基础；参数量较大，难以训练。另一方面，基于模型的方法则可以有效减少参数量，并借助传统优化理论来建立新理论。

一般来说，基于模型的方法以某一优化算法为原型，保留其整体结构，通过替换某些步骤或参数，将之变为可学习的，以此来构建L2O优化器。其中较为典型的有即插即用与算法展开两类。即插即用通常是预先训练/设计一个算子/函数，并用它来替换原问题的某一部分。其开创性的工作由Venkatakrishnan等（2013）做出，他们将交替方向乘子法中某一步的近似算子替换为人工设计的去噪算子，取得了超越原算法的结果。随后Sreehari等（2016）、Chan等（2017）在不同假设下证明了这一方法的收敛性。但此时去噪算子的设计仍然依赖于人力，Meinhardt等（2017）、Chang等（2017）、Zhang等（2017）等的工作将依赖人工设计的去噪算子变成可学习的神经网络，将PnP与L2O联系在一起。这种通过学习得来的去噪算子往往具有优良的性质（如可导、有界等），便于进行理论分析，Ryu等（2019）、Terris（2021）、Cohen等（2020）、Heaton等（2021）等在不同条件下分析了PnP的收敛性。除此之外，PnP还可以学习用于正则化的函数（Bigdeli et al.，2017；Bigdeli and Zwicker，2017），或是用来调整优化算法中的参数（Wei et al.，2020）。

相比于PnP，算法展开对原算法的改动更小，通常只是将某些常数替换为可学习的参数。Gregor和Lecun（2010）的工作开创了这一领域，并在近十几年蓬勃发展，取得了许多令人瞩目的成果：Yan等（2016）的工作将算法展开应用于ADMM，得到了交替方向乘子法网络（ADMM-Net），并在压缩感知任务上表现优异。Li等（2019）、Chen和Pock（2017）分别在去卷积、图像处理的变分技术上取得了成功。在理论方面，Xin等（2016）的工作研究了展开成神经网络的迭代硬截断算法，并证明其在学到的矩阵充分正交时收敛。Chen等（2018）的工作研究了展开后的迭代软阈值收缩算法（LISTA），给出了收敛的必要条件，并证明在满足必要条件时存在使LISTA收敛的参数。

在 Liu 等（2019）的研究基础上，Yin 等进一步研究了 LISTA 收敛时参数所满足的条件，并给出了解析求解这些参数的方法，从而极大减少了训练代价。Xie 等（2019）在利用变分不等式证明存在参数使得展开后的线性化 ADMM 收敛，并在误差界条件下给出了收敛速率。

10. 科学计算中的机器学习优化算法

近年来，机器学习已经广泛地用于求解科学计算问题。以量子多体问题为例，在传统的变分蒙特卡洛方法（variational Monte Carlo，VMC）的基础上，构造机器学习模型去拟合波函数。传统的 VMC 虽然在形式上较为简单，但是在二维问题的求解精度上不尽如人意。2017 年，Carleo 和 Troyer（2017）采用受限玻尔兹曼机（RBM）去表示量子多体系统，能够以相当高的精度求解伊辛模型（Ising model）与海森堡模型（Heisenberg model）的基态。2019 年，Choo 等（2019）利用卷积神经网络对二维的 J1-J2 海森堡模型进行了研究，展示出机器学习在高维问题中的能力。DeepMind 公司在 2020 年提出 FermiNet 近似求解薛定谔方程，构造了具有特殊结构的神经网络，并采用自然梯度优化算法，为多电子系统的波函数的精确拟合提供了强有力的工具。2020 年 9 月，德国柏林自由大学的几位科学家提出了一种新的深度学习波函数拟合方法，可以求得电子薛定谔方程的几乎精确解。中国科学院鄂维南院士在多电子薛定谔方程的求解中，采用深度神经网络表示的波函数再现被测系统的电子结构。不仅是量子多体问题，鄂维南院士还总结了机器学习和计算数学的融合发展的各个方向，描述了机器学习在随机控制、数值求解非线性抛物型偏微分方程、量子多体哈密顿算子的特征值问题等优化问题中的应用，需要使用优化算法来实现对上述问题的精确求解。机器学习方法在传统科学计算领域内展现出惊人的潜力，其结果还有很大的提升空间，该方法正受到越来越多的关注。

三、发展现状与存在的问题

1. 通用优化算法

通用优化算法作为机器学习和深度学习领域的基石，在这些领域中起着不可替代的作用。在我国，学术界和工业界的合作日益密切。工业界资金的投入大大促进了相关学科的发展。然而，工业界普遍对研究成果的落地效果有较高的要求，这在一定程度上忽视了通用优化算法作为基础学科需要较高的时间成本这一规律：一些企业过分重视实用指标，不愿意投入更多时间到基础学科的研究中。这也是由工业界和高校合作推动通用优化算法发展的一个很大的不足。

2. 深度学习

在我国，深度学习领域企业和高校合作密切。这同时带来了积极的推动作用和一些研究上的制约。由于目前深度学习被广泛地应用到各个领域，相关企业有相当的热情与科研机构共同合作来研究深度学习领域的问题，投入了大量的财力来搭建计算平台。但与此同时，工业界天然地对研究成果的实用程度有着迫切的追求，也因此相对地忽视了深度学习领域一些具有根本性创新意义的研究，而在训练速度、识别准确率等指标上有相对严格的要求。然而，神经网络的训练是涉及大量预先设定的超参数的过程，这使得一种经过大量时间进行超参数优化的训练策略得到的效果可能远远好于另一种原理上难分伯仲但没有足够计算资源和时间进行参数调整的策略。从这个角度来说，对指标的过度重视有可能使得研究并未有太多根本上的创新，这也是工业界主导的研究可能存在的制约和不足。

3. 强化学习

我国致力于强化学习的研究团队来自很多不同的领域。在学术界，研究者从计算机、数学、控制、信息等多个角度探索了算法理论与效率的极限；在工业界，研究者普遍更关心强化学习在实际问题中的应用与落地问题，实现场景非常广泛，包括多人在线战术竞技（Multiplayer Online Battle Arena，MOBA）游戏、网约车派单、自动驾驶、智能机器人、推荐系统等。然而，强化学习研究发展过程中仍然存在一些不容忽视的问题。一方面，学术界计算资源紧张，数值实验开销大，这限制了一些实验室对强化学习算法的研究；另一方面，学术界与工业界关心的问题往往存在较大差距，技术水平也存在不同，如何促进高校与企业合作，鼓励原创性成果，解决国家与社会的实际需求仍需进一步探索。

4. 整数规划

我国对整数规划的研究主要集中在两个方面。一方面是对原有算法，特别是启发式算法的研究与改进。在这个方面，许多来自不同领域，如运筹学、计算机、信息科学领域的学者做出了贡献。另一方面是开发整数规划的软件包。中国科学院数学与系统科学研究院戴彧虹研究员带领团队在2018年成功自主研发了我国第一个具有国际水平的整数规划求解器CMIP，这一求解器目前已经具备了求解大规模整数规划的能力。

目前这一领域还存在一些问题。一方面，整数规划问题因其复杂性，需要庞大的计算资源的支撑，这需要得到工业界进一步的支持；另一方面，整数规划在国内起步较晚，无论是理论成果还是软件开发，都已被国外占得先机。如何吸引更多人才进入这一领域，缩小国内外在这一领域的差距，也是当前需要解决的问题。

5. 基于学习的优化范式

西安交通大学徐宗本院士团队提出了较有影响力的ADMM-Net模型，并在随后的工作中将算法展开的范式应用在许多传统的优化算法上，在包括图像去噪、医学图像重建等应用上取得了出色的数值表现，展现出基于学习的优化范式的巨大潜能。除此之外，北京大学林宙辰教授团队证明了基于线性化ADMM的算法展开在特定情形下的收敛性，为其理论发展提供了支持（Xie et al.，2019）。但是，基于学习的优化范式的理论结果仍然极其欠缺，这导致其推广受限，难以被工业界应用于实践。

6. 科学计算

国内也有机器学习解决量子多体问题的相关研究。清华大学量子信息中心的段路明教授团队发现，深度神经网络和量子多体问题存在紧密关联，证明利用深度神经网络模型可以有效表示几乎所有量子多体系统的波函数，展示了神经网络和深度学习算法在量子多体问题研究中的巨大潜力（Gao and Duan，2017）。中国科学技术大学量子信息重点实验室的何力新教授团队在2018年设计了一个新的卷积神经网络来解决量子多体问题，在反铁磁海森堡模型上得到了比以往计算方法更好的结果。

当前该领域的创新发展还存在若干问题：机器学习中的科学计算优化问

题往往存在多学科的交叉，需要加强对交叉学科人才的培养；科学计算问题的解决可能会实现其他领域（如量子化学、材料科学等）的突破，应鼓励机器学习在多个领域内的应用。

第四节　最优化在机器学习研究中的发展思路与发展方向

一、关键科学问题

1. 机器学习的随机优化算法

机器学习和深度学习中训练大规模数据和复杂神经网络需要大量的计算资源，可以结合改进网络结构，如调整神经网络的层数、卷积神经网络卷积核的类型与数量等，发展高效算法，对模型进行参数优化。机器学习中优化问题的目标函数经常是随机变量的期望或者很多相似函数的和的形式，很多还包含非光滑正则化项。近年来，人们发展了大量的随机梯度算法。这些算法的特点是简单且容易实现，但在一定迭代步数之后，收敛有可能变得显著缓慢甚至停滞。因此可以考虑发展随机一阶和二阶算法相结合的算法，有效改善算法后期的收敛速度。利用随机半光滑牛顿法和随机拟牛顿法，提高随机梯度算法的效率，降低高阶算法的迭代复杂度并提高收敛速度。此外机器学习算法的计算复杂度经常依赖一些典型数值代数运算，考察特征值和奇异值分解的蒙特卡洛算法和随机逼近等随机算法也是重要的研究方向。

2. 大规模线性规划与整数规划

在大数据时代，新的人工智能决策问题往往具有维度高、数据量大等特性。例如，零售商店新的店铺位置选取，需要考虑到城市交通、人口分布、经济水平、竞争对手等海量多维度数据，从而使优化问题规模达到百万至千万量级。当数据过大时，需要使用分布式系统来处理数据的读写和存储。

如何在大数据基础上快速求解优化问题成为一大研究重点。传统方法处理智能决策中的线性规划可以采用单纯形法或者内点法。这也是主流开源和商业软件（如 Coin-LP、Gurobi 等）所采取的策略。然而，这些求解器往往在求解线性系统上利用直接法和矩阵分解，因而在一些规模较大的数据上，往往效率很低。为此可以考虑寻找适合随机一阶算法求解的形式，通过将线性规划等价转化为凸优化问题，发展新型随机一阶算法来快速求解线性规划问题，避免直接去反复求解复杂耗时的线性系统。

在整数规划方面，有大量的应用和问题值得深入研究。利用整数规划和次模优化来描述深度神经网络结构，为超参数调整提供系统性方法指导；通过发掘机器学习问题结构，发展分类、聚类、最优传输问题、图像分割和匹配等问题的整数规划模型及其近似算法；利用次模优化可以对推荐系统、社交网络问题和很多图与网络流问题进行建模，其理论与算法的发展能提供新的突破；二元整数规划问题的半定规划松弛可以构造成多个单位向量约束，完全正规划松弛则额外要求单位向量非负，这些特点可以用来构造更有效的数值算法；寻找最优排列也是常见的基本问题，而排列矩阵可以表达成非负的正交矩阵，可以利用正交约束算法得到质量更高的松弛解。有些特殊整数约束有等价形式，其投影算子有快速算法，从而能有效拓展连续优化算法。在整数规划问题上，通过对整数约束进行连续化松弛，进而采用加速算法、交替方向乘子法等随机一阶算法快速近似求解。结合目标函数的特点及随机一阶算法免矩阵求逆的性质，充分利用当代高性能计算的计算统一设备体系结构（compute unified device architecture，CUDA）和并行数值计算，实现单机和分布式多 GPU 计算版本，进一步提高求解算法处理大数据问题的能力。

3. 机器学习的基础算法软件包与平台

大数据时代为学界研究、产业应用提供了一套较为全面的数学优化求解器，内容包括线性和非线性规划、整数规划、半正定规划等一些经典问题，以及基于单纯形法、内点法或全局优化的经典高效求解算法，并结合子问题求解线性系统的特点，提供基于 CUDA 的加速运算方案。此外，也提供基于新型一阶迭代算法的快速求解算法，在略微损失一些精度的代价下，获得处理大规模和超大规模数据的运筹优化问题，进而结合数学优化算法与人工智能架构的特点，开发多 GPU 分布式的综合优化求解器，并完成和人工智能主流软件（TensorFlow、MXNet、PyTorch 等）的无缝对接，为国内运筹优化和人工智能从业人士提供了方便使用的云计算服务平台。

4. 通用随机优化算法

由于现今大部分随机优化算法都源自确定性优化算法，因此此类算法往往受到最初的确定性优化算法的限制。例如，目前的方法都广泛地要求目标函数是可导的，而一些随机二阶算法甚至要求函数的黑塞矩阵是可逆的，这都对目前随机算法的使用有了较大的限制。在机器学习领域，非光滑项是非常常见的，如在目标函数中加强解的稀疏性的一范数项等。因此，当前研究的一个方向是从半光滑牛顿法等方法出发构造随机优化算法，将随机优化算法扩展到这些带非光滑项的问题上。

在机器学习的大部分领域，如深度学习和强化学习，目标函数往往并不是凸函数，这也就意味着很可能有多个局部最优解。现有的随机梯度算法和随机二阶算法都建立在利用梯度等性质寻找函数的局部极小值点上。因此，通过原非凸问题的理论性质，构造凸松弛并建立与原问题的联系，从而使得现有的随机优化算法能收敛到非凸问题的全局最优解上也是当前研究的重要问题。在短期内，可以利用已有的非凸问题的全局优化策略，如启发式算法，将其与相应的人工智能模型相结合，从而构造出有效的全局优化方法。

5. 深度学习的优化模型和算法

到目前为止，深度学习的优化过程尚有相当多的问题未得到解决，这主要是因为理论上的分析长期未能得到突破并应用于实践之中。

如前文所述，深度学习的训练目的和传统的优化问题有区别。对于传统的优化问题，其目的是寻找到所需的最值点或极值点，而深度学习的训练则是要求尽可能好地拟合一些人的智能行为，如图像识别、阅读理解等，其最终得到的神经网络的泛化能力非常重要。这一根本差异对神经网络的影响在目前尚未得到充分的认识，仅有一些直觉上的理解和简单情形下的分析，例如现在通常认为随机梯度下降算法每一步训练的批量过大会导致神经网络的泛化能力变弱。尽管一些研究者认为，在当前的计算条件的限制下，神经网络的训练程度远未达到上述根本差异会产生明显影响的地步，但是这一问题仍然困扰着研究人员。

在更接近实践的领域，对算法性能的理论分析远远落后于算法的实践。传统的优化方法的效率分析往往止步于收敛阶的分析，而在深度学习领域，以随机梯度下降为基础的各种改进算法在理论上都是相同的收敛阶，但显然在实践意义上，即使常数级别的进步也已经能大幅加快训练效率。然而目前尚未有合理的更进一步的分析标准。事实上，目前大部分策略都难以在性能问题上得到有实用意义的理论分析，只能通过丰富的实验进行检验和测试。如前文所述的自适应梯度算法，尽管在论文中被证明具有良好的收敛性和更低的偏差累积，但实践表明，在许多问题上，自适应梯度算法会过快地降低学习率，导致训练过程的效率并不理想。

除了理论上的关键困难，K-FAC 算法等在实践上更加高效的优化算法的出现也证明了深度神经网络的训练在实践上仍有极大的研究空间。相比于已经被充分研究的随机梯度下降算法（随机一阶算法），随机二阶算法在近些年得到了一些发展，但仍然还有诸多限制。尽管已有的应用在深度神经网络训练上的随机二阶算法训练效率都远超随机梯度下降算法，但在分布式计算和适用的问题范围上相较于随机梯度下降算法有更多的限制。例如，K-FAC 算法只能用在图像识别这样传统的卷积层网络的架构上，而如果要在自然语言处理中常用到的 Transformer 训练模型上使用，则需要较大的改动。如何突破这些限制，得到应用更广泛的随机二阶算法，或是进一步提升随机二阶算法的训练效果，也是当前研究的一个方向。

6. 强化学习的优化模型与算法

虽然深度强化学习在一些应用上取得了令人振奋的成果，但在其算法开发过程中仍有诸多挑战与瓶颈，包括算法泛化能力、稳定性、重现性、样本效率、超参数调节、局部最优解等。这些因素也限制了现阶段强化学习，使其主要在模拟环境中进行测试。在实际应用环境中，算法除面对上述这些难点以外，还需要应对一些环境本身带来的问题。例如，奖励函数往往是稀疏的或者延迟的，有时甚至不存在，这使得决策者在采样过程中很难观测到好的经验，因而无法学习到好的策略。不仅如此，由于决策者只能通过观测去探索环境，经验数据往往带有噪声，甚至不准确，这往往会给基于经验学习而来的策略带来很大的干扰，所以想要进一步应用到丰富而复杂的实际环境中还有诸多需要解决的问题。也正是基于强化学习对算法实现、环境变化的高度敏感性，发展系统的算法开发平台和环境交互接口，对深入研究算法的优势和障碍、总结改进建议十分重要。目前，这样的开源工具有 OpenAI Baselines、TensorForce、rllab、DeepMindLabM 等。尽管深度强化学习算法在数值上表现显著，但相关的理论分析工作还并不是很充分，因此发展这些优化算法的理论性质，如强化学习中局部最优解的判定、算法采样复杂度等，可以为模型设计提供可靠的理论支撑，也可以为数值调试提供一些判断依据。此外，强化学习还有一些十分常用的实验技巧，如目标网络、奖励缩放等。有些情况下，这些实验技巧对于算法性能表现而言比算法本身更重要。因此，研究这些工程技巧背后的工作机制，并进一步探索与算法相关的统一框架，也是未来强化学习发展的一个重要方向。

一个阻碍强化学习落地的重要因素是其采样效率低下。这在很多应用场景中是不可接受的。例如，训练机器人完成特定任务，如果让它在真实环境中不断试错就会耗费很高的成本，甚至会对机器人本身造成伤害。基于模型的强化学习在一定程度上提高了算法的采样效率，但由于模型不完全准确，算法的渐进表现往往达不到免模型算法的水平，因此在保持好的渐进性能的同时，提高采样效率将会是一个值得长期研究的方向。

由于状态和动作空间通常很大，强化学习算法通常会遭遇维数灾难问题。当存在多个智能体时，维数灾难的问题进一步加剧。因此，如何对多体系统（multiagent system）进行适当的解耦，同时考虑智能体之间的关系，也是一个十分重要的问题。

此外，还可以从优化的角度研究多智能体强化学习。一方面，可以考虑将现有的单智能体强化学习算法推广到多智能体情形下；另一方面，可以进一步考虑算法的理论部分，尽管许多算法的数值实验都能取得很好的结果，但是数值表现与收敛性之间仍然存在很大的差距。如何证明深度神经网络近似的理论性质，值得进一步研究。

7. 整数规划

未来整数规划的一个重要研究方向是对已有算法的改进，特别是利用机器学习的方式提升算法的效率，来处理实际应用中的大规模问题。对于混合整数规划模型，目前已有的成果主要是如何利用学习的方法寻找下一个分支点，但寻找性质好的割平面同样对算法表现有重要的影响，因此学习割平面是一个值得研究的方向。另外，混合整数规划目前鲜有基于强化学习的框架，如何将强化学习应用在混合整数规划问题中同样可能是未来发展的方向。对于旅行商问题模型，一个可能的研究方向是对 2018 年提出的 TSP-D 模型建立神经网络，从而提升求解效率。

整数规划的另一个发展方向是新模型的提出。一方面，随着时代的变迁，原有的整数规划模型可能无法满足实际应用的需要；另一方面，整数规划许多算法的性质与模型的优劣密切相关。

8. 基于学习的优化范式（L2O）

尽管 L2O 研究前景广阔，但它仍处于起步阶段，面临着从理论到实践的诸多挑战，这也带来了广泛的研究机遇。

在理论方面，L2O 有以下问题亟待解决。

（1）表达能力：给定 L2O 的模型，是否存在使 L2O 在特定任务上明显优于传统优化算法的参数？能否建立“保护”机制，以确保 L2O 在其他问题上至少与传统算法一样好？

（2）可训练性：如果这些参数存在，我们应该用什么样的训练方法来获得这些参数？能否保证训练方法收敛到理想参数？

（3）泛化能力：训练的 L2O 模型泛化能力是否足够？其在更复杂的例子上能否奏效？

（4）可解释性：我们如何解释 L2O 模型学到了什么？

此外，L2O 展开并不是唯一定义的。例如，如何选择展开网络的原型算法？如何决定哪些参数是可训练的，哪些参数是可确定的？等等。对这些选择如何影响收敛性和泛化能力的研究可以对实践提供指导。另一个方向是研究参数的多寡、网络深度等对网络性能的影响。

除此之外，免模型的 L2O 方法理论基础是极其欠缺的。虽然 L2O 在测试中表现优异，理论结果的欠缺使其可靠性受到质疑。同时，对于基于模型和免模型的 L2O 方法，其泛化能力是亟须提升的。

在实践中，免模型方法的可扩展性可能是它们实用化的最大障碍。这使得 L2O 优化器在更大和更复杂的模型上的部署以及增加迭代的步数都成为问题。针对特定模型的 L2O，目前仍局限在反问题和稀疏优化中，并且依赖于针对每个问题单独建模。若要使 L2O 得到更广泛的应用，还需要建立一个更通用的框架。

除此之外，L2O 模型有时在不同层之间共享参数，因此它类似于很难训练的循环神经网络（Pascanu et al.，2013）。为基于算法展开的网络开发合适的端到端训练方法是一个重要的方向。另一个重要的问题是如何初始化网络，虽然有很多研究方法可以初始化传统网络，但如何运用他们初始化基于展开得到的网络仍然是一个挑战。如何防止训练过程中梯度的消失和爆炸也是一个重要问题。

最后，正如算法展开是一般网络和拥有解析表达的算法之间的中间状态，基于模型和免模型的 L2O 方法之间没有绝对的界限，二者的融合或许将揭示新的研究方向。

9. 科学计算中的机器学习模型与算法

量子多体问题的数值求解。量子多体问题一直是量子物理的关注点之一，在理论研究、材料发现、化学结构预测等领域具有许多应用。机器学习算法在量子多体问题的求解过程中显示出惊人的潜力，可以将波函数指数增长的复杂度降低到可以计算的程度，相比于传统方法，体现出了自身的优越性。应结合国家量子信息发展战略，发展一系列求解量子问题的优化算法，实现应用成果落地。

大规模非凸问题求解算法。机器学习中的优化问题往往是高维并且高度非凸的，处理这类问题会遇到计算规模大、难以收敛到近似最优解、停止在鞍点的问题。因此，为了使机器学习能够有更广泛的应用，就需要发展稳定鲁棒的大规模非凸问题求解算法。

总的来说，须结合机器学习建立科研软件框架。设计满足科研标准的计算程序，搭建科研框架，完善机器学习相关的优化算法。促进机器学习相关优化理论的发展。针对特定的网络和问题，建立起不同优化问题应用的场景，建立相关收敛性理论。

二、资助机制与政策建议

目前，社会对深度学习领域有着相当大的投入和极高的热情，尤其是工业界对深度学习领域的课题有着充分的兴趣，这也使得相关领域的资源向工业界大幅度倾斜。一方面，掌握深度学习前沿知识的技术人员和研究人员在工业界有着极高的待遇，这使得人才从学术界流向工业界；另一方面，计算资源也掌握在企业手中，高校的计算资源十分匮乏，研究人员若要进行大规模的实验，就往往需要寻求和企业合作，这使得研究的方向和目的都受到工业界的影响，一些冷门但重要的领域往往难以获得资源。结合上述问题，该领域的政策建议如下。

1. 增加高校计算资源的投入

接触式多关节动力学环境（MuJoCo）是强化学习研究中一个颇受欢迎的基准测试，系统的输入通常是机器人每个关节的位置和速度，对于这类相对简单的任务，算法通常仍需经过 100 万至 1000 万次交互才能完成学习。对于相对复杂的雅达利经典游戏，DeepMind 公司提出的彩虹深度 Q 网络算法经过 1800 万帧的训练，得分才达到人类中等水平的两倍，这相当于进行了 83 小时的游戏。对于更加复杂的环境，例如 DeepMind 公司开发的跑酷机器人，训练耗时达到 6400 小时 CPU 时间。此外，研究人员在开发新算法时，还必须重复多次调整超参数以获得算法最好的性能，这些都会用到大量的计算资源。然而在学术界，特别是高校中，GPU 仍是比较稀缺的资源，这导致一些超大规模的实验完全没有条件进行，阻碍了科研的顺利进行。

2. 鼓励校企合作

建议校企合作，在计算资源、人才培养、技术交流等方面实现合作共享。一方面，学术界有着大量的人才储备以及推动算法和理论发展的原动力；另一方面，工业界在计算资源方面比较充裕，有进行超大规模实验的硬件条件，同时企业在强化学习的应用和落地方面有着更加丰富的经验积累和较为领先的技术水平，鼓励学术界与工业界之间的深度合作，有助于双方发挥特长和优势，互利共赢，做出原创性成果并解决国家与社会发展中真正迫切的问题。

3. 增加科研软件研究的政策、资金支持

科研软件作为科研活动中的常用工具，在新理论、新应用的研究中起到事半功倍的作用。然而，当前国产科研软件领域很少得到资金的支持，这限制了国产科研软件自主化、体系化、产业化的实现。开发一个科研软件，往往需要丰富的知识储备和大量的时间。但大部分科研软件都是开源的或难以进行商品化，不能直接获得回报，这导致国内不重视对此类软件的开发，因此缺少该方面的人才。矩阵实验室（MATLAB）对高校（如哈尔滨工业大学）、航空航天领域等的限制以及国外众多收费科研软件的存在，警示着我们需要加强国产科研软件的开发。在高速发展的人工智能领域更是如此，一个优秀的科研软件能够极大地避免重复开发导致的资源浪费，有利于在相关产业中的应用。此外，还需要支持对国产人工智能框架的开发，避免市场都被pyTorch、Tensorflow 等软件占据，增强对人工智能底层技术的掌握。为了提高对国产软件开发的重视，建议将科研软件的开发加入科研能力的评判标准，并且给予前期投入与支持，保持人工智能领域与其他领域的系统化发展。

4. 对通用优化算法的研究设置相对长远的项目周期

对通用优化算法的研究应减少短期的功利性政策，并针对理论成果有更多的倾斜。目前，机器学习领域的优化算法的研究成果检验往往注重一些性能指标，而没有过多地关注算法本身在理论意义上的突破。以随机梯度下降算法为例，尽管已有随机一阶算法取得了较好的效果，但是新的不同思路的算法仍有其价值。而且大多数整数规划问题本身是 NP 难问题，更是被机器学习领域的学者称为不可追踪问题。因此不应急于求成，而是设置一个较长时间的项目周期，还要考量算法的理论贡献。

本章参考文献

Agarwal N, Bullins B, Hazan E. 2016. Second Order Stochastic Optimization in Linear Time. https://arxiv.org/abs/1602.03943[2022-03-22].

Agatz N, Bouman P, Schmidt M. 2018. Optimization approaches for the traveling salesman problem with drone. Transportation Science, 52(4): 965-981.

Allen-Zhu Z. 2016. Katyusha: The First Direct Acceleration of Stochastic Gradient Methods. https://arxiv.org/abs/1603.05953[2022-03-22].

Allen-Zhu Z, Hazan E. 2016. Variance reduction for faster non-convex optimization//Balcan M F, Weinberger K Q. ICML'16: Proceedings of the 33rd International Conference on International Conference on Machine Learning - Volume 48. New York: JMLR: 699-707.

Allen-Zhu Z, Yuan Y. 2016. Improved SVRG for non-strongly-convex or sum-of-non-convex objectives//Balcan M F, Weinberger K Q. ICML'16: Proceedings of the 33rd International Conference on International Conference on Machine Learning - Volume 48. New York: JMLR: 1080-1089.

Andrychowicz M, Denil M, Gomez S, et al. 2016. Learning to Learn by Gradient Descent by Gradient Descent. https://arxiv.org/abs/1606.04474[2023-03-22].

Balcan M F, Dick T, Sandholm T, et al. 2018. Learning to branch. http://proceedings.mlr.press/v80/balcan18a/balcan18a.pdf[2024-09-01].

Barrett T, Clements W, Foerster J, et al. 2020. Exploratory combinatorial optimization with reinforcement learning. Proceedings of the AAAI Conference on Artificial Intelligence, 34(4): 3243-3250.

Bello I, Pham H, Le Q V, et al. 2016. Neural Combinatorial Optimization with Reinforcement Learning. https://arxiv.org/abs/1611.09940[2023-03-22].

Bello I, Zoph B, Vasudevan V, et al. 2017. Neural optimizer search with reinforcement learning// Precup D, Teh Y W. ICML'17: Proceedings of the 34th International Conference on Machine Learning - Volume 70. Sydney: JMLR: 459-468.

Berahas A S, Bollapragada R, Nocedal J. 2019. An Investigation of Newton-Sketch and Subsampled Newton Methods. https://arxiv.org/abs/1705.06211[2022-03-22].

Bigdeli S A, Jin M G, Favaro P, et al. 2017. Deep Mean-shift Priors for Image Restoration. https://arxiv.org/abs/1709.03749[2022-03-22].

Bigdeli S A, Zwicker M. 2017. Image Restoration Using Autoencoding Priors. https://arxiv.org/abs/1703.09964[2022-03-22].

Bollapragada R, Byrd R, Nocedal J. 2016. Exact and Inexact Subsampled Newton Methods for Optimization. https://arxiv.org/abs/1609.08502[2022-03-22].

Bonnabel S. 2013. Stochastic gradient descent on Riemannian manifolds. IEEE Transactions on Automatic Control, 58(9): 2217-2229.

Bordes A, Bottou L, Gallinari P. 2009. SGD-QN: Careful quasi-newton stochastic gradient descent. Journal of Machine Learning Research, 10: 1737-1754.

Bouman P, Agatz N, Schmidt M. 2018. Dynamic programming approaches for the traveling salesman problem with drone. Networks, 72(4): 528-542.

Byrd R H, Chin G M, Neveitt W, et al. 2011. On the use of stochastic hessian information in optimization methods for machine learning. SIAM Journal on Optimization, 21(3): 977-995.

Byrd R H, Chin G M, Nocedal J, et al. 2012. Sample size selection in optimization methods for machine learning. Mathematical Programming, 134(1): 127-155.

Byrd R H, Hansen S L, Nocedal J, et al. 2016. A stochastic quasi-Newton method for large-scale optimization. SIAM Journal on Optimization, 26(2): 1008-1031.

Carleo G,Troyer M.2017. Solving the quantum many-body problem with artificial neural networks. Science,355(6325):602-606.

Carreira-Perpiñán M Á, Wang W R. 2012. Distributed Optimization of Deeply Nested Systems. https://arxiv.org/abs/1212.5921[2023-03-22].

Chan S H, Wang X R, Elgendy O A. 2017. Plug-and-play ADMM for image restoration: Fixed-point convergence and applications. IEEE Transactions on Computational Imaging, 3(1): 84-98.

Chang J H R, Li C L, Póczos B, et al. 2017. One network to solve them all-Solving linear inverse problems using deep projection models.2017 IEEE International Conference on Computer Vision. Venice: IEEE, 5889-5898.

Chen T L, Chen X H, Chen W Y, et al. 2021. Learning to Optimize: A Primer and A Benchmark. https://arxiv.org/abs/2103.12828[2023-03-22].

Chen X H, Liu J L, Wang Z Y, et al. 2018. Theoretical Linear Convergence of Unfolded ISTA and its Practical Weights and Thresholds. https://arxiv.org/abs/1808.10038[2022-03-22].

Chen Y T, Hoffman M W, Colmenarejo S G, et al. 2017. Learning to Learn without Gradient Descent by Gradient Descent//Precup D, Teh Y W. ICML'17: Proceedings of the 34th International Conference on Machine Learning- Volume 70. Sydney: JMLR: 748-756.

Chen Y, Pock T. 2017. Trainable nonlinear reaction diffusion: A flexible framework for fast and effective image restoration. IEEE Transactions on Pattern Analysis and Machine Intelligence, 39(6): 1256-1272.

Choo K, Neupert T, Carleo G.2019. Study of the two-dimensional frustrated J1-J2 model with neural network quantum states. Physical Sciences. DOI:10.48550/arXiv.1903.06713.

Cohen R, Elad M, Milanfar P. 2020. Regularization by Denoising *via* Fixed-Point Projection (RED-PRO). https://arxiv.org/abs/2008.00226[2023-03-22].

Cui Y, He Z Y, Pang J S. 2020. MultiComposite nonconvex optimization for training deep neural networks. SIAM Journal on Optimization, 30(2): 1693-1723.

Defazio A, Bach F, Lacoste-Julien S. 2014. SAGA: A fast incremental gradient method with support for non-strongly convex composite objectives//Ghahramani Z, Welling M, Cortes C, et al. NIPS'14: Proceedings of the 28th International Conference on Neural Information Processing Systems-Volume I. Montreal: NIPS Foundation: 1646-1654.

Dürr H B, Ebenbauer C. 2012. On a class of smooth optimization algorithms with applications in control. IFAC Proceedings Volumes, 45(17): 291-298.

Erdogdu M A, Montanari A. 2015. Convergence Rates of Sub-Sampled Newton Methods// Cortes C, Lee D D, Sugiyama M, et al. NIPS'15: Proceedings of the 29th International Conference on Neural Information Processing Systems. Montreal: NIPS Foundation: 3052-3060.

Friedlander M P, Schmidt M. 2012. Hybrid deterministic-stochastic methods for data fitting. SIAM Journal on Scientific Computing, 34(3): A1380-A1405.

Gao X, Duan L M. 2017. Efficient representation of quantum many-body states with deep neural networks. Nature Communications, 8(1): 662.

Ghadimi S, Lan G H. 2016. Accelerated gradient methods for nonconvex nonlinear and stochastic programming. Mathematical Programming, 156: 59-99.

Goemans M X, Williamson D P. 1995. Improved approximation algorithms for maximum cut and satisfiability problems using semidefinite programming. Journal of the ACM, 42(6): 1115-1145.

Gower R M, Goldfarb D, Richtárik P. 2016. Stochastic block BFGS: Squeezing more curvature out of data//Balcan M F, Weinberger K Q. ICML'16: Proceedings of the 33rd International Conference on International Conference on Machine Learning- Volume 48. New York: JMLR: 1869-1878.

Gregor K, LeCun Y. 2010. Learning fast approximations of sparse coding//Fürnkranz J, Joachims T. ICML'10: Proceedings of the 27th International Conference on International Conference on Machine Learning. Madison: Omni Press: 399-406.

Heaton H, Fung S W, Lin A T, et al. 2021. Wasserstein-Based Projections with Applications to

Inverse Problems. https://arxiv.org/pdf/2008.02200v3[2023-03-23].

Helmke U, Moore J B. 1996. Optimization and Dynamical Systems. Berlin: Springer Science & Business Media.

Hosseini R, Sra S. 2015. Matrix manifold optimization for Gaussian mixtures// Cortes C, Lee D D, Sugiyama M, et al. NIPS'15: Proceedings of the 29th International Conference on Neural Information Processing Systems - Volume 1. Cambridge: MIT Press: 910-918.

Hu C H, Kwok J T, Pan W. 2009. Accelerated gradient methods for stochastic optimization and online learning// Bengio Y, Schuurmans D, Lafferty J D, et al. NIPS'09: Proceedings of the 23rd International Conference on Neural Information Processing Systems. Vancouver: Curran Associates Inc.: 781-789.

Johnson R, Zhang T. 2013. Accelerating Stochastic Gradient Descent Using Predictive Variance Reduction. https://papers.nips.cc/paper/2013/file/ac1dd209cbcc5e5d1c6e28598e8cbbe8-Paper.pdf[2023-03-23].

Khalil E B, Bodic P L, Song L, et al. 2016. Learning to branch in mixed integer programming// AAAI'16: Proceedings of the Thirtieth AAAI Conference on Artificial Intelligence. Phoenix: AAAI Press: 724-731.

Land A H, Doig A G. 2010. An automatic method for solving discrete programming problems// Jünger M, Liebling T M, Naddef D, et al. 50 Years of Integer Programming 1958-2008. Berlin: Springer: 105-132.

Lessard L, Recht B, Packard A. 2016. Analysis and design of optimization algorithms *via* integral quadratic constraints. SIAM Journal on Optimization, 26(1): 57-95.

Li K, Malik J. 2016. Learning to Optimize. https://arxiv.org/abs/1606.01885[2023-03-22].

Li Y L, Tofighi M, Monga V, et al. 2019. An algorithm unrolling approach to deep image deblurring//ICASSP 2019 : 2019 IEEE International Conference on Acoustics Speech and Signal Processing (ICASSP). Brighton: IEEE: 7675-7679.

Liang X, Liu W Y, Lin P Z, et al. 2018. Solving frustrated quantum many-particle models with convolutional neural networks. Physical Review B, 98(10): 104426.

Lin H Z, Mairal J, Harchaoui Z. 2015. A Universal Catalyst for First-Order Optimization https://proceedings.neurips.cc/paper/2015/file/c164bbc9d6c72a52c599bbb43d8db8e1-Paper.pdf[2023-03-23].

Liu J L, Chen X H, Wang Z Y, et al. 2019. ALISTA: Analytic Weights are as Good as Learned

Weights in LISTA. https://openreview.net/pdf?id=B1lnzn0ctQ[2024-09-01].

Liu W, Liu X, Chen X. 2022. Linearly constrained nonsmooth optimization for training autoencoders. SIAM Journal on Optimization, 32(3): 1931-1957.

Lovász L, Schrijver A. 1991. Cones of matrices and set-functions and 0-1 optimization. SIAM Journal on Optimization, 1(2): 166-190.

Mairal J. 2015. Incremental majorization-minimization optimization with application to large-scale machine learning. SIAM Journal on Optimization, 25(2): 829-855.

Meinhardt T, Moeller M, Hazirbas C, et al. 2017. Learning proximal operators: Using denoising networks for regularizing inverse imaging problems//2017 IEEE International Conference on Computer Vision.Venice: IEEE: 1799-1808.

Moritz P, Nishihara R, Jordan M. 2016. A linearly-convergent stochastic L-BFGS algorithm// Proceedings of the 19th International Conference on Artificial Intelligence and Statistics (AISTATS). Cadiz: PMLR: 249-258.

Nair V, Bartunov S, Gimeno F, et al. 2020. Solving Mixed Integer Programs Using Neural Networks. https://arxiv.org/abs/2012.13349[2023-03-22].

Nazari M, Oroojlooy A, Taká č M, et al. 2018. Reinforcement learning for solving the vehicle routing problem//Bengio S, Wallach H M, Larochelle H, et al. NIPS'18: Proceedings of the 32nd International Conference on Neural Information Processing Systems. New York: Curran Associates Inc: 9861-9871.

Nesterov Y. 1983. A method for solving a convex programming problem with convergence rate O (1/k2). Proceedings of the USSR Academy of Sciences, 27(2): 372-376.

Nesterov Y. 2013. Gradient methods for minimizing composite functions. Mathematical Programming, 140: 125-161.

Pascanu R, Mikolov T, Bengio Y. 2013. On the difficulty of training recurrent neural networks// Dasgupta S, McAllester D. ICML'13: Proceedings of the 30th International Conference on International Conference on Machine Learning-Volume 28. Atlanta: JMLR: Ⅲ 1310- Ⅲ 1318.

Pihera J, Musliu N. 2014. Application of machine learning to algorithm selection for TSP. 2014 IEEE 26th International Conference on Tools with Artificial Intelligence. Limassol：IEEE: 47-54.

Pilanci M, Wainwright M J. 2017. Newton sketch: A near linear-time optimization algorithm with linear-quadratic convergence. SIAM Journal on Optimization, 27(1): 205-245.

Poikonen S, Golden B, Wasil E A. 2019. A branch-and-bound approach to the traveling salesman problem with a drone. INFORMS Journal on Computing, 31(2): 335-346.

Reddi S J, Hefny A, Sra S, et al. 2016. Stochastic variance reduction for nonconvex optimization// Balcan M F, Weinberger K Q. ICML'16: Proceedings of the 33rd International Conference on International Conference on Machine Learning - Volume 48. New York: JMLR: 314-323.

Robbins H, Monro S. 1951. A stochastic approximation method. The Annals of Mathematical Statistics, 22(3): 400-407.

Roosta-Khorasani F, Mahoney M W. 2016a. Sub-sampled Newton Methods I: Globally Convergent Algorithms. https://arxiv.org/abs/1601.04737[2022-03-22].

Roosta-Khorasani F, Mahoney M W. 2016b. Sub-sampled Newton Methods II: Local Convergence Rates. https://arxiv.org/abs/1601.04738[2022-03-22].

Roux N L, Schmidt M, Bach F. 2012. A Stochastic Gradient Method with an Exponential Convergence Rate for Finite Training Sets https://proceedings.neurips.cc/paper_files/paper/2012/file/905056c1ac1dad141560467e0a99e1cf-Paper.pdf[2023-03-23].

Rumelhart D E, Hinton G E, Williams R J. 1986. Learning representations by back-propagating errors. Nature, 323(6088): 533-536.

Ryu E K, Liu J L, Wang S C, et al. 2019. Plug-and-play methods provably converge with properly trained denoisers. International Conference on Machine Learning, (97): 5546-5557.

Schropp J, Singer I. 2000. A dynamical systems approach to constrained minimization. Numerical Functional Analysis and Optimization, 21(3-4): 537-551.

Shalev-Shwartz S, Zhang T. 2012. Stochastic dual coordinate ascent methods for regularized loss. Journal of Machine Learning Research, 14(1): 567-599.

Sreehari S, Venkatakrishnan S V, Wohlberg B, et al. 2016. Plug-and-play priors for bright field electron tomography and sparse interpolation. IEEE Transactions on Computational Imaging, 2(4): 408-423.

Su W, Boyd S, Candes E J. 2016. A differential equation for modeling Nesterov's accelerated gradient method: Theory and insights. Journal of Machine Learning Research, 17(153): 1-43.

Sutskever I, Martens J, Dahl G, et al. 2013. On the importance of initialization and momentum in deep learning// Dasgupta S, McAllester D. Proceedings of the 30th International Conference on International conference on machine learning-Volume 28. Atlanta:JMLR: 1139-1147.

Taylor G, Burmeister R, Xu Z, et al. 2016. Training neural networks without gradients: A scalable ADMM approach//Balcan M F, Weinberger K Q. ICML'16: Proceedings of the 33rd International Conference on International Conference on Machine Learning - Volume 48. New York: JMLR: 2722-2731.

Terris M, Repetti A, Pesquet J C, et al. 2021. Enhanced convergent PNP algorithms for image restoration//IEEE ICIP 2021 Conference Proceedings. Anchorage-Alaska: IEEE.

Venkatakrishnan S V, Bouman C A, Wohlberg B. 2013. Plug-and-play priors for model based reconstruction//IEEE Global Conference on Signal and Information Processing. Austin: IEEE: 945-948.

Wang J, Jebara T, Chang S F. 2013. Semi-supervised learning using greedy max-cut. Journal of Machine Learning Research, 14(1): 771-800.

Wang J L, Zhang T. 2017. Improved Optimization of Finite Sums with Minibatch Stochastic Variance Reduced Proximal Iterations. https://arxiv.org/abs/1706.07001[2022-02-33].

Wei K X, Aviles-Rivero A, Liang J W, et al. 2020. Tuning-free Plug-and-Play Proximal Algorithm for Inverse Imaging Problems. https://arxiv.org/abs/2002.09611[2022-03-22].

Werbos P J. 1990. Backpropagation through time: What it does and how to do it. Proceedings of the IEEE, 78(10): 1550-1560.

Wibisono A, Wilson A C, Jordan M I. 2016. A variational perspective on accelerated methods in optimization. Proceedings of the National Academy of Sciences of the United States of America, 113 (47): E7351-E7358.

Xie X Y, Wu J L, Zhong Z S, et al. 2019. Differentiable Linearized ADMM. https://arxiv.org/abs/1905.06179[2022-03-22].

Xin B, Wang Y Z, Gao W, et al. 2016. Maximal Sparsity with Deep Networks? https://arxiv.org/abs/1605.01636[2022-03-22].

Xu P, Yang J Y, Roosta-Khorasani F, et al. 2016. Sub-sampled newton methods with non-uniform sampling//Burges C J C, Bottou L, Welling M, et al. NIPS'16: Proceedings of the 30th International Conference on Neural Information Processing.Barcelona: NIPS Foundation: 315-323.

Yang Y, Sun J, Li H B, et al. 2016. Deep ADMM-Net for compressive sensing MRI//Lee D D, von Luxburg U, Garnett R, et al. NIPS'16: Proceedings of the 30th International Conference on Neural Information Processing Systems. New York: Curran Associates Inc: 10-18.

Yurek E E, Ozmutlu H C. 2018. A decomposition-based iterative optimization algorithm for traveling salesman problem with drone. Transportation Research Part C: Emerging Technologies, 91: 249-262.

Zhang K, Zuo W M, Gu S H, et al. 2017. Learning deep CNN denoiser prior for image restoration//2017 IEEE Conference on Computer Vision and Pattern Recognition. Honolulu: IEEE: 2808-2817.

第七章

数理逻辑与自动推理

数理逻辑是研究推理与计算的数学分支，自动推理主要研究定理自动证明方法。推理是人类最具代表性的智能行为之一，因此是人工智能的核心内涵与主要目标之一。从历史上看，自动推理是人工智能产生的源泉之一，也是第一代“符号主义”或“逻辑主义”人工智能的核心研究内容。本章将阐述数理逻辑和自动推理与人工智能交叉部分的主要研究内容、科学意义与战略价值、发展规律与研究特点、发展现状与发展态势、发展思路与发展方向，主要涵盖如下研究方向：符号人工智能、自动推理、数学机械化、深度学习与自动推理的交叉融合、人工智能安全的数学理论等。

第一节　科学意义与战略价值

数理逻辑是研究推理与计算的数学分支。推理是人类智能化思维的重要组成部分，为人类社会发展的规则化提供了重要支撑。人工智能是研究如何使计算机具有类似人的智能的学科。因此，自动推理是人工智能最早研究的课题之一，也是新一代人工智能应该具有的核心功能。

一、数理逻辑、自动推理与符号人工智能的起源

自动推理思想的提出可以追溯到 17 世纪法国思想家笛卡儿。笛卡儿认为，代数可以将数学机械化，使思维变得简单，不再需要繁复的脑力劳动，数学创造也极可能自动化，甚至逻辑原理和方法也可以被符号化，进而所有的推理过程都实现机械化。

莱布尼茨（Gottfried W. Leibniz）发展了笛卡儿的想法，并开始了一个更加雄心勃勃的计划。莱布尼茨提出应该发展一种广义计算，这种计算可以使人们在所有的领域都能机械地、不费力地，通过一种像算术与代数那样的演算来达到精确的推理。

笛卡儿和莱布尼茨提出的想法是比较笼统的。19 世纪中叶，布尔（G. Boole）创立了现在所说的布尔代数，又等价于命题验算。布尔代数把最基础的推理规则用代数形式加以描述，首次在一定程度上实现了推理的数学化。

1900 年，希尔伯特（Davis Hilbert）提出了对数学发展产生巨大影响的 23 个数学问题。其中第 2 个问题是希望将整个数学（特别是算术系统）形式化或公理化，使得相应的公理体系具有相容性与完整性。进而，希尔伯特在 1930 年提出了“判定性问题”（Entscheidungsproblem），即是否存在一个算法，可以“机械化”地判定数学公理系统中所有命题的正确性。

希尔伯特的计划虽然被证明不能完全实现，但对数学与科学发展的影响是巨大的。实际上，现代数理逻辑、计算机科学、人工智能、自动推理这些新领域的诞生都可以直接追溯到对希尔伯特判定问题的研究。

1931 年，哥德尔（Kurt Gödel）证明，即使是在皮亚诺（Giuseppe Peano）算术这样简单的数学公理系统中，也存在定理，尽管我们知道是对的，却不能够证明（Gödel，1931）。严格讲，哥德尔证明了包括皮亚诺公理的任意数学公理系统，如果是相容的，则是不完备的。希尔伯特希望证明数学是圆满无缺的，是相容的，是可以判断的。哥德尔的结论指出，希尔伯特计划太过理想，对于很多数学系统，希尔伯特的数学公理化计划无法实现，作为结论其判定性问题也是不可解决的。在人工智能领域，哥德尔的不完全性定理也

可以解释为：智能是有界限的，因为很多定理是不能证明的。哥德尔的结论是革命性的，人们首次严格证明有的知识是不可以严格推导出的，这成为现代数理逻辑的起源。

1936年，图灵为了精确描述“判定”与“计算”，引入了通用计算模型“图灵机”（Turing，1936），成为计算机科学的起源。根据邱奇－图灵论题（Church-Turing Thesis），所有计算都可以由一台图灵机来执行。因此，所有的人工智能也都将由图灵机实现。

与哥德尔的证明几乎同时，法国数学家赫尔布兰德（Jacques Herbrand）对希尔伯特判定性问题给出了一个正面结果。他创立了一种证明定理的算法。这一算法对一阶逻辑公式是半判定性的，即如果一个命题存在证明，则该算法可在有限的步骤之内结束并给出命题的证明；但是算法对于某些输入可能不中止，从而不能得出结论。

结合哥德尔与赫尔布兰德的结果，我们可以看到，实际上希尔伯特判定问题已经在理论上完整解决。根据哥德尔的结果，有些定理是不能够由公理推出的。此时，赫尔布兰德的算法将不会中止。其余的定理都可以由公理推出，而对于这些定理，赫尔布兰德的算法将自动给出证明。因此，弱版本的希尔伯特判定问题是正确的：所有定理的证明都可以自动生成。

赫尔布兰德算法存在“搜索空间爆炸问题”，即为了证明一个定理，需要搜索一个指数大小的空间。使用该算法不能有效证明有意义的数学定理。为了解决自动推理的实用化问题，学界发展出来四条路线，成为符号人工智能、自动推理、计算理论与数学机械化的核心内容。

二、自动推理与符号人工智能

纽厄尔和赫伯特·西蒙在20世纪50年代提出了自动推理的启发式搜索法，最终发展为第一代“逻辑主义”或“符号主义”人工智能。第一代人工智能主要研究高效的自动推理方法与知识工程。

1. 启发式搜索与符号人工智能

纽厄尔和赫伯特·西蒙在1956年召开的达特茅斯会议上报告了他们开发

的“逻辑理论家”程序，这个程序可以对怀特海（A. Whitehead）和罗素（B. Russell）《数学原理》中命题逻辑部分的大量子集进行形式化证明。更加重要的是，这一工作开启了第一代人工智能的符号主义研究范式。其主要思路是，将任意问题的求解归结为逻辑公式，然后再借助自动推理求解。为了解决自动推理的计算困难问题，他们模仿人类推理引进启发式搜索，具体包括自动形成引理，利用图形/例子试错缩小搜索空间等。在当时，这些方法虽然提高了自动推理的效率，但还不能真正解决搜索空间爆炸问题。

可以看出，该工作是赫尔布兰德在20世纪30年代开启的自动推理的延续。其重要意义在于，纽厄尔和赫伯特·西蒙将自动推理用于一般问题求解，而不仅仅是数学定理证明，从而为人工智能提供了一条重要发展路线。

2. 知识工程与专家系统

将纽厄尔和赫伯特·西蒙的思路用于解决实际问题，自然过渡到符号人工智能的第二个主要方向：知识工程与专家系统。知识工程与专家系统是自动推理应用于实际问题的必然选择。自动推理提供了推理的快速方法，但要解决具体领域的问题，还需要用到该领域的推理规则与知识。更重要的是，随着求解问题规模变大，发展快速推理方法本身也与具体领域的知识密切相关。最早开发的专家系统包括从质谱仪数据发现分子结构的DENDRAIL（1965年）、医疗诊断系统MYCIN（1972年）等。

知识工程由费根鲍姆于1977年正式提出，主要研究知识获取、知识表示、知识推理、知识挖掘等内容。随着各个专门领域的知识越来越多，人们提出知识图谱概念，以更加有效地进行知识处理。专家系统可以看做自动推理与知识工程在一个特定领域的应用系统，其知识与推理规则来源于某个领域专家的知识与经验，再应用知识工程的推理与挖掘等功能，希望能够在解决问题时具有比相关领域专家更高的水平。

最为人所知的专家系统是美国国际商用机器公司（IBM）投入巨资开发的深蓝国际象棋系统。该系统是一个基于二人零和博弈的人工智能系统，在1997年战胜了世界象棋冠军卡斯帕罗夫（Garry Kasparov），成为人工智能的标志性事件。

3. 逻辑编程与日本的第五代计算机计划

逻辑编程（logic programming）是自动推理的一种新方法。为了解决自动推理归结中间过程爆炸式增长的问题，科瓦尔斯基（Robert Kowalski）于1971年提出了线性归结，即证明过程沿着一条主线开展，并证明了这种定理证明方法的完备性（Kowalski，1974）。线性归结的一个优点是结构简单，以此为基础可以进行程序设计。具体来讲，线性归结使用Horn子句，即形如 $A \leftarrow H_1 \wedge \cdots \wedge H_m$ 的推理规则。以Horn子句为基础发展出的逻辑编程语言Prolog，是可以进行自动推理的编程语言，已成为自动推理的标准工具之一。

逻辑编程的优点是显而易见的：既可以进行完备的自动推理，又可以作为编程语言，因此被日本在20世纪80年代选择作为发展第五代计算机（或智能计算机）的程序设计语言。日本的第五代计算机计划虽然得到世界主要国家的重视与跟随并促成了80年代人工智能的繁荣，但是自动推理的计算复杂性问题并没有得到根本性解决，第五代计算机所设定的智能目标也没有实现。

第五代计算机是符号人工智能的高潮，虽未成功，但影响巨大。例如，作为应对，美国政府支持建立了专门机构“微电子与计算机技术公司”（MCC），其主要产出Cyc知识库是一个百科全书式的知识库。更重要的是，美国国防部资助了自动驾驶系统、飞行员辅助系统、战场管理系统的项目研究，开启了军事智能研究。

三、计算理论与计算机科学

计算机科学的两个核心概念——图灵机（算法）与计算复杂度都源于数理逻辑与自动推理。图灵受到哥德尔工作的影响，开始研究希尔伯特判定性问题。图灵首次意识到，为了精确回答可判定性问题，需要明确可以用于判定的计算手段。为此，图灵于1936年提出著名的图灵机。图灵机不是一种具体的机器，而是一种计算模型。根据丘奇－图灵论题（Church-Turing Thesis），用任意算法可以计算的问题，都可以用图灵机计算。换言之，图灵机为“计算”这个抽象术语提供了一个严格的数学模型，从而为算法的系统性研究奠定了基础。图灵因为提出计算理论的基本概念图灵机，被誉为现代计算机奠基人之一。

严格定义“计算”的重要性之一是可以区分哪些问题是可以计算的，哪些是不可以计算的。例如，图灵在其 1936 年的论文中证明了，可以计算的实数是可数的，绝大部分实数是不可计算的。

图灵奠定了算法或计算的理论基础，区分了可计算与不可计算类型。对于可计算问题，如何实现高效计算或计算复杂性成为计算机科学主要关心的问题。

计算复杂性主要研究算法的复杂度，包括时间与空间复杂度，即对于给定的输入，在图灵机上用多少步骤与多少存储空间可以完成所给的计算。其中又以时间复杂度最为重要。设输入的大小是 n，在 n 的多项式时间内可以用图灵机求解的问题的集合记为 P，在 n 的指数时间内可以用图灵机求解的问题的集合记为 EXPTIME。显然，P 是 EXPTIME 的真子集。一般认为，P 中的问题是可以在计算机上大规模高效求解的。

计算机科学的一个重大突破是 NP 问题的发现。NP 问题是介于 P 与 EXPTIME 之间的计算问题，是指由非确定型图灵机在多项式时间内可以解决的判定问题。所谓非确定型图灵机，是指在一步计算中可以根据不同条件选择多种执行步骤的图灵机。通俗地讲，P 问题是指能够在普通计算机上在多项式时间内求解的判定问题，而 NP 问题则是指那些在普通计算机上可以在多项式时间内验证结果的判定问题。很显然，P 属于 NP，那么 NP 是否属于 P？这就是著名的“P=NP？”问题，是计算复杂性的核心研究问题。

“P=NP？”问题同样源于自动推理，它是由逻辑学家王浩的学生库克（S. Cook）提出的（Cook，1971）。具体来讲，库克证明命题逻辑的自动证明是 NP 难问题，且如果这类问题中的一个属于 P，则所有其他 NP 问题都属于 P。由此，库克引入了 NP 完全的概念，第一次明确提出了“P=NP？”问题。这一问题是《科学》杂志 2005 年所提 125 个重大科学问题中第 19 个问题“什么是经典计算的极限”的核心内涵。

四、交互式定理证明与形式化数学

交互式定理证明的主要思路是使用一些高效但不完全的自动推理工具进

行自动推理。在自动推理不能进行下去的时候，允许用户通过增加引理等手段提供证明思路。经过用户与机器多次反复，最后由计算机程序自动生成证明。由此生成的证明，虽然不是完全自动的，却是严格的。

交互式定理证明的思路是成功的，交互式定理证明成为自动推理的主流方向之一。借助于计算机验证，一些重要的数学猜想得到了解决。基于这一思路开发的软件已经是计算机芯片正确性验证软件的核心技术。

1976 年，阿佩尔（K. Appel）与哈肯（W. Haken）宣布借助计算机证明了图论中的四色定理。这一证明由于“不可读”，未能被广泛接受。Gonthier（2009）借助通用机器验证软件平台 Coq 给出了四色定理的第一个真正的“自动推理”，即这一证明是经过计算机自动检验的，因此可信度非常高。

另外一个著名的例子是开普勒（Kepler）猜想的解决。开普勒猜想是关于球在空间中最佳堆积的猜想，已经有四百多年的历史。黑尔斯（Hales）使用计算机验证了大量的情形，并最终宣称证明了这一猜想。与阿佩尔与哈肯的遭遇不同，黑尔斯的结果得到了数学界的承认，并发表在数学顶级杂志《数学年刊》上（Hales，2005）。随后，维亚佐夫斯卡（Maryna Sergiivna Viazovska）证明了 8 维和 24 维空间的开普勒猜想并获得了 2022 年菲尔兹奖。

交互式定理证明最近的尝试有菲尔兹奖得主沃沃斯基（Vladimir Voevodsky）提出的数学“单一”公理以及以此为基础的定理计算机证明验证，以及菲尔兹奖得主拉福格（Laurent Lafforgue）研究将拓扑斯（topos）用于定理自动证明。

交互式定理证明的重要成就是产生了广泛使用的定理证明系统 Coq、Isabelle 等。这些系统融合了自动推理与交互证明，成为核心软件的形式化验证的核心工具，如计算机操作系统、区块链 / 数字货币的正确性验证。

五、数学机械化

在四色定理与开普勒猜想的证明中，虽然著名的猜想被证明，但是用于证明的方法仅仅是针对这两个问题，似乎并未产生广泛的应用。我们介绍了两种极端情形。赫尔布兰德算法非常一般化，但是不能解决具体问题。四色定理与开普勒猜想的证明方法又非常特殊，不能用于其他问题。那么，有没有一条可行的中间之路呢？回答是肯定的。我们用吴文俊关于几何定理自动推理的工作予以说明。

几何定理自动推理是人工智能创始时最早尝试的数学问题，主要原因是几何推理自古被认为是严格推理的典范，而且一般认为几何定理的证明技巧性很强。但是，基于人工智能方法所开发的软件效率不高，只能证明非常简单的几何定理。1950 年，数学家塔尔斯基（A. Tarski）证明初等代数和初等几何定理可以用一种代数算法来证明或否定，即初等几何是可以判定的。但是塔尔斯基算法的计算复杂度太高，以至于不能用来证明有意义的定理。吴文俊于 1978 年发表了几何定理自动推理的代数方法，在几何定理自动推理方面取得突破。在吴文俊被授予自动推理最高奖“赫尔布兰德奖”的授奖词中讲到：“吴（文俊）继续深化、推广他的方法，并将这一方法用于一系列几何，包括平面几何、代数微分几何、非欧几何、仿射几何与非线性几何。不仅限于几何领域，吴还将他的方法应用于由开普勒定律推出牛顿运动定律；用于解决化学平衡问题与求解机器人方面的问题。吴的工作将几何定理证明从自动推理的一个不太成功的领域变为最成功的领域之一。在很少的领域中，我们可以讲自动推理优于人的证明，而几何定理证明就是这样的一个领域。”

受到自己工作的启发，吴文俊在 1979 年指出数学机械化的重要性，并给出了后来被称为“数学机械化纲领”的研究思路（Wu，2001）：“在数学的各个学科选择适当的范围——既不至于太小以致失去意义，又不至太大以致不可机械化——提出切实可行的方法，实现机械化，推动数学发展，并以此为基础解决高科技问题。”吴文俊的基本思想是，赫尔布兰德的方法太广，以至于不够有效，而阿佩尔与哈肯类型的方法又应用范围太窄，不能为他人所用。因此，需要发展针对特定数学领域的高效算法。

数学机械化可以认为是从数学家的角度对于希尔伯特判定性问题的一个解决方案，即选择特定的领域，发展统一求解的高效算法，逐步实现数学的机械化。近年来，蓬勃发展的计算代数几何、计算数论、计算群论、计算拓扑、符号分析等新兴学科无疑说明了吴文俊以上观点的正确性。该方向也产生了 Maple、Mathematica、Magma 等广泛应用的数学软件系统。

第二节　发展规律与研究特点

一、人工智能方法中的逻辑学与自动推理

人工智能中的自动推理方法主要分为经典自动推理和非经典自动推理。其中经典自动推理以数理逻辑为理论基础，是一种确定性推理，因其真值只有“真”和“假”两种，如自然演绎推理和归结演绎推理。非经典自动推理是不确定性推理，它的逻辑为多值，如三值、四值和模糊逻辑等。目前用得较多的非经典推理模型有概率推理、可信度方法、贝叶斯推理和模糊推理等。

自动推理代表性的领域包括知识表示、非单调逻辑、归结法、逻辑编程、演绎数据库、认知机器人、情景演算与归纳推理等。

知识表示是研究如何以计算机可以推理的形式来表示知识。该方向起源于麦卡锡（J. McCarthy）与海斯（Hayes）在1969年讨论的人工智能中的一些哲学问题和框架问题（McCarthy and Hayes，1969）。框架问题就是如何表示和推演出那些在动作执行后不会发生改变的性质或事实。为了解决框架问题，麦卡锡和海斯引入了框架公理进行描述，即在给定状态下，采取某种行动后会保持怎样的状态。

非单调逻辑是指当一个正确的公理加到理论中，反而会使预先所得到的一些结论变得无效。明斯基指出，自动推理作为人工智能的工具并不能体现人类生活中使用的常识推理（Minsky，1974）。为了克服这种缺陷，非单调推理应运而生。这个领域内比较主要的逻辑研究方法有三种：一是麦卡锡于1980年提出的限制理论，即当且仅当没有能证明S在更大的范围内成立的事实时，S在指定的范围内成立；二是瑞特（Reiter）于1980年提出的缺省逻辑，即当且仅当没有证明S不成立的事实时，S是成立的；三是摩尔（Moore）提出的自认知逻辑，即如果知道S且不知道有任何事实与S矛盾，那么S是成立的。

自动推理使用最为广泛的方法是由鲁滨孙于 1965 年提出的归结法。鲁滨孙证明，只用归结法一种推理规则即可证明所有一阶逻辑定理，归结法成为自动推理的主要方法（Robinson，1965）。简单来讲，所谓归结法即指形如

$$(P \vee R) \wedge (Q \vee \neg R) \Rightarrow (P \vee Q)$$

的推理规则。基于归结法发展而来的布尔可满足性问题（Boolean satisfiability problem，SAT）求解的高效求解算法与软件成为自动推理应用最为广泛的工具。

逻辑编程领域的出现源自科尔默罗（A. Colmerauer）和科瓦尔斯基（R. Kowalski）的工作。科尔默罗和他的学生一起开发了一套基于逻辑的编程语言 Prolog。科瓦尔斯基于 1974 年证明自动定理中所需子句子集的 Horn 子句构成了 Prolog 语言的基础，并且特别适合在人工智能应用程序中作为编程语言进行使用。因此 Prolog 和 Lisp 一起成为人工智能程序首选的编程语言。

演绎数据库是指具有演绎推理能力的数据库，一般用一个数据库管理系统和一个规则管理系统来实现。格林（Green）和拉斐尔（Raphael）对演绎数据库的创立做出了突出的贡献，他们建立的系统使用鲁滨孙归结法，通过反驳找到证据，然后构建一个既满足公理又满足定理的模型。

二、深度学习增强的自动推理：深度推理

2012 年，以辛顿等使用深度神经网络（DNN）在图像识别中取得突破为标志，开启了以深度学习为核心工具的人工智能浪潮。深度学习在模式识别、语言翻译、复杂决策等人工智能的重要任务中都取得了巨大成功。近年来出现的基于深度学习的语言大模型被认为在通用智能方面取得突破。一个自然的问题是：深度学习是否可以进行自动推理？

然而，深度学习的主要数学原理是借助海量数据使用神经元网络对高维函数进行逼近，这使其在一定程度上失去了严格性与鲁棒性。因此深度学习也存在多个缺陷，不能推理是其主要缺陷之一。因此，将自动推理与深度学习融合，发展具有推理功能的深度学习方法，被认为是下一代人工智能的发展方向之一。这一方面的主要研究工作包括深度学习增强的自动推理方法与可推理的深度学习两个方向。

借助深度学习提升自动推理的能力的想法来自 AlphaGo 的成功。这一想法被形象地总结为“像学习下围棋那样学习证明定理”（Polu and Sutskever，2020）。自动推理的主要困难之一是每次可以选择的推理规则很多，同时使用这些规则会产生搜索空间爆炸，而选择一种推理规则进行深度优先搜索有可能得不到结论。为此，可以借鉴 AlphaGo 的做法，使用深度神经网络学习推理步骤的评价函数，指导推理规则的选择。更进一步，可以完整地融合深度学习的自动推理器：整体上使用启发搜索，同时使用大模型生成证明步骤、使用深度神经网络评价证明步骤来提升自动证明的效率。

一些成功的例子包括：将深度推理用于拓扑学的纽结理论、快速矩阵乘法、几何定理的自动证明，这些工作都产生了重要影响。但总体而言，自动推理比模式识别、自动下棋要困难，深度学习取得的成功远逊于计算机视觉与机器下棋。这主要有三方面的原因：首先，定理证明是精确的，不接受近似解，而模式识别是近似的；其次，定理证明是绝对的，不是下棋这种推理能力的对比；最后，定理证明是 NP 难问题，很多问题对近似算法、概率算法也是 NP 难问题。

三、数学机械化

数学机械化在过去近半个世纪快速发展，在多个数学分支形成了高效的算法，得到广泛应用，也发展了 Maple、Mathematica 等广泛使用的数学软件。

1. 符号计算

符号计算主要研究在计算机上如何有效地进行符号公式的精确计算，是数学机械化的基础。符号计算形成于 20 世纪 60 年代，当时的标志性成果是多项式最大公因子与因式分解的快速算法。

符号计算主要研究内容包括：基本代数运算的符号算法、矩阵的符号算法、多项式系统的符号算法、微分与差分方程的符号算法、符号分析等。代数与微分非线性方程组的求解算法一般具有指数复杂度。为了提高符号算法解决实际问题的能力，人们提出混合计算方法，通过将符号计算、数值计算、优化算法等结合，得到速度快又能保证计算结果正确的可信算法。符号计算软件开发也取得重要进展，以符号计算为核心的数学软件 Mathematica 与 Maple 已经被广泛使用。

2. 计算代数几何

计算代数几何是研究、设计和应用求解多项式方程组的算法，这些算法描述、操作、分解多项式方程组定义的代数簇。它的理论基础来源于经典消元理论、代数特征列方法、格罗布纳（Groebner）基理论和奇点消解理论等。

计算代数几何的主要研究成果包括：代数曲线与曲面的参数化与隐式化、代数簇的特征列表示、代数簇的不可约分解、多项式理想维数和希尔伯特多项式的计算、多项式理想的准素分解、稀疏结式理论等。这些算法和相应的技术带来了代数几何的新的应用，如几何定理自动推理、计算机辅助设计、机器人学、编码和密码学、芯片设计等。

3. 计算几何

计算几何是由函数逼近论、微分几何、代数几何、计算数学等形成的交叉学科，研究几何模型在计算机环境内的数学表示、编辑、计算和传输等方面的理论与方法及相关的应用。另外一种理解是，计算几何是计算机科学的一个分支，研究可以采用以几何术语陈述的算法；同时也是数学的一个分支，研究几何算法中产生的纯粹几何问题。计算几何的产生主要受计算机图形学、计算机辅助设计（computer aided design，CAD）/ 计算机辅助制造（computer aided manufacturing，CAM）和数学可视化的推动。它在机器人运动规划、地理信息系统、集成电路设计、计算机辅助工程、计算机视觉中有重要应用。计算几何也常常被称为计算机辅助几何设计（computer-aided geometry design，CAGD）。1972 年在美国举行的 CAGD 第一次国际会议，标志着计算几何学科的形成。苏步青院士开创了我国计算几何研究的先河。

计算几何的主要分支包括：①组合计算几何，也称为算法几何，其中几何体以离散的形式出现，包括点、线段、多边形、多面体等，典型算法包括凸包计算、德洛奈（Delaunay）三角化、网格生成等；②数值计算几何，或者叫几何建模，其中几何体以连续的数值形式出现，典型算法包括参数化方法、水平集方法等，研究如何描述现实世界中的曲线、曲面以方便在 CAD/CAM 系统中进行计算，目前已广泛应用于造船、航空、汽车及众多工业产品的外形设计和制造领域；③符号计算几何，也称为几何演绎或几何推理，其中几何体以符号代数中的元素的形式出现，包括符号系数或整系数的代数曲线和曲面，涉及的符号代数包括交换代数、张量代数等，典型算法包括几何自动推理的特征列方法、几何不变量方法等，研究几何体、几何量和几何约束之间的未知关联。

4. 计算拓扑

计算拓扑是拓扑学与计算几何和计算复杂性理论交叉的科学，也称为算法拓扑，主要研究两类问题：一类是拓扑问题求解的有效算法，另一类是使用拓扑方法解决来自其他领域的算法问题。主要分支包括：①算法三维流形理论，通过整数线性规划算法研究三角化三维流形的同胚识别、构造、分解及双曲结构的寻找等；②算法扭结理论，包括扭结的亏格的计算，通过算法将平面扭结转换为带尖的三角化等；③计算同伦论，包括球面和其他简单拓扑空间的同伦群计算、多项式方程组求解的同伦算法等；④点云数据的非线性结构分析，采用代数拓扑、离散计算几何、非线性逼近和统计等技术对三维点云数据进行计算机处理，包括奇异点等特征的识别、分割、匹配、压缩，以及其他性质定性。目前，计算拓扑在蛋白质结构分析，分子动力学模拟，图像分割、压缩与重建等方面发挥着一定作用。

5. 计算群论

计算群论主要借助计算机研究群的结构与判定问题，是群论和算法复杂性理论的交叉学科。计算群论起源于 1911 年德恩（M. Dehn）所提的“字问题”。假定一个有限群的生成元以及生成关系被给定，“字问题”是：能否找到一个算法来判定该群中的两个表达式是否相同。计算群论的在 20 世纪 60 年代开始受到广泛关注。这个领域受到越来越多的人的注意，主要是因为关于群的很多计算靠手工完成是不现实的，而借助计算机则可能得到高效算法。计算群论是计算代数的一个分支，由于其很强的专业性，一般作为一个独立的研究方向。

有限生成群的“字问题”是计算群论的一个基本问题。代表性成果包括：诺维科夫（Novikov）等证明的“字问题”是不可判定的，有限生成群倍集计数的克努特 - 本迪克斯（Knuth-Bendix）算法。两个广泛用于群论计算的计算机代数软件是 GAP 与 Magma。

6. 符号分析

符号分析主要研究与求解微分和差分方程相关的代数理论和符号算法。研究的内容包括：积分与求和的理论和算法、对称群方法、微分不变量的计算、微分与差分的伽罗瓦理论（Galois Theory）、局部解和闭形式解、算子代数和组合恒等式证明等。这门学科的代数基础包括交换代数、非交换代数和代数群理论；其分析学背景包括：复分析、级数理论、相容性条件和李群（Lie group）等。除了求解微分和差分方程，符号分析的结果还可以应用于特殊函数的表示和操作、组合恒等式证明。符号分析的著名算法有：计算不定积分的里施算法（Risch algorithm），计算线性常微分方程刘维尔公式解的算法，证明组合恒等式的泽尔博格算法（Zeilberger's method）等。研究重点如下。

积分与求和的理论和算法：符号积分与求和是符号计算领域历史最悠久且应用最广泛的研究方向，为组合数学与特殊函数论中积分计算和恒等式证明提供了算法工具。目前，单变元特殊函数的不定积分问题已经得到了较完整的解决，并且相应算法已经在数学软件中实现。如何将单变元算法从单变元推广到多变元是符号求和中最重要且最具挑战性的公开问题。

微分与差分的伽罗瓦理论：微分与差分伽罗瓦理论在组合数学、数论、特殊函数理论以及数学物理方程等数学领域有很多重要的应用。它被用于组合数学中随机游走生成函数的分类、特殊函数的（微分）超越性以及薛定谔方程的可积性等，而且它在组合恒等式自动推理方面具有潜在应用。微分与差分伽罗瓦理论中的核心计算问题有：求线性微分方程或者线性差分方程的闭形式解（或刘维尔公式解）、伽罗瓦群的不变量以及微分与差分伽罗瓦群的计算。目前这些问题在求闭形式解方面和算法方面都有进展，但当前研究更多局限于理论层面，在算法复杂度分析以及算法实现方面有待进一步发展。

组合恒等式的自动推理：自动推理是数学与计算机科学的交叉领域。我国著名数学家吴文俊在几何定理自动推理方面做出了先驱性工作，并开创了数学机械化新领域。组合学家威尔夫（H. Wilf）和泽尔博格（D. Zeilberger）发展了组合恒等式自动推理的算法理论，即 WZ 理论（Petkovsek et al., 1996）。该理论彻底改变了组合恒等式与特殊函数论的研究面貌，成为将符号计算应用于组合数学、数论、数学物理等领域的桥梁。

7. 计算数论与现代密码学

现代密码学是数学在信息科学中的杰出应用。密码技术作为解决信息安全问题的核心技术已获广泛共识。代数、数论、分析、几何等在密码算法的设计和分析中都起着核心的作用。现代密码学诞生于20世纪70年代中期，主要标志是1976年迪菲（Diffie）和赫尔曼（Hellman）提出公钥密码体制。公钥密码系统有两个密钥，一个是加密密钥，可以公开；另一个是解密密钥，需要保密，不能公开。传统密码的加密密钥和解密密钥都要保密。公钥密码的破解可以归结为计算困难问题，主要是计算数论问题。例如，目前广泛使用的公钥密码RSA的安全性可以归结为大整数分解的困难性。

四、人工智能安全的数学理论

自动推理的主要应用之一是系统安全验证，如软件、硬件的正确性验证。人工智能的安全性与正确性验证也与自动推理密切相关。本小节将有选择地介绍人工智能安全的三个方面。

1. 人工智能系统的正确性验证

自动推理是正确性验证的核心。正确性验证本质上是一个定理证明过程，即证明给定系统S（深度神经网络）在环境E（输入）下能否满足性质 ψ（对抗鲁棒）。具体来讲，正确性验证包括两个步骤：首先是规约，即将系统模型或者需要满足的性质规约为具体数学问题，这包括代数规约、图形模型规约、逻辑规约等；然后是验证，即多自动推理验证规约性质的正确性。正确性验证的主要工具是复杂约束高效求解和交互式定理证明。复杂约束高效求解主要归结为SAT/SMT（satisfiability modulo theories，可满足性模理论）问题求解；支持非线性实算术理论、字符串理论、有限序列、组合理论等问题的求解；交互式定理证明则主要使用自动推理系统Coq/Isabelle等。

以上正确性验证方法原则上可以用于深度学习的正确性验证。但是，由于通常使用的深度神经网络是一个具有指数级规模参数的高维函数，这使得验证过程也是指数级的。目前，只有对简单的深度神经网络，可以验证其正确性。

2. 基于保密数据的机器学习与数据隐私安全

如何既能保证数据安全与隐私又可以对数据进行计算与处理，做到可用不可见，是信息安全的重要研究课题。目前主要有如下几种方法。

（1）同态加密，是基于数学计算难题与计算复杂性理论的密码学技术，能够保障对经过同态加密的数据进行计算的结果与对未加密原始数据进行同一计算并加密处理的输出结果是一致的。本质上，同态加密是指这样一种加密函数，对明文进行环上的加法和乘法运算后再加密，与加密后对密文进行相应的运算，结果是等价的。全同态加密由金特里（Craig Gentry）于 2009 年提出，目前已经可以对 CIFAR10 等小规模数据实现基于保密数据的机器学习。

（2）安全多方计算，是指基于多方数据协同完成计算目标的密码技术，实现除计算结果及其可推导出的信息之外不泄露各方隐私数据。安全多方计算起源于姚期智于 1982 年提出的百万富翁问题。近年来，安全多方计算技术的发展重点在于将同态计算、联邦学习等机制融入机器学习，将其应用于计算流程，从而能够达到安全计算所要求的数据隐私、模型隐私、抗恶意用户目标，并大幅提升安全计算整体效能。联邦学习，指在各参与方数据不出本地的情况下，通过加密机制下的梯度交换方式进行数据联合训练并建立共享机器学习模型的过程。

（3）零知识证明，指证明者能够在不向验证者提供任何有用信息的情况下，使验证者相信某个论断是正确的。零知识证明实质上是一种涉及两方或更多方的协议，即证明者向验证者证明并使其相信自己知道或拥有某一消息，但证明过程不能向验证者泄露任何关于被证明消息的信息。零知识证明可以通过验证者与证明者之间的提问以及交互来进行，只要验证的次数足够即可获得证明，也可以通过由可信保密的第三方参与并进行证明。

（4）差分隐私，通过在数据中添加干扰噪声的方式来避免攻击者分析数据集反向破解其中的数据与个体的对应关系，从而保护数据中的隐私信息。

3. 深度学习算法安全

深度学习特有的一个安全问题是对抗样本的存在性，即对于大部分深度神经网络，只需要对样本做少量修改，虽然人眼不能识别出，但是深度神经网络可以给出错误的甚至是对手指定的任意结果。在对抗样本存在条件下的学习方法称为对抗学习（adversarial learning）。

对抗深度学习的一些数学理论问题如下。① 是否存在对于所有对抗攻击都鲁棒的深度神经网络？问题已证明。一方面，对于特定的小神经元网络，构造鲁棒的深度神经网络是NP难的；另一方面，对于任意给定的数据集，总可以在多项式时间给出鲁棒的深度神经网络。② 对于固定的深度神经网络结构，是否存在最优对抗鲁棒网络？问题已证明：可以将对抗学习描述为斯塔克尔伯格模型（Stackelberg model），其均衡点具有最优对抗鲁棒性，对抗准确率达到最高。③是否存在实用的可证明安全的对抗鲁棒深度神经网络？问题已证明：使用特定损失函数的对抗训练可得到最优对抗网络使用偏执项作为分类器，可以得到信息论意义下安全的对抗鲁棒分类器。

第三节　发展现状与发展态势

数理逻辑自哥德尔的工作后，逐渐变为数学的一个分支，主要包括集合论、模型论、证明论、递归论，其扮演数学基础与自动推理基础的角色逐渐淡化。虽然自动推理是NP难问题，但是由于其具有重大的实用性，所以人工智能中的自动推理方法蓬勃发展。自动推理主要方向包括知识表示、非单调逻辑、逻辑编程、演绎数据库、时序逻辑、模型验证、情景演算等。这些新的逻辑理论，在人工智能研究中发挥着重要作用。

随着计算机的飞速发展，自动推理逐渐发展成为一般性的数学机械化方法，并以算法化处理各类方程求解为其核心研究内容，包括布尔方程或SAT、有限域方程、实数域方程、复数域方程、微分方程、差分方程等。自动推理能处理从无序初等几何到有序高等几何、从恒等式到不等式、从不可读性证明到可读性证明、从验证经典定理到自动发现新定理的定理范围。这些发展态势是数学机械化理论与算法在过去30多年里取得的一系列突破性成果后的结果。自动推理的理论基础是构造性数学或者机械化数学，包括构造性代数几何、构造性微分与差分代数、构造性实代数几何、计算数论、计算拓扑等。这些研究领域受自动推理理论与算法方面的需求所驱动得以飞速发展，反过来又扩大了自动推理在几何、代数、组合、数学物理等领域的应用范围。

布尔方程求解或 SAT 求解是第一个 NP 完全问题。众多实际应用中出现的问题最后都可以归结为 SAT 求解，因此 SAT 一直是自动推理研究的中心问题之一，出现了很多快速求解算法，包括搜索算法、近似算法、随机算法等。近期，SAT 求解的量子算法与基于深度学习的算法成为研究热点。

构造性代数几何是几何定理自动推理的理论基础，它主要研究求解多项式方程组的算法，包括描述、操作、分解多项式方程组定义的代数簇。主要方法包括：格罗布纳基理论（Gröbner basis theory）、瑞特－吴（Ritt-Wu）特征列方法、结式消元理论等。稀疏结式由盖尔芬德（I. Gelfand）等于 1990 年提出，不仅具有深刻的数学内涵，也是重要的消去方法。

构造性微分与差分代数是处理微分几何定理与组合恒等式的代数基础。微分代数是由美国数学家瑞特创立的一门学科。代数情形的很多理论可以推广至微分情形，但总体来说，微分情形还有很大发展空间。构造性微分与差分代数或符号分析是自动推理的主要研究方向之一，其主要方向包括：微分特征列方法、微分结式理论、有效微分差分希尔伯特零点定理等微分消去方法，微分差分伽罗瓦理论与微分差分方程解析解的求解算法，以及计算差分代数与组合恒等式自动推理等。

构造性实代数几何主要是研究多项式方程在实闭域上定义的零点结构，它提供了与有序几何相关的不等式自动推理的理论基础。因为实闭域的结构比复数域要复杂得多，实代数几何及其算法理论的进展从塔尔斯基开始一直很缓慢。近年来，机器人、计算机视觉、程序验证等领域涌现出很多与实代数几何相关的问题，使得构造性实代数几何的研究又逐渐兴起。基于构造性实代数几何的不等式证明已经成功地应用于开普勒猜想的形式化证明、程序的不变式生成、控制系统的稳定性分析等问题。

自动推理的代数方法虽然比传统的基于逻辑的方法效率显著提高，但其不足之处是所给出的证明是关于多项式的繁杂的计算，人们难以理解其几何与组合意义，也难以检验其是否正确。能否让计算机生成人能理解和易于检验的简明的证明，即可读性证明，是自动推理面临的一个挑战。解决几何定理可读证明生成的主要途径之一是使用高阶不变量，这方面成功的方法包括面积法或消点法、共形几何代数方法等。

除了代数方法，基于逻辑的搜索法也是自动推理的重要方法。搜索法是依据常用的引理和已知条件去找寻更多的数学性质。搜索法的优点是能生成传统的可读性证明，但是效率较低。

第四节　发展思路与发展方向

一、人工智能方法中的自动推理

自动推理系统长于推理但拙于计算，而符号计算系统和 SAT 长于计算但推理能力相对不足。实闭域上一阶逻辑公式的量词消去是自动推理领域的基本问题之一。在符号计算领域，理论的完备、最优的复杂度和高效的算法是符号计算关心的问题。但这几个目标有时是互相矛盾的。目前复杂度最好的完备算法相对变元是单指数的，但实际效率最高的完备算法是基于柱形代数分解的。符号计算对高效算法的追求主要在代数层面。SAT 则专注于一类特殊的量词消去问题，即可满足性问题，运用大量的启发式算法来更合理地进行基本的代数运算，虽然没有降低最坏情况的复杂度，但实际运行效率一般较高。符号计算和 SAT 的强项都在计算，而自动定理证明和证明助手对证明的正确性要求更高，所有的证明需要经过一个小的可信赖的核心验证。证明助手比自动定理证明表达性更强，但自动性更差。以上工具各有长处和缺点，如何互相借鉴和融合将是未来非常重要的研究课题。

自动推理工具的实现和使用在很多时候都需要专家经验去做选择，选择无关正确性但对效率影响极大，这些选择为深度学习提供了很好的应用场景，而深度学习自身的稳定性、可验证和解释性也会得益于这些工具。将自动推理与深度学习同大模型融合，一方面，可以发展具有推理功能的深度学习方法，解决深度学习缺乏因果推理功能的问题；另一方面，可以通过深度学习增强自动推理的能力。

二、数学机械化与形式化数学

数学机械化已经产生了多个新的研究方向，包括计算代数几何、计算几何、计算拓扑、计算群论、符号分析、计算数论、组合计算几何等。未来的发展方向如下。

（1）数学知识库的建立与定理的形式化验证及猜想自动发现。分学科建立数学知识库与定理的形式化验证方法与系统，可以用于数学证明的正确性验证与定理自动证明。自动推理离不开假设和猜想，如同机器学习离不开数据。对抗生成网络解决了图像学习中数据的来源问题，自动推理也需要从算例中学会归纳，自动形成假设和猜想。事实上，在组合和图论领域，计算机形成的猜想已经吸引了该学科主流学者的注意。这一方向被称为“机器发现”，数值计算、符号计算和机器学习可以在这一方向交叉融合。

（2）重大数学猜想的自动推理。重要猜想一直是推动数学发展的强大动力。自动推理已经在开普勒猜想、四色猜想中显示了威力，这也推动了相关计算理论、算法和工具的发展。让自动推理参与重大猜想的证明，对推动学科的发展尤为重要。数学猜想的形成有三大途径：类比、实验和直觉。自动推理强大的软件系统可以帮助数学家进行尝试和实验来产生新的猜想，也可以用于验证数学家的直觉是否正确。比如在 BSD 猜想（Birch and Swinnerton-Dyer conjecture）的形成中，计算就起到了重要的作用。猜想形成后，基于逻辑或计算的自动推理工具也可以为证明提供帮助和指引。目前，统计物理学中二维伊辛模型的昂萨格解（Onsager’s solution）已经可以用自动推理方法求得，但是三维情形仍是挑战性问题。自动推理已经在组合恒等式验证方面取得成功，但是面对大量来源于数论的同余式，自动推理只能给出零星结果。发展自动证明一大类同余式的机械化方法将是未来的重要问题。微分有限函数是一类可以在计算机中实现有效表示与操作的特殊函数，在数学物理、计数组合学、数论、代数等领域均有广泛的应用，相关数学猜想的自动证明也亟待研究。

三、自动推理与深度学习的交叉融合

自动推理长于精确表示与推理，但会产生搜索空间爆炸；深度学习长于识别与生成，但证明和推理能力不足。相信二者之间的密切结合将是下阶段自动推理与深度学习发展的重要方向。其主要研究方向如下。

（1）深度学习增强的自动推理：深度推理。可以在自动推理的各个步骤使用深度学习，包括使用深度学习作为证明步骤的选择、使用大模型生成新的证明步骤等。此外，通过大量的样本，深度学习可以掌握数据内在的规律，发现数学定理。

（2）发展专门用于自动推理的深度学习网络结构。目前流行的网络结构是为图像识别或机器翻译设计的，不一定适用于自动推理。设计专门用于自动推理的神经元网络结构是突破自动推理效率瓶颈的重要途径。如何将自动推理与深度学习结合，产生既可以解释又具有强大能力的新一代人工智能方法是一个重要的研究课题。

四、人工智能安全的数学理论

人工智能安全与数据隐私研究是人工智能领域的关键研究领域，自动推理是其中重要的数学工具。在人工智能系统的正确性验证方面，还需要发展复杂约束高效求解和交互式定理证明方法，包括高效的SAT求解器、SMT求解器。交互式定理证明作为验证的基本工具，需要发展支持多种底层逻辑框架的技术，允许不同底层逻辑框架的互操作，并能生成自动定理证明的证据，以及基于深度学习的交互式证明策略推荐等。

在基于保密数据的机器学习与数据隐私安全方面，发展高效的安全多方计算方法，包括基于多方数据协同完成计算目标的密码技术，实现除展示计算结果及其可推导出的信息之外不泄露各方隐私数据的目标；发展高效的全同态加密方法，并将其用于加密的数据的机器学习；发展零知识证明方法、差分隐私方法等数据安全的基本理论与基础算法。

在对抗深度学习方面，已有理论还不能用于支撑实际使用的深度神经网络的对抗安全性。未来，既需要研究既有数学理论，保证有可以实用的鲁棒深度学习方法及相应的计算复杂性理论，又要研究数据投毒及大模型安全相关的数学理论。

致谢：本章写作得到了詹乃军、申立勇、陈绍示等的帮助，在此表示感谢。

本章参考文献

莫里斯 · 克莱因 . 2009. 古今数学思想 . 张理京，张锦炎，江泽涵译 , 上海：上海科学技术出版社 .

尼克 . 2017. 人工智能简史 . 北京：人民邮电出版社 .

Cook S A. 1971. The Complexity of Theorem-Proving Procedures. https://theory.stanford.edu/~trevisan/cs172-07/cook.pdf[2024-09-01].

Gao X S, Wang D M. 2000. Mathematics Mechanization and Applications. London: Academic Press.

Gonthier G. 2009. Formal Proofathematik und Physike de. American Mathematical Society Notices, 55(11): 1382-1393.

Gödel K. 1931. Über formal unentscheidbare Sätze der Principia Mathematica und verwandter Systeme I. Monatsh efte Für Mathematik und Physik, 38: 173-198.

Hales T C. 2005. A proof of the Kepler conjecture. Annals of Mathematics, 162: 1065-1185.

Kowalski R. 1974. Predicate logic as programming language. https://www.researchgate.net/publication/221330242_Predicate_Logic_as_Programming_Language[2024-09-01].

McCarthy J, Hayes P J. 1969.Some philosophical problems from the standpoint of artificial intelligence. https://www-formal.stanford.edu/jmc/mcchay69.pdf [2024-09-01].

Minsky M. 1974. A Framework for Representing Knowledge. https://courses.media.mit.edu/2004spring/mas966/Minsky%201974%20Framework%20for%20knowledge.pdf[2024-09-01].

Petkovsek M, Wilf H S, Zeilberger D. 1996. A = B. New York: A K Peters/CRC Press.

Polu S, Sutskever I. 2020. Generative Language Modeling for Automated Theorem Proving.

https://www.semanticscholar.org/paper/Generative-Language-Modeling-for-Automated-Theorem-Polu-Sutskever/5fe0a4af3bd1479d5e39fbda2215c86bce54722b[2024-09-01].

Robinson J A. 1965. A Machine-Oriented Logic Based on the Resolution Principle. JACM 12: 23-41.

Turing A M. 1936. On computable numbers, with an application to the Entscheidungs problem. https://www.cs.ox.ac.uk/activities/ieg/e-library/sources/tp2-ie[2024-09-01].

Wu W T. 2001. Mathematics Mechanization. Beijing: Kluwer-Science Press: 5.

第八章

图　论

在人工智能（AI）的发展历程中，数学始终是驱动其突破的核心引擎。数学工具为 AI 提供了严谨的逻辑框架与算法基础；而图论（Graph Theory）作为数学中研究对象间关系结构的学科，因其对复杂关系的建模能力，已成为模拟现实世界网络结构的有效工具。在过去的十余年里，随着非结构化数据的深入研究，图论显示了其越来越强大的理论基础价值并得到了广泛应用。世界著名的信息技术咨询公司高德纳（Gartner）在 2019～2021 年连续三年将图分析、图模型与数据分析等列入数据分析十大热点技术趋势[①]。众多新兴领域的研究表明，图论已经成为人工智能发展的重要基础之一。本章主要介绍人工智能领域若干重点研究方向的图论基础及相关前沿。

① Gartner Identifies Top 10 Data and Analytics Technology Trends for 2019，https://www.gartner.com/en/newsroom/press-releases/2019-02-18-gartner-identifies-top-10-data-and-analytics-technolo；Gartner Top 10 Trends in Data and Analytics for 2020，https://www.gartner.com/smarterwithgartner/gartner-top-10-trends-in-data-and-analytics-for-2020；Gartner Identifies Top 10 Data and Analytics Technology Trends for 2021，https://www.gartner.com/en/newsroom/press-releases/2021-03-16-gartner-identifies-top-10-data-and-analytics-technologies-trends-for-2021；The Essential Guide to Graph Theory: From an 18th Century Riddle to AI Frameworks，https://towardsdatascience.com/the-essential-guide-to-graph-theory-from-an-18th-century-riddle-to-artificial-intelligence-c441cb9400de/。

第一节 科学意义与战略价值

人工智能是研究使用计算机来模拟人的某些思维过程和智能行为的学科，数据、算法和算力一直被认为是其三大重要的支撑基础，但在技术不断革新的背后，人工智能依然没有达到真正的“认知”，甚至相距甚远。实现具有认知推理能力和可解释性的人工智能被认为是第三次人工智能浪潮的核心。基于网络数学模型构建的结构化、显性和可理解的知识，通过捕获有关数据或元素和概念并建立明确的关系，来预测或者揭示数据之间的关系、规律或者结构模式，从而为实现更高级的机器智能提供途径。

图论作为现代数学的重要分支之一，也是数学与计算机科学交叉的核心学科，以其对关系与结构的抽象描述能力，在人工智能的研究中具有深远的科学意义和战略价值。它不仅为AI系统提供了基础理论框架，而且在知识表示、复杂系统建模、算法优化等方面发挥着关键作用。

1. 科学意义

图论（Bondy and Murty，2008）通过节点（实体）和边（关系）的形式化表达，将非结构化的现实世界关系（如社交网络、分子结构、交通系统）抽象为节点与边的拓扑结构，为AI中的复杂关系建模提供了通用框架和可计算的数学表征，如知识图谱（Battaglia et al.，2018）、社交网络、分子结构表示（Gilmer et al.，2017）以及动态系统的建模等。

图论还扩展了AI处理非结构化数据的能力。例如，图神经网络技术直接对图结构数据进行学习与分析，将图与流形几何结合，解决3D点云、医疗影像分割等问题。

图算法成为AI算法优化的理论基础。许多AI任务本质上涉及对复杂关系的建模和推理，如图嵌入、路径查找算法与知识体系的构建和推理，图匹配与场景图生成、图像分割、目标关系建模等，二部图、随机游走与推荐系统等。

2. 战略价值

图论是应用于人工智能领域的跨学科“桥梁语言”，在生物医药、金融风控、智慧系统等多领域发挥重要作用，大规模图数据库、大规模图计算系统与平台也将成为 AI 基础设施的核心，各国将图计算平台（如 Apache Giraph、Neo4j）列为 AI 基础设施，中国“十四五”规划明确将图智能列为前沿技术。事实上，图数据库（Robinson et al.，2015）已经成为学术界和产业界近年来遥遥领先的发展领域，因其处理关联数据的效率比传统关系数据库高1000倍，支撑了诸多知名大公司的市场应用，也因此成为数据要素的高效配置。

图论中有关网络的拓扑分析与关键节点识别，也赋能了关键和特殊领域的发展，如供应链风险预测系统建设、电力网络脆弱性评估、战场态势图建模等。图论在国防安全、军事决策等众多战略竞争领域发挥重要作用。

图论也为 AI 一些关键技术的突破乃至技术制高点（如 AI 动态系统演化、AI 可解释性和可扩展性等）的形成提供坚实的理论基础，图论与量子计算、脑科学等领域的交叉创新或将重构 AI 的底层范式（Harrow and Montanaro，2017）。对图论的前瞻性布局十分重要且必要。

第二节 发展规律与研究特点

在人工智能（AI）研究中，无论理论基础、算法优化还是实际应用，图论都呈现出独特的发展规律和研究特点。

一、传统图论模型外延扩大，大数据时代的图呈现异质、动态、大规模等多种特征

图论起源于 18 世纪著名的哥尼斯堡七桥问题，这是一个只有 4 个顶点 7 条边的图，之后的研究也大都是静态的图；根本性的变化发生在 2000 年左

右，随着信息技术的飞速发展以及科技的巨大进步，通信、互联网、社交网络、物联网等领域积累了大量的数据，很多问题的底层数据模型是图模型，规模巨大且不断增长，其顶点或边的数据规模达到千万甚至上亿级别，且顶点和边实时变化，如 Web 网页图、通信网络图、运输网络图等；而且还出现了不同属性的顶点与边，形成了所谓的异质图网络。这类网络有大量的例子：社交网络，顶点是不同身份的人，边表示人与人之间的各种不同关系；各种生物网络，如疾病基因网络、宿主病毒网络，以及药物、靶点和疾病网络等；通信网络，如用户和服务基站网络等；电子商务系统推荐网络，顶点是用户与项目，边表示它们之间的关系；以及万物互联的物联网等。这也促使学者们去探索图论在更多领域的应用和算法以及图论基础理论研究。

二、图数据的研究和分析技术兴起，图算法从基础性工具演进为核心框架之一

在早期阶段（20 世纪中后期），图论作为算法设计领域的数学工具，主要用于解决一些经典计算问题（Leiserson et al.，1994）。例如，用基本图的遍历算法［包括深度优先搜索（depth-first search，DFS）、广度优先搜索（breadth-first search，BFS）］解决拓扑排序、连通分量检测、迷宫问题、路径计算、社交网络中“度”计算、网络爬虫等问题；用最短路径算法［迪杰斯特拉算法（Dijkstra’s Algorithm）（Dijkstra，2022）、贝尔曼－福特算法（Bellman-Ford Algorithm）、弗洛伊德－沃肖尔算法（Floyd-Warshall Algorithm）］解决各种有关最短路径问题；用最大流算法解决费用、匹配问题等。这些算法构成了图论计算的基础，广泛应用于网络路由设置、社交网络分析、交通规划、编译器设计等多个领域。图算法在机器学习时代经历了显著的演进，这使得传统图算法得到持续增强和优化，适应大规模图数据。

图数据库以图论作为理论基础，以图模型进行数据存储，其丰富完整的关系表达提供了高效的关联查询和完备的实体信息（Angles and Gutierrez，2008），支撑了很多新兴产业的发展。2013 年以来，相较其他主流数据库，图数据库受欢迎程度的增幅遥遥领先。海内外知名科技公司先后推出了 Oracle Graph、Microsoft Azure Cosmos DB、Amazon Neptune、Graph DB、TGDB、

Ne04j 和 OrientDB 等图数据库产品。高德纳公司 2021 年的研究报告也指出，图技术成为现代数据和分析的基础，能够增强并改进用户协作、优化机器学习模型和提高人工智能的可解释性；并预测到 2025 年图技术将被用于 80% 的数据分析创新项目中，从而可有效提升决策精度和速度。

图数据的研究和分析技术应用的领域和场景越来越多样化，如在各种推荐领域，以及金融、医疗、生物、公共管理等行业。在深度学习兴起后，基于图结构数据的图分析技术催生了诸多突破性进展，包括图神经网络（GNN）的崛起、图与深度学习的融合、图表示学习与大规模图处理技术的快速发展、对大语言模型的推理能力的图结构增强等（Malewicz et al.，2010）。

总之，图算法从独立基础工具发展为与人工智能深度融合的关键技术体系，尤其在处理非欧几里得数据时展现出的不可替代性，将使图算法成为人工智能的算法优化核心框架之一。

三、图论的应用从传统领域扩展到 AI 的众多子领域

图论自诞生之日起，就显示了其广泛的应用性。随着人工智能技术的迅猛发展，图论模型作为处理非欧几里得数据、关系型数据的理想框架，弥补了传统深度学习在处理结构化数据方面的不足，应用范围已经扩展到 AI 的众多子领域，成为连接数据、模型和复杂系统的重要数学工具。例如，图神经网络中的信息聚合机制、有向图中最短路径、随机游走等算法揭示了知识图谱的隐含关系，计算机视觉中的图模型可以解决解决图像配准、目标识别等问题，图模型可以表示自然语言处理中的文档引用或者语义关系。图论还应用在多个领域，如利用图结构分解复杂任务来进行层次强化学习，图网络刻画智能体之间的通信模型（Barto and Mahadevan，2003）。图论为 AI 多个前沿领域提供了处理复杂关系的数学工具，重新定义了处理复杂信息的方式，还启发了新的算法范式。

四、有关图研究的一些新兴领域出现

图论与人工智能的深度融合与交叉，催生了与图相关的图智能新兴领域

研究。图智能包括图计算（graph computing）、图学习、图数据库等一系列和图原理有关的技术，被认为是人工智能领域下一个前沿高地。

以图计算为例，它是对图结构数据进行建模、计算和分析的一门技术，是人工智能的一个重要使能技术，能够提升人工智能的理解能力、推理能力和学习能力。图计算能够通过推理的方式在事物中找到隐藏的一些关系，可以将理解能力、刻画能力和推理能力相结合，实现对复杂模式的抽象、演绎和总结。目前，图计算已应用于医疗、金融、社交分析、自然科学以及交通等领域。比如在金融行业，从实体和实体之间的经济行为关系出发，利用图计算和图分析技术能够更准确地捕捉行为特征，揭示金融行为的因果关系，从而有效实现业务场景的数据分析和挖掘目标；在互联网行业，随着数据量和算力的大幅提升，图计算技术为很多大数据公司、IT 公司提供了最直接和便捷的实际问题解决方案，尤其是以深度学习和图计算结合的大规模图表征为代表的系列算法发挥着越来越重要的作用；各大公司也相应推出图计算平台，如谷歌的 Pregel、脸书的 Giraph、腾讯的星图、华为的图引擎服务（Graph Engine Service，GES）等。此外，在社交网络分析中的社区检测和链接预测算法，在万维网网页排序问题中的 PageRank 算法（Page et al.,1999）和 BrowseRank 算法（Liu et al.，2008），在计算生物学中的分子活动路径发现和蛋白质间作用推断，在工程中的集成电路设计，以及在科学计算领域中的图划分、图着色和图匹配等问题都涉及大量的图计算和图机器学习技术。图计算和基于图的认知技术是未来智能化认知计算的重要方向之一。利用图的强大关联分析能力，未来图计算技术将重点在分布式部署、大图分析、实时可视化等领域布局，与行业应用结合是发挥图计算能力的最优选择。

五、图论在复杂关系中的表示仍然具有局限性

在寻找大数据中的关系时，图论有其局限性。图将每个关系表示为二元组或成对交互。然而，许多复杂系统不能仅用二元连接来表示，如群体动态的多元关系对个体行为的影响、量子力学中的纠缠交互、多种药物的相互作用等。这些都体现了图模拟在多元关系和复杂关系中的局限性，也开启了图

可扩展问题的研究。

如果数据具有复杂的底层结构，那么将其建模为图，可能只会揭示整个事件的局部结果。研究者提出了表征复杂的交互作用的图的扩展形式以探索高阶现象（Bretto，2013）。例如，超图具有超边而不是边，每条边含有多个节点。传统图中的某些性质或结论可以推广到超图的情形，但是并非所有规则均适用于高阶情形，有很多更为复杂的情形还属未知（Benson et al.,2016）。如何超越图论，探索大数据中的复杂联系，已经引起了越来越多人的关注；另外，如何利用图模型无损地表征实际场景也是一个严峻的挑战。

图论在 AI 中的研究核心是结构化关系建模与高效算法设计，具有独特的跨学科特点。图模型可以用点（顶点）和线（边）直观且高度抽象地描述复杂的实体间关系，并进行结构化建模与知识表示；图可以看作点数据、边数据的组合表达，用于研究离散结构的性质，如路径、匹配等，强调有限对象的排列与配置；图也可以被当作一个完整的结构化数据来研究，用于完成特定的的任务，适用于分子结构、社交网络等不规则数据分析，如图分类等。

图论与多学科深度交叉与融合正在重构人工智能的基础理论体系，图神经网络就是典型的图论与计算机科学交叉的产物。与统计物理学结合，利用复杂网络理论揭示 AI 系统行为，与神经网络研究协同推动新型 AI 架构设计，量子图神经网络在探索量子优势方面取得进展，这些图论研究方向共同为人工智能的快速发展赋能。

第三节　发展现状与发展态势

近年来，图理论和算法等在人工智能各个领域得到了全面应用与发展，下面分别就计算机视觉、专家系统、智能搜索、自然语言处理、模式识别、机器学习、图神经网络、知识图谱、数据库知识发现与数据挖掘、生成式人工智能与图论、图论与大语言模型等主要方向逐一论述。

一、计算机视觉

视觉是人类认识世界最主要的信息获取方式，计算机视觉是使用计算机及相关设备对生物视觉的一种模拟，被认为是机器认知世界的基础（Szeliski，2022）。它的主要任务就是通过对采集的图片或视频进行处理以获得相应场景的感知信息；形象地说，就是给计算机安上眼睛（照相机）和大脑（算法），让计算机能够感知环境。其目的是要为人工智能开发出具有与人类水平相当的视觉能力，使得计算机能够像人一样"看懂世界"。

计算机视觉主要包括图像分割、图像识别、目标检测等任务，其中图像分割是图像理解和识别的基础，也是图像分析的关键问题，已经成为该领域的前沿热点问题之一。作为工具，计算机视觉利用图论中的最小生成树算法、最小割（minimum cut）算法等给出了基于图论的若干图像分割算法；同时因为图具备强大的信息表达能力，当图被用来表示物体结构时，衡量物体的相似程度将会被转化成计算两个图的相似度，即形状匹配中的图匹配问题。

1. 基于图论的图像分割算法

基于最小生成树算法的图像分割算法。图像的图表示是指将图像表达成图论中的图。具体来说就是，把图像中的每一个像素点看成一个顶点，像素点之间的关系对（可以自己定义其具体关系，一般来说是指相邻关系）构成图的一条边，这样就构建好了一个图（Boykov and Jolly，2001）。图每条边的权值基于像素点之间的关系确定，可以是像素点之间的灰度值差。这样整张图片就被抽象成了一个无向图，之后将相邻像素集合逐渐合并，从而进行区域分割。相邻像素集合就是点集合，合并的依据是点集合内部的差异是否小于点集合之间的差异。这种定义下形成的最小生成树结构正好符合我们的期望。

基于最小割的图像分割算法。图割是一种十分有用和流行的能量优化算法，在计算机视觉领域有普遍应用，包括图像分割、立体视觉、图像抠图等。以典型的前背景图像分割任务为例，此类方法把图像分割问题与图的最小割问题相关联。首先将图像映射为带权无向图，图中每个节点对应于图像中的每个像素，每条边连接着一对相邻的像素，边的权值表示了相邻像素之间在灰度、颜色或纹理方面的非负相似度（Gao et al.，2010）。

2. 图像识别、形状匹配中的图匹配问题

图匹配是计算机视觉和模式识别领域中一项重要的基础性 NP 难问题，指在两幅图像（如模板图像和目标图像）中寻找对应关系；通俗地说，就是将给定的两幅图像中相同或者相似的内容对应起来（Conte et al.,2004）。形状匹配属于图匹配中比较特殊而重要的问题；相对于物体亮度、颜色和纹理这些底层视觉信息，形状是一种高层次的视觉信息，在图像的特征表达，特别是结构类物体图像中占有重要的位置，能够提供更大范围、更高层次的视觉信息。图匹配算法旨在利用图结构的相似度信息，寻找图结构之间最优对应关系，包括节点与节点之间的匹配（一阶相似度）关系或者边与边之间的匹配（二阶相似度）关系。

超图匹配（hypergraph matching，HGM）算法利用超图之间的高阶相似度信息，求解节点与节点的对应关系（Zass and Shashua,2008）。作为对比，图匹配算法只利用了至多二阶的图结构信息。作为图匹配算法的扩展，超图匹配算法显式地建模了更高阶的图结构信息，通常情况下能够获得更精确、更鲁棒的匹配结果。

3. 谱聚类与图像处理

谱聚类（spectral clustering）是一种以图论为基础的无监督学习方法，近年来在模式识别、图像处理等多个领域得到了广泛应用（von Luxburg，2007）。与传统的聚类方法［如 K 均值聚类（K-means）、层次聚类等］相比，谱聚类不依赖数据的凸性假设，具有更强的表达能力和结构适应性，尤其适用于非凸形状、高维数据和流形结构的聚类任务。

谱聚类的基本思想是将样本数据构建为一个图结构，其中节点表示样本，边权重表示样本之间的相似性（Ng et al.,2001）。通过构造相似度矩阵并进一步得到图的拉普拉斯矩阵（graph Laplacian），谱聚类利用该矩阵的特征值与特征向量进行降维嵌入，将原始数据投影到一个低维“谱空间”中，在该空间中通过 K 均值聚类等方法实现聚类。根据拉普拉斯矩阵的不同归一化方式，谱聚类可分为非归一化谱聚类、对称归一化谱聚类和随机游走谱聚类等不同

形式。von Luxburg（2007）对这些变体进行了系统整理，并详细分析了谱聚类中的关键步骤，包括相似图构建、拉普拉斯矩阵类型选择、特征维度确定与聚类策略选择等（Belkin and Niyogi，2003）。

谱聚类最早应用于图像处理领域。Shi 和 Malik（2000）提出归一化割方法，首次将图的切割问题与图像分割任务相结合，引入了图论视角下的图像区域划分方法。该方法通过最小化图的归一化割代价函数，能够有效避免图割算法中的“偏向小区域”问题，被广泛应用于图像分割、边界检测等任务中。

谱聚类还可以应对图数据的结构变化、处理图中存在的噪声和缺失信息，拓展了谱聚类在复杂图模式识别中的理论基础和实用性。

二、专家系统

专家系统是人工智能的重要分支，是模拟人类专家的决策能力的计算机系统（Waterman，1985）。早期的计算机辅助系统存在很大的局限性，因此产生了基于知识方法开发的专家系统。基于知识方法开发的专家系统通过知识库（主要为规则库）利用推理解决复杂的问题，分为两个子系统：知识库和推理引擎。知识库包含事实和规则，通常规则以 if-then 的形式表示。推理引擎则根据事实和规则推断出新的事实。

图是专家系统中建立模型的本质工具，图论中的许多理论和算法发挥了重要作用（Pearl，1988），如规则库的建立和推理引擎的算法设计和改进等。对于确定性专家系统，采用的是确定性的图论和算法，如正向和后向链式推理算法；而对于概率专家系统，则采用概率图论，如利用图划分建立无向或有向图依赖模型、基于多图的模型等。图论及其算法可以根据专家系统的特点进行恰当的应用。

基于图的决策树的推断是专家系统最著名的方法之一。该模型是由决策点、策略点（事件点）及结果构成的树形图，一般应用于序列决策中，通常以最大收益期望值或最低期望成本作为决策准则，通过图解方式求解在不同条件下各类方案的效益值，然后进行比较，做出决策。面对大量的数据，决策树的核心机制是以分层（树状）的方式将训练数据集划分为组，其中每个组只有一个类是主要类（Safavian and Landgrebe，1991）。从根节点到叶节点的信息对应于输入属性上的模式，该模式可用于对未知类值的新数据点进行分类。该方法广泛应用于各类专家系统。

另外，深度学习方法采用紧密连接的人工神经网络，通过图结构中的多层节点和路径来传播数据，在现代的专家系统中得到了大量的研究和应用。通过整合新知识，它能更好地从现有知识中进行概括，并处理大量的复杂数据，显示了图模型的强大表达能力和推断能力。

三、智能搜索

智能搜索是将人工智能融入搜索引擎之中，使引擎能够模拟人的某些思维过程和智能行为。其发展依赖于自然语言处理、计算机视觉等一系列人工智能技术，而搜索产生的浏览信息也是一些新兴人工智能算法赖以生存的基石。例如，群体智慧、百科知识的长期积累促进了知识图谱的发展等。智能搜索作为一种人工智能的应用，可能更接近于人们所追求的人工智慧。通常人体通过视觉、听觉、嗅觉等方式获取信息，并通过声音、动作等方式反馈给其他物体，而智能搜索引擎获取用户输入的关键词、图片、音频等信息，然后向用户返回相应的信息或者网页。

智能搜索技术在近几十年被提出并得到快速发展。随着互联网的迅猛发展，各种信息正以几何级数的方式增长。在浩瀚的信息海洋中，人们只有依靠搜索引擎才不至于迷失方向。根据智能搜索所涉及的数据类型，智能搜索大致可分为信息阶段与知识阶段。

首先是信息阶段，在该阶段，图上的深度优先搜索和广度优先搜索等搜索策略起到了非常重要的基础性作用，图上节点的属性信息（节点的入度、出度、中心度等）也被充分利用；当人们搜索的范围扩大到指数级数据时，随机游走算法便应运而生，它更多地考虑了节点间连接级别的数据（如边的权重、属性等），是图论中的重要算法之一，在数据挖掘领域有广泛的应用。随机游走算法通过构建若干随机游走器，在某个节点进行初始化，之后在每一步随机游走中，随机地访问当前节点的某个邻接节点。最著名的应用当属谷歌公司的核心技术之一——基于图上随机游走算法的网页排名等网页排序算法（Langville and Mayer，2006）。该算法是基于图上运行的：基于链接的指向关系，所有互联网页面构成了一个有向的带权图网络。每个随机游走器均模仿了一个用户浏览互联网时的行为：用户随机地点击当前网页中的某个链接，跳转到下一个网站。被更多用户访问的网站因此具有更高的权重，在搜索结果中排名更加靠前。因此，通过构建网页之间的链接关系图，搜索引擎就能为所有网页计算权重并排序。

之后是知识阶段，可根据知识构建的发展历程将该阶段分为“自上而下”和“自下而上”两个阶段。在“自上而下”阶段，引擎借助信息时代积攒的各种群体智慧，通过人类生成的有逻辑的知识库训练模型，使引擎本身也具备一定的“智能”。在“自下而上”阶段，引擎直接利用算法从基层的网页信息中提取信息并创建网络联系，因此处在该阶段的引擎应用了大量的无监督学习算法。比如，应用图上的最小割聚类算法，使引擎能够理解语句的主客观性以及正负情感。

因而图论中的基本理论以及许多图论问题的研究对促进智能搜索技术的发展有着不可或缺的价值。

四、自然语言处理

自然语言处理是人工智能的核心问题之一，旨在让计算机理解语言，实现人与计算机之间用自然语言进行交互，主要包括自然语言理解和自然语言生成两个部分。自然语言理解是指使计算机理解语言文本的意义，而自然语言生成是指使计算机以自然语言文本来表达给定的意图、思想等。

图是一种很自然地表达词、句子、文章等文本对象之间联系和交互的表征方式，为了将图方法应用于自然语言处理，从文本中构建图结构是一个重要步骤（Mihalcea and Radev，2011）。其关键在于引入结构信息和关系信息。图构建可以分为两类：静态图构建和动态图构建。静态图构建时输入的内容可以为原始的句子、段落或者文档，这需要利用句子、段落或者文档文本的领域信息，如语法、语义、逻辑和主题等信息，而动态图构建不需要有额外的领域知识去指导。

该方法直接把文本丢给机器，让机器自己去学习图结构。动态图构建中最重要的一个步骤是相似矩阵学习，其核心是计算任意两个节点特征向量相似度。

由于图结构在位置关系、语法关系、逻辑关系和语义关系方面具有强大的表示能力，因此图结构能够利用语言中的结构信息帮助解决自然语言处理的几个重要任务，如事件抽取与故事生成、语义匹配等。

事件抽取是信息抽取研究中最具挑战性的任务之一，其主要研究如何从非结构化自然语言文本中抽取出事件的有价值信息并去除冗余（如事件的类型、事件的参与者、事件发生的时间和地点等），并以结构化的形式呈现出来。故事森林（Liu et al.，2020）是一种从开放域新闻文档中进行事件抽取的方法，对新闻文章做事件粒度的聚类，使得报道现实中同一个事件的不同文章聚类成一个节点，相关联的事件形成结构化的故事树，来表征关联事件之间的时间顺序和发展关系。以双层聚类算法为例：在第一层聚类中，利用所有文章中的关键词构建关键词网络，并对其进行图分割，分割后的每一个关键词子图，代表一个大的话题，再利用相似度将每篇文章分配到一个最相似的关键词子图之下；在第二层聚类中，在每一个关键词子图下形成一个文章图，相连的边代表两篇文章讲述同一个事件，再对文章图进行社区检测，从而完成第二次聚类。每一个文章子图里的文章代表一个事件。通过双层聚类，既可以对“文章对”之间做细粒度的语义比较，又可以控制时间复杂度。在得到事件聚类之后，不同的事件节点通过故事结构组织算法，在线插入已有的故事树中形成故事结构。如果一个事件不属于任何已有的故事树，则会形成一个新的故事树。

语义匹配（Lou et al.，2023）（文本匹配任务）是自然语言处理中最为典型的任务。其中文本匹配用来判断两个文本之间的关系或者相关度，是自然语言处理中的核心问题。很多任务本质上都可视为一个文本匹配任务（Liu et al.，2018）。腾讯提出的概念交互图算法，可以解决长文本关系匹配问题；如果将输入的文本对转化为图结构，利用基于注意力机制的图神经网络对节点特征进行抽取，通过基于多层感知机的图分类模块融合全图信息的特征表示向量，进行图分类计算，也可以完成长文本匹配任务。

利用图结构，通过构建图神经网络，在文本生成、自然语言翻译等多个自然语言处理任务上也取得了相当大的进展（Hassan et al.，2016）。

五、模式识别

模式识别是指确定一个样本的类别属性的过程，即把某一样本归属于多个类型中的某个类型，换句话说，就是通过计算机用数学技术方法来研究模式的自动处理和判读，其中环境与客体统称为“模式”。依据处理问题的性质和解决问题的方法，模式识别也可以分为有监督的分类和无监督的分类。有监督的分类往往需要提供大量已知类别的样本，故在实际问题的处理中具有一定的困难。无监督的分类则不需要，因而无监督的分类受到了众多研究者的关注。图论中聚类方法是一类常见且熟悉的无监督学习方法，更是模式分析方面的有力的研究工具。

模式识别领域的许多应用问题都可以用图进行形式化表示，主要可分为以下两大类：图匹配以及图嵌入。图匹配算法将不再赘述。图嵌入是指将图的顶点或子图映射到一个适当的向量空间（通常维度远远低于图的顶点数），但图的一些重要性质（如顶点之间的距离、局部结构、全局结构等）要尽可能地保持，从而可以使用统计模式识别的技术进行后续处理，图嵌入在图聚类、图分类等问题上有广泛应用。

图嵌入可大致分为两类：顶点嵌入和全图嵌入。顶点嵌入将每个顶点用其自身的向量表示进行编码，这种嵌入一般用于在顶点层次上执行可视化或预测；而全图嵌入用单个向量表示整个图，常用于在图的层次上做出预测。在不同的学习任务中，图嵌入的训练目标和算法不同。在无监督学习中，目标通常是希望嵌入向量保持原始的图结构，因此可通过最小化重构损失来找到最优的嵌入；在有监督学习中，目标则是为了更好地预测顶点或者图的某些属性，因此可通过最小化分类或者预测误差来找到最优的嵌入。

图嵌入方法中早期影响力较大的是 Deepwalk 方法（Qiu et al., 2018），首先在图的顶点上进行随机游走，产生大量的顶点序列，然后进行训练可以得到顶点的嵌入，建立全图关系；Node2vec 方法（Grover and Leskovec, 2016）利用图上的深度优先搜索和宽度优先搜索技术，使得图嵌入的结果在网络的同质性和结构性间取得平衡；之后还有很多新的算法考虑了图的不同特征情形，如大规模信息网络嵌入（large-scale information network embedding，LINE）算法（Tang et al.，2015）考虑了图的二阶邻居相似性，带边信息的强化图嵌入（enhanced graph embedding with side information，EGES）算法（Wang et al.，2018）则是提出来一个加权平均的方法来聚集边的嵌入。斯坦福大学、谷歌等机构的研究者提出了一个图学习（图嵌入）全面分类和统一框架——图编解码器模型（graph encoder decoder model，GraphEDM），并且指出，图嵌入方法在节点分类或链接预测任务上已经展现了最先进的性能。不同的图嵌入方法采用了不一样的技术，一些常见的技术包括降维方法、核方法、随机游走、矩阵分解、图卷积神经网络、注意力机制、对抗生成网络等，还有一些方法针对大规模图和超图的嵌入专门设计了高效算法。

六、机器学习

机器学习是人工智能的一个重要分支，希望通过让计算机自动从数据中学习规律来实现人工智能；已经有众多的机器学习方法被提出并成功应用于各类实际系统。基于图的机器学习方法越来越受关注，主要因其内在的特点，即数据表示是基于网络特性进行的，能有效地捕获数据的空间、拓扑和功能关系（Hamilton et al.，2017）。基于图的机器学习成为近年机器学习领域的新兴研究方向。

借助于图机器学习工具的普遍应用，一些涉及复杂算法推理的任务取得了方法论的进步，如涉及知识图、强化学习、组合优化、神经网络等的任务；有关图生成模型的原理方法、图匹配、图神经网络的表达能力等方面的研究也取得了令人振奋的发展。具有影响力的例子包括使用神经关系推理，从时间序列顺序去推断因果图的摊销因果发现（amortised causal discovery）、具有可学习指针和关系机制的图神经网络，以及在学习出的推理抽象节点上进行计算的模型；借助图机器学习，人们展示了当图神经网络的深度和宽度受到限制时其基本的表达极限，并描述了可以使用图神经网络进行检测和计数的结构类型（Sun et al.，2011）。

基于图的机器学习备受关注。当前基于图的机器学习方法大致分为四类：基于图信号处理的方法、基于矩阵分解的方法、基于随机游走的方法以及基于深度学习的方法。因为对实验数据有严格的限制，图信号处理的方法在现实世界中的应用较少；矩阵分解输入的是以图表示的非关系型高维数据特征（包括邻接矩阵和特征矩阵等），输出的是一组顶点嵌入向量；随机游走作为最成功的网络表示学习算法之一，在降维方面发挥了重要作用；深度学习将现有的神经网络模型，如递归神经网络和卷积神经网络，扩展到图数据，成为最热门的领域之一。

基于图的机器学习方法有着很广泛的实际需求。根据预测对象的不同，常见的在图上的机器学习任务包括顶点分类（顶点标签预测）、链接预测、顶点聚类等。有关动态图、异质图的模型成功应用到了虚假账户检测、欺诈检测和控制流行病的传播等方面。

七、图神经网络

图被普遍认为是包含丰富潜在价值的复杂结构。由于图结构的强大表现力，近年来，用机器学习方法分析图的研究越来越受到重视。作为一类基于深度学习的处理图域信息的方法，图神经网络因其较好的性能和可解释性而被广泛应用。图神经网络可以划分为图卷积神经网络、图注意力网络、图自编码器、图生成网络和图时空网络。

图卷积神经网络将卷积运算从传统数据推广到图数据，是众多复杂图神经网络模型的基础（Bruna et al.，2013），包括基于自动编码器的模型、生成模型和时空网络等。图卷积神经网络又可分为基于谱和基于空间的两大类。Bruna 等（2015）利用图的拉普拉斯矩阵将卷积网络算法扩展到图结构数据上，提出谱图卷积神经网络。在此基础上，Henaff 等（2015）定义了核，通过类比图像上的卷积网络的局部连接来减少学习参数。Defferrard 等（2016）提供了两种方法，一种通过使用多项式核来减少参数，一种是特殊池化法。Kipf 和 Welling（2016a）对这两种方法进行了改进，提出一种针对图的半监督学习方法，采用逐层传播规则，可直接作用于图。谱图理论提供了一种图上的卷积方法，但是图卷积相关的许多网络学习方法直接在空间域的图上使用卷积操作。Niepert 等（2016）将 Weisfeiler-Lehman 核等图标注程序应用于图上，以产生独特的顶点顺序，生成的子图可以被送入空间域的传统卷积网络操作中。Duvenaud 等（2015）设计了神经指纹。Atwood 和 Towsley（2016）提出了扩散卷积神经网络。

在基于序列的任务中，注意力机制被认为是一个标准方法。图注意力网络是一个基于空间的图卷积神经网络（Veličković et al.，2017）。它在确定顶点邻居的权重时使用了注意力机制。门控注意力网络也引入了多头注意力机制来更新一些顶点的隐藏状态，其他的一些图注意模型被用来处理图像分类问题等。

图自编码器使用图神经网络结构将网络顶点嵌入低维向量中（Kipf and Welling，2016b）。自动编码器是一个传统的深度学习模型，可以被归类为自监督模型，而图生成网络的目的是根据给定的观察图集合生成图，图的空间-时间网络同时捕捉图的空间和时间依赖性（Seo et al.，2018）。

八、知识图谱

知识图谱作为一种结构化的知识表示形式，已经成为人工智能领域一种核心技术，被誉为“人工智能进步的阶梯”。“知识图谱”概念早在 1972 年就被提出，而真正引起工业界与学术界广泛关注，还是自 2012 年 5 月谷歌声明成功将知识图谱应用于搜索引擎之后（Fensel et al.，2020）。之后，亚马逊、脸书、阿里巴巴、百度等大公司都纷纷将知识图谱应用于很多场景，如语音助手、智能问答、搜索引擎、推荐系统、知识驱动的大数据分析与决策等。

知识图谱把复杂的知识领域的信息通过爬虫技术、数据挖掘、概率统计、自然语言处理、数据库技术等方法进行采集和规整，（半）自动地将多源异构数据汇聚到一起，以可视化的图结构形式直观形象地显示各个实体关联信息。其中每个顶点可以是真实世界的实体对象或者抽象概念，边表示实体之间的关系，而关系则包含类型和属性，描述了真实世界中存在的各种实体或概念及其关系（Angles and Gutierrez，2008）。

要发挥知识图谱的作用，至少有三个方面的基本问题需要解决。

首先是知识获取与图谱构建，即如何从海量数据中高效地挖掘出有用的、隐藏的知识，并能够对多源异构的知识进行融合，以完成知识图谱的高质量构建（Ji et al.，2021）。

其次是知识图谱的存储与查询（Koschmieder and Leser，2012），即采用何种方式来存储和管理知识图谱，从而能够高效地查询与维护知识图谱中的知识。一般主要利用属性图模型来构建图数据库。基于图的存储方式通常会构建基于图结构的索引（图引擎）。这类索引编码了图上的结构信息，因此对于复杂查询（特别是表达复杂的子图的查询）来说十分高效。基于属性图的查询一般有基于路径的实体关联分析、子图模式查询（subgraph pattern query）、图的特征统计、聚合查询（aggregate query）、相似性搜索（similarity search）、关键字检索（keyword search）等。近年来也出现了使用超图来存储知识图谱的研究。超图可用于描述多个实体之间的关系，而不局限于二元关系。

最后是知识图谱的表示学习（Wang et al.，2017），即如何将知识图谱中的知识映射为恰当的低维向量，从而为相关下游任务的深度学习模型提供知识支撑（Cai et al.，2018）。

九、数据库知识发现与数据挖掘

数据库知识发现是指从数据中发现有用知识的整个过程，具体包括学习某个应用领域知识、建立目标数据集、数据转换和预处理、数据挖掘、发现知识等（Thamaraiselvi and Kaliammal，2004）。数据挖掘就是从海量数据中抽取隐含的、以前未知的、具有潜在应用价值的信息的过程，是数据库知识发现的核心。无论是信息和数据的存取与传输，还是大数据的利用都离不开网络，对大规模、高维、动态数据进行处理的一个关键是对图的节点及边进行高效表示，基于图挖掘的知识推理新技术和新方法是实现下一代人工智能技术突破的关键。图挖掘的研究对象具有五大特点：①数据量大，采集、存储和计算的量都非常大；②种类、来源多样化，包括结构化、半结构化和非结构化数据；③数据价值密度相对较低，需要挖掘数据价值；④数据增长速度快，处理速度也快，时效性要求高；⑤数据的准确性和可信赖度较低，即数据包含大量干扰信息。

图挖掘模式最初的研究范畴为频繁子图挖掘，后逐步扩展，涌现出顺序模式挖掘、最优图模式挖掘、图聚类、Web图结构挖掘、生物网络挖掘等新的研究方向。当前图挖掘任务趋于复杂化和多元化，研究目标面临巨大的挑战。

在动态图中挖掘有意义的模式是数据挖掘领域的重要研究主题，也是近年来的最新进展之一。与动态图中的挖掘模式有关的主要任务有发现周期子图、演化规则，确定关键社区、聚类节点、趋势序列等。例如，周期子图挖掘技术被用于分析脸书等社交网站上的互动数据，以找到用户加入群组和互动的模式。动态图中时间维度的引入使得模式挖掘的搜索空间显著扩展，从而增加了问题的挑战性。数据挖掘从之前的图模型、图聚类、图分类等热度较高的技术话题转变成社交网络、图神经网络、社会化媒体、推荐系统等热点问题（Leskovec et al., 2020）。

十、生成式人工智能与图论

生成式人工智能（generative artificial intelligence，生成式 AI）是指通过学习大量现有数据（如图像、图结构、视频等）的分布规律，生成具有统计相似性的新内容的 AI 算法或模型（LeCun et al., 2015）。与传统 AI（如分类、回归）不同，生成式 AI 不局限于分析数据，能够通过数据驱动的方式“创造”数据，因此被称为“具有创造力的 AI”。生成式 AI 已广泛应用于图像生成与增强、文本与自然语言处理、音频与音乐生成等复杂非结构化数据领域，为完成这些任务提供了高效且灵活的实现路径。图论作为离散数学、计算机科学及运筹学等学科中的一个核心分支，为生成式 AI 在这些场景中的建模与应用提供了关键的理论支撑。例如，在图像生成与增强领域中，生成式 AI 模型（如扩散模型）能够通过像素级别的模式学习生成逼真图像，但若结合图论的结构化表达，则能进一步提升生成内容的逻辑性与实用性。

近年来，关于生成式 AI 如何赋能图论是一个比较关键的研究方向，常见的有图结构生成、图算法优化以及动态图建模等。在图结构生成方面，基于概率图模型的生成式 AI 算法可以通过贝叶斯网络、马尔可夫随机场等建模图的联合分布，生成符合概率依赖关系的图结构（如社交网络、分子结构）。此外，图神经网络、生成对抗网络及变分自编码器（Simonovsky and Komodakis，2018）等也是生成式 AI 算法用于生成新图的常用模型。在图算法优化方面，生成式 AI 可通过生成训练数据增强图算法的鲁棒性，如利用扩散模型生成动态图，训练算法使其适应复杂场景。在一些典型任务中，如网络流、社区发现以及组合优化等，使用生成式 AI 自动发现优化策略，从而替代传统依赖人工设计的启发式规则，极大地提高了图算法效率（Li et al.，2018）。

最近，随着 GPT、DeepSeek 等大语言模型的出现，生成式 AI 迈向了一个全新的阶段，推动深度学习、机器学习、强化学习等人工智能技术从算法智能时代进入语言智能时代。特别地，大语言模型在文本生成与翻译、文本分类等自然语言处理任务中已产生了重大突破。虽然这些场景的主要关注点是文本序列，但研究人员对增强大语言模型的多模态能力也产生了更多兴趣，包括基于大模型的图学习算法、图推理算法等。这些算法在大语言模型的支持下，与图交互的方式发生了显著的变化，尤其是那些与文本属性关联紧密的图结构。例如，常用的图神经网络模型可以有效地捕获图中节点间的关联关系和语义约束等信息，以完成节点级预测、边级预测或图预测等任务。然而，图神经网络模型在捕获图的全局信息或表达节点完整复杂性方面仍存在一些局限。这些局限为将大语言模型集成到图学习算法提供了一个很好的契机。大语言模型擅长对文本进行编码，难以有效捕捉图数据中的结构信息。因此，大语言模型与图神经网络等模型的结合是互利的，理论上可以实现更全面、更强大的图学习。

目前，生成式 AI 与图论的结合正推动图学习范式从“规则驱动”向“数据 + 规则双驱动”演进。未来研究可聚焦于如何解决大语言模型与图神经网络等模型的计算效率与表达能力平衡的问题，可聚焦于如何利用图论增强生成式 AI 的可解释性与可控性等方向。

十一、图论与大语言模型（LLM）

图论与大语言模型（LLM）的结合是当前人工智能研究的前沿领域之一，旨在增强模型的结构化推理能力、知识表示和跨模态理解。

图论中的节点与边结构可用来对语言模型中的语义关联建模，如将单词或概念表示为节点，其关系作为边。这就为语言模型提供了结构化的数学框架，进而可用于对词汇、实体或概念之间的复杂关系（如知识图谱、句法依存树）建模，增强模型的语义理解与可解释性。同时，大语言模型（如 GPT、

BERT）的注意力机制本质上是动态构建的图结构，通过捕捉输入序列中元素间的依赖关系（如自注意力中的全连接图）来实现上下文理解（Yun et al., 2019）。图神经网络（GNN）的引入进一步推动了两者的融合，如用图结构处理非序列化文本数据（如依存句法树），或在多跳推理任务中显式建模逻辑路径。未来，图论中的社区发现、路径优化等算法可能助力大语言模型实现更高效的知识存储与检索，而语言模型的表示学习能力也能反哺图表示学习，推动更复杂的语义化图分析，二者的融合可能在因果推理、动态图建模、知识图谱补全等任务中发挥更大潜力，同时也面临计算效率、图与文本的异构对齐等新的挑战。

第四节　发展思路与发展方向

一、图论在人工智能发展中的关键科学问题

1. 图模型的构建及其信息损益度量与分析

数据样本点之间的局部关系以及由局部信息衍生出的全局结构通常用图的形式来表示，网络构建是一个非常重要的基础步骤。这种方法可以有效为复杂对象内在的全局关联关系建模，为原有问题提供了一条新的行之有效的解决思路。但从非图结构数据中提取出合理有效的图结构，并尽可能地保留原有研究对象的有效信息以及量化信息的损失与增益，是图计算、图机器学习能够进一步扩大应用范围的重要前提与基础。

2. 面向人工智能可解释性问题的图理论基础

人工智能领域的一个最大挑战就是理解人工智能究竟是如何做出特定决策的，即需要可解释的人工智能。图模型因可以应用领域内的相关知识来提高可信度而使人工智能预测更易于追踪和解释。图结构本身的复杂性，加之图神经网络模型在数据层面与模型层面的“黑箱”操作，进一步加大了提高

图神经网络模型可解释性的难度，从而严重制约了图神经网络在现实生活中的广泛应用，尤其是在风险敏感的应用场景中。因此，面向人工智能的可解释性问题急需新的数学思想方法的介入，对图模型的合理有效解释有助于增加模型可信度、提高模型使用效率，特别是对开展图神经网络的可解释性研究具有重要的理论和现实意义。

3. 复杂图算法的可扩展性与近似算法设计

图的连边结构使得数据节点具有较强的耦合性，从而导致图算法复杂度较高。提升复杂图算法的扩展性、降低延迟、设计高效可控的近似算法、建立大规模图计算框架是复杂图算法落地应用的关键基础性问题。

4. 面向图级别数据的基础理论与算法

图级别数据是指一个完整的数据由一张图来代表，而不再由单个节点来代表，因而这里的研究对象往往是一组图，如一组分子结构图。不同于广泛研究的节点级别数据，图级别数据的建模分析需要在基础理论和算法层面做出更多基础性探索，如大规模图同构验证、图池化与粗化、标签不平衡与规模不平衡建模、开放世界下的图分布建模、图间二阶复杂关系建模等。此外，图级别数据学习还面临搜索空间大、参数难学习等困难。近些年来，研究图级别数据的学习理论与算法得到了学术界和工业界的广泛关注，是图论与人工智能结合落地应用的重要组成部分。

二、图论在人工智能发展中的总体发展思路

面对大规模、动态、异质的海量图数据，应构建匹配应用场景或面向任务的精准图模型，设计高效的图算法和图技术，发展基于图的各类人工智能技术，以解决各种相关的实际问题。

三、未来图论在人工智能发展中的重要研究方向

（1）数据之间复杂的关联关系的图数据或者图模型构建，这是根本性的

关键问题。例如，如何刻画动态图中的变化以体现出任意状态下的关联关系。

（2）大规模图、超图、异质图和动态图等新型图方面的基础理论和算法。

（3）基于图数据基础的理论和算法以及高效的图计算技术。

（4）基于图神经网络方法的人工智能的可解释性等。

第五节　资助机制与政策建议

（1）资助在图论研究方面基础较好的高校和科研院所设立图网络理论研究及应用中心，发展图计算技术，鼓励图论研究与人工智能场景应用领域的交叉研究。

（2）定向资助部分高校和科研院所开展图论与人工智能交叉研究的科研项目。

（3）开展相关基础性教材的编写，加强学科建设，在本科阶段开设相关课程。

（4）资助设立交叉领域人才计划，对年轻人进行 5～10 年的长期稳定支持。

参与本章的撰写还有白铂、褚葳、范更华、郭田德、侯建峰、康丽英、李海英、李鑫、李兴建、吕长虹、苗正科、任伟、荣钰、史永堂、唐与聪、王光辉、王维凡、吴凌云、徐挺洋、闫桂英、张凌宇、张胜贵、张晓东、张晓岩、周川等人，再次一并致谢。

本章参考文献

Angles R, Gutierrez C. 2008. Survey of graph database models. ACM Computing Surveys (CSUR), 40(1):1-39.

Atwood J. Towsley D. 2016. Diffusion-convolutional neural networks. Barcelona: Advances in neural information processing systems, 29.

Barto A G, Mahadevan S. 2003. Recent advances in hierarchical reinforcement learning. Discrete event dynamic systems, 13:341-379.

Battaglia P W, Hamrick J B, Bapst V, et al. 2018. Relational inductive biases, deep learning, and graph networks. arXiv preprint arXiv:1806.01261.

Belkin M, Niyogi P. 2003. Laplacian eigenmaps for dimensionality reduction and data representation. Neural Computation, 15(6):1373-1396.

Benson A R, Gleich D F, Leskovec J. 2016. Higher-order organization of complex networks. Science, 353(6295):163-166.

Bondy J A， Murty U S R. 2008. Graph Theory. Berlin： Springer Publishing Company.

Boykov Y Y, Jolly M P. 2001. Interactive graph cuts for optimal boundary & region segmentation of objects in ND images. Proceedings eighth IEEE international conference on computer vision, 1:105-112.

Bretto A. 2013. Hypergraph Theory: An Introduction. Cham: Springer Cham:209-216.

Bruna J, Zaremba W, Szlam A, et al. 2013. Spectral networks and locally connected networks on graphs. arXiv preprint arXiv:1312.6203.

Bruna J, Zaremba W, Szlam A， et al. 2014. Spectral networks and deep locally connected networks on graphs. Banff： 2nd International Conference on Learning Representations.

Cai H, Zheng V W, Chang K C C. 2018. A comprehensive survey of graph embedding: Problems, techniques, and applications. IEEE Transactions on Knowledge and Data Engineering, 30(9): 1616-1637.

Conte D, Foggia P, Sansone C, et al. 2004. Thirty years of graph matching in pattern recognition. International Journal of Pattern Recognition and Artificial Intelligence, 18(3):265-298.

Defferrard M, Bresson X, Vandergheynst P. 2016. Convolutional neural networks on graphs with fast localized spectral filtering. Advances in Neural Information Processing Systems, 29.

Dijkstra E W. 2022. A note on two problems in connexion with graphs// Apt K R, Hoare T. Edsger Wybe Dijkstra: His Life, Work, and Legacy. New York: Association for Computing Machinery:287-290.

Duvenaud D K, Maclaurin D, Iparraguirre J, et al. 2015. Convolutional networks on graphs for learning molecular fingerprints. Montreal: Advances in neural information processing systems: 2224-2232.

Fensel D, Şimşek U, Angele K, et al. 2020. Knowledge Graphs: Methodology, Tools And Selected Use Cases. Cham: Springer Cham:1-10.

Gao X, Xiao B, Tao D, et al. 2010. A survey of graph edit distance. Pattern Analysis and applications, 13:113-129.

Gilmer J, Schoenholz S S, Riley P F, et al. 2017. Neural message passing for quantum chemistry. ICML'17: Proceedings of the 34th International conference on machine learning: 1263-1272.

Grover A, Leskovec J. 2016. Node2vec: Scalable feature learning for networks. Proceedings of the 22nd ACM SIGKDD International Conference on Knowledge Discovery And Data Mining: 855-864.

Hamilton W L, Ying R, Leskovec J. 2017. Representation learning on graphs: Methods and applications. arXiv preprint arXiv:1709.05584.

Harrow A W, Montanaro A. 2017. Quantum computational supremacy. Nature, 549(7671):203-209.

Hassan M S, Aref W G, Aly A M. 2016. Graph indexing for shortest-path finding over dynamic sub-graphs. Proceedings of the 2016 International Conference on Management of Data: 1183-1197.

Henaff M, Bruna J, LeCun Y. 2015. Deep convolutional networks on graph-structured data. arXiv preprint arXiv:1506.05163.

Ji S, Pan S, Cambria E, et al. 2021. A survey on knowledge graphs: Representation, acquisition, and applications. IEEE Transactions on Neural Networks and Learning Systems, 33(2): 494-514.

Kipf T N, Welling M. 2016a. Semi-supervised classification with graph convolutional networks. arXiv preprint arXiv:1609.02907.

Kipf T N, Welling M. 2016b. Variational graph auto-encoders. arXiv preprint arXiv:1611.07308.

Koschmieder A, Leser U. 2012. Regular path queries on large graphs. Chania: Scientific and Statistical Database Management- 24th International Conference:177-194.

Langville A N, Meyer C D. 2006. Google's PageRank and Beyond: The Science of Search Engine Rankings. Princeton: Princeton University Press.

LeCun Y, Bengio Y, Hinton G. 2015. Deep learning. Nature, 521(7553): 436-444.

Leiserson C E, Rivest R L, Cormen T H et al. 1994. Introduction to Algorithms (Vol. 3). Cambridge: MIT Press.

Leskovec J, Rajaraman A, Ullman J D. 2020. Mining of Massive Data Sets. Cambridge: Cambridge University Press.

Li Y, Vinyals O, Dyer C, et al. 2018. Learning deep generative models of graphs. arXiv preprint arXiv:1803.03324.

Liu B, Han F X, Niu D, et al. 2020. Story forest: Extracting events and telling stories from breaking news. ACM Transactions on Knowledge Discovery from Data, 14(3):1-28.

Liu B, Zhang T, Han F X, et al. 2018. Matching natural language sentences with hierarchical sentence factorization. Proceedings of the 2018 World Wide Web Conference: 1237-1246.

Liu Y, Gao B, Liu T- Y， et al. 2008. BrowseRank: letting web users vote for page importance. New York: Proceedings of the 31st annual international ACM SIGIR conference on Research and development in information retrieval：451-458.

Lou J, Lu Y, Dai D, et al. 2023. Universal information extraction as unified semantic matching. Proceedings of the AAAI Conference on Artificial Intelligence, 37(11): 13318-13326.

Malewicz G, Austern M H, Bik A J, et al. 2010. Pregel: a system for large-scale graph processing. Proceedings of the 2010 ACM SIGMOD International Conference on Management of Data:135-146.

Mihalcea R, Radev D. 2011. Graph-based Natural Language Processing and Information Retrieval. Cambridge: Cambridge University Press.

Ng A Y, Jordan M I, Weiss Y. 2001. On spectral clustering: Analysis and an algorithm. Advances in Neural Information Processing Systems 14：849-856.

Niepert M, Ahmed M, Kutzkov K. 2016. Learning convolutional neural networks for graphs. New York: International Conference on Machine Learning: 2014-2023.

Page L, Brin S, Motwani R, et al. 1999. The PageRank citation ranking: Bringing order to the web. Stanford Infolab. DOI：10.1007/978-3-319-08789-4_10

Pearl J . 1988. Probabilistic Reasoning in Intelligent Systems: Networks of Plausible Inference. San Francisco: Morgan Kaufmann Publishers Inc.

Qiu J, Dong Y, Ma H, et al. 2018. Network embedding as matrix factorization: Unifying deepwalk, line, pte, and node2vec. Proceedings of the Eleventh ACM International Conference on Web Search and Data Mining:59-467.

Robinson I, Webber J, Eifrem E. 2015. Graph Databases: New Opportunities for Connected Data. Sebastopol: O’Reilly Media Inc.

Safavian S R, Landgrebe D. 1991. A survey of decision tree classifier methodology. IEEE Transactions on Systems, Man, and Cybernetics, 21(3):660-674.

Seo Y, Defferrard M, Vandergheynst P, et al. 2018. Structured sequence modeling with graph convolutional recurrent networks. Siem Reap: The 25th International Conference on Neural Information Processing:362-373

Shi J B， Malik J.2000. Normalized cuts and image segmentation. IEEE Transactions on Pattern Analysis and Machine Intelligence，20（8）：888-905.

Simonovsky M, Komodakis N. 2018. Graphvae: Towards generation of small graphs using variational autoencoders. Rhodes: 27th International Conference on Artificial Neural Networks: 412-422.

Sun Y, Han J, Yan X, et al. 2011. Pathsim: Meta path-based top-k similarity search in heterogeneous information networks. Proceedings of the VLDB Endowment, 4(11):992-1003.

Szeliski R. 2022. Computer Vision: Algorithms and Applications. Berlin: Springer Nature.

Tang J, Qu M, Wang M, et al. 2015. Line: Large-scale information network embedding. Proceedings of the 24th International Conference on World Wide Web :1067-1077.

Thamaraiselvi G, Kaliammal A. 2004. Data mining: concepts and techniques. SRELS Journal of Information Management, 41(4): 339-348.

Veličković P, Cucurull G, Casanova A, et al. 2017. Graph attention networks. arXiv preprint arXiv:1710.10903.

von Luxburg U. 2007. A tutorial on spectral clustering. Statistics and Computing, 17:395-416.

Wang J, Huang P, Zhao H， et al.2018. Billion-scale Commodity Embedding for E-commerce Recommendation in Alibaba. KDD '18: Proceedings of the 24th ACM SIGKDD International Conference on Knowledge Discovery & Data Mining：839-848.

Wang Q, Mao Z, Wang B, et al. 2017. Knowledge graph embedding: A survey of approaches and applications. IEEE Transactions on Knowledge and Data Engineering, 29(12): 2724-2743.

Waterman D A. 1985. A guide to expert systems. Boston: Addison-Wesley Longman Publishing Co Inc.

Yun S, Jeong M, Kim R, et al. 2019. Graph transformer networks. Advances in neural information processing systems, 32.

Zass R, Shashua A. 2008. Probabilistic graph and hypergraph matching. 2008 IEEE Conference on Computer Vision and Pattern Recognition: 1-8.

第九章

博　弈　论

博弈论是发源于运筹学的一个重要的学科分支，主要研究理性个体间的冲突与合作问题。衡量机器智能程度的核心标准之一是其能否像人类一样智能，甚至超越人类智慧，做理性决策。当这种决策与拥有同样或者类似理性水平的其他智能体进行互动时，就会发生博弈或多智能体互动决策。从这个意义上来讲，博弈是人工智能发展到一定阶段时无法回避的情境。经过 80 多年的高速发展，博弈论的研究范式、基本概念以及相关理论正在为人工智能的发展提供理论基础和技术支持，其中包括对抗学习、无后悔学习、平均场博弈等；源自博弈论的人工智能新工具（如生成对抗网络、算法博弈等），已经在人工智能当前的发展中起到了重要作用，它们在社会、经济、网络安全、国防、医疗等各方面的应用关乎国计民生。博弈论的一个重要特点是其具有极强的学科交叉性。作为一门横断学科，博弈论不仅在经济学和管理学中具有基础性作用，还促进了计算机科学、生物学等学科的发展，并在这些学科中形成了强有力的博弈论研究分支。现在到 2035 年将是博弈论与人工智能深度交叉融合发展的黄金时期，机遇与挑战并存。其中亟须解决的关键科学问题包括：弱化“共同知识”的标准博弈前提，在人工智能的背景下发展更加稳健的博弈理论和方法；开发合作博弈论的潜力；发展与分布式算法相容的均衡概念；优化控制基于风险灵敏度指标的主从关系平均场博弈的随机参数；

设计多物品最优拍卖机制等。其学科发展将着眼于研究突破人工智能发展瓶颈所需的博弈基础理论和算法，目标是将机器学习与动态、重复、进化、算法博弈论（algorithmic game theory）进行融合，形成系统理论和方法，使博弈论和人工智能互为发展的强大驱动力，为国防、交通、金融等方面的国家战略提供支持。建议对算法博弈论、多体系统以及平均场博弈等领域加大资助力度，提供持续稳定的支持。在复合型人才培养、研究团队知识结构交叉互补方面加大工作力度和资金投入。

第一节 科学意义与战略价值

人工智能的发展在哲学和思想层面上取决于对智能的认知和建模。类似地，博弈论的发展在哲学和思想层面上取决于对理性的认知和建模。目前两个学科对于“究竟怎样严格建模智能和理性”这一问题都没有标准答案，都面临类似的核心困难，即智能和理性的各种标准有可能是相互冲突的（如个体与集体的冲突、即时响应与规则约束的冲突、认知时限与逻辑完备的冲突等）。博弈论中对理性概念的探索发展出了各种均衡概念及相关理论和技术，这些成果未来有可能在人工智能的发展中起到积极的推动作用。

博弈论是现代数学中发源于运筹学的一个重要的学科分支，主要研究理性个体间的冲突与合作问题。博弈论还属于决策科学的一个分支，其严格的学科名称是“互动决策论”，是包括经济学在内的很多社会科学的方法论之一。同时，它也对计算机科学和生物学等领域产生了积极的促进作用，并在相关学科中发展出了强有力的博弈论研究分支。约翰·冯·诺伊曼（John von Neumann）利用布劳威尔不动点定理（Brouwer fixed point theorem）证明了二人零和博弈中均衡的存在性，标志着现代博弈论的开端。过去半个多世纪以来，很多著名的数学家，如约翰·纳什（John Nash）、罗伯特·奥曼（Robert Aumann）、劳埃德·沙普利（Lloyd Shapley）等都为博弈论的发展做出了杰出的贡献；伊利亚斯·库特苏皮亚斯（Elias Koutsoupias）、赫里斯托斯·帕帕季米特里乌（Christos Papadimitriou）、诺姆·尼桑（Noam Nisan）、阿米尔·罗南（Amir Ronen）、蒂姆·拉夫加登（Tim Roughgarden）和埃娃·陶尔多什（Éva Tardos）凭借他们在算法博弈论方面的贡献获得了2012年度的国际理论计算机界的最高奖项之一——哥德尔奖；康斯坦丁诺斯·达斯卡拉基斯（Constantinos Daskalakis）凭借他在博弈论和机器学习领域的贡献，于2018年在国际数学家大会上获得了“奈望林纳奖”。

一、博弈论在人工智能体系中的地位

博弈论的基础理论是围绕如何理解“理性”这一永恒概念而展开的。博弈论与人工智能有天然的联系，从诞生起就是人工智能不可或缺的工具，因为智能的重要度量标准是机器人能够像人一样进行智能决策、理性决策。人工智能的定义之一——“研究和构建理性个体”（the study and construction of rational agents）（Russell and Norvig，2021）很好地反映了这种关联。

博弈论对理性的研究和探索可以为人工智能的发展提供持续的理论支持。理性不仅仅意味着个体具有很强逻辑推理和运算能力，更重要的是能与其他个体沟通、协调与合作、学会解决冲突并最终达到双赢或多赢的局面。作为对理性探索的标志性贡献，博弈论学家开发出了很多均衡的概念。目前，人工智能学术界最常用的均衡概念是纳什均衡、贝叶斯纳什均衡和演化稳定均衡等。除此以外，博弈论学家还开发了子博弈精炼纳什均衡、子博弈精炼贝叶斯均衡、序贯均衡、相关均衡、风险占优均衡等一系列概念。这些不同的均衡概念适用于不同的场景，代表着博弈论学家在相关场景中对理性理解的基本共识。一旦人工智能需要处理的问题落入这些相应的场景，这些均衡概念就会成为最直接和最自然的理论基础。

除上述可以形式化严格定义的均衡概念外，以聚点均衡和规则理性等为代表的不容易形式化定义的均衡也有可能在人工智能中找到应用（Aumann，2019；Schelling，2015）。由博弈论学家奥曼创建、博弈论学家与逻辑学家共同发展的互动认知理论已经成为人工智能领域认知与推理方向的重要理论（Aumann，1976；Halpern，2017）。博弈论学术界对逆向归纳法缺点的深入探索以及对前向归纳法的研究更是涉及人类思维的底层，对人工智能未来相关领域的发展具有不可估量的价值（Osborne and Rubinstein，1994）。

二、博弈论推动人工智能技术发展

博弈论在人工智能中的应用具有重要的战略价值，做好布局有利于为我们在越来越复杂的国际环境中赢得发展空间。下面主要以马赛克战和网络安全领域为例，说明博弈论推动人工智能技术的战略意义。

人工智能在战争与国防方面有着巨大潜力。例如，机器人和无人机等人工智能技术有望在未来的战争中得到广泛应用，从而使战争形态发生极大改变，重新定义未来的战争。在发展这些相关技术的过程中博弈论可能会发挥重要作用。以马赛克战这个美国国防高级研究计划局（Defense Advanced Research Projects Agency，DARPA）于 2017 年提出的新战争形态为例，其中涉及的一个核心技术难题就是无人机等最小作战单元如何进行兵力配置。该问题恰好可以用布鲁托博弈（Blotto Game）这个最早由数学家博雷尔（Borel）于 1921 年提出的模型来很好地进行研究。目前，美国兰德公司等对马赛克战进行评估时使用的基本模型就是布鲁托博弈（Grana et al.，2021）。

网络安全是国家战略的一项重要内容。网络安全中的机器学习应用面临着独特挑战——来自敌手的攻击。入侵检测、银行欺诈检测、垃圾邮件过滤和恶意软件检测等领域不得不面对攻击的挑战，这些敌手攻击会篡改数据，从而使恶意实例逃避学习系统的检测。博弈理论和方法在开发稳健的学习技术来专门处理对抗性攻击方面起关键作用。博弈论研究为构建弹性学习算法提供了重要启示（Zhou et al.，2019）。机器学习算法因其决策的准确性和效力，在许多实际应用中越来越受欢迎。然而，随着机器学习算法的普及，机器学习算法的应用产生“越成功越被攻击”的现象。这些攻击并非仅限于安全领域。例如，用于智能广告或网页排名的学习算法可能会成为那些以获得经济利益为动机的敌手所针对的对象。在对抗性环境中运行的应用中，对抗性攻击带来的挑战更加明显。利用博弈论加强机器学习算法对敌手攻击的抵御能力是国家经济（特别是电子商务和数字经济）安全健康发展的重要保证。

第二节　发展规律与研究特点

人工智能是研究开发用于模拟、延伸和扩展人类智能的理论、方法、技术及应用系统的科学。得益于近年来数据爆发式的增长、计算能力的大幅提升以及深度学习算法的发展和成熟，人们迎来了人工智能概念出现以来的第三个发展浪潮。

从学科创建和发展历史来看，人工智能与博弈论有密切联系。特别地，冯·诺伊曼和赫伯特·西蒙等在两个学科发展的早期都做出了开创性贡献。20 世纪 90 年代以前，总体而言，人工智能学家对博弈论关注度不够，因为当时研究的核心问题更多的是单人决策，不涉及智能体间的互动。20 世纪 90 年代中后期以来，随着多体系统成为研究重点之一，博弈论在人工智能中的地位越来越重要（Shnayder et al.，2016；Shoham et al.，2008）。事实上，“博弈与伦理”被认为是目前人工智能发展中与计算机视觉、自然语言理解与交流、认知与推理、机器人学和机器学习相并列的六大研究方向之一（朱松纯，2017）。

博弈论是一门横断学科，在很多学科领域中都有应用。目前博弈论应用最广泛、最成功的学科是经济学，而非人工智能或计算机科学。尽管经济学里对人的理性的研究跟人工智能中涉及的理性有非常强的关联性，其目前的主要理论和概念也为人工智能的发展提供了基础和动力，但是这些理论和概念并不一定完全适用于人工智能的发展，因此未来仍然需要开拓新的理论和方法。其核心原因是机器和人相比有着显著的区别。一方面，经过亿万年的演化，人所具有的很多智能，特别是情感和直觉，是机器短期内很难拥有的。另一方面，机器也具有人所不具备的强大优势，如超强的计算能力、能完美地使用随机策略（与之形成对比的是，现实中的人类不适合或不喜欢使用随机策略，因此很多博弈论学家对混合策略以及混合策略纳什均衡等概念持保留态度）。充分意识到机器与人的核心差别要求我们研究开发与现有博弈论发展侧重点有很大不同的博弈论新理论和新工具。行为博弈论和实验博弈论作为研究有限理性很重要的组成部分，是行为经济学的核心内容，已经被研究半个多世纪了。作为对比，研究机器行为的机器博弈论和机器行为学才刚刚起步（Rahwan et al.，2019）。总之，就学科发展动力而言，博弈论在历史上的发展更多是为经济学提供微观基础，这也是冯·诺伊曼创立博弈论的最初目的。博弈论在人工智能和计算机科学中的发展应用还有很大空间。

人工智能与博弈论交叉的重要研究方向以及博弈论在人工智能中潜在的重要应用非常丰富，做出全面梳理和精准预测是几乎不可能完成的任务。在本章的剩余部分，我们就目前比较热门的对抗学习、无后悔学习、平均场博弈、算法博弈论领域和技术，在博弈论视角下进行简要概述和展望，分析其发展规律和研究特点。特别地，我们将展示，博弈论在学习控制理论、方法及应用中发挥着越来越重要的作用。

一、理论和方法

人工智能是关于怎样表示知识、怎样获得知识并使用知识的科学。随着2016年AlphaGo在围棋游戏上取得突破进展，人工智能得到全方位关注。这是人工智能在博弈领域的一个成功应用。同时，博弈论为人工智能中知识的获取和使用提供了有效的学习控制理论、方法和技术，典型范例包括对抗学习、无后悔学习、平均场博弈、算法博弈论等。

1. 对抗学习

许多人工智能系统（如内容过滤器、军事系统、执法系统和自动驾驶系统等）容易受到攻击（Barreno et al.，2010；Comiter，2019；Nguyen et al.，2015）。对抗学习这一人工智能、机器学习的重要方向应运而生（Tygar，2011）。在对抗学习中，具有对抗性目标的两方——学习者（或防御者）和敌手（或攻击者）——学习与当前问题相关的数据的预测机制。学习者的目的是正确预测和分类数据，而敌手的目标则是使学习者做出错误的预测和分类。学习者对数据的误判（错误分类）可能对基于机器学习的分类器人工智能系统（如自动电子邮件垃圾邮件过滤器、防病毒软件、基于文本的情感分析算法、国防和医疗应用中的图像分类算法等）的完整性构成威胁，降低其执行分类的可信度，甚至严重威胁网络安全。为了应对这些挑战，使学习者有效稳健地对抗敌手攻击，人们利用博弈论（Myerson，1997）的理论和方法来对学习者和敌手的防御和攻击策略的行为进行数学建模，并确定合适的策略来降低学习者在敌手攻击中的损失。基于博弈论的对抗学习技术的一个优势在于它提供了均衡作为解决方案；它一旦由理性的博弈者使用，可能会结束一些无休止相互竞争，如军备竞赛等（Zhou et al.，2019）。

1）二人非合作博弈

对抗学习被广泛地建模为学习者和敌手之间的二人非合作博弈。学习者的一系列行动对应于为其分类器选择不同的超参数，而敌手的一系列行动对应于将真实数据变为对抗数据的不同策略。例如，向真实数据添加不同量的干扰或噪声（Goodfellow et al.，2020）或者从真实数据中移除某些特征（Globerson and Roweis，2006）等。Dalvi 等（2004）在对抗分类（adversarial classification）的开创性工作中，提出该博弈的最早模型。学习者使用二进制分类器进行数据分类，而敌手则通过扰动真实数据的特征来创建对抗数据。敌手知道学习者的分类器参数、效用和成本函数，但学习者并不知道其输入数据是对抗数据还是真实数据。博弈双方都采取纳什均衡策略。

很多对抗学习被建模为二人零和博弈——一方的效用收益即为另一方的效用损失；学习者需要对抗敌手在完全信息下进行的因果（causative）攻击（Dalvi et al.，2004）或在（非）完全信息下进行的探索（exploratory）攻击（Dekel et al.，2010a；Globerson and Roweis，2006；Goodfellow et al.，2020；Hardt et al.，2016；Lowd and Meek，2005）。这些博弈的纳什均衡或取胜策略通常可以表示为线性互补问题或约束优化问题的最优解（Goodfellow et al.，2020），可利用（混合整数）线性规划等技术来求解（Dalvi et al.，2004；Shoham et al.，2008）。然而，在很多情况下，学习者的效用损失并非总是等于敌手的效用收益（Brückner and Scheffer，2011；Dritsoula et al.，2017），相应的对抗学习便是非零和或广义和博弈，此时零和博弈的最小最大定理不再适用，必须使用更一般的纳什均衡解技术（Dritsoula et al.，2017；Shoham et al.，2008）来确定学习者和敌手的策略选择。

2）序贯博弈

对抗学习通常被建模为斯塔克尔伯格模型。这是一类特殊的序贯博弈，其求解可被视为一个双层优化问题，其中上层优化问题关注的是最大化先行者（领导者）的收益，而寻找跟随者最佳策略的下层优化问题是上层问题的约束（Brückner and Scheffer，2011；Joseph et al.，2019）。大多数现有的关于对抗学习博弈的文献假设：学习者先行，他（们）是领导者——通常会发布其分类器信息（如电子邮件垃圾邮件过滤器和网络流量过滤器公开发布自己的分类器算法）并且有时不知道敌手的存在（Brückner and Scheffer，2011；Joseph et al.，2019）；而对手是跟随者——他（们）可以观察学习者分类器的信息，然后选择合适的策略来生成对抗数据。有很少量的工作（Chivukula and Liu，2017；Kantarcıoğlu et al.，2011；Liu and Chawla，2009）分析了相反的情况：学习者知道敌手生成对抗数据的策略，但敌手不知道学习者分类器的信息，即敌手是领导者，而学习者是跟随者。

3）贝叶斯博弈

斯塔克尔伯格模型看似比同时（simultaneous 或 simultaneous-move）博弈更容易被解决，因为跟随者知道领导者的选择策略，并可以据此选择效用最大化的策略。然而，领导者往往没有跟随者效用函数、策略选取等信息。因此，领导者必须通过贝叶斯博弈（Harsanyi，1968）来处理跟随者策略的不确定性。实际上，在很多情形下，博弈双方都可能没有对方的准确信息（Brückner and Scheffer，2011；Lowd and Meek，2005），而需要求助于贝叶斯策略。每个博弈者（学习者或敌手）有一组类型。博弈者获得的效用不仅取决于其行动（策略选择）也取决于其类型。虽然每个博弈者不知道其他博弈者的确切类型，但它知道这些类型的概率分布，从而据此选择策略来最大化期望效用或最小化期望损失，求取贝叶斯均衡（Dritsoula et al.，2017；Zhou and Kantarcioglu，2014；Zhou et al.，2012）。

4）对抗数据建模

对抗学习除了利用博弈论来研究学习者如何选取最佳策略来对抗敌手的攻击，还可对敌手产生的对抗数据进行建模，以便学习者理解敌手攻击的本质。了解敌手攻击的特征信息有助于学习者建立适当的防御机制（如用虚拟敌手的数据训练自己的分类器），以提高对抗攻击的能力。虚拟对抗数据生成的技术包括：在真实数据上进行扰动（Biggio et al.，2013；Carlini and Wagner，2017）、将在此模型上生成的对手数据转移到彼模型上使用，生成对抗网络等（Gonog and Zhou，2019；Goodfellow et al.，2020；Kaselimi et al.，2020；Tembine et al.，2014；Zhang et al.，2017；Zhou and Kantarcioglu 2014）。特别地，生成对抗网络（Goodfellow et al.，2014，2020）是最经典的基于博弈论的对抗学习技术之一；它将学习者分类器与对抗数据生成器之间的交互建模为零和博弈，博弈双方都迭代地尽量优化各自的极小极大目标，它们连续地调整相应的数据分类和干扰机制，在各自的损失函数上实现梯度下降。生成对抗网络技术首次表明，数据标记（以往主要是利用人类标记训练数据来完成的监督学习）也可以通过利用生成器的敌手攻击来实现无监督学习。

综上所述，从机器学习到人工智能，对抗（非合作博弈）的思想被成功引入很多领域，并发挥着越来越重要的作用。对抗学习与博弈论有着非常自然而紧密的联系，后者为前者提供了建模、求解的思想和方法，而前者也为后者理论和算法的进一步发展提供了契机。博弈均衡、取胜策略的求解离不开算法的进步，博弈论与优化、计算机科学的深度交叉融合是人工智能发展的一个非常显著的特点。这对人才培养和研究组织等都提出了更高的要求。

2. 无后悔学习

无后悔学习是机器学习中的一种在线学习算法，同时也是博弈论中重复博弈模型的一种分析工具。和其他有监督和无监督学习算法不同，它研究动态决策问题，考虑了博弈者根据自己的目标函数随机应变的情况，其学习的成果不是像图片识别那样产生一种标注，而是得到满足一些良好性质的策略。在人工智能取得的两项标志性成果（在围棋和德州扑克博弈中战胜人类）中，无后悔学术技术起到了关键性作用。

在国际学术界，动态决策、无后悔学习以及均衡计算是博弈论中非常活跃的前沿研究领域。以色列数学学会前主席Hart等近些年特别关注那些可以保证收敛到纳什均衡或相关均衡的动力学系统（博弈论中的动力学系统可以理解为动态博弈策略），如非耦合动力学（uncoupled dynamics）、后悔匹配动力学（regret matching dynamics）和简单自适应动力学（simple adaptive dynamics）等系统（Hart and Mas-Colell，2013）。普林斯顿大学教授 Hazan（2016）与其他学者一起，将在线学习模型扩展到在线凸优化模型。普林斯顿大学教授 Arora 等（2012）认为无后悔学习的一类经典算法——相乘权重法（multiplicative weights）是可以与分治法（divide and conquer）相媲美的基础性算法。加拿大阿尔伯特大学教授 Bowling 等（2015）在发表于《科学》杂志的论文中，阐述了如何使用无后悔学习技术成功解决受限版本的德州扑克问题。这被认为是人工智能领域的一个重大突破。它展示了无后悔学习算法解决实际问题的威力。因此，动态决策以及无后悔学习的数学基础是非常重要的学术研究方向。

动态决策问题的具体数学定义包括：两个博弈者——决策者和对手；有限集 A——决策者的纯策略集合；有限集 B——客观世界状态集合，也即对手的纯策略集合；决策者的回报函数$f: A\times B\to[0,1]$。决策者的策略是一个函数$\sigma:\cup_{t=0}^{\infty}(A\times B)^t\to\Delta(A)$，这里$\Delta(A)$表示定义在集合 A 上的概率分布的集合。也就是说，策略 σ 把有限历史信息映射到一个混合策略上。策略也被称为在线学习算法。给定状态序列$\vec{b}=(b_1,b_2,\cdots)\in B^{\mathbb{N}}$，策略 σ 也对应着定义在$(A\times B)^{\mathbb{N}}$上的概率函数$\mu_{\sigma,\vec{b}}$，这里 σ 域是由有限的历史信息所生成的。给定状态序列$\vec{b}=(b_1,b_2,\cdots)\in B^{\mathbb{N}}$，决策者的策略序列 $(a_1,\cdots,a_T)$ 所对应的后悔程度可以用$R(a_1,\cdots,a_T;\vec{b})=\frac{1}{T}\left(\sum_{t=1}^{T}f(a_t,b_t)-\max_{a\in A}\sum_{t=1}^{T}f(a,b_t)\right)$来定义，其中$f$被线性地拓展定义到集合$A\times\Delta(A)$上，因为决策者希望其期望效用最大化。$R(a_1,\cdots,a_T;\vec{b})$是在给定一组状态序列的情况下，决策者实际采用策略的平均表现和他采用一个固定不变的最优混合策略的平均表现的差别。如果对任何状态序列$\vec{b}=(b_1,b_2,\cdots)$，均有$\liminf_{T\to\infty}E\left[R(a_1,\cdots,a_T;\vec{b})\right]\geqslant 0$成立，那么在线学习算法$\sigma$被称为是无后悔的。这里的期望是相对于概率函数$\mu_{\sigma,\vec{b}}$而言的。$\liminf_{T\to\infty}E\left[R(a_1,\cdots,a_T;\vec{b})\right]\geqslant 0$的基本思想是：决策者从 1 到$T$时刻的实际表现$\frac{1}{T}\sum_{t=1}^{T}f(a_t,b_t)$在渐进意义上和他采用一个固定策略$a\in A$的表现差不多。

3. 平均场博弈

平均场博弈理论的发展源于多智能体控制模型，与经典控制理论和现代控制理论所涉及模型中的被控制对象不同，多智能体控制模型中的被控制对象（智能体）有一定的自主行为或智能行为，并且智能体之间存在复杂的耦合关系。关于多智能体控制系统，其研究方法包括集中式和分布式两种。集中式方法是指利用系统的全局信息构造控制律，分布式方法是指利用系统的局部信息构造控制律。在个体数目巨大的多智能体模型中，由于状态维数较高，智能体之间耦合关系复杂并且通信距离和传输速度受限，所以在全局信息下构造集中式控制律是不现实的；而分布式方法与集中式方法不同，在构造控制律时依赖的是局部信息，因此难度会显著降低。

将起源于化学、物理领域的平均场模型引入多智能体控制领域后逐步形成了平均场博弈。在平均场博弈模型中，通过一个重要的耦合项——状态平均来描述智能体之间复杂的耦合关系，耦合关系可以体现在动力学方程或指标函数中。因此，平均场模型具有以下特点：单个智能体对整个系统的影响非常微弱，而整个系统对单个智能体的影响不可忽略。这类模型被广泛应用于工程、经济、生物领域。例如，在物联网中，平均场博弈模型可以用于通信资源的分配问题（Larrañaga et al.，2020），在电力系统中，它可以应用于需求调度和电价设计（Chen et al.，2015，2017），以及电动汽车的充电控制（Ma et al.，2013）。此外，平均场博弈模型还可用于研究鸟群的列队飞行以及昆虫和微生物的集体觅食（Liu and Passino，2004）等生物现象。

近年来，Huang 等（2004，2003）在多智能体平均场博弈领域做了开创性的工作。同时期，Lasry 和 Lions（2006a，2006b，2007）也独立提出非常类似的方法。平均场博弈理论的核心思想是借助平均场刻画系统中多智能体之间的耦合关系，为实际生活中个体数目巨大的多智能体系统设计合适的分布式控制律。目前，根据平均场逼近的时刻不同，平均场博弈的研究方法主要有两种：不动点方法（Caines et al.，2006；Huang et al.，2007a）和直接法（Huang et al.，2007b；Lasry and Lions，2007）。不动点方法在开始就引入平均场逼近，即当智能体个数趋于无穷时，用一个未知的确定性函数逼近状态平均，得到解耦的单一智能体跟踪型指标辅助最优控制系统，通过极大值原理或动态规划可以设计出辅助最优控制系统的分布式控制律。随后将得到的分布式控制律代入辅助系统的状态方程，当智能体个数趋于无穷时，辅助系统状态平均的数学期望即为开始假设的确定性函数。直接法指的是先利用博弈理论对原系统在全局信息下构造集中式控制律，然后将平均场逼近引入集中式控制律和相关的方程中，逼近智能体的状态平均，得到分布式控制律并确定平均场所满足的动力学方程。

4. 算法博弈论

从 20 世纪 90 年代中后期开始，博弈论成为计算机科学家研究的一个热点方向，其中至少有两个主要原因。首先，经济学家开始关心那些因计算困难而妨碍实际应用的系统，因此向计算机科学家寻求帮助；最典型的范例见于组合拍卖的研究（Cramton et al.，2005）。其次，分布式计算尤其是互联网的兴起，大大促进了智能体之间的互动，使得智能体推理和交互系统的研究越来越成为计算机科学家关注的一个焦点；博弈论概括了已经被计算机科学家广泛采用的决策理论方法。由此产生的研究领域，融合了计算方法和博弈论模型，被称为算法博弈论（Nisan et al.，2007）。

算法博弈论与人工智能中更古老、广泛的研究领域——多主体系统（Shoham and Leyton-Brown，2008；Vlassis，2007；Weiss，2013；Wooldridge，2009）有所区别。后者涵盖了人工智能中现有的大多数博弈论工作，但其范围广得多，还包括非博弈论内容，如软件工程、分布式约束优化、智能体信念意图的逻辑推理、任务共享、分布式感知和多机器人协调等。算法博弈论中人工智能工作的特点主要体现在两个方面：①研究人员通常对推理实际的多智能体系统更感兴趣，重视精心设计理论模型，使它们更加现实，能应用到更广的问题类，解决智能体在竞争当中应该如何行动的规范性问题（Wellman et al.，2007）；②重视在资源约束下解决实际问题，而不是将计算困难性结果视为不可逾越的障碍。

算法博弈论有两条研究主线，一是均衡的求解计算与分析，二是算法机制设计。

1）均衡的求解计算与分析

均衡求解的研究主要关注纳什均衡等博弈论中主要均衡解是否可以多项式时间求解的问题。对于最一般的情形，相关结果大部分是负面的。比如，对于有限博弈，混合策略纳什均衡尽管可以保证一定存在，但是其求解是 PPAD 困难的，哪怕只有两个参与人也是如此。这就为研究具体场景中的相关问题提供了充足理由。均衡分析旨在对均衡解进行量化评价。均衡状态下的社会福利通常与全局最优解有一定差距，严格度量此差距是一个自然的问题。算法博弈论从最坏情形分析的角度，通常使用“无序代价”（price of anarchy）和“稳定代价”（price of stability）这两个指标来度量均衡解与最优解之间的“差距”。分析博弈系统的无序代价和稳定代价是算法博弈论的重要研究方向。

2）算法机制设计

算法机制设计可以分为两个主要方面：以社会选择问题为主体的不涉及支付的机制设计和以拍卖问题为主体的涉及支付的机制设计。在允许使用支付参与机制设计时，机制就可以实现更多目标，机制也会更加复杂。最优机制可能不仅有复杂的规则，也可能是很难计算的，因此设计规则简单且近似效果良好的机制是一个重要的研究分支。机制和算法有天然的联系：复杂的机制必定涉及算法问题，算法加上激励相容（incentive compatible）等约束就成了机制。从这种意义上看，机制设计与算法设计有很多可以相互借鉴的地方。

上述两条主线都跟人工智能有密切联系。在均衡求解方面，尽管算法博弈论研究者设计的算法一般不具有通用性，但相关研究可以为具体场景中人工智能算法的设计提供理论支撑；在均衡解的量化分析方面，相关研究可以帮助人工智能从系统或全社会的角度事前评估博弈结局，并根据评估结果采取相应措施；另外，当人工智能作为一种算法来处理复杂系统问题时，特别是在相关数据需要参与人自愿提供的情况下，我们面临的问题就是算法机制设计问题。

二、应用

人工智能的发展最终受数据、算法和算力三方面的进展所驱动。博弈论在数据和算法两个方面都有典型应用。

1. 数据方面的应用

对于人工智能机器学习算法而言，它的学习结果十分依赖于训练数据的质量，这引出了一个重要问题：如何设计对训练数据的误差比较稳健的机器学习算法。博弈论为该问题的研究提供了独特的视角——训练数据由一些有策略的数据源提供，每个数据源会引入一些误差来最大化其自身的利益（Meir et al.，2012；Mikhalishchev，2023）。这种情况在实际中屡见不鲜（Caro and Gallien，2010；Caro et al.，2010；Dekel et al.，2010b），被视为数据提供者和数据分析者（获取者）之间的博弈。数据提供者可能出于隐私泄露的担忧、数据本身的价值、获取成本或者其他一些原因，对数据分析者的搜集数据机制提出一些要求，并要求给予一定的回报（金钱或者使用数据的权力）。

1）数据获取

当数据提供者在提供数据的过程中存在成本时，数据提供者会根据使用者设计的奖励办法来选择自己付出的努力程度。不同的努力程度会对任务数据的准确性产生相应的影响，通常数据分析者无法观察到数据提供者的努力程度信息，只可以接收到产生的数据。数据分析者的目的是设计一种兼顾准确性和奖励预算的搜集信息机制。Cai 等（2015）给出了针对多项式回归问题和核回归问题的搜集信息的机制。在每个数据提供者会提供真实数据但成本未知的情况下，Cai 等（2015）、Roth 和 Schoenebeck（2012）给出了有预算限制的最小化统计量方差的机制。Abernethy 等（2015）研究了在线获取数据的方式，每次设计者会针对历史数据给新数据的获取制定价格。Abernethy 等（2015）以及 Chen 和 Zheng（2019）研究了在数据分析者不知道数据和成本分布时，使用者为了进行无偏估计和确信区间估计可以采用的激励机制。

有时数据提供者具有特殊效用函数。比如，在数据分析者的学习目标是计算线性回归的情况，每个数据点由 (x, y) 构成，其中 x 是所有人可以看到的 d 维特征向量，y 是数据提供者的私有数值信息。数据提供者会通过谎报数据来实现自己效用（一个和线性回归中超平面有关的单峰函数）的最大化。Perote 和 Peroto-Peña（2004）考虑了这个问题一维时的情况，并找到了一类顺时针重复中位估计（clockwise repeated median estimators，CRM）防策略（strategy proof）机制，之后 Caragiannis 等（2016）完全刻画了防策略机制的形式。对于高维情况，Caragiannis 等（2016）和 Dekel 等（2010b）首先证明了 L1 误差的经验风险最小化是防群体策略（group-strategy proof）的。之后人们将 CRM 机制扩展到了高维情况，得到了更广泛的一类防策略机制。一个重要的开放问题是完全刻画高维情况下的防策略机制。

当数据提供者的效用函数（以及原有数据）不为人知时，只有通过反复博弈，才可以取得有意义的结论。数据分析者在每轮博弈中先提出一个分类算法，数据提供者会参考算法和自己的某些目标来修改数据，并承担一定的修改成本；机制设计者的目标是在数据提供者原有的真实数据基础上，按照某种分类函数给出尽可能准确的分类。

Chen 等（2020）考虑了在数据分析者没有真实数据，并且无法验证数据的情况下，如何学习数据分布的问题。为了解决这个问题，需要用到同行预测（peer prediction）的技术（Dasgupta and Ghosh，2013；Frongillo and Witkowski，2017；Miller et al.，2005；Shnayder et al.，2016）。为了得到正确的数据，数据分析者会设计一些问题让数据提供者回答，进行答案比对，并根据结果对数据提供者提供奖励。如果支付函数设计得当，数据提供者会发现最佳的策略就是诚实准确地报告自己的数据。具体方式是根据数据提供者之间的互信息来提供奖励（Kong，2020；Kong and Schoenebeck，2019，2018）——假设其他提供者的数据是准确的，那么一个数据提供者只有在诚实上报数据的时候，他的互信息量才是最大的，才可以获得最大的奖励，因此数据提供者都诚实上报数据形成了纳什均衡。

2）数据隐私

搜集数据有时会涉及一些私密问题的调研。这时数据提供者会因为泄露了自己的隐私而产生一些损失，或者由于参加了调查而在心理上承受了一些伤害。数据获取面临两个问题：如何量化隐私的价值？如何保证数据统计量的准确性？出于严格的隐私保护要求，我们不能通过数据集学习到任何关于个人的信息。然而，过于严格的隐私保护会导致无法进行任何有效的实验和研究。Dwork 等（2006）给出了一个更实际的定义——算法满足差分隐私性，即通过该算法的输出结果无法有效判断数据集是否使用了某个个体数据。如果一个搜集数据的方法满足差分隐私性，并且数据提供者在效用方面得到了合理补偿，那么数据提供者就会贡献出自己的数据。

在只保护数据隐私，而不需要保护隐私成本时，Ghosh 和 Roth（2011）

给出了近似最优的有准确率保证的激励相容机制。然而数据的隐私价值和数据本身可能存在相关性，这时通过了解一个人隐私成本的信息也可以推断出这个人的隐私，所以需要同时保护个人的隐私和隐私成本。在通常情况下，不存在有准确率保证的激励相容机制（Fleischer et al.，2012；Nissim et al.，2014）；但是一些变种问题存在解决办法（Ghosh and Ligett，2013；Nissim et al.，2014；Roth and Schoenebeck，2012；Waggoner et al.，2015）。在以上的研究中，数据提供者会出于隐私和成本的原因考虑是否提供数据，但并不会提供造假的数据，或者这些数据是可验证的。在数据无法验证的情况下，即数据分析者没有任何关于真实数据的信息，Ghosh 等（2014）利用同行预测技术，即通过数据提供者之间的信息来设计算法和补偿函数，为数据分析者解决了统计人群中拥有某属性的人数比例这一问题。Cummings 等（2015）用类似的方法为数据分析者解决了计算线性回归的问题。

3）数据定价

人们也很关心衡量数据集价值的问题。前述研究侧重于数据搜集，这里更关心大规模的数据交易问题。数据定价，已经在经济学、市场营销、电子商务、数据管理、数据挖掘和机器学习等领域进行了研究和实践。Pei（2020）将这一跨学科场景主要分为三部分——数据传输、数字产品和数据产品，他还总结指出了数据定价中的基础原则——诚实性、公平性、收益最大化、无套利、隐私保护和计算效率。这里主要关注其中的数据产品，也就是以数据集为基础所能获得的产品或信息服务。Agarwal 等（2019）设计了一种数据市场模型来买卖机器学习任务中的训练数据，通过构建相应的分配函数、收益函数、价格更新函数和支付分割函数，实现了诚实、公平、收益最大化和计算效率。同时由于数据产品的特殊性，他们还提出了新的定价原则：对复制的稳健性（robustness）。Naghizadeh 和 Sinha（2019）基于合同理论的方法来研究数据定价问题，他们详细地考虑了敌对买家对于用户收益的影响，并提供了一种快速的近似方法来计算相应的合同，以在具有敌对者的环境中做出应对。Sim 等（2020）的研究主要针对合作机器学习，即不同的组织机构共同提供数据来训练高质量模型，后续分配奖励时，不再使用金钱，而是直接分配具有不同参数的模型，从而更好地保证公平性。Niu 等（2018）考虑具有消费者、拥有者和经销商的数据市场模型，在聚合数据中添加噪声来保证无套利的性质，另外通过自顶向下和自底向上的两种方式来补偿数据拥有者可能的隐私泄露。Fernandez 等（2020）详细地设计了一个数据市场平台系统，通过该系统，数据拥有者和消费者的买卖数据的基本需求可以得到满足。在监督学习的场景中，Ghorbani 和 Zou（2019）通过计算数据的沙普利值来分辨出哪些数据点对训练更有价值，并发现低沙普利值的数据通常是异常点。注意到沙普利值的精确计算是 #P 难的；对于大规模的数据定价问题，Jia 等（2018）给出了亚线性时间的沙普利值计算方法。

2. 算法方面的应用

博弈论不仅自然地适合于智能体系统行为建模，而且在人工智能算法方面有很多成功的应用，显示出强大的威力。

1）对抗学习

生成对抗网络已有多种应用，包括图像/音频/视频生成处理、情感合成、图像和视频标记等计算机视觉任务、计算机病毒检测、医疗等（Dong et al.，2020；Hajarolasvadi et al.，2020；Tian et al.，2019；Toshpulatov et al.，2021）。为生成对抗网络开发的生成对抗数据的技术可用于开发更强的对抗学习算法机制（Goodfellow et al.，2020）。强化对抗学习在虚假新闻（fake news）识别中用于估计哪些是最可能的攻击模式（Gehrmann et al.，2019；Huang et al.，2012）。博弈论的方法也可以用于防御，通过加强机器学习应用中的分类器，来阻止敌手数据对分类结果的干扰和破坏（Chivukula et al.，2019；Dritsoula et al.，2017）。对抗学习可以用来学习事实和反事实数据的平衡表征，从而最小化选择偏差的风险（Bica et al.，2020）。

2）电价设计和用电配置

需求响应是指电力用户根据激励政策或电价信号的动态来改变其固有用电模式，以保证电网系统稳定运行的市场化参与行为。需求侧管理通过引导电力用户在用电高峰时段少用电、用电低谷时段多用电，以提高电网供电效率、优化电力用户用电方式。近些年来，电力供应持续紧张的局面以及发展可再生能源国家战略的提出，都给了需求侧管理前所未有的机遇与挑战，平均场博弈理论为具有大量电力用户需求响应的电价设计和用电配置提供了有效思路。例如，大量电动汽车的使用很可能引发电网过载，亟须解决电动汽车充电协调问题。具有主从关系的平均场博弈可为电动汽车充电协调问题提供建模思路，将供电方看作是具有设计价格函数策略的主要参与者，将电动汽车看作是具有设计用电量策略的从属参与者，通过平均场博弈理论和算法设计得到分布式控制律，同时，所设计的控制律能够使电网系统达到供需平衡，实现削峰填谷的效果。

3）区块链网络监控

使用智能软件代理来监控区块链网络中利益相关者的活动，以检测诸如共谋之类的异常，使用有监督的机器学习算法和算法博弈论来阻止多数人攻击（majority attack）的发生（Dey，2018）。监控者通过分析网络参与者的行为模式和交互，识别出潜在的异常行为，并采取相应的措施来保护区块链网络的完整性和安全性。

4）多智能体博弈和在线决策

无后悔学习算法在解决人工智能的一系列标志性问题的过程中发挥了至关重要的作用，如 AlphaGo 人机围棋对抗、人机德州扑克等多智能体博弈。与此同时，无后悔学习在其他在线决策问题，如在线广告拍卖、金融市场做市交易中也逐渐崭露头角。

三、学科交叉

博弈论是典型的交叉学科，其学习研究需要大量数学、运筹学、经济学、计算机乃至行为科学的知识。目前大部分学校的经济学专业和管理学科专业的本科生和研究生都会开设博弈论的相关课程。特别是对于经济学专业而言，微观理论的大部分内容是用博弈论语言介绍的，博弈论相关的后续进阶课程也很多，包括信息经济学、合同理论、拍卖与机制设计等。但是经济学和管理学专业的学生很少学习人工智能或计算机的相关课程，特别是基础理论课程。与此同时，计算机专业的学生目前很少系统地学习博弈论的相关课程。这些问题对培养熟练掌握博弈论理论来进行人工智能研究的人才构成了较大障碍。对于相关科研工作者来说，计算机学术界对会议论文和期刊论文发表的重视程度有别于大多数的非工程类学科，这一特殊文化也使得他们很难在计算机学院以外的院系生存。国内相关人才的成长和进一步的学科融合交叉还存在很大的障碍。目前人工智能的博弈论基础研究多集中于高校和科研院所的研究团队。

四、资助管理

在资助管理方面，国内博弈论相关的科研工作者主要从国家自然科学基金委员会管理科学部、数学物理科学部和信息科学部申请科学基金。总体而言，博弈论研究理论性强、难度大、专业期刊少、发表周期长。因此，与容易快速出成果的研究方向相比，博弈论研究者的成果在过度量化的评判标准下缺乏竞争力，国内博弈论研究者在上述几个学部申请基金时，相对来讲都较为困难。特别是，用博弈论研究人工智能的学者和项目迄今还非常少。国家自然科学基金委员会于2020年新成立了交叉科学部，鼓励人们从事交叉科学方面的高水平研究，对博弈论在人工智能领域应用的发展起到了积极的推动作用。

第三节　发展现状与发展态势

一、国际发展状况和趋势

1. 对抗学习

对抗学习是机器学习近一二十年来发展起来的一个新兴领域。对抗、博弈的思想和方法应用于机器学习取得的诸多成果，也激发了更多的从博弈论角度关于对抗学习的研究。其发展状况和趋势主要体现在以下四个方面。

1）从完全信息博弈到非完全信息博弈

Dalvi 等（2004）的经典对抗分类模型中“敌手拥有学习者的分类算法、效用和成本函数等全部信息”的假设被放松。敌手可以通过发送数量有限的、包含对抗数据的查询来估测学习者分类器的信息，并进而利用算法确定攻击向量（Lowd and Meek，2005）。

2）从确定的纯策略到随机的混合策略

学习者在多个分类器上采用随机化的方法（而不是像过去那样调整单个分类器的参数）以使其数据预测分类能够更加有效地对抗敌手的攻击；同样，敌手也会利用随机方法来提高其攻击力（Bulò et al.，2017）。

3）从离线学习到在线学习

在特征删除/篡改攻击中，如果学习者能够利用训练数据来训练分类器，那么分类任务通常会被转化为约束优化问题来解决。但是，当学习者不能访问训练数据时，学习任务就变成了在线学习问题；在线分类器被建模为统计学习、动态博弈算法（Dekel et al.，2010a；Shoham et al.，2008）。

4）从单次博弈到重复博弈

除生成对抗网络外，同时博弈很少被用于模拟敌手和学习者之间的互动。然而，人们已经注意到人工智能的很多实例是博弈者进行的多次同时博弈；该类博弈将是未来人工智能研究的一个热点。例如，Schuurmans 和 Zinkevich（2016）将一个训练深度神经网络的问题转化为：求解两个博弈者（主角和敌手）之间重复零和博弈的纳什均衡。该深度学习博弈虽然与对抗学习的基础设置有所差异，但是它为对抗学习向重复博弈研究拓展提供了启示（Dasgupta and Collins，2019；Tembine，2020）。

2. 无后悔学习

无后悔学习是博弈论、机器学习、人工智能等学科互相交叉的核心领域之一，在博弈论的经典教科书和顶级期刊《博弈与经济行为》（*Games and Economic Behavior*），机器学习的顶级会议——学习理论会议（Conference on Learning Theory，COLT）、国际机器学习会议（International Conference on Machine Learning，ICML）、神经信息处理系统会议（Conference on Neural Information Processing Systems，NeurIPS），以及人工智能的顶级会议——人工智能促进协会人工智能大会（AAAI Conference on Artificial Intelligence）、国际人工智能联合会议（International Joint Conference on Artificial Intelligence，IJCAI）中，都占据非常重要的地位。通常这些会议都有专门的分组来探讨本领域的最新进展。随着无后悔学习技术在解决围棋和德州扑克两个具有标志性的实际博弈问题中发挥重要作用，无后悔学习领域正在受到越来越多的科研工作者的关注。同时，美国加州大学伯克利分校西蒙斯计算理论研究所在2022年开办了一个专门的研究项目来探讨博弈论与机器学习的关系，其核心关注点就是无后悔学习模型。

3. 多智能体平均场博弈

近年来，受大规模网络系统迅速发展的影响，多智能体平均场博弈得到学者们的广泛关注并取得丰硕成果。在多智能体模型中，智能体之间存在着合作和非合作两种关系。例如，在一些工程、经济和社会模型中，智能体之间存在合作关系，单个智能体除了要考虑自己的指标函数，还要考虑整个系统的指标函数。在另一些模型中，智能体之间存在竞争关系，因此智能体会单独优化自己的指标函数。根据智能体之间是否具有合作关系，我们将平均场博弈划分为合作平均场博弈和非合作平均场博弈。下面分别对合作平均场博弈和非合作平均场博弈在近些年的进展情况进行概括。

1）二次指标非合作平均场博弈

在非合作平均场博弈中，人们（Huang et al.，2003，2004）最早用不动点方法对指标函数带折扣因子的线性二次平均场模型进行研究，提出了纳什必然等价原理的思想，为现实中个体数目巨大的多主体系统设计了分布式控制律，并证明所得控制律的纳什均衡性。Li 和 Zhang（2008）研究了长时间平均型指标的多智能体随机分布式博弈，并引入概率意义下渐近纳什均衡的概念，所考虑的长时间平均型随机指标与取期望形式的确定型指标相比，有更加清楚直观的意义。Bensoussan 等（2016）应用随机极大值原理对线性二次平均场博弈进行了研究。Lasry 和 Lions（2007）在之前研究工作（Lasry and Lions，2006b）的基础上，证明了所涉及的哈密顿－雅可比－贝尔曼方程和 Kolmogorov 方程解存在唯一性。Lasry 和 Lions（2006b）、Nutz（2018）以及 Bertucci（2020）分别对平均场博弈中的最优停控制时和脉冲控制问题进行了研究。

2）风险灵敏度指标非合作平均场博弈

在金融市场中，风险灵敏度博弈普遍存在。风险灵敏度除包括零风险外，根据参与者对风险的喜好程度，还包括风险规避和风险寻求。2014年，Tembine 等（2014）首次对风险灵敏度非线性平均场博弈进行了分析，所考虑的对象是有限时间范围内的同质智能体。Moon 和 Başar（2019）利用极大值原理研究了风险灵敏度指标下线性二次平均场博弈和非线性平均场博弈。Moon 和 Başar（2017）应用极大值原理对线性二次风险灵敏度平均场模型做了进一步讨论，研究对象是异质智能体，考虑的是无限时间范围内的时间平均型指标。

3）主从平均场博弈

在上述研究中，所有参与者对彼此之间的影响是微不足道的，并且他们不会以单个的方式影响整个群体。然而，在现实中我们知道，当参与者的地位和角色不同时，其影响也显著不同。例如，在价格相关的问题中，小的单个公司的决策总是受某些垄断公司的影响，同时小公司集合起来也会通过市场价格影响垄断公司的决策，这就是所谓的主从参与者模型，或者称为混合参与者模型。当主要参与者实施一些调控政策时，所有小公司所制订的生产计划应该遵循这些政策。所以，所有的单个小公司组成了从属参与者，并且他们的集体行为影响主要参与者。关于主从关系平均场博弈，已有许多研究成果（Huang，2010；Nguyen and Huang，2012；Nourian and Caines，2013）。Huang（2010）根据从属参与者动力学方程参数的不同取值将所有从属参与者划分为若干类，研究了具有高斯分布（Gaussian distribution）的带折扣因子线性二次主从参与者博弈问题，利用状态聚集的方法得到了分布式控制律，并证明所得的控制律关于指标函数满足 ϵ- 纳什均衡性。Nguyen 和 Huang（2012）对 Huang（2010）的工作进行了改进，将从属参与者的参数取值由离散的有限类扩展到了连续的无限类。文献研究了非线性随机系统的博弈问题，得到了次优的分布式策略并证明了其 ϵ- 纳什均衡性。

在主从关系平均场模型中，若主要参与者具有优先决策权，并且在设计控制律之前知道从属参与者会如何根据自己的决策做出相应的反应，这类模型被称为斯塔克尔伯格模型。Moon 和 Başar（2015）研究了具有一个主要参与者和大量同质从属参与者的线性二次斯塔克尔伯格平均场博弈，证明了所得到的控制律关于指标函数满足斯塔克尔伯格纳什均衡性。之后他们对该工作进行了推广（Moon and Başar，2018），研究异质从属参与者的线性二次斯塔克尔伯格平均场博弈。

4）合作平均场博弈

目前，合作平均场博弈理论的发展成果主要集中在平均场社会最优控制领域。在平均场社会最优控制中，各智能体合作地选择控制律来优化系统的社会指标函数，这里的社会指标函数一般是指所有个体指标函数之和，因此，在设计控制律时，各智能体除了考虑自己的指标函数，还要考虑所设计的控制律对其余指标函数的影响。同平均场博弈问题一样，对平均场社会最优控制问题的研究方法也包括不动点方法（Huang et al.，2012）和直接法（Wang et al.，2020）。Huang 等（2012）通过不动点方法研究了线性二次平均场社会最优性问题，得到了分布式控制律，并证明该分布式控制律具有渐近社会最优性。Wang 等（2020）用直接法分别对有限时间和无限时间线性二次控制问题的稳定性和社会最优性进行了分析。Wang 和 Zhang（2017）研究了带有马尔可夫跳参数的平均场模型的社会最优决策问题，借助状态空间升维的方法设计了分布式控制律，并验证所得的控制律满足渐近社会最优性。Li 等（2019）首次对平均场博弈和社会福利优化之间的关系进行了分析，证明了平均场博弈的 ϵ- 纳什均衡解与一个修正社会福利优化问题的最优解是一致的。

4. 算法博弈论

在过去十几年里，算法博弈领域有很大发展。它在主要的人工智能会议和国际期刊上具有重要和日益增长的影响，如国际人工智能联合会议、人工智能促进协会人工智能会议、自主智能体与多智能体系统国际联合会议（International Joint Conference on Autonomous Agents and Multiagent System）、《人工智能》（*Artificial Intelligence*）、《人工智能研究杂志》（*Journal of Artificial Intelligence Research*）、《自主代理和多代理系统》（*Autonomous Agents and Multi-Agent Systems*）等。算法博弈论还有自己的三个专门的旗舰会议：美国计算机协会（Association for Computing Machinery）经济学与计算会议（Conference on Economics and Computation）、网络与互联网经济国际会议（International Conference on Web and Internet Economics）和算法博弈论国际研讨会（International Symposium on Algorithmic Game Theory）。算法博弈论近年来得到了包括剑桥大学、耶鲁大学、康奈尔大学、哈佛大学、卡内基梅隆大学、加州大学伯克利分校、斯坦福大学和希伯来大学等世界各大著名教育研究机构的重点研究，并开设了研究生课程。

以算法博弈论为主要组成部分的计算经济学兴起于 20 世纪 90 年代，

1999 年美国计算机协会电子商务特别兴趣组（ACM SIGecom）组织了第一届电子商务会议，此后每年一届。2000 年美国计算机协会电子商务特别兴趣组发行了第一期《交流》(*ACM SIGecom Exchanges*)。在世纪之交，世界范围内移动用户数量，从 1994 年的约 5500 万个爆炸增长至 2022 年的 83.6 亿个①。这时人们关注电子商务系统涉及的方方面面问题，如大型网站的架构设计、数字商品的版权问题、交易代理人的策略设计、安全交易的协议设计、支付失败的解决办法、合同违约的认定方法、对等网络（peer-to-peer，P2P）系统的激励机制、多物品拍卖问题等。随着电子商务逐渐发展成熟，人们对软件架构、网络服务、通信协议等问题的关注度逐渐降低，保持了对在线广告拍卖、多物品拍卖的关注度，同时开拓了新研究领域，如众包机制、人们行为的实证研究、动态机制设计、匹配理论、安全博弈等。在 2014 年，为了体现研究领域的广泛性，电子商务特别兴趣组更名为计算经济学特别兴趣组。之后，新的研究方向不断涌现，如云计算平台的定价机制、比特币矿工的策略行为、最优机制的采样复杂度、共享经济平台的调价机制等。

计算经济学的发展有很强的时代背景；它是一个富有生命力的学科；它兼顾理论、实证数据和应用，同时吸引了计算机科学家和经济学家；它和计算机科学很多其他方向有很强的联系。比如，计算经济学会议和推荐系统会议合作过三次，和算法博弈论会议合作过五次，和互联网经济会议合作过两次。

二、国内发展现状和态势

虽然国内从事对抗学习研究的人员不在少数（如清华大学、复旦大学、南京大学、西北工业大学、中国科学院自动化研究所、微软亚洲研究院等高校和科研院所的研究团队），有些工作具有良好的国际影响力，但都偏向于工程技术层面的处理和改进，真正从博弈论的基础层面进行建模和算法研究的还相当少（西北工业大学等团队在该方向有初步的尝试）。总之，我国在这方面的研究力量还比较薄弱，与国际前沿还有不小的差距。

较之于国际同行，国内算法博弈相关的研究起步稍晚。主要原因是，几

① Mobile Cellular Subscriptions. https://data.worldbank.org/indicator/IT.CEL.SETS[2024-09-01].

个密切相关的学科领域——理论计算机科学、组合优化和微观经济学在国内都比较小众。直至今天，国内研究算法博弈论的科研人员力量依然较少，但是水准较高、进步迅速。北京大学、清华大学、上海财经大学、浙江大学和中国科学院等研究团队都有较好的研究基础，在均衡计算、信息获取机制、多物品拍卖、数字产品拍卖、自私路由、选址博弈等方向取得很多成绩，其中不乏被国际同行关注的重要成果。伴随着图灵奖得主姚期智教授的全职回国，国内在算法博弈论方面的研究水平进步迅速，姚教授直接培养并且间接影响了一批从事理论研究的科研人员，其中相当一部分人活跃在算法博弈论领域，一些杰出年轻学者逐渐在国际上崭露头角。

国内众多团队从复杂系统智能控制的角度进行集群行为与集群智能、演化博弈与群体决策等方面的研究工作，取得了一系列具有国际水平的成果。

在经费投入方面，科学技术部2018年启动实施科技创新2030——“新一代人工智能”重大项目，在新一代人工智能基础理论、面向重大需求的关键共性技术、新型感知与智能芯片等3个技术方向启动16个研究任务。其中，新一代人工智能基础理论方向下设的7个研究任务之一是非完全信息条件下的博弈决策。该任务共有3个项目获批，分别由中国科学技术大学、浙江大学、中国科学院数学与系统科学研究院牵头负责组织实施。每个项目的资助力度在1000万元左右，实施周期为3～5年。

从国际和国内现状两相对比看出：我们需要在复合型人才培养、研究团队知识结构交叉互补方面加大工作力度和资金投入，将博弈论作为机器学习、人工智能发展的基础性助推力，对其开展引领性、开拓性研究。

第四节　发展思路与发展方向

长期以来，不同技术的突然兴起和衰落一直是人工智能研究领域的特点。每10年都有不同观点之间的激烈竞争。然后，每隔一段时间，一个新的技术就会兴起，研究人员都会聚集起来研究这一新事物。“神经网络统治了20世纪50年代和60年代，各种象征性的方法征服了70年代，知识库系统在80年代走向巅峰，贝叶斯网络引领90年代，支持向量机在21世纪前10年爆发，在21世纪第二个10年，我们再次回到神经网络。”（Domingos，2015）从现在到2035年将会是博弈论与人工智能深度交叉融合发展的黄金时期，机遇与挑战并存。

一、关键科学问题

1. 合作博弈论能否在人工智能研究中大放异彩

合作博弈论有非常辉煌的历史，是博弈论早期研究中占主导地位的研究分支。但是自20世纪80年代起，该分支鲜有重大成果出现，不受经济学家的重视，一直处于研究低谷，跟非合作博弈论的发展形成鲜明对比。但是跟非合作博弈论相比，合作博弈论有天然的优势，如建模层次更高、不需要过多博弈细节，更容易用于处理合作问题等。很多重要的博弈论学家都认为合作博弈论的重要性被低估了，期待着合作博弈论的复兴。在博弈论与人工智能相结合的领域，特别是算法博弈论中，合作博弈论受重视的程度远高于它在经济学中受重视的程度。正如前面所论述的，人工智能发展到后期势必面对越来越多的协调与合作问题。为解决这些问题，合作博弈论的视角和研究范式有可能会给出更令人满意的解答。另外，从技术角度来看，合作博弈论的研究涉及大量组合、离散问题，经济学家缺乏相关的研究文化和传统，而人工智能学家，特别是有计算机背景的人工智能学家，擅长处理组合、离散问题，这也为合作博弈论未来在人工智能研究中开拓出一片新天地提供了技术支撑。

2. 共同知识前提

制约博弈论在人工智能中发展的一个主要困难是共同知识（common knowledge）这一博弈论的基础题设（Mariotti，1996）在人工智能的很多应用中往往不能完美地实现。例如，当敌手试图隐藏和掩盖信息时，就丧失了共同知识这一前提。“如何建立更加弱化的知识假设，并在此基础上发展博弈论，使之在人工智能发展中发挥更大的作用？”这是一个关键的科学问题。

3. 基于风险灵敏度指标的主从关系的平均场博弈

具有主从关系的平均场博弈模型有着广泛的实际应用。在状态方程具有随机扰动的主从关系平均场模型中，因为每个从属参与者都会受到主要参与者的影响，所以用平均场理论对状态平均进行逼近时会得到一个和主要参与者扰动有关的随机过程；此时解决二次指标下平均场博弈问题的关键在于解决具有随机参数的线性二次最优控制问题。彭实戈院士在 1992 年提出了具有随机参数的线性二次最优控制问题并在此基础上证明了随机哈密顿 - 雅可比 - 贝尔曼（HJB）方程解的存在唯一性。基于风险灵敏度指标的主从关系平均场博弈涉及基于风险灵敏度指标的随机参数最优控制问题。相比于二次指标情形，该问题所涉及的随机哈密顿 - 雅可比 - 贝尔曼方程解的存在唯一性研究是一个极具挑战的任务。

4. 无后悔学习的新模型和算法

对于经典的无后悔学习问题，学术界已经有非常深入的理解。但是如果把它应用到实际场景中，就常常需要对模型进行一系列修正，以应对信息是不完全或者信息有延迟等情况。如何根据实际问题提出新的无后悔学习模型的变形或推广，并且设计出新模型下的学习算法，分析和理解这些新算法的特性，是该领域的重要科学问题。

5. 均衡解的分布式可计算性

对于博弈论中很多常用的解概念（如纳什均衡），其中一个重要理论缺陷是，我们至今不知道任何有效的学习算法——当参与者根据这样的算法来参与博弈，其行为最终会收敛到纳什均衡。因此一个关键的科学问题是，能否找到一个新的博弈解概念，它有非常好的经济学含义，同时又存在有效的分布式算法可以快速收敛到这样一个均衡。

6. 互补性多物品拍卖的机制设计

虽然单物品最优拍卖问题能够得到妥善解决，但是对于多物品拍卖问题，即使在只有一个买家和一个卖家的情况下，问题也是异常复杂困难的。在只有一个买家的情况下，当估值函数满足可加性时，分开销售和捆绑销售中较好的机制可以保证 6- 近似（Babaioff et al.，2014）；当买家只需要一个物品时或当估值函数满足次可加性时，二者所遇问题也分别被 Chawla 等（2007）以及 Rubinstein 和 Weinberg（2018）解决。对于有多个买家的情况，该类问题也有类似的结论（Cai et al.，2019；Chawla et al.，2010；Chawla and Miller，2016；Yao，2015）。但是这些结论适用的场景都不适用于有互补性的价值函数。大家普遍相信互补性质越强，越难以得到正面的结果。Eden 等（2021）尝试定义一种衡量互补性的指标，并基于此证明了一些简单机制的近似效果与互补性程度有关。之后 Cai 等（2019）考虑了一种特殊的服从互补性的估值函数，并设计了 12- 近似的拍卖机制。整体而言，目前对于有互补性的多物品拍卖，虽然有一些初步研究，但其机制设计问题仍然没有得到较好的解决，这是当前算法博弈论领域的重要问题之一。

二、总体发展思路

博弈论在人工智能领域的发展将从“静态、单一、小规模”模型进一步向“复杂、动态、进化、复合、大规模”模型和方法迈进。它与计算机科学、经济学、运筹学、控制论、统计学等多学科的交叉势必越来越紧密和深入。博弈论研究将着眼于“发展突破人工智能发展瓶颈所需的博弈基础理论和算法”。

（1）利用带贝叶斯学习的重复博弈建立准确稳健的对抗学习模型和方法。现有的许多对抗学习模型的一个不足之处在于：学习者仅使用与敌手的一次性交互历史来建立和更新生成对抗性数据实例中敌手的行为模型。更加实际有效的模型应该考虑学习者和敌手之间的多轮交互历史，从而使学习者对敌手的行为做出更准确的预测和判断，并相应地调整其分类器。带贝叶斯学习的重复博弈为建立基于历史的敌手（行为）模型提供了理论基础。另外，开发快速的、基于博弈论的算法，能够保证在可量化的范围内准确预测敌手的行为，这将使所建立的对抗学习模型更加准确和稳健。

（2）构建无后悔学习新的理论框架，推动其在人工智能各领域的应用和发展。从无后悔学习过去发展的历程上看，未来可能有如下的发展思路：①将无后悔学习算法应用到更多的实际问题中去（如广告拍卖），从而提炼出新的理论框架和问题；②将无后悔学习理论与机器学习的其他领域（如 minmax 最优化问题、深度神经网络的训练、对抗神经网络等）结合，尝试推动机器学习其他领域的发展；③由于该领域具有非常典型的跨学科特征，应鼓励和推动经济学家、计算机科学家、统计学家的跨学科合作。

（3）利用平均场等博弈理论研究学习与博弈相结合的自适应人工智能决策问题。在实际系统中，由于环境中有各种不确定因素，智能体的动力学中不可避免地会出现参数不确定性或未建模动态。一般而言，未知参数可以分为两类：一类是未知局部参数，包含了个体的局部环境信息；另一类是未知全局参数，由所有的智能体共享。虽然存在参数不确定性，但每个智能体都具有学习能力，可以根据量测数据逐步完善环境模型，边学习边控制以消除不确定性。通过在线辨识器或学习机，每个个体利用对未知参数的估计来设计各自的控制器以优化其指标，从而使整个系统呈现出一幅大群体分散自适应博弈的动态图景。利用平均场博弈理论研究这类学习与博弈相结合大群体分散博弈将是很有意义的方向。

（4）大力发展算法博弈论，推进构建更加完善的人工智能理论和算法体系。算法博弈论是一个典型的交叉学科方向，同时隶属于计算机、运筹学和经济学。总体而言，该方向是理论计算机对经济学的一次"入侵"，相关的很多重要成果发表于经济学顶级期刊。这对素来被批评的"经济学帝国主义"是很罕见的事情，因为通常都是经济学"入侵"其他学科。对于相关研究人员来讲也是一次绝佳的机遇，可以从计算的视角来重新理解经济学中的很多思想性很强的基础问题，这些成果又有很大的潜力来反刍人工智能和理论计算机科学。乐观来看，算法博弈论方向将来有可能产生诺贝尔经济学奖。事实上，2012 年诺贝尔经济学奖表彰了罗思和沙普利在市场设计实践领域的贡献，这一方向跟算法博弈论有很大重合，是经济学家、计算机学家和运筹学家一起推动发展的。另外，2020 年获诺贝尔奖的两位经济学家，保罗·米尔格龙（Paul R. Milgrom）和罗伯特·威尔逊（Robert B. Wilson）也都具有运筹学背景，都对算法在经济学中的应用大力支持。所以此方向的发展对国内经济学来讲也是一次机遇。建议搭建更好的平台，为运筹学家、计算机学家和经济学家之间的交流合作提供便利，包括计算机学会和运筹学会更加密切合作，在计算机学会和运筹学会中吸引更多有经济学背景的学者等。

三、发展目标

将对抗学习、深度学习与动态、重复、进化、算法博弈论进行融合，形成系统的理论和方法，使博弈论和人工智能互为发展的强大驱动力。为国防、交通、金融等方面的国家战略提供支持。在学术研究中赶超国际先进水平，做出一系列引领性、重量级、具有国际深远影响力的成果。

四、重要研究方向

1. 对抗学习

博弈论提供了一种在对抗学习中对学习者和敌手博弈行为进行建模的便捷工具。然而，随着基于博弈论的行为建模的发展，重复、进化博弈论和深度网络机器学习在其中应用不断深入，这些模型及其策略求解算法在各方面的改进将使对抗学习能更有力地抵御现实生活中的对抗威胁。

1）敌手和学习者的有限生命力（期）

现有的大多数基于博弈论的对抗学习模型都假定敌手拥有无限资源（如访问数据、互联网）以及无限预算来构建对抗性实例。这些资源综合起来可被视为敌手的生命力。但是，在现实中，敌手通常生命力有限；他们试图在有限的生命力（期）内最大限度地发挥他们所产生的对抗数据的影响。有研究开始考虑有边界的特征敌手（Park et al.，2017），他（们）对真实数据特征的影响/改变程度以及向学习者提出查询的次数都是有限的（Hardt et al.，2016）。生命力衰减对敌手策略的影响尚未得到充分研究，这是一个有趣而实用的未来研究方向。例如，感知到剩余生命力很少的敌手会更倾向于采取攻击性策略，以最大化对学习者的伤害。在更深层次上，学习者可通过分析敌手的攻击来建立敌手的生命力模型，并制定防御策略，最大限度地减少敌手对自己的伤害。基于生命力决策的重复博弈为研究这个问题提供了一个整体框架。

2）敌手和学习者的深层行为建模

大多数现有的对抗学习基于序贯博弈理论，其中，敌手尽管不知道学习者所使用分类器的参数，但拥有关于分类器的其他很多信息。一个值得研究的基于博弈论的对抗学习场景是：敌手只拥有学习者分类器的部分、不一定准确的信息。因为在大多数实际应用中，学习者的分类器通常是它自己的专有机密信息，所以该场景更好地契合了现实生活。另外，像无政府代价、激励比率、后悔值最小化等（Nisan et al.，2007；Shoham et al.，2008）这样超越纳什均衡的解决方案可以为学习者和敌手提供更加灵活快速的策略计算方法。与此相关的是：博弈论模型可以通过纳入建模和推理成本（如求解纳什均衡的成本、保存博弈历史的成本、从历史中建立敌手对抗行为模型的成本等）来使模型更加合理，更具应用、参考价值。

3）战术防御者和攻击者策略

基于博弈论的对抗学习模型使用学习者和敌手的效用函数值来对策略进行参数化。但在现实生活中，一些战术策略的参数化并不容易。例如学习者的策略可以包括军事优先或经济优先、严格正义、分层防御，而攻击者可以用低慢攻击、突袭、大卫与歌利亚（David and Goliath）式攻击、自杀式攻击来制定策略。行为博弈论为这种战术策略的建模提供了一个合适的框架，使对抗性学习的研究更加接近实际攻击。

4）针对离散数据的对抗生成网络

目前，对抗生成网络的生成过程依赖于生成参数的可微性。因此，对抗生成网络不能直接产生离散数据，如哈希码和热词等。解决这个问题非常重要，因为它可以释放对抗生成网络对自然语言处理和哈希的潜力。

5）共享资源（数据集）的价值递减

现有对抗学习模型的另一个局限性是：共享资源在受到对抗性攻击时，其价值被认为是一成不变的。在现实中，由于学习者分类器的错误率非零，少量但不可忽略的因果性和探索性攻击会越过分类器，引起数据集受损，降低分类器的可靠性。将训练和测试过程中数据价值递减及其对分类器置信度影响的分析纳入学习者的防御机制的研究中是很有意义的。同样，敌手可以同步尝试对数据的价值和分类器置信度进行建模，并将这些因素整合到对抗数据的生成策略中。

2. 无后悔学习

无后悔学习的重要研究问题包括研究各自无后悔动力学系统的收敛性及其与博弈均衡的关系，解决实际应用中的多参与者博弈问题，及其在金融等领域的应用等。

1）具有各类收敛性的动力学系统

在两个博弈者的博弈中，如果两个博弈者都遵循于 20 世纪 50 年代发明的被称为虚拟对弈（fictitious play）的策略，两个博弈者博弈的联合经验频率在零和博弈中收敛到纳什均衡，而在非零和博弈中则做不到这一点。Hart 和 Mas-Colell（2013）证明：内部无后悔（no internal regret）的策略可以收敛至相关均衡。Foster 和 Young（2003）提出了后悔测试（regret testing）的想法，该想法可以保证以大概率渐近地收敛到近似纳什均衡。然而，所有这些策略都不能保证在多项式时间中找到纳什均衡。Daskalakis 等（2015）设计了一个强非耦合的动态策略，它能够以$O[(\ln T)/T]$的速度收敛到零和博弈的最小最大值。研究具有各自收敛性的动态策略仍然是该领域最重要的问题，也是人工智能的基础性问题之一。

2）多参与者零和扩展式博弈均衡的计算

现实生活中的很多棋类游戏，乃至众多的竞争性决策问题，都可以用扩展式博弈来刻画。对于该类问题来说，一个重要的问题就是如何为每个参与者设计某个策略，使得当所有参与者都遵循这个策略时，能够实现纳什均衡。对于零和博弈来说，我们知道如果每个参与者都采用无后悔的学习策略，大家是可以达到纳什均衡的。但是由于传统的无后悔学习策略更适合解正则式博弈问题，另外如果把一个扩展式博弈转化为一个正则式博弈又有很高的复杂性，因此反事实后悔最小化（counterfactual regret minimization，CFR）学习机制及其变种 CFR+ 被引入来解决扩展式博弈问题。这是德州扑克这个标志性游戏被计算机解决的关键技术，但是解决德州扑克这类游戏需要消耗大量的存储和算力。我们知道，人类参与这类研究是不需要如此大的能量消耗的。下一个阶段的研究是找到更加高效的算法来解决这类问题。

3）多智能体博弈

从德州扑克和围棋的非合作零和博弈扩展看来，我们可以构建一个更一般的多智能体博弈模型。在这里，每个智能体都有自己独立的目标函数，而它们之间的关系可以是合作的也可以是竞争的。每个智能体都会有自己的行为并得到一个相应的回报，而它们整体的行为又会改变整个环境的状态。该领域还有众多的问题没有得到解决。博弈论既为此类问题给出了建模的方法，又为其提供了分析求解的工具，是解决该类问题的至关重要的工具。

4）期权定价

期权定价是数理金融和运筹学中的一个关键问题。最经典的论文无疑应该归属于 Black 和 Scholes（1973）。他们在论文中假设股票价格遵循具有常数波动率的几何布朗运动，并且连续交易被用来进行动态对冲。不幸的是，这些关键假设在现实中几乎都是不成立的。Demarzo 等（2006，2016）提出了一个新模型，给出欧式期权价格的上限。他们的结果不取决于完全市场、几何布朗运动、连续交易等假设。因此，这在很强意义上是稳健的。与以前的文献不同，Demarzo 等（2006，2016）提出的期权定价方法利用了无后悔学习理论。在他们的金融交易模型中，投资者管理一个由股票和债券组成的投资组合。投资者的策略空间是其投资于股票和债券的权重比例。该无后悔梯度策略可以使得在期权到期日，投资组合的价值不低于从一开始购买并持有股票或债券的价值的某个比例。这对应着欧式期权价格的上限。无后悔学习理论和方法在期权定价中还有广阔的发展空间。

3. 平均场博弈

关于平均场博弈理论及其应用的发展方向，包括以下三个方面：①将具有主从关系的线性二次（风险中性的）平均场博弈推广到风险规避或风险追求的指数形式平均场博弈；②对不同指标形式下部分观测的平均场博弈问题也可进行系统研究；③将主从关系平均场博弈模型引入电网系统中，用来优化电力分配问题的解决方案。

4. 算法机制设计

这是算法博弈论领域的一个非常重要的研究方向，包括数据交易共享机制设计、动态机制设计、区块链矿工激励机制设计等热点课题。

1）数据交易共享机制设计

数据交易、数据共享或联邦学习是大数据时代重要的组成部分。在不同的应用场景中，机制可能需要保证不同的性质，如诚实性、公平性、收益最大化、无套利、隐私保护和计算效率等。目前实际中采用的交易和共享机制仍比较初级，相关研究才刚刚起步（Mehta et al.，2021），有待挖掘更多的成果来支撑实际应用。

2）动态机制设计

由于买家的估值随着时间不断变化，人们在设计机制的时候需要动态调整机制。其中包括买家交易只进行一次但是价格在不断变化的机制（Bergemann et al.，2020；Chen and Jasin，2019），如飞机票的销售；更重要的场景是与买家进行重复交易的机制，如在线广告拍卖（Balseiro et al.，2018）。在重复交易的过程中，买家的估值在每轮交易时都可能发生变化，Papadimitriou 等（2022）研究了每轮最优的拍卖机制和整体设计的最优拍卖机制之间的差距。重复拍卖的机制设计必须考虑前后轮之间的影响。Mirrokni 等（2018）的研究表明：卖家在不同轮之间通过为买家设置一些余额账户，可以刺激消费、增加收入。最优的动态机制仍有待探索。实际采用的动态拍卖机制有时是非常复杂的，买家很难计算其最优策略，机制设计者应该如何引导买家在一些复杂的机制中进行决策也是十分重要的问题，这个方向目前只有一些初步的研究（Hartline et al.，2019）。

3）区块链矿工激励机制设计

分布式虚拟货币是一个多学科交叉问题。针对该问题，算法博弈论主要研究其中矿工记录分布式账本的动机问题和策略问题（挖矿）。最重要的挖矿机制包括工作量证明（proof of work）和容量证明（proof of capacity）两类。Fiat 等（2019）证明了在当前工作量证明调整挖矿速度的机制下，矿工有动机间歇性地挖矿，甚至不能经受住虚拟货币价格的大幅下降的冲击（Noda et al.，2020）。Budish（2018）发现，在工作量证明的现有的挖矿奖励机制下，随着挖矿成本的持续增加，交易成本将持续提高，使生态无法持续。在容量证明的机制里也同样存在矿工的激励问题，业界和学术界目前都只有一些初步的相关研究（Brown-Cohen et al.，2019；Kiayias et al.，2017）。如何设计更加理想的矿工激励机制，如何改善甚至解决当前矿工激励不相容的问题是当前算法博弈论的重要研究方向之一。

五、资助机制与政策建议

鼓励学科交叉，为博弈论学家、计算机学家、运筹学与控制论专家和经济学家的相互交流、学习与合作搭建更加有效的平台，鼓励相关国家一级学会，特别是中国计算机学会、中国运筹学会和中国自动化学会等之间的相互交流与合作，加大力度吸引交叉学科人才。鼓励数学系、经济系、自动化系等从事人工智能相关研究的教授到计算机系授课和指导学生做研究，培养复合型人才。建立更加合理的评价机制，以包容的态度推动学术成果在学科间相互认可。

充分发挥国家自然科学基金委员会交叉科学部的优势，对从不同学部对申请人工智能方向项目的交叉性人才给予适当资助率和资助额度方面的优惠。通过专项资金资助相关学会，开展相关青年人才选拔资助项目，以及进行专项的讲习班培训等人才培养活动。鼓励国际合作交流，以专项基金资助国内与国外相关科研机构 / 团队之间的互访交流合作，推动国内研究与国际前沿接轨。

本章参考文献

朱松纯 . 2017. 浅谈人工智能：现状、任务、构架与统一 | 正本清源 . https://mp.weixin.qq.com/s/-wSYLu-XvOrsST8_KEUa-Q [2023-04-10].

Abernethy J, Chen Y L, Ho C J, et al. 2015. Low-cost learning *via* active data procurement// EC 2015: Proceedings of the Sixteenth ACM Conference on Economics and Computation. New York: Association for Computing Machinery: 619-636.

Agarwal A, Dahleh M, Sarkar T. 2019. A marketplace for data: An algorithmic solution// EC 2019: Proceedings of the 2019 ACM Conference on Economics and Computation. New York: Association for Computing Machinery: 701-726.

Arora S, Hazan E, Kale S. 2012. The multiplicative weights update method: A meta-algorithm and applications. Theory of Computing, 8(1): 121-164.

Aumann R J. 1976. Agreeing to disagree. The Annals of Statistics, 4(6): 1236-1239.

Aumann R J. 2019. A synthesis of behavioural and mainstream economics. Nature Human Behaviour, 3: 666-670.

Babaioff M, Immorlica N, Lucier B, et al. 2014. A simple and approximately optimal mechanism for an additive buyer// FOCS 2014: Proceedings of the 55th Annual Symposium on Foundations of Computer Science. Philadelphia: IEEE: 21-30.

Balseiro S R, Mirrokni V S, Leme R P. 2018. Dynamic mechanisms with martingale utilities. Management Science, 64(11): 5062-5082.

Barreno M, Nelson B, Joseph A D, et al. 2010. The security of machine learning. Machine Learning, 81(2): 121-148.

Bensoussan A, Sung K C J, Yam S C P, et al. 2016. Linear-quadratic mean field games. Journal of Optimization Theory and Applications, 169(2): 496-529.

Bergemann D, Castro F, Weintraub G Y. 2020. The scope of sequential screening with ex post participation constraints. Journal of Economic Theory, 188: 105055.

Bertucci C. 2020. Fokker-Planck equations of jumping particles and mean field games of impulse control. Annales de l'Institut Henri Poincaré C, Analyse Non Linéaire, 37(5): 1211-1244.

Bica I, Alaa A M, Jordon J, et al. 2020. Estimating counterfactual treatment outcomes over time through adversarially balanced representations//ICLR 2020: Proceedings of 8th International Conference on Learning Representations, Paper 820: 1-28.

Biggio B, Corona I, Maiorca D, et al. 2013. Evasion attacks against machine learning at test time// Joint European Conference on Machine Learning and Knowledge Discovery in Databases. Berlin: Springer: 387-402.

Black F, Scholes M. 1973. The pricing of options and corporate liabilities. Journal of Political Economy, 81(3): 637-654.

Bowling M, Burch N, Johanson M, et al. 2015. Heads-up limit hold'em poker is solved. Science, 347(6218): 145-149.

Brown-Cohen J, Narayanan A, Psomas A, et al. 2019. Formal barriers to longest-chain proof-of-stake protocols// EC 2019: Proceedings of the 2019 ACM Conference on Economics and Computation. New York: Association for Com-puting Machinery: 459-473.

Brückner M, Scheffer T. 2011. Stackelberg games for adversarial prediction problems// KDD 2011: Proceedings of the 17th ACM SIGKDD International Conference on Knowledge

Discovery and Data Mining, 547-555.

Budish E. 2018. The economic limits of bitcoin and the blockchain. National Bureau of Economic Research, Working paper 24717: 1-24.

Bulò S R, Biggio B, Pillai I, et al. 2017. Randomized prediction games for adversarial machine learning. IEEE Transactions on Neural Networks and Learning Systems, 28(11): 2466-2478.

Cai Y, Daskalakis C, Papadimitriou C H. 2015. Optimum statistical estimation with strategic data sources// COLT 2015: Proceedings of the 28th Conference on Learning Theory. PMLR, 40: 280-296.

Cai Y, Devanur N R, Goldner K, et al. 2019. Simple and approximately optimal pricing for proportional complemen-tarities// EC 2019: Proceedings of the 2019 ACM Conference on Economics and Computation. New York: Association for Computing Machinery: 239-240.

Cai Y, Zhao M F. 2019. Simple mechanisms for subadditive buyers *via* duality. ACM SIGecom Exchanges, 17(1):39-53.

Caines P E, Huang M Y, Malhamé R P. 2006. Large population stochastic dynamic games: Closed-loop McKean-Vlasov systems and the Nash certainty equivalence principle. Communications in Information and Systems, 6(3): 221-252.

Caragiannis I, Procaccia A D, Shah N. 2016. Truthful univariate estimators// ICML 2016: Proceedings of the 33rd In-ternational Conference on Machine Learning. PMLR, 48: 127-135.

Carlini N. Wagner D. 2017. Towards evaluating the robustness of neural networks// SP 2017: Proceedings of 2017 IEEE Symposium on Security and Privacy. Washington: IEEE Computer Society: 39-57.

Caro F, Gallien J. 2010. Inventory management of a fast-fashion retail network. Operations Research, 58(2): 257-273.

Caro F, Gallien J, Díaz M, et al. 2010. Zara uses operations research to reengineer its global distribution process. Interfaces, 40(1): 71-84.

Chawla S, Miller J B. 2016. Mechanism design for subadditive agents *via* an ex ante relaxation// EC 2016: Proceedings of the 2016 ACM Conference on Economics and Computation. New York: Association for Computing Machinery: 579-596.

Chawla S, Hartline J D, Kleinberg R. 2007. Algorithmic pricing *via* virtual valuations// EC 2007: Proceedings of the 8th ACM Conference on Electronic Commerce. New York: Association for Computing Machinery: 243-251.

Chawla S, Hartline J, Malec D, et al. 2010. Multi-parameter mechanism design and sequential posted pricing// STOC 2010: Proceedings of the 42nd ACM Symposium on Theory of Computing . New York: Association for Computing Machinery: 311-320.

Chen Y, Bušić A, Meyn S. 2015. State estimation and mean field control with application to demand dispatch// CDC 2015: Proceedings of 54th IEEE Conference on Decision and Control. Washington: IEEE Computer Society: 6548-6555.

Chen Y, Bušić A, Meyn S P. 2017. State estimation for the individual and the population in mean field control with application to demand dispatch. IEEE Transactions on Automatic Control, 62(3): 1138-1149.

Chen Y L, Shen Y H, Zheng S R. 2020. Truthful data acquisition *via* peer prediction// NIPS 2020: Proceedings of the 34th International Conference on Neural Information Processing Systems. Vancouver: ACM: 18194-18204.

Chen Y L, Zheng S. 2019. Prior-free data acquisition for accurate statistical estimation// EC 2019: Proceedings of the 2019 ACM Conference on Economics and Computation. New York: Association for Computing Machinery: 659-677.

Chen Y W, Jasin S. 2019. Power of dynamic pricing in revenue management with strategic (forward-looking) customers// EC 2019: Proceedings of the 2019 ACM Conference on Economics and Computation. New York: Association for Computing Machinery: 395.

Chivukula A S, Liu W. 2017. Adversarial learning games with deep learning models// IJCNN 2017: Proceedings of 2017 International Joint Conference on Neural Networks, 2758-2767.

Chivukula A S, Yang X, Liu W. 2019. Adversarial deep learning with Stackelberg games// ICONIP 2019: Proceedings of the 26th International Conference on Neural Information Processing, Communications in Computer and Information Science, 1142: 3-12.

Comiter M. 2019. Attacking artificial intelligence: AI's security vulnerability and what policymakers can do about it. Belfer Center for Science and International Affairs.

Cramton P, Shoham Y, Steinberg R. 2005. Combinatorial Auctions. Cambridge: MIT Press: 1-13.

Cummings R, Ioannidis S, Ligett K. 2015. Truthful linear regression// COLT 2015: Proceedings of the 28th Conference on Learning Theory, PMLR, 40: 448-483.

Dalvi N, Domingos P, Sanghai S, et al. 2004. Adversarial classification// KDD 2004: Proceedings of the 10th ACM SIGKDD international conference on Knowledge discovery and Data Mining. New York: Association for Computing Machinery: 99-108.

Dasgupta A, Ghosh A. 2013. Crowdsourced judgement elicitation with endogenous proficiency// WWW 2013: Pro-ceedings of the 22nd International Conference on World Wide Web. New York: Association for Computing Machinery: 319-330.

Dasgupta P, Collins J B. 2019. A survey of game theoretic approaches for adversarial machine learning in cybersecurity tasks. AI Magazine, 40(2): 31-43.

Daskalakis C, Deckelbaum A, Kim A. 2015. Near-optimal no-regret al.orithms for zero-sum games. Games and Economic Behavior, 92:327-348.

Dekel O, Shamir O, Xiao L. 2010a. Learning to classify with missing and corrupted features. Machine Learning, 81(2): 149-178.

Dekel O, Fischer F, Procaccia A D. 2010b. Incentive compatible regression learning. Journal of Computer and System Sciences, 76(8):759-777.

DeMarzo P M, Kremer I, Mansour Y. 2016. Robust option pricing: Hannan and Blackwell meet black and scholes. Journal of Economic Theory, 163:410-434.

DeMarzo P M, Kremer I, Mansour Y. 2006. Online trading algorithms and robust option pricing// STOC 2006：Proceedings of the 38th ACM Symposium on Theory of Computing. New York: Association for Computing Machinery: 477-486.

Dey S. 2018. Securing majority-attack in blockchain using machine learning and algorithmic game theory: a proof of work// CEEC 2018: Proceedings of the 10th Computer Science and Electronic Engineering. Piscataway: IEEE: 7-10.

Domingos P. 2015. The Master Algorithm: How the Quest for the Ultimate Learning Machine Will Remake Our World. New York: Basic Books.

Dong J, Chen H D, Deng X W, et al. 2020. Phytochrome B induces intron retention and translational inhibition of PHYTOCHROME-INTERACTING FACTOR3. Plant Physiology, 182(1): 159-166.

Dritsoula L, Loiseau P, Musacchio J. 2017. A game-theoretic analysis of adversarial classification. IEEE Transactions on Information Forensics and Security, 12(12): 3094-3109.

Dwork C, McSherry F, Nissim K, et al. 2006. Calibrating noise to sensitivity in private data analysis//Halevi S, Rabin T. Theory of Cryptography. New York: Springer: 265-284.

Eden A, Feldman M, Friedler O, et al. 2021. A simple and approximately optimal mechanism for a buyer with complements. Operations Research, 69(1): 188-206.

Fernandez R C, Subramaniam P, Franklin M J. 2020. Data market platforms: Trading data assets to solve data problems. Proceedings of the VLDB Endowment, 13(12): 1933-1947.

Fiat A, Karlin A, Koutsoupias E, et al. 2019. Energy equilibria in proof-of-work mining// EC 2019: Proceedings of the 2019 ACM Conference on Economics and Computation. New York: Association for Computing Machinery: 489-502.

Fleischer L K, Lyu Y-H. 2012. Approximately optimal auctions for selling privacy when costs are correlated with data// EC 2012: Proceedings of the 13th ACM Conference on Electronic Commerce. New York: Association for Computing Machinery: 568-585.

Foster D P, Young H P. 2003. Learning, hypothesis testing, and Nash equilibrium. Games and Economic Behavior, 45(1): 73-96.

Frongillo R, Witkowski J. 2017. A geometric perspective on minimal peer prediction. ACM Transactions on Economics and Computation, 5(3): 1-27.

Gehrmann S, Strobelt H, Rush A. 2019. GLTR: Statistical detection and visualization of generated text// ACL 2019: Proceedings of the 57th Annual Meeting of the Association for Computational Linguistics: System Demonstrations. Kerrville: Association for Computational Linguistics: 111-116.

Ghorbani A, Zou J. 2019. Data Shapley: Equitable valuation of data for machine learning// ICML 2019: Proceedings of the 36th International Conference on Machine Learning, PMLR 97: 2242-2251.

Ghosh A, Ligett K. 2013. Privacy and coordination: Computing on databases with endogenous participation// EC 2013: Proceedings of the 14th ACM Conference on Electronic Commerce. New York: Association for Computing Machinery: 543-560.

Ghosh A, Ligett K, Roth A, et al. 2014. Buying private data without verification// EC 2014: Proceedings of the fifteenth ACM conference on Economics and Computation. New York: Association for Computing Machinery: 931-948.

Ghosh A, Roth A. 2011. Selling privacy at auction// EC 2011: Proceedings of the 12th ACM conference on Electronic Commerce. New York: Association for Computing Machinery: 199-208.

Globerson A, Roweis S. 2006. Nightmare at test time: Robust learning by feature deletion// ICML 2006: Proceedings of the 23rd International Conference on Machine Learning. New York: Association for Computing Machinery: 353-360.

Gonog L, Zhou Y M. 2019. A review: Generative adversarial networks// ICIEA 2019: Proceedings of the 14th IEEE Conference on Industrial Electronics and Applications. Piscataway: IEEE: 505-510.

Goodfellow I, Pouget-Abadie J, Mirza M, et al. 2014. Generative adversarial nets// NIPS 2014: Proceedings of the 28th Annual Conference on Neural Information Processing Systems. Cambridge: MIT Press: 2672-2680.

Goodfellow I, Pouget-Abadie J, Mirza M, et al. 2020. Generative adversarial networks. Communications of the ACM, 63(11): 139-144.

Grana J, Lamb J O, Donoughue N A. 2021. Findings on Mosaic Warfare from a Colonel Blotto Game. https://www.rand.org/pubs/research_reports/RR4397.html[2024-12-01].

Hajarolasvadi N, Ramírez M A, Beccaro W, et al. 2020. Generative adversarial networks in human emotion synthesis: A review. IEEE Access, 8: 218499-218529.

Halpern J Y. 2017. Reasoning about Uncertainty（Second Edition）. Cambridge: MIT Press.

Hardt M, Megiddo N, Papadimitriou C, et al. 2016. Strategic classification// ITCS 2016: Proceedings of the 2016 ACM Conference on Innovations in Theoretical Computer Science. New York: Association for Computing Machinery: 111-122.

Harsanyi J C. 1968. Games with incomplete information played by ‘Bayesian’ players, part Ⅲ. The basic probability distribution of the game. Management Science, 14(7): 486-502.

Hart S, Mas-Colell A. 2013. Simple Adaptive Strategies: From Regret-Matching to Uncoupled Dynamics. Singapore: World Scientific.

Hartline J D, Johnsen A, Nekipelov D, et al. 2019. Dashboard mechanisms for online marketplaces// EC 2019: Proceedings of the 2019 ACM Conference on Economics and Computation. New York: Association for Computing Ma-chinery: 591-592.

Hazan E. 2016. Introduction to Online Convex Optimization. Hanover: Now Publishers.

Huang M Y. 2010. Large-population LQG games involving a major player: The Nash certainty equivalence principle. SIAM Journal on Control and Optimization, 48(5): 3318-3353.

Huang M Y, Caines P E, Malhamé R P. 2003. Individual and mass behaviour in large population stochastic wireless power control problems: Centralized and Nash equilibrium solutions// CDC 2003: Proceedings of the 42nd IEEE In-ternational Conference on Decision and Control, Vol. 1. Piscataway: IEEE: 98-103.

Huang M Y, Caines P E, Malhamé R P. 2004. Large-population cost-coupled LQG problems: Generalizations to non-uniform individuals// CDC 2004: Proceedings of the 43rd IEEE

Conference on Decision and Control, Vol. 4, Piscataway: IEEE: 3453-3458.

Huang M Y, Caines P E, Malhamé R P. 2007a. Large-population cost-coupled LQG problems with nonuniform agents: Individual-mass behavior and decentralized -Nash equilibria. IEEE Transactions on Automatic Control, 52(9): 1560-1571.

Huang M Y, Caines P E, Malhamé R P. 2007b. An invariance principle in large population stochastic dynamic games. Journal of Systems Science and Complexity, 20(2): 162-172.

Huang M Y, Caines P E, Malhamé R P. 2012. Social optima in mean field LQG control: Centralized and decentralized strategies. IEEE Transactions on Automatic Control, 57(7): 1736-1751.

Huang M Y, Malhamé R P, Caines P E. 2006. Nash certainty equivalence in large population stochastic dynamic games: Connections with the physics of interacting particle systems// CDC 2006: Proceedings of the 45th IEEE Conference on Decision and Control. Piscataway: IEEE: 4921-4926.

Jia R X, Dao D, Wang B X, et al. 2018. Towards efficient data valuation based on the Shapley value// Proceedings of the 22nd International Conference on Artificial Intelligence and Statistics, PMLR 89:1167-1176.

Joseph A D, Nelson B, Rubinstein B I P, et al. 2019. Adversarial Machine Learning. Cambridge: Cambridge University Press.

Juuti M, Sun B, Mori T, et al. 2018. Stay on-topic: Generating context-specific fake restaurant reviews// ESORICS 2018: Proceeding of European Symposium on Research in Computer Security Lecture Notes in Computer Science, 11098. Cham: Springer: 132-151.

Kantarcıoğlu M, Xi B W, Clifton C. 2011. Classifier evaluation and attribute selection against active adversaries. Data Mining and Knowledge Discovery, 22(1-2): 291-335.

Kaselimi M, Doulamis N, Voulodimos A, et al. 2020. EnerGAN++: A generative adversarial gated recurrent network for robust energy disaggregation. IEEE Open Journal of Signal Processing, 2: 1-16.

Kiayias A, Russell A, David B, et al. 2017. Ouroboros: A provably secure proof-of-stake blockchain protocol// CRYPTO 2017: Proceedings of Annual international Cryptology Conference: Advances in Cryptology. Berlin: Springer: 357-388.

Kong Y Q. 2020. Dominantly truthful multi-task peer prediction with a constant number of tasks// SODA 2020: Proceedings of the 31st Annual ACM-SIAM Symposium on Discrete Algorithms.

Philadelphia: Society for Industrial and Applied Mathematics: 2398-2411.

Kong Y Q, Schoenebeck G. 2018. Water from two rocks: Maximizing the mutual information// EC 2018: Proceedings of the 2018 ACM Conference on Economics and Computation. New York: Association for Computing Machinery: 177-194.

Kong Y Q, Schoenebeck G. 2019. An information theoretic framework for designing information elicitation mechanisms that reward truth-telling. ACM Transactions on Economics and Computation, 7(1): 1-33.

Larrañaga M, Denis J, Assaad M, et al. 2020. Energy-efficient distributed transmission scheme for MTC in dense wireless networks: a mean-field approach. IEEE Internet of Things Journal, 7(1): 477-490.

Lasry J-M, Lions P-L. 2006a. Jeux à champ moyen Ⅱ Horizon fini et contrôle optimal. Comptes Rendus Mathematique, 343(10): 679-684.

Lasry J-M, Lions, P-L. 2006b. Jeux à champ moyen. Ⅰ —Le cas stationnaire. Comptes Rendus Mathematique, 343(9): 619-625.

Lasry J-M, Lions P-L. 2007. Mean field games. Japanese Journal of Mathematics, 2(1): 229-260.

Li S, Zhang W, Zhao L. 2019. Connections between mean-field game and social welfare optimization. Automatica, 110:108590.

Li T, Zhang J-F. 2008. Asymptotically optimal decentralized control for large population stochastic multiagent systems. IEEE Transactions on Automatic Control, 53(7): 1643-1660.

Liu W, Chawla S. 2009. A game theoretical model for adversarial learning// Proceedings of 2009 IEEE International Conference on Data Mining Workshops. Piscateway: IEEE: 25-30.

Liu Y F, Passino K M. 2004. Stable social foraging swarms in a noisy environment. IEEE Transactions on Automatic Control, 49(1): 30-44.

Lowd D, Meek C. 2005. Adversarial learning// KDD 2005: Proceedings of the 8th ACM SIGKDD International Con-ference on Knowledge Discovery in Data Mining. New York: Association for Computing Machinery: 641-647.

Ma Z J, Callaway D S, Hiskens I A. 2013. Decentralized charging control of large populations of plug-in electric vehicles. IEEE Transactions on Control Systems Technology, 21(1): 67-78.

Mariotti M. 1996. Review of Game Theory: A Critical Introduction, by Y. Varoufakis & Shaun P. Hargreaves Heap. The Economic Journal, 106(434): 231-233.

Mehta S, Dawande M, Janakiraman G, et al. 2021. How to sell a data set? Pricing policies for data monetization. Information Systems Research, 32(4): 1281-1297.

Meir R, Procaccia A D, Rosenschein J S. 2012. Algorithms for strategyproof classification. Artificial Intelligence, 186: 123-156.

Mikhalishchev S. 2023. Optimal menu when agents make mistakes. Research in Economics, 77(1): 25-33.

Miller N, Resnick P, Zeckhauser R. 2005. Eliciting informative feedback: The peer-prediction method. Management Science, 51(9): 1359-1373.

Mirrokni V, Leme R P, Tang P Z, et al. 2018. Non-clairvoyant dynamic mechanism design// EC 2018: Proceedings of the 2018 ACM Conference on Economics and Computation. New York: Association for Computing Machinery: 169.

Moon J, Başar T. 2015. Linear-quadratic stochastic differential Stackelberg games with a high population of followers//CDD 2015: Proceedings of the 54th IEEE Conference on Decision and Control. Piscateway: IEEE: 2270-2275.

Moon J, Başar T. 2017. Linear quadratic risk-sensitive and robust mean field games. IEEE Transactions on Automatic Control, 62(3): 1062-1077.

Moon J, Başar T. 2018. Linear quadratic mean field Stackelberg differential games. Automatica, 97: 200-213.

Moon J, Başar T. 2019. Risk-sensitive mean field games *via* the stochastic maximum principle. Dynamic Games and Applications, 9(4): 1100-1125.

Myerson R B. 1997. Game Theory: Analysis of Conflict. Cambridge: Harvard University Press.

Naghizadeh P, Sinha A. 2019. Adversarial contract design for private data commercialization// EC 2019: Proceedings of the 2019 ACM Conference on Economics and Computation. New York: Association for Computing Machinery: 681-699.

Nguyen A, Yosinski J, Clune J. 2015. Deep neural networks are easily fooled: High confidence predictions for unrecognizable images// CVPR 2015: Proceedings of the IEEE Conference on Computer Vision and Pattern Recognition. Piscateway: IEEE: 427-436.

Nguyen S L, Huang M Y. 2012. Linear-quadratic-Gaussian mixed games with continuum-parametrized minor players. SIAM Journal on Control and Optimization, 50(5): 2907-2937.

Nisan N, Roughgarden T, Tardos É, et al. 2007. Algorithmic Game Theory. Cambridge: Cambridge University Press.

Nissim K, Vadhan S, Xiao D. 2014. Redrawing the boundaries on purchasing data from privacysensitive individuals// ITCS 2014: Proceedings of the 5th Conference on Innovations in Theoretical Computer Science. New York: Association for Computing Machinery: 411422.

Niu C Y, Zheng Z Z, Wu F, et al. 2018. Unlocking the value of privacy: Trading aggregate statistics over private correlated data// KDD 2018: Proceedings of the 24th ACM SIGKDD International Conference on Knowledge Discovery & Data Mining. New York: Association for Computing Machinery: 2031-2040.

Noda S, Okumura K, Hashimoto Y. 2020. An economic analysis of difficulty adjustment algorithms in proof-of-work blockchain systems// EC 2020: Proceedings of the 21st ACM Conference on Economics and Computation. New York: Association for Computing Machinery: 611.

Nourian M, Caines P E. 2013. ϵ-Nash mean field game theory for nonlinear stochastic dynamical systems with major and minor agents. SIAM Journal on Control and Optimization, 51(4): 3302-3331.

Nutz M. 2018. A mean field game of optimal stopping. SIAM Journal on Control and Optimization, 56(2): 1206-1221.

Osborne M J, Rubinstein A. 1994. A Course in Game Theory. Cambridge: MIT Press.

Papadimitriou C, Pierrakos G, Psomas A, et al. 2022. On the complexity of dynamic mechanism design. Games and Economic Behavior, 134: 399-427.

Park S, Weimer J, Lee I. 2017. Resilient linear classification: An approach to deal with attacks on training data// ICCPS 2017: Proceedings of the 8th ACM/IEEE International Conference on Cyber-Physical Systems. Piscateway: IEEE: 155-164.

Pei J. 2020. A survey on data pricing: from economics to data Science. IEEE Transactions on Knowledge and Data Engineering, 34(10): 4586-4608.

Perote J, Perote-Peña J. 2004. Strategy-proof estimators for simple regression. Mathematical Social Sciences, 47(2): 153-176.

Rahwan I, Cebrian M, Obradovich N, et al. 2019. Machine behaviour. Nature, 568: 477-486.

Roth A, Schoenebeck G. 2012. Conducting truthful surveys, cheaply// EC 2012: Proceedings of the 13th ACM Conference on Electronic Commerce. New York: Association for Computing Machinery: 826-843.

Rubinstein A, Weinberg S M. 2018. Simple mechanisms for a subadditive buyer and applications to revenue monotonicity. ACM Transactions on Economics and Computation, 6(3-4): 1-25.

Russell S J, Norvig P. 2021. Artificial Intelligence: A Modern Approach. Hoboken: Pearson.

Schelling T C. 2015. The Strategy of Conflict. San Francisco: Pickle Partners Publishing.

Schuurmans D, Zinkevich M A. 2016. Deep learning games// NIPS 2016: Proceedings of the 30th International Conference on Neural Information Processing Systems. New York: Curran Associates Inc: 1686-1694.

Shnayder V, Agarwal A, Frongillo R, et al. 2016. Informed truthfulness in multi-task peer prediction// EC 2016: Proceedings of the 2016 ACM Conference on Economics and Computation. New York: Association for Computing Machinery: 179-196.

Shoham Y, Leyton-Brown K. 2008. Multiagent Systems: Algorithmic, Game-Theoretic, and Logical Foundations. Cambridge: Cambridge University Press.

Sim R H L, Zhang Y H, Chan M C, et al. 2020. Collaborative machine learning with incentive-aware model rewards// ICML 2020: Proceedings of the 37th International Conference on Machine Learning. PMLR 119: 8927-8936.

Tembine H. 2020. Deep learning meets game theory: Bregman-based algorithms for interactive deep generative adversarial networks. IEEE Transactions on Cybernetics, 50(3): 1132-1145.

Tembine H, Zhu Q Y, Başar T. 2014. Risk-sensitive mean-field games. IEEE Transactions on Automatic Control, 59(4):835-850.

Thomas C. 2018. *N*-dimensional Blotto game with heterogeneous battlefield values. Economic Theory, 65(3): 509-544.

Tian B, Zhang Y, Chen X H, et al. 2019. DRGAN: A GAN-based framework for doctor recommendation in Chinese on-line QA communities// DASFAA 2019: Proceedings of International Conference on Database Systems for Advanced Applications. Lecture Notes in Computer Science, 11448. Cham: Springer: 444-447.

Toshpulatov M, Lee W, Lee S. 2021. Generative adversarial networks and their application to 3D face generation: A survey. Image and Vision Computing, 108: 104119.

Tygar J D. 2011. Adversarial machine learning. IEEE Internet Computing, 15(5): 4-6.

Vlassis N. 2007. A concise introduction to multiagent systems and distributed artificial intelligence. Synthesis Lectures on Artificial Intelligence and Machine Learning, 1(1): 1-71.

Waggoner B, Frongillo R, Abernethy J D. 2015. A market framework for eliciting private data// NIPS 2015: Proceedings of the 28th International Conference on Neural Information Processing Systems, Vol 2. Cambridge: MIT Press: 3510-3518.

Wang B C, Zhang H S, Zhang J F. 2020. Mean field linear-quadratic control: Uniform stabilization and social optimality. Automatica, 121: 109088.

Wang B C, Zhang J F. 2017. Social optima in mean field linear-quadratic-Gaussian models with Markov jump parameters. SIAM Journal on Control and Optimization, 55(1): 429-456.

Weiss G. 2013. Multiagent Systems. Cambridge: MIT Press.

Wellman M P, Greenwald A, Stone P. 2007. Autonomous Bidding Agents: Strategies and Lessons from the Trading Agent Competition. Cambridge: MIT Press.

Wooldridge M. 2009. An Introduction to MultiAgent Systems. Hoboken: John Wiley & Sons.

Yao A C C. 2015. An *n*-to-1 bidder reduction for multi-item auctions and its applications// SODA 2015: Proceedings of the 26th Annual ACM-SIAM Symposium on Discrete Algorithms. Philadelphia: Society for Industrial and Applied Mathematics: 92-109.

Zhang H, Xu T, Li H S, et al. 2017. StackGAN: Text to photo-realistic image synthesis with stacked generative adversarial networks// ICCV 2017: Proceedings of 2017 IEEE International Conference on Computer Vision. Piscateway: IEEE: 5908-5916.

Zhou Y, Kantarcioglu M. 2014. Adversarial learning with Bayesian hierarchical mixtures of experts// SDM 2014: Proceedings of the 2014 SIAM International Conference on Data Mining. Philadelphia: Society for Industrial and Applied Mathematics: 929-937.

Zhou Y, Kantarcioglu M, Thuraisingham B, et al. 2012. Adversarial support vector machine learning// KDD 2012: Proceedings of the 18th ACM SIGKDD International Conference on Knowledge Discovery and Data Mining. New York: Association for Computing Machinery: 1059-1067.

Zhou Y, Kantarcioglu M, Xi B W. 2019. A survey of game theoretic approach for adversarial machine learning. Wiley Interdisciplinary Reviews Data Mining and Knowledge Discovery, 9(3): e1259.

第十章

逼　近　论

逼近论是机器学习理论研究的基础。经典逼近论是一个相对比较完善的学科，主要有两个方面的成果：一是正逼近定理和逆逼近定理，二是不同逼近算法的误差估计。其主要结论是收敛速度依赖于算法的精度和目标函数的光滑度。

与经典逼近论不一样的是，机器学习关心的主要是高维函数。从逼近论的角度来看，基于神经网络的机器学习带给我们的最大的疑惑就是：为什么神经网络对逼近高维函数如此有效?

众所周知，传统的基于多项式、分片多项式、样条函数、小波函数等基函数的逼近方法对高维问题都基本无效，根源在于维数灾难。这也是科学计算长期以来面临的根本困难。深度学习在计算机视觉等领域的成功，本质上是在解决一个高维的函数逼近问题。近年来，深度学习算法也被推广到了传统的科学计算领域，如求解高维的微分方程和控制问题。这些成功的案例都表明，神经网络是逼近高维函数极其有效的工具。

机器学习领域里的许多研究人员用万能逼近定理来解释神经网络的这种特殊能力。这种想法是错误的。众所周知，类似的万能逼近定理对多项式同样成立，这就是经典的魏尔斯特拉斯定理。但是我们知道，多项式逼近对高维函数存在维数灾难。

要解决神经网络对高维函数逼近给我们带来的疑惑，就必须建立一套新的针对高维函数的逼近论。给定一个特殊的逼近模型（如某种神经网络模型），我们要找到其对应的函数空间，也就是能够被这个模型有效逼近的函数的集合，并在此基础上建立相应的泛化误差分析。这是本章的主要内容。

第一节　科学意义与战略价值

机器学习数学理论最重要的部分是泛化误差的估计。泛化误差分三个部分：逼近误差、估计误差、训练误差。第一部分依赖于假设空间（hypothesis space）的选取；除假设空间之外，第二部分还依赖于损失函数；第三部分依赖于训练算法或者说优化算法。

本章讨论逼近误差和估计误差，基本目的是建立高维函数的逼近论。我们将对如下几个问题进行讨论：有监督学习、强化学习、微分方程的求解问题、动力系统的学习和概率分布的学习。

第二节　发展规律与研究特点

逼近论需要解决的基本问题是：给定一个逼近方法（如某种分片多项式逼近方法或者神经网络模型），找出这种方法相对应的函数空间，也就是正逼近定理和逆逼近定理都成立的函数空间。

经典逼近论最关心的是基于分片多项式的算法。其相应的函数空间是索伯列夫空间（Sobolev space）或者别索夫空间（Besov space）。但这类逼近论的结果都有维数灾难，即收敛阶数随着维数的上升而下降，通常是以$1/d$的形式下降（这里d是维数）。

对于神经网络模型而言，我们希望得到收敛阶数与维数无关的结果。这需要我们建立一套新的函数空间理论。研究表明，与传统的函数空间不同的是，这种新的函数空间不是基于函数的光滑性，而是基于函数的某种数学期望的表示。

第三节 发展现状与发展态势

到目前为止，有监督学习的逼近论框架已经基本建立起来了。对于随机特征模型、两层的神经网络模型以及残差网络模型，我们都已经有了一套相对完整的逼近论。对于多层网络模型，我们也有一些结果，但是这些结果很可能只是阶段性的。比较重要的是，我们已经摸索出了一套研究方法。

这些逼近论都会引进新的函数空间，如再生核希尔伯特空间（reproducing kernel Hilbert space，RKHS）和巴伦空间（Barron space）。但是我们对这些函数空间还缺乏直观的了解，因此研究这些函数空间将是一个重要的新问题。对于前面提到的其他问题，目前我们所知甚少。这些方面的研究才刚刚开始。

然而，仍然有许多人在研究基于传统的光滑性条件下神经网络的逼近论。这些结果都有维数灾难。但对于低维的问题，这些结果仍然是很重要的。

一个令人困惑的问题是柯尔莫哥洛夫－阿诺德（Kolmogorov-Arnold）定理对神经网络的实际应用。这个定理告诉我们，一个连续函数可以用三层的神经网络来表示，但是这个网络的激活函数比较复杂。到目前为止，我们还没有真正弄清楚这个定理是否有任何实际意义。

第四节　发展思路与发展方向

一、有监督学习

有监督学习或监督学习是所有机器学习的基础，是我们理解机器学习模型和算法的出发点。监督学习的任务是从有限个样本$\left[x_1, f^*\left(x_1\right)\right], \cdots,$ $\left[x_n, f^*\left(x_n\right)\right]$来恢复目标函数$f^*$。对于一个参数化模型$f(\cdot;\theta)$，我们一般的做法是考虑下面正则化模型：

$$\hat{\theta}_n = \operatorname{argmin}_\theta \frac{1}{n}\sum_{i=1}^{n}\left[f\left(x_i;\theta\right) - f^*\left(x_i\right)\right]^2 + \lambda\|\theta\|,$$

其中惩罚项$\|\theta\|$的取法取决于具体的模型$f(\cdot;\theta)$。例如，对于随机特征模型（random feature model），惩罚项常取系数函数的 L2 范数；对于 LASSO（least absolute shrinkage and selection operator）方法，惩罚项是系数的 L1 范数。

监督学习的核心问题是：给定模型$f(\cdot,\theta)$以及正则化$\|\theta\|$，对于什么样的目标函数f^*，我们能够有效地恢复f^*？从逼近论的角度来说，我们需要寻找一个合适的函数空间，并给出恢复目标函数的误差估计。常见的模型（如分片多项式、核函数方法、神经网络），都可以逼近任意的连续函数（Cybenko，1989）。但是我们不能考虑整个连续函数空间，因为这个逼近可能会非常慢，换句话说，这个空间太大了。我们需要对每个方法寻找专门适用的函数空间，使得对这些空间里面的函数的逼近有速率保证。譬如，随机特征模型对应的空间是再生核希尔伯特空间；分片多项式对应的是索伯列夫空间。

我们这里的任务是刻画神经网络模型所合适的函数空间。这里的“合适”意味着逼近速率没有维数诅咒。Pinkus（1999）考虑了索伯列夫空间$W^{s,\infty}$，并证明了其逼近误差为$O(m^{-s/d})$，其中m代表参数的数量。然而这个速率受到维数诅咒，也就是说，我们需要指数量级的样本才能较好地逼近目标函数。譬如，对于目标精度0.1，我们需要$O\left(10^{d/s}\right)$个样本。这对高维问题（也就是d较大）是完全不可接受的。这样的理论完全不能解释神经网络在解决高维问题时的优良表现。换句话说，传统的索伯列夫空间对于神经网络模型来说太大了。我们需要寻找一个更小的函数空间，使得逼近没有维数诅咒。

下面我们考虑最简单的两层神经网络模型：

$$f_m(x;\theta)=\frac{1}{m}\sum_{j=1}^{m}a_j\sigma\left(w_j^{\mathrm{T}}x\right),$$

其中m表示网络宽度；$\theta=\{(a_j,w_j)\}$表示需要学习的参数；σ是 ReLU 激活函数。

如果网络宽度趋于无穷，我们就可以得到下面的积分表示：

$$f(x;\rho)=\int a\sigma\left(w^{\mathrm{T}}x\right)\mathrm{d}\rho(a,w),$$

其中参数变成了概率分布ρ。反过来看，两层神经网络可以看成上面积分的一个蒙特卡洛（Monte Carlo）离散，而我们知道蒙特卡洛离散的误差可以免于维数灾难。注意，这个观点可以追溯到巴伦 1993 年的经典工作（Barron，1993；Cybenko，1989）。巴伦利用傅里叶变换给出了一个充分条件，保证函数可以表示成上面的积分形式；进而保证有效的逼近和估计。Bach（2017）和 E 等（2019）直接从积分表示出发，去刻画函数空间，这样做的好处是可以保证必要性。

我们知道蒙特卡洛离散误差受二阶矩控制，这启发我们用分布ρ的矩$\int a^2\|w\|^2\,\mathrm{d}\rho(a,w)$度量$f(\cdot;\rho)$的复杂度。但是对于一个函数$f$，其表示$\rho$不唯一。因此我们定义下面的巴伦范数（E et al.，2019）：

$$\|f\|_B^2=\inf_{\rho\in A_f}\int a^2\|w\|^2\,\mathrm{d}\rho(a,w),$$

其中$A_f=\{\rho:f(x)=\int a\sigma(w^{\mathrm{T}}x)\mathrm{d}\rho(a,w)\}$。我们定义巴伦空间 β 为所有巴伦范数有界的函数集合。对于这个函数空间，我们做如下表示。

正逼近定理：对于任何巴伦函数f，存在一个两层神经网络使得

$$f_m(\cdot;\theta)-f\sim\frac{\|f\|_B}{\sqrt{m}}。$$

逆逼近定理：对于任连续函数f，如果它能够被神经网络点点逼近并且神经网络的范数一致有界。那么，f必然属于巴伦空间。

先验误差估计：对于正则化的解，我们有

$$\left\| f_m\left(\cdot;\hat{\theta}_n\right)-f^*\right\|^2 \leqslant C\left(\frac{\left\|f^*\right\|_B^2}{m}+\frac{\left\|f^*\right\|_B}{\sqrt{n}}+\sqrt{\frac{\log(1/\delta)}{n}}\right)。$$

正逼近定理表明，巴伦空间足够小，使得逼近没有维数诅咒；逆逼近定理表明，巴伦空间足够大，只要函数能被神经网络逼近就必然在里面。两相结合说明，巴伦空间定义的是合适的；而拉德马赫复杂度对应于样本复杂度的估计。先验误差估计是把逼近误差和估计误差结合到一起。这些一起构成巴伦空间理论，该理论能够较为完整地刻画两层神经网络如何逼近高维函数。特别地，Bach 等利用这些逼近论，精细地解释了神经网络模型对于核函数方法的优越性（Bach，2017；E et al.，2019）。

从函数空间和逼近论角度出发，我们仍然离理解“深度”学习很遥远。巴伦空间的理论局限于两层神经网络。下面是一些具体的值得深入探讨的问题。

上述巴伦空间的定义是针对 ReLU 激活函数来说的。如果换成其他激活函数会怎样？更关键的是：如何刻画不同激活函数所对应的函数空间的差别？ Li 等（2020）做了初步尝试，但是其理论仍然过于粗糙，无法刻画不同激活函数在逼近性质上的差别。

如何将类似的函数空间定义和分析推广到其他网络结构？ E 等（2019，2020）讨论了深度残差网络以及多层全连接神经网络。但是这些工作依然不够完善。譬如，E 等（2020）研究中的拉德马赫（Rademacher）复杂度指数依赖于网络深度。我们能够去除这个指数依赖吗？更一般地，我们该如何考虑其他网络结构（如卷积神经网络）？

如何理解深层和浅层网络的差别？巴伦空间的理论能够很好地解释神经网络和核函数方法的差别。现代深度学习的大量的实验证据表明：深层网络的效果会比浅层网络要好很多。该如何从逼近论角度来理解这个现象？ Eldan 和 Shamir（2016）给出了一个具体例子来区分两层和三层网络。但是直观理解和一般性的理论依然缺失。

考虑时间复杂度吗？从纯逼近论的角度，我们只考虑了参数复杂度和样本复杂度。如果同时考虑时间复杂度会发生什么？ Shamir（2018）给出的反例表明，存在函数使得其巴伦范数是多项式依赖于d（也就是说，参数和样本复杂度都是多项式依赖于d)，但是时间复杂度是指数依赖于d。在这个意义上，巴伦空间定义得过大了。能不能够刻画出一个更小的子空间，使得时间复杂度不会遭受维数诅咒？这个问题涉及神经网络的训练。理解训练是个更艰深问题，因为神经网络是个非凸模型，现代优化理论依然没有较好的处理工具。

二、基于偏微分方程的逼近论

神经网络被用于求解微分方程至少可以追溯到 20 世纪 90 年代，Lagaris 等（1998）利用浅层神经网络求解常微分方程以及偏微分方程初边值问题，而最近这类方法的流行则来源于深度学习在诸多应用领域［如自然语言处理、图像识别、棋类项目（AlphaGo）］取得的巨大成功的激励（Han et al.，2018；Carleo and Troyer，2017；Goodfellow et al.，2016）。神经网络之所以被大家用来数值求解微分方程，主要在于它具有一般逼近性质，即满足一定限制条件的函数都可以用神经网络来逼近，而这些限制条件通常很弱。简单来说，对于浅层神经网络，当隐层单元个数趋向于无穷时，万有逼近定理能够成立，这个结果最早被两位俄罗斯数学家 Vostretscov 和 Kreines（1961）证明，一个对函数类限制条件非常弱的证明是 Leshno 等（1993）给出的。对于全连接的深度神经网络，类似结论最早是 Lin 和 Pinkus（1993）给出的。

目前，基于神经网络求解偏微分方程的方法大致可以分为三类。第一类方法是把神经网络当成一种逼近类，把偏微分方程的解看作某个目标泛函的极小点。一般来讲，神经网络生成的函数类并不构成一个线性空间。通过在这个特殊的函数类中极小化特定目标泛函从而获得微分方程的解。这种方法和通常的无网格方法本质上没有区别。这类方法的典型代表包括深度里茨法（deep Ritz method）（E and Yu，2017）、物理信息神经网络（physics-informed neural networks，PINNs）（Rassi et al.，2019）以及深度伽辽金法（deep Galerkin method，DGM）（Sirignano and Spiliopoulos，2018）。此外文献中还有大量类似的方法，我们不再一一列举。这类方法有别于标准偏微分方程无网格方法的地方主要在于算法的具体实现。一是利用随机方法（如蒙特卡洛方法以及拟蒙特卡洛方法）来离散目标泛函；二是利用随机优化算法（如随机梯度下降算法）来极小化离散后的目标泛函。从计算效率的角度，这二者是密不可分、相辅相成的。如果不考虑随机优化算法的精度，这类方法的误差来源于神经网络的逼近误差以及目标泛函的离散误差（Xu，2020；Liao and Ming，2021）。在文献中，后者往往被视为泛化误差。

浅层神经网络的逼近误差估计已经相当完备，权威的参考文献是 Pinkus（1999）的综述论文，而对于以 ReLU 作为激活函数的深度神经网络，误差估计最早由 Yarotsky（2017）给出，这些误差估计大多数随维数增长而退化。巴伦在研究（Barron，1992，1993）中对浅层神经网络得到了与维数无关的一致误差估计。深度神经网络逼近方面的近期进展参见 Shen 等（2020）和 Gühring 等（2020）的研究。尽管近期关于深度神经网络的逼近结果取得了很大的进展，但是文献中已有的估计往往是所谓的渐近估计，即逼近误差估计需要神经网络的宽度和深度满足一定的限制条件才能成立，而不是对任意宽度、深度的神经网络都成立。此外，深度神经网络的与维数一致无关的逼近估计也远没有达到满意的程度，这方面的进展参见 E 和 Yu（2017）的研究。

目标泛函的离散误差，简单来说就是估计数值积分带来的误差，这种估计不管对于蒙特卡洛方法还是拟蒙特卡洛方法来说，文献中均有大量的结果（Caflisch，1998；Dick et al.，2013），但是这些估计的获得均需假设被积函数满足一定的光滑性条件，如被积函数的某个索伯列夫范数有界，然而这些光滑性条件往往只是假设而没有被严格证明。事实上，目前关于偏微分方程神经网络的逼近函数类还是一个需要深入研究的问题。近年来，E 等（2019，2020）找到了一类深度学习网络逼近得好的目标函数类，他们称之为巴伦函数类。该函数类与 Barron（1992，1993）提出的函数类有紧密联系，但该函数空间还是太小，而且会随着维数的增加而越来越小。如何针对特殊网络结构找到更宽泛的函数类也是一个值得深入研究的问题。此外，目前这种误差分析框架秉承传统数值分析框架，完全没有考虑优化算法精度的影响。这种框架是否能够反映误差的真实结构，不得而知，还需进一步深入研究。另外，一个值得研究但常常被忽视的问题是神经网络解的存在性，也就是随机梯度下降算法的整体极小点的存在性。值得注意的是，除上述基于极小化的里茨法（Ritz method）外，还有一种在生存对抗网络基础上，利用双线性形式的伽辽金法（Galerkin method），用于求解高维偏微分方程问题（Zhang et al.，

2020），但这种方法目前还没有相关的理论分析。

第二类方法是把所求解的微分方程（通常是时间演化问题）通过费曼－卡茨（Feynman-Kac）公式转化为一个或数个随机控制问题，然后用神经网络求解这些随机控制问题，从而获得原来微分方程的解。这类问题主要包括控制论中的哈密顿－雅可比－贝尔曼方程、布莱克－斯科尔斯期权定价模型以及量子力学中的多电子薛定谔方程（Schrödinger equation）。在计算科学中，这些问题的数值求解因为所谓的维数灾难变得特别困难。维数灾难是指计算复杂度随问题的维数呈指数增长。利用神经网络数值求解这些偏微分方程的主要目的是希望构造出能够克服维数灾难的算法。即如果我们希望算法的精度为ϵ，那么计算复杂度应该是如下量级：

$$c(d,\epsilon)\sim Cd^{\alpha}\epsilon^{-\beta}$$

其中，C,α,β为非负常数，d为维数。

Han 和 E（2016）以及 E 等（2017，2021）提出了全历史递归多层 Picard 迭代（full history recursive multilevel Picard iteration）方法。该方法可视为一种非线性的蒙特卡洛方法。对于一大类非线性偏微分方程，该方法对任意正常数δ，可以得到精度为ϵ的算法，而计算复杂度为

$$c(d,\epsilon)\sim Cd\epsilon^{-2-\delta}$$

其中，C为正常数。

考虑如下半线性热传导方程：

$$\frac{\partial u}{\partial t}(t,x)=\left(\Delta_x u\right)(t,x)+f\left(u\right)。$$

上述问题的解可以写成如下形式：

$$u\left(t,x\right)=\mathbb{E}\left\{u\left(0,x+\sqrt{2}W_t\right)+\int_0^t f\left[u(s,x+\sqrt{2}W_{t-s})\right]\mathrm{d}s\right\},$$

其中，W是概率空间上标准的布朗运动，$\mathbb{E}$为期望。我们可以把上式写成一个不动点方程$u=\Phi\left(u\right)$，然后就可以定义 Picard 迭代如下：

$$u_0=0,u_n=\Phi\left(u_{n-1}\right)$$

我们可以把上述迭代算法改写成如下求和

$$u_n=u_1+\sum_{k=1}^{n-1}\left[u_{k+1}-u_k\right]=\Phi\left(0\right)+\sum_{k=1}^{n-1}\left[\Phi\left(u_k\right)-\Phi(u_{k-1})\right]$$

多层 Picard 迭代方法实际上就是利用变精度的蒙特卡洛方法来逼近上式右端的期望值。E 等（2019）对上述半线性热传导问题进行了研究，其非线性项 f 满足利普希茨连续性，证明了多层 Picard 迭代方法的收敛性并估计了在期望意义上的 Picard 迭代解与原问题解在均方意义上的收敛阶。对于具有更一般非线性项的半线性热问题，也有类似结果，具体内容参见 Hutzenthaler 等（2022）的研究。如何把上述结果推广到更一般的非线性热问题以及椭圆问题是一个值得深入研究的方向。

第三类方法是利用神经网络求解微分方程的解映射。这个方法最早由 Khoo 等（2021）提出并用于求解具有随机系数的偏微分方程。具体步骤如下。

（1）从一个用户定义的分布中对随机系数进行采样。针对每一个采样的确定性系数，求解偏微分方程并计算我们感兴趣的物理量。

（2）搭建一个神经网络并利用上一步骤得到的数据（解以及某种感兴趣的物理量）来进行训练，这个神经网络就变成一个替代模型（surrogate model）。

（3）利用更多的采样和数据把上述替代模型变成一个可以使用的神经网络模型。

他们利用这种方法求解了随机椭圆均匀化系数以及非线性薛定谔方程的基态能量，但是没有给出算法的收敛性证明以及精度估计。文献中其他方法本质上和上述算法差不多，参见 Li 等（2020）和 Fan 等（2019）的研究。尽管传统数值方法逼近解映射的理论已经相当完备（Cohen and Devore，2019），而且文献中也有这方面的初步尝试（Kutyniok et al.，2022），但神经网络逼近解映射的收敛性定理目前还是一个公开问题。

三、强化学习

强化学习是现代机器学习的重要领域，主要研究如何基于环境采取行动以取得预期的最大收益。传统强化学习算法只能处理状态行为空间有限的情形，并且其样本复杂度和时间复杂度都线性依赖于状态行为空间的大小。现实中的强化学习问题的状态行为空间非常大，在围棋中其状态行为空间（理论状态数）甚至达到了10^{170}。为处理这类问题，现代强化学习引入了以神经网络逼近为代表的函数逼近。在本章中，我们讨论了强化学习中的逼近论问题，即在怎样的条件下强化学习中的函数能被逼近及其有怎么样的逼近误差。基于强化学习中的两类算法，即基于值函数的强化学习算法和基于策略的强化学习算法，我们将分别讨论对于值函数的逼近论问题和对于策略的逼近论问题，特别是问题的结果以及待解决的问题。

强化学习作为机器学习中的重要领域，研究如何基于环境而行动，以取得预期最大收益，其在游戏（围棋、电子游戏）、机器人、推荐系统、交通、健康医疗等领域有广泛的应用。关于更多强化学习的应用，参见 Li（2017）的研究。

强化学习使用马尔可夫决策过程作为环境的基本模型，由以下五个部分组成：状态的集合 S；行为的集合 A；状态转移概率矩阵$P\left(s' \mid s,a\right)$，即处于状态 s 时，若采取行为 a，下一状态为s'的概率；即时奖励函数$r: S \times A$，即处于状态 s 时，若采取行为 a，可获得的即时奖励，我们一般假设即时奖励 r 在 0 和 1 之间；折现率 γ。

强化学习中，策略$\pi\left(a \mid s\right)$规定了处于状态 s 时采取行为 a 的概率。对于一个给定的初分布 μ 和策略 π，马尔可夫决策过程以如下规则生成：$S_1 \sim \mu$，$A_1 \sim \pi\left(\bullet \mid S_1\right), R_1 = r\left(S_1, A_1\right), S_2 \sim P\left(\bullet \mid S_1, A_1\right), \cdots, S_{t+1} \sim P\left(\bullet \mid S_t, A_t\right), A_{t+1} \sim \pi\left(\bullet \mid S_{t+1}\right)$，$R_{t+1} = r\left(S_{t+1}, A_{t+1}\right), \cdots$。强化学习的目标便是寻找一个策略 π 使得 $\mathbb{E}_\pi\left[\sum_{t+1}^{\infty} \gamma^{t-1} R_t\right]$最大。需要指出的是，对于一般的强化学习问题，我们通常不知道转移概率矩阵和即时奖励函数的具体形式。然而，对于任何给定的状态－行为组合，我们可以通过其与环境的互动，获得其对应的即时奖励和一个从转移概率中生成的下一个状态的样本点。这使得强化学习问题更为困难。

传统的强化学习算法主要关注状态集和行为集都是有限集的情形。在此情形下，多种强化学习算法（Agarwal et al.，2020；Azar et al.，2013，2017）都得到了最优的样本复杂度$O\left(\frac{SA}{\left(1-\gamma\right)^3 \epsilon^2}\right)$。即为得到精度为$\epsilon$的策略，至少需要正比于$\frac{SA}{\left(1-\gamma^3\right)\epsilon^2}$的样本量。然而实践中的问题往往具有非常大的状态空间。针对这一类问题，函数逼近尤其是使用神经网络的逼近被广泛应用。因此，对强化学习中的逼近论问题研究是十分必要的。

根据具体的强化学习算法，有两类逼近论问题需要讨论，即对值函数的逼近和对策略的逼近，以下我们将分别讨论。

我们首先考察对值函数的逼近。在强化学习中，值函数是很重要的概念，也是一大类强化学习算法（如值迭代、策略迭代、Q-learning 等）中使用函数逼近的对象。对于一个给定的策略π，我们定义值函数V^{π}和Q值函数Q^{π}如下：

$$V^{\pi}(s)=\mathbb{E}_{\pi}\left[\sum_{t=1}^{\infty}\gamma^{t-1}R_t \mid S_1=s\right],$$

$$Q^{\pi}(s,a)=\mathbb{E}_{\pi}\left[\sum_{t=1}^{\infty}\gamma^{t-1}R_t \mid S_1=s,A_1=a\right]。$$

哈密顿－雅可比－贝尔曼方程描述了两者之间的关系：

$$Q^{\pi}\left(s,a\right)=r\left(s,a\right)+\gamma\int_S V^{\pi}\left(s'\right)\mathrm{d}P\left(s'\mid s,a\right),$$

$$V^{\pi}\left(s\right)=\int_A Q^{\pi}\left(s,a\right)\mathrm{d}\pi\left(a\mid s\right)。$$

另外，我们用π^*表示最优策略，V^*和Q^*分别表示π^*对应的值函数和Q值函数，也称作最优值函数和最优 Q 值函数。它们满足如下的最优哈密顿－雅可比－贝尔曼方程：

$$Q^*\left(s,a\right)=r\left(s,a\right)+\gamma\int_S V^*\left(s'\right)\mathrm{d}P\left(s'\mid s,a\right),$$

$$V^*\left(s\right)=\max_{a\in A}Q^*\left(s,a\right)。$$

通过求解最优哈密顿－雅可比－贝尔曼方程得到最优 Q 值函数，再通过$\pi^*\left(a\mid s\right)=\mathrm{argmax}_{a\in A}Q^*\left(s,a\right)$便能得到最优策略。这便是基于值函数的强化学习算法的原理。

由于已知 Q 值函数可以直接得到值函数，而已知值函数还需即时奖励函数和转移概率矩阵才能计算出 Q 值函数，加之值函数与策略的关系更加紧密，绝大多数算法都选择逼近 Q 值函数。根据算法的不同，有以下两类逼近问题需要考虑：对于怎样的即时奖励函数 r 和转移概率矩阵 P，最优 Q 值函数 Q^* 可以被有效逼近；对于怎样的即时奖励函数 r 和转移概率矩阵 P，对任何策略（或一大类策略）π 的 Q 值函数 Q^{π} 可以被有效逼近。

另外，由于不同的策略会诱导出不同的状态－行为分布，对这两类 Q 值函数，我们还需考虑以下不同的逼近准则。

是否存在一个形式简单的函数f，使得$\|Q-f\|_\infty \ll 1$？

对给定的状态－行为分布ν，是否存在一个形式简单的函数f（可以与ν相关），使得$\|Q-f\|_{L^2(\nu)} \ll 1$。

如果存在一个在状态空间的概率分布函数ρ，使得$\mathrm{d}P(s'|s,a)=f(s,a,s')\mathrm{d}\rho(s')$。则我们可以将哈密顿－雅可比－贝尔曼方程重写为以下形式：

$$Q^\pi(s,a)=r(s,a)+\gamma\int_S f(s,a,s')V^\pi(s')\mathrm{d}\rho(s')。$$

注意到由于即时奖励函数r在 0 和 1 之间，我们有$V^\pi \in [0,1/(1-\gamma)]$。从而，对于任意巴拿赫空间 B，我们有

$$\|Q^\pi\|_B \leqslant \|r\|_B + \frac{\gamma}{1-\gamma}\sup_{s'\in S}\|f(\cdot,\cdot,s')\|_B。$$

若取B为巴伦空间，我们便能得到，如果对任意$s'\in S$，$f(\cdot,\cdot,s')$和r都在巴伦空间中，且其巴伦范数一致小于一个常数M，便存在一个宽度为m的两层神经网络f_m，使得

$$\|f_m-Q^\pi\|_\infty \leqslant \left(M+\frac{\gamma}{1-\gamma}M\right)m^{-\frac{1}{2}},$$

$$\|f_m\|_B \leqslant M+\frac{\gamma}{1-\gamma}M。$$

我们接下来讨论对策略的逼近。相较于值迭代、策略迭代、Q-learning 等利用哈密顿－雅可比－贝尔曼方程学习最优 Q 值函数从而得到最优策略的算法，强化学习中另一类的算法，也被称作直接方法，选择直接参数化策略，并寻找其中使得累计奖励最大的策略。对于策略，我们关注两个逼近论问题：是否存在一个形式策略π，使得对任何$s\in S$，$V^*(s)-V^\pi(s)\ll 1$？对给定的初分布μ，是否存在一个形式简单的策略π（可以与μ相关），使得$\mathbb{E}_\mu[V^*(s)-V^\pi(s)]\ll 1$？

在这一部分，我们仅考虑行为空间有限的情形。对一大部分的强化学习问题，如围棋或者电子游戏，尽管其状态空间非常大，但行为空间较小。我们关注归一化指数函数 softmax 形式的策略：

$$\pi^{\beta,f}=\frac{\mathrm{e}^{\beta f(s,a)}}{\sum_{a'\in A}\mathrm{e}^{\beta f(s,a')}},$$

其中$\beta > 0$，f是某一形式简单的函数，如神经网络。相较于直接使用 argmax 形式的策略，softmax 形式的策略的梯度存在，使得优化算法更加简单，从而在实践中的使用更加广泛。使用强化学习中经典的表现差引理（performance difference lemma）（Agarwal et al.，2019），我们可以得到如下的结果：

$$V^{*}(s)-V^{\pi^{\beta,f}}(s)\leqslant C\beta\frac{\log A}{1-\gamma}+\frac{C}{\beta(1-\gamma)^{2}}\left\|f-Q^{*}\right\|_{\infty},$$

$$\mathbb{E}_{\mu}[V^{*}(s)-V^{\pi^{\beta,f}}(s)]\leqslant C\beta\frac{\log A}{1-\gamma}+\frac{C}{\beta(1-\gamma)^{2}}\left\|f-Q^{*}\right\|_{L^{2}(\nu^{\beta,\mu})}。$$

其中C是一个常数，$\nu^{\beta,\mu}$是一个只与β和初分布μ相关的$S\times A$上的分布。这便意味着，只要我们能很好地逼近最优值函数，其对应的 softmax 形式的策略便能很好地逼近最优策略，从而将逼近策略的问题转换为逼近值函数的问题。

关于强化学习中的逼近论，还有很多尚待解决的问题。首先，我们关于值函数逼近的讨论不适用于马尔可夫决策过程是确定性的情形，也即对每个给定的状态－行为组，只有一种可能的未来状态。这一类马尔可夫决策过程在机器人等场景中十分普遍。对这一类问题，如果用$s'=p(s,a)$来表示系统，研究在p和r满足什么条件下，最优哈密顿－雅可比－贝尔曼方程

$$Q^{*}(s,a)=r(s,a)+\gamma\max_{a'\in A}Q^{*}(p(s,a),a')$$

的解Q^{*}可以被逼近仍然是一个重要的问题。其次，我们对于逼近值函数的讨论只利用了V^{π}的有界性。V^{π}是否具有更多的光滑性以及如何利用这些光滑性来改进我们关于值函数逼近的结果也是很重要的问题。最后，在机器人等场景中，由于其行为空间连续，较少使用 softmax 形的策略，而会直接使用决定性策略，也即对一个状态s只对应一种行为$a=\pi(s)$，并会使用神经网络等函数逼近器来参数化π。在这种情形下，如何逼近π也是非常重要的问题。由于作为映射的π光滑性通常不好，对这一类问题的研究需要从机器人等具体场景开始研究。

四、动力系统机器学习的逼近论

动力系统是描述随时间而演变的现实体系的基本数学模型。这样的体系在自然界中广泛存在，如天体运动、物种演化、经济规律等，涉及物理、化

学、生物、地质、工程、材料、医药、金融等众多自然科学与社会科学领域。数学形式上，动力系统的研究主要关注的是描述体系状态演化的微分 / 差分方程系统的分析、预测和行为理解。

就科学研究的方法论而言，对动力系统的研究主要有两种范式：牛顿模式和开普勒模式。前者基于第一性原理，即通过发现现实世界运行的基本原理建立物理模型（主要是微分方程），在此基础上通过理论分析和数值算法获取计算信息，并最终取得物理上的进展。一个典型的例子便是计算流体力学的成功。后者则是利用实际中的观测数据直接建立模型。

相比而言，从基本原理出发的牛顿模式更为本质和深刻，但对于处理复杂的实际问题，开普勒模式往往更为有效。尤其是随着近年来人工智能技术的蓬勃发展，基于开普勒模式的（数据驱动的）建模思想得到了愈加广泛的应用。现代社会是一个数据爆炸的时代，各行各业都充满了多种多样的数据，其中既包括传统的结构性数据（如表格、点云等），也包括各种类型的非结构数据（如图像、文本、视频、语音和网页等）。这些数据的背后往往缺乏显式甚至先验的第一性原理或物理定律，因此人们在实际应用中不得不采用数据驱动的建模手段。因此，对于其中那些非结构化的时间序列型数据，发展并利用数据科学与机器学习的理论及算法，特别是以神经网络模型为代表的深度学习方法，去模拟、识别和发现数据背后的动力系统模型，正在成为当前相关领域科学研究的主流。

如上所述，当前动力系统 + 机器学习领域的基本问题是从时间序列数据中发现动力学关系，并寻找潜在系统的数据驱动的表示。其中有两个主要的挑战（Rajendra and Brahmajirao，2020）。①潜在的动力系统往往是非线性的（Roy and Rana，2020；Pan and Duraisamy，2018）。众所周知，数学上现有的非线性分析工具是不足的，一般难以有效处理简单非线性函数的复合模型（深度神经网络）、非凸优化过程（神经网络训练）和非线性微分方程等。②潜在系统是部分可知甚至完全未知的（Ayed et al.，2019）。在实际中，对应用问题的建模过程通常缺乏先验知识的指导，可利用的信息一般仅局限于样本数据。

总体来看，动力系统 + 机器学习领域的理论与算法问题主要来自以下三个方面。①机器学习的动力系统方法，即利用经典动力系统的数学工具来研究机器学习，如深度学习的控制理论（Li et al.，2018；E et al.，2019；Liu et al.，2019）、基于数值分析的模型结构设计和基于蒙特卡洛估计的非线性复合函数空间理论（E et al.，2019）等。②动力系统的机器学习方法，即利用机器学习的数学工具来研究动力系统，如从样本轨迹中学习或恢复潜在系统、动力系统的参数识别和模型约化问题等。③动力学数据的机器学习建模方法，如时间序列数据的预测与分类（Pan and Duraisamy，2018）、序列－序列建模和部分可测系统的预测问题等。

对机器学习模型的理论分析主要包括三个方面：逼近、优化和泛化。所谓逼近，即考察模型空间的容量 / 表示能力；优化也称为学习 / 训练，即利用算法在模型空间中寻找最优参数的过程；泛化指的是根据样本数据学到的模型在来自同一目标关系的其他样本上的表现。事实上，一个理想的机器学习模型应当具有合适大小的参数空间。相对大的模型空间才有足够容量来表示数据背后的隐含目标关系，在此基础上的学习过程才有意义；但模型空间也不能过大，不然会带来训练和泛化的困难，如难以找到最优解、最优解出现过拟合现象等。因此，模型的逼近能力是优化和泛化的前提，是对机器学习模型作理论研究需要解决的首要问题。进而，与优化问题往往涉及具体动力学行为不同，逼近问题是相对静态的，它只关心最优解的存在性而非最优解的获取过程，因此只与模型结构本身有关，而与具体的学习动态无关。这意味着我们可以相对独立地研究逼近问题，在此基础上再继续发展相应的优化算法及泛化理论。

时间序列模型的逼近论已在许多文献中得到发展。以深度学习中的循环神经网络模型为例，若干万有逼近定理的理论结果已被得到，其中包括离散时间（Matthews，1993；Doya，1993；Schäfer and Zimmermann，2006，2017）和连续时间（Funahashi et al.，1993；Chow，et al.，2000；Li et al.，2005；Maass et al.，2007；Nakamura and Nakagawa，2009）等情形。然而，其中大多数结果关注的是目标序列关系来自潜在动力系统（微分 / 差分方程）的情形。对于更一般的情形（如泛函 / 算子逼近），相关文献仅就非循环的神经网络模型给出了一些理论探索（Chen and Chen，1993，1995；Lu et al.，2019），其结果往往类似于随机特征模型的情形（Gonon et al.，2000）。我们的初步工作（Li et al.，2021）弥补了这一理论空白，发展了对应于循环神经网络模型的泛函逼近论。

尽管当前以深度学习为代表的人工智能领域蓬勃发展，但其绝大多数成就皆来自实际应用，与之相应的有效理论却十分匮乏，更难以满足业界需求与指导应用发展。鉴于这一现状，我们的基本研究思路如下。

（1）从连续到离散。首先，相比于离散情形，考察和处理连续时间的动力系统在数学上更为容易（因为有更多的数学工具）。连续问题也会为研究者提供更多的灵活性，如增加系统约束、赋予系统结构并使之适应于不同的背景问题（E，2017）。其次，深度神经网络可被自然地视作连续动力系统的离散化模型。这一观点从离散数值格式的角度为新模型的设计提供了更多的可能性。例如，采用基本的前向欧拉格式作为数值求解方法，我们便得到常用的残差网络；通过自适应地选取离散时间步，我们也可得到具备适应性层的神经网络模型。进一步地，应用高阶甚至隐式的离散数值格式也可得到新的神经网络结构。最后，许多自然科学领域（物理、化学、材料等）中的数学模型都以连续动力系统（微分方程）的形式出现，考察连续模型有利于将机器学习和物理建模中的技巧相结合。

（2）从线性到非线性。在实际中，数据样本背后的潜在关系一般是非线性的。自然地，这意味着有效的数学模型往往也是非线性的。尽管如此，我们仍应遵循从线性到非线性的基本研究思路。首先，如上所述，数学上现有的非线性分析工具往往不足以直接处理这类非线性问题。一个明显的例子是，作为简单函数的复合模型，具有非线性激活函数的深度神经网络相比于线性情形（无激活）更难被有效处理。其次，对于线性问题，人们可以应用更多的数学工具来更加清晰准确地规划问题背景、推导显式结论，并初步获得对原问题的关键性洞察。最后，线性情形作为研究基础，亦可能涉及非线性的数学工具，这对相应的非线性理论的推广研究具有重要的借鉴意义与指导作用。

（3）从统计学习到系统学习。在监督学习的理论框架下（Hefny et al.，2015），系统学习是统计学习的更高层次。简而言之，统计学习是从样本数据中学习函数，而系统学习则是从样本数据中学习微分方程；统计学习的数据是独立同分布的，而系统学习的数据则是时间序列。显然，后者的研究发展须以前者的理论依据为前提。

（4）从理论分析到模型算法设计。如上所述，现今以深度学习为代表的人工智能技术在应用领域如火如荼地开展着，而相应的理论发展却十分滞后。深度学习的理论研究除了具有数学价值，如高维逼近论、高维数值分析、非凸优化等，更重要的是能帮助人们学以致用，高屋建瓴地指导业界需求与应用发展。通过对不同模型的理论分析，我们旨在从定量角度给予各种时间序列学习问题以数学刻画，并基于此分析比较各主流模型在不同任务上的优劣，最终根据实际需求提出新的模型及算法设计。

我们以 Li 等（2021）的研究为例，具体讨论以上四点基本研究思路的实现过程。该工作研究的是利用循环神经网络对时间序列数据建模的问题。在监督学习框架下，考察连续时间的输入－输出序列作为目标关系，在数学上即是一族以时间为参数的泛函。相应地，连续时间循环神经网络模型即是一个常微分方程系统。在线性情形，目标泛函是有界线性的，且相应循环神经网络模型的微分方程可显式解出。利用标准的线性泛函分析理论中的 Riesz 表示定理，原有的泛函逼近问题可约化为函数逼近问题。因此，即使是再基础的线性情形，理论分析过程仍然可能涉及非线性逼近论。我们的理论结果证明了循环神经网络模型逼近的有效性，并量化了逼近速率。更为重要的是，这些结果揭示了循环神经网络逼近问题中的“记忆灾难”现象：当目标泛函的衰减不够快速时，达到给定精度所需的模型参数数量是数据记忆的指数函数。系统的长期记忆性会显著影响模型的逼近效率，这一关键性洞察不仅指明了系统学习与统计学习的本质不同，而且对相应的非线性理论的推广研究具有十分重要的意义。自然地，为解决这一问题，我们有必要考察新的模型，如时域卷积网络（temporal convolutional network，TCN）、编码－解码（encoder-decoder）模型和基于注意力（attention）机制的 Transformer 模型等，甚至为具有长期记忆性的系统专门设计新的模型。

五、概率分布学习的逼近问题

对概率分布的学习是机器学习的一个重要领域，这一类问题充当了众多机器学习任务的基本单元，这些任务包括大数据因果分析（Kocaoglu et al.，2017）、药物设计与优化（Maziarka et al.，2019）、统计物理学模型抽样

（Zhang et al.，2018）、新材料设计（Mao et al.，2020）等前沿应用。对于这一领域而言，逼近论的重要性在于它能回答什么样的概率分布能够被高效地表示和学习，而解释概率分布学习模型在实际应用中的出色表现，使我们能进一步设计出更优的模型。

概率分布学习的基本任务可简单描述为，给定某一未知概率分布的样本集，学习这一分布的概率密度函数或是生成新的样本。实际应用中后者的使用更加广泛，这一类模型被称为生成模型。概率分布学习的经典方法分为两种：参数密度估计（如混合高斯模型）与非参数密度估计（如直方图法、核方法与 *K* 近邻方法）（Alpaydin，2020；邱锡鹏，2020）。然而现代机器学习的侧重点在于高维度、结构化的数据，如概率分布学习中的图像生成（如 Dall-E）（Ramesh et al.，2021）与文本生成（如 GPT-3）（Brown et al.，2020），使得经典方法不再适用。参数密度估计的不足在于实际应用中的数据往往不属于任何已知参数族，而非参数密度估计则正相反，其不足之处在于缺乏对目标的有效建模，这直接导致了维数灾难，也就是模型所需的目标分布的样本数随空间维度指数增长（Weed and Bach，2019）。于是现代的概率分布学习的核心问题便是如何加入合理的归纳偏置（inductive bias）来建模一个高维度的概率分布，使模型能够有效地表示与学习该目标分布。这一归纳偏置，具体而言，就是在概率分布模型中使用现代机器学习的函数表示（如深度神经网络），由此可以看出逼近论在概率分布学习中的中心地位。

此前，对监督学习的理论研究受益于一个统一的理论框架（E et al.，2020），这个框架包含了四个要素：函数表示、目标函数、训练方法与模型的离散化。同样地，我们可以建立一个统一的框架来指导概率分布学习，尤其是它的逼近论。除以上四个要素外，概率分布学习还包括两个要素：概率分布表示（distribution representation）与结构化数据，前者在于如何使用机器学习中的函数来表示概率分布，后者在于如何有效表示现实中的数据结构，如图像和化学分子。目前，学界对概率分布学习的研究主要集中在目标函数上。不同于监督学习，概率分布学习的目标函数十分丰富，而不同目标函数可以引出十分不同的模型。现有的两类方法分别为基于概率密度的交叉熵损失与基于对偶度量的对抗损失。前者的模型包括变分自编码器（Kingma and Welling，2013）、正则化流（Tabak and Vanden-Eijnden，2010）、自回归模型（Larochelle and Murray，2011）、偏置势能模型（Valsson and Parrinello，2014）等，后者的诸多模型则统称为生成对抗网络（Goodfellow et al.，2014；Arjovsky et al.，2017）。

概率分布学习的逼近论需要回答的第一个基本问题是，一个模型的函数表示与概率分布表示如何影响该模型所建模的概率分布。一个有效的出发点在于，概率分布学习与监督学习拥有诸多相似的逼近论的研究主题。

首先，我们需要判定一个模型是否享有全局逼近性质（universal approximation）。正如监督学习需研究一类模型能否近似任意函数（能否表示函数空间中的稠密子集），概率分布学习也需研究：在给定概率分布表示与函数表示情况下，模型能否近似任意概率分布。一个代表性的结果来自 Yang 和 E（2020）的研究，该研究验证了使用双层神经网络的偏置势能模型对交叉熵损失拥有全局逼近性质。然而不同于监督学习，概率分布学习允许我们在函数表示的选择上拥有更多的自由度。比如最优传输理论中的贝纳穆－布雷尼尔 (Benamou-Brenier) 定理指出，我们可以将函数表示局限于所有的梯度流函数（Santambrogio，2015），该函数空间远远小于传统的流模型或残差神经网络的空间。由此，概率分布学习的逼近论中一个有待解决的问题便是，如何在满足全局逼近性质的情况下，构建出一个拥有比传统神经网络更高的表示能力与学习能力的函数。

第二个基本问题为，一个概率分布能否被有限、离散化的函数表示来有效近似。具体而言，这意味着一个拥有有限数量神经元的神经网络能够逼近目标概率分布，且取得给定误差所需要的神经元数量应独立于空间维度，从而避免维数灾难。在监督学习或回归问题中，我们已知大量正例与反例，比如巴伦函数可以被有效近似（E et al.，2019），而存在利普希茨函数无法被有效近似（E and Wojtowytsch，2021）。对于概率分布学习，一种简单的方法是使用函数逼近的误差来限定逼近概率分布时的误差（Yang and E，2020；Lee et al.，2017），然而这仅能提供一个粗糙的误差上限。求得误差下限需要不同的思路，其难点在于，若使用生成器来表示一个给定的概率分布，我们可以证明，在一般情况下，存在无限多的可测函数能够表示该分布，于是模型中函数的逼近对象不唯一。误差下限的结论将为高维度下何种概率分布难以学习提供更深的见解，同时能够说明实际应用中概率分布学习的成功来自真实数据具有的较低的内蕴维度或复杂度。

除去近似误差，逼近论关注的另一类问题便是泛化误差，这一指标衡量的是模型在有限数据的情况下能否有效地逼近目标概率分布。对于监督学习，该问题的研究侧重于静态的、独立于训练过程的模型的经验估计函数所取得的逼近误差。其经验估计一般受正则化项约束（E et al.，2019），或是取最小化范数的插值解（interpolant solution）（E et al.，2019）。对于概率分布学习，求解泛化误差的条件则有所不同。其最主要的区别在于模型的记忆现象（memorization）（Yang and E，2020；Vaishnavh et al.，2018），也就是具有全局逼近性质的模型可以任意逼近经验概率分布，而远离真实分布，使得学习结果变得无效。在高维度中，维数灾难导致真实分布与经验分布之间距离的衰减速度极其缓慢，进一步恶化了记忆现象的影响。然而不同于以上最坏的情况分析，实际应用中的概率学习模型成功避免了记忆现象，即使是在数百万维的学习任务中仍然能够生成逼真的随机样本（Ramesh et al.，2021）。这一理论和实践的差距可以被认为是概率分布学习领域影响最深远的公开问题。Yang 和 E（2020）在保留全局逼近性质的条件下，证明了第一个适用于概率分布学习的、维度独立的泛化误差，开拓了两种求解泛化误差的方式［一种是延续监督学习中的正则化约束解，另一种则是研究提前停止法（early stopping method）的解］来证明训练过程中模型的经验梯度可以有效逼近真实梯度，从而延缓记忆现象与维数灾难。以上结论适用于基于交叉熵的偏置势能模型。下一步的目标便是将这些手法应用到生成对抗网络和变分自编码器等应用更广的、基于生成器的概率分布表示的模型上。生成器表示的一大难点在于，其对应的沃瑟斯坦（Wasserstein）度量或其他弱度量在形式上相较于交叉熵更难分析，需要我们调用更复杂的随机过程理论。

最后，概率分布学习相较于监督学习具有一个显著的不同点，那就是模型具有高维度、结构化的输出，这也是逼近论需要考虑的另一个方面。概率分布学习主要涉及的任务都要求模型从某一高维空间中采样，如前文所述的文本生成与药物分子设计对应的是所有文本的空间与所有分子式的空间，而监督学习的输出空间往往只是低维度的欧氏空间。这一特性要求模型的函数表示能够适应数据的归纳偏置，从实践的角度而言，模型的神经网络架构需要更有效地表达具有内蕴结构的数据。传统的方法是人为地提出数据的归纳偏置，如图片的平移不变性和序列的时序性，而后设计出符合给定归纳偏置的函数表示，如卷积神经网络和因果卷积网络。这一方法代表性的概率分布学习模型包括 DCGAN（Radford et al.，2015）和 WaveNet（van den Oord et al.，2016）。另一新颖的方法是要求函数表示在训练过程中自行适应数据的结构，如使用注意力机制推断出句子中字词间的关联。这一方法代表性的模型包括 GPT（Brown et al.，2020）、TransGAN（Jiang et al.，2021）。一个很自然的问题便是将前文描述的近似误差与泛化误差推广到拥有更复杂的函数表示的模型中，并识别出在何种情况下这些具体的函数表示相比于传统的函数表示能够取得更优的逼近能力。比如在假设平移不变的条件下，使用卷积神经网络的生成模型相比于使用双层全连接网络具有更小的泛化误差，从而享有更低的样本复杂度。

第五节　资助机制与政策建议

不同于传统应用数学项目人才团队的建设，理解深度学习，极其需要善于做数值实验的人才。深度学习里面有太多未知问题，我们需要进行大量的数值实验来提炼和总结规律，并最终转化成数学理论。

在人才培养上，改革应用数学的现有教育体系，使得应用数学成为一门系统性学科，并进一步作为交叉学科研究的基石，为学生提供系统性的课程指导与科研训练。从应用数学的基本构成出发，设计较为完整的系统化学术训练规划，主要课程如下。

（1）数学工具：分析、代数、几何、常/偏微分方程、变分法、概率论基础、随机过程等。

（2）算法知识：连续算法（数值代数、函数逼近论、优化方法、随机算法等）和离散算法（图论、群论等离散数学内容）。

（3）数据分析：数据处理、统计分析和机器学习等，掌握各种数据分析模型（回归、分类、聚类、参数估计等）。

（4）计算机基础：编程语言、数据结构、数据库、可视化技术等。

（5）其他专业课程。

（6）计算机视觉、自然语言处理、推荐系统、时间序列分析等。

此外，还应加强科研训练，加强与其他学科的交流，鼓励交叉科学研究。加强理论联系实际和业界合作，大力支持算法导向的理论研究及项目落地。

概率分布学习的逼近论是一个高度跨学科的领域，所关注的诸多问题并不能归类于任何单独的学科。如第四节所述，这些问题大致可分为两类。第一类问题是概率分布学习模型的近似误差和泛化误差，现有的理论工具与论证方法往往来自泛函分析、统计学与随机过程。第二类问题是设计能够适应高维数据的归纳偏置的模型，并研究这些新型表示所具有的逼近能力。这一问题需从概率分布学习的实践出发，如新材料设计与统计物理系统的模拟等任务，并通过实践识别出何种模型更能够有效利用数据的归纳偏置。由此可见，概率分布学习的逼近论是一个跨学科且注重理论与实践统一的领域，发展本领域需要鼓励不同背景的人才广泛交流合作。

其他说明如下。

关于概率分布学习的逼近论，一个有用的背景知识是概率分布的表示。现有概率分布模型主要使用两种表示：生成器与玻尔兹曼分布（Boltzmann distribution）。

生成器可由前推测度（pushforward measure）定义，即给定一个输入分布或噪声分布P，先取P的随机变量Z，然后由一个映射G（称为生成器）将随机变量转换为$X=G(Z)$，这一新的变量X的分布称为生成分布或前推测度，一般标记为$G\#P$。生成器是绝大多数概率分布学习模型的概率分布表示，这些模型包括生成对抗网络、变分自编码器、正则化流与自回归模型，训练这些模型便是训练映射G的过程。

玻尔兹曼分布在机器学习中一般定义为正比于e^{-V}的概率密度函数，V为未知势函数。该分布是偏置势能模型的概率分布表示，一般通过最小化交叉熵训练势函数V。

本章参考文献

邱锡鹏 . 2020. 神经网络与深度学习 . 北京：机械工业出版社 .

Agarwal A, Jiang N, Kakade S M. 2019. Reinforcement Learning: Theory and Algorithms. Seattle: University of Washington Press.

Agarwal A, Kakade S, Yang L F. 2020. Model-Based Reinforcement Learning with a Generative Model is Minimax Optimal. https://proceedings.mlr.press/v125/agarwal20b/agarwal20b.pdf[2023-03-23].

Alpaydin E. 2020. Introduction to Machine Learning. Cambridge: MIT Press.

Arjovsky M, Chintala S, Bottou L. 2017. Wasserstein GAN. https://arxiv.org/abs/1701.07875[2023-03-23].

Ayed I, de Bézenac E, Pajot A, et al. 2019. Learning Dynamical Systems from Partial Observations. https://arxiv.org/pdf/1902.11136[2024-12-01].

Azar M G, Munos R, Kappen H J. 2013. Minimax PAC bounds on the sample complexity of reinforcement learning with a generative model. Machine Learning, 91: 325-349.

Azar M G, Osband I, Munos R. 2017. Minimax Regret Bounds for Reinforcement Learning. https://proceedings.mlr.press/v70/azar17a/azar17a.pdf[2024-09-01].

Bach F. 2017. Breaking the curse of dimensionality with convex neural networks. Journal of Machine Learning Research, 18(19): 1-53.

Barron A R. 1992. Neural net approximation. Yale Workshop on Adaptive and Learning Systems, (1): 69-72.

Barron A R. 1993. Universal approximation bounds for superpositions of a sigmoidal function. IEEE Transactions on Information Theory, 39(3): 930-945.

Brown T B, Mann B, Ryder N, et al. 2020. Language Models are Few-shot Learners. https://arxiv.org/abs/2005.14165[2023-03-23].

Caflisch R E. 1998. Monte Carlo and quasi-Monte Carlo methods. Acta Numerica, 7: 1-49.

Carleo G, Troyer M. 2017. Solving the quantum many-body problem with artificial neural networks. Science, 355: 602-606.

Chen T P, Chen H. 1993. Approximations of continuous functionals by neural networks with application to dynamic systems. IEEE Transactions on Neural Networks, 4(6): 910-918.

Chen T P, Chen H. 1995. Universal approximation to nonlinear operators by neural networks with arbitrary activation functions and its application to dynamical systems. IEEE Transactions on Neural Networks, 6(4): 911-917.

Chow T W S, Li X D. 2000. Modeling of continuous time dynamical systems with input by recurrent neural networks. IEEE Transactions on Circuits and Systems I Fundamental Theory and Applications, 47(4): 575-578.

Cohen A, DeVore R. 2015. Approximation of high-dimensional parametric PDEs. Acta Numerica, 24: 1-159.

Cybenko G. 1989. Approximation by superpositions of a sigmoidal function. Mathematics of Control Signals and Systems, 2(4): 303-314.

Dick J, Kuo F Y, Sloan I H. 2013. High-dimensional integration: The quasi-Monte Carlo way. Acta Numerica, 22: 133-288.

Doya K. 1993. Universality of fully-connected recurrent neural networks. IEEE Transactions on Neural Networks, 1: 1-6.

E W N. 2017. A proposal on machine learning *via* dynamical systems. Communications in Mathematics and Statistics, 5(1): 1-11.

E W N, Han J Q, Jentzen A. 2017. Deep learning-based numerical methods for high-dimensional parabolic partial differential equations and backward stochastic differential equations. Communications in Mathematics and Statistics, 5: 349-380.

E W N, Han J Q, Li Q X. 2019. A mean-field optimal control formulation of deep learning. Research in the Mathematical Sciences, 6: 10.

E W N, Hutzenthaler M, Jentzen A, et al. 2019. On multilevel picard numerical approximations for high-dimensional nonlinear parabolic partial differential equations and high-dimensional nonlinear backward stochastic differential equations. Journal of Scientific Computing, 79: 1534-1571.

E W N, Hutzenthaler M, Jentzen A, et al. 2021. Multilevel Picard iterations for solving smooth semilinear parabolic heat equations. Partial Differential Equations and Applications, 2: 80.

E W N, Ma C, Wu L. 2019. A priori estimates of the population risk for two-layer neural networks. Communications in Mathematical Sciences, 17(5): 1407-1425.

E W N, Ma C, Wu L. 2019. The Barron Space and the Flow-induced Function Spaces for Neural Network Models. https://arxiv.org/abs/1906.08039[2023-03-23].

E W N, Ma C, Wu L. 2019. The Generalization Error of the Minimum-norm Solutions for Over-parameterized Neural Networks. https://arxiv.org/abs/1912.06987v2[2023-03-23].

E W N, Ma C, Wu L. 2020. Machine learning from a continuous viewpoint, I. Science China Mathematics, 63: 2233-2266.

E W N, Wang Q C. 2018. Exponential convergence of the deep neural network approximation for analytic functions. Science China Mathematics, 61: 1733-1740.

E W N, Wojtowytsch S. 2020. On the banach spaces associated with multi-layer ReLU networks: Function representation, approximation theory and gradient descent dynamics. CSIAM Transactions on Applied Mathematics, 1 (3): 387-440.

E W N, Wojtowytsch S. 2021. Kolmogorov width decay and poor approximators in machine learning: Shallow neural networks, random feature models and neural tangent kernels. Research in the Mathematical Sciences, 8: 5.

E W N, Yu B. 2017. The Deep Ritz Method: A Deep Learning-Based Numerical Algorithm for Solving Variational Problems. https://arxiv.org/pdf/1710.00211[2024-09-01].

Eldan R, Shamir O. 2016. The Power of Depth for Feedforward Neural Networks. https://proceedings.mlr.press/v49/eldan16.pdf [2024-09-01].

Fan Y W, Bohorquez C O, Ying L X. 2019. BCR-Net: A neural network based on the nonstandard wavelet form. Journal of Computational Physics, 384: 1-15.

Funahashi, K I, Nakamura Y. 1993. Approximation of dynamical systems by continuous time recurrent neural networks. Neural Networks, 6(6): 801-806.

Gonon L, Grigoryeva L, Ortega J P. 2020. Approximation Bounds for Random Neural Networks and Reservoir Systems. https://arxiv.org/abs/2002.05933[2023-03-23].

Goodfellow I, Pouget-Abadie J, Mirza M, et al. 2014. Generative adversarial nets// Ghahramani Z, Welling M, Cortes C, et al. NIPS'14: Proceedings of the 27th International Conference on Neural Information Processing Systems-Volume 2. Cambridge: MIT Press: 2672-2680.

Goodfellow Y, Bengio I, Courville A. 2016. Deep Learning. Cambridge: MIT Press.

Gühring I, Kutyniok G, Petersen P. 2020. Error bounds for approximations with deep ReLU neural networks in norms. Analysis and Applications, 18(5): 803-859.

Han J Q, E W N. 2016. Deep Learning Approximation for Stochastic Control Problems. https://arxiv.org/pdf/1611.07422[2023-03-23].

Han J Q, Jentzen A, E W N. 2018. Solving high-dimensional partial differential equations using deep learning. Proceedings of the National Academy of Sciences of the United States of America, 115(34): 8505-8510.

Hefny A, Downey C, Gordon G J. 2015. Supervised learning for dynamical system learning// Cortes C, Lee D D, Sugiyama M, et al. NIPS'15: Proceedings of the 28th International Conference on Neural Information Processing Systems-Volume 2. Cambridge: MIT Press: 1963-1971.

Hutzenthaler M, Jentzen A, Kruse T. 2022. Overcoming the curse of dimensionality in the numerical approximation of parabolic partial differential equations with gradient-dependent nonlinearities . Foundations of Computational Mathematics, 22(4): 905-966.

Jiang Y F, Chang S Y, Wang Z Y. 2021. TransGAN: Two Transformers Can Make One Strong Gan. https://arxiv.org/pdf/2102.07074v2[2023-03-23].

Khoo Y, Lu J F, Ying L X. 2021. Solving parametric PDE problems with artificial neural networks. European Journal of Applied Mathematics,32(3):421-435.

Kingma D P, Welling M. 2013. Auto-encoding Variational Bayes. https://arxiv.org/pdf/1312.6114v1.pdf [2023-03-23].

Kocaoglu M, Snyder C, Dimakis A G, et al. 2017. CausalGAN: Learning Causal Implicit Generative Models with Adversarial Training. https://arxiv.org/abs/1709.02023[2023-03-23].

Kutyniok G, Petersen P, Raslan M, et al. 2022. A theoretical analysis of deep neural networks and parametric PDEs. Constructive Approximation, 55: 73-125.

Lagaris I E, Likas A, Fotiadis D I. 1998. Artificial neural networks for solving ordinary and partial differential equations. IEEE Transactions on Neural Networks, 9(5): 987-1000.

Larochelle H, Murray I. 2011. The neural autoregressive distribution estimator// Gordon G J, Dunson D B, Dudík M. Proceedings of the Fourteenth International Conference on Artificial Intelligence and Statistics (2011). Fort Lauderdale: JMLR: 29-37.

Lee H, Ge R, Ma T , et al. 2017. Approximation Capabilities of Multilayer Feedforward Networks. https://arxiv.org/abs/1702.07028[2023-03-23].

Leshno M, Lin V Y, Pinkus A, et al. 1993. Multilayer feedforward networks with a nonpolynomial activation function can approximate any function. Neural Networks, (6): 861-867.

Li Y X. 2017. Deep Reinforcement Learning: An Overview. https://arxiv.org/abs/1701.07274[2023-03-23].

Li Q X, Chen L, Tai C, et al. 2018. Maximum Principle Based Algorithms for Deep Learning.

https://jmlr.org/papers/volume18/17-653/17-653.pdf[2024-09-01].

Li X D, Ho J K L, Chow T W S. 2005. Approximation of dynamical time-variant systems by continuous-time recurrent neural networks. IEEE Transactions on Circuits and Systems Ⅱ: Express Briefs, 52(10): 656-660.

Li Y Z, Lu J F, Mao A Q. 2020. Variational training of neural network approximations of solution maps for physical models. Journal of Computational Physics, 409: 109338.

Li Z, Han J Q, E W N, et al. 2021. On the Curse of Memory in Recurrent Neural Networks: Approximation and Optimization Analysis. https://arxiv.org/abs/2009.07799[2023-03-23].

Li Z, Ma C, Wu L. 2020. Complexity Measures for Neural Networks with General Activation Functions Using Pathbased Norms. https://arxiv.org/abs/2009.06132[2022-03-23].

Liao Y L, Ming P B. 2021. Deep Nitsche Method: Deep Ritz method with essential boundary conditions. Communications in Computational Physics, 29 (5): 1365-1384.

Lin V Y, Pinkus A. 1993. Fundamentality of Ridge Functions. Journal of Approximation Theory, 75(3): 295-311.

Liu G H, Theodorou E A. 2019. Deep Learning Theory Review: An Optimal Control and Dynamical Systems Perspective. https://arxiv.org/abs/1908.10920[2023-03-23].

Lu L, Jin P Z, Karniadakis G E. 2019. DeepONet: Learning Nonlinear Operators for Identifying Differential Equations Based on the Universal Approximation Theorem of Operators. https://arxiv.org/abs/1910.03193[2023-03-23].

Maass W, Joshi P, Sontag E D. 2007. Computational aspects of feedback in neural circuits. PLoS Computational Biology, 3(1): e165.

Mao Y W, He Q, Zhao X H. 2020. Designing complex architectured materials with generative adversarial networks. Science Advances, 6(17): eaaz4169.

Matthews M B. 1993. Approximating nonlinear fading-memory operators using neural network models. Circuits Systems and Signal Processing, 12(2): 279-307.

Maziarka Ł, Pocha A, Kaczmarczyk J, et al. 2019. Mol-CycleGAN: A Generative Model for Molecular Optimization. https://arxiv.org/pdf/1902.02119[2023-03-23].

Nagarajan V, Raffel C, Goodfellow I J. 2018. Theoretical Insights into Memorization in GANs. https://colinraffel.com/publications/idlt2018theoretical.pdf[2023-03-23].

Nakamura Y, Nakagawa M. 2009. Approximation capability of continuous time recurrent neural networks for non-autonomous dynamical systems//Alippi C, Polycarpou M, Panayiotou C, et al. Artificial Neural Networks – ICANN 2009. Berlin, Heidelberg: Springer: 593-602.

Pan S, Duraisamy K. 2018. Long-time predictive modeling of nonlinear dynamical systems using neural networks. Complexity, (1): 4801012.

Pinkus A. 1999. Approximation theory of the MLP model in neural networks. Acta Numerica, 8: 143-195.

Radford A, Metz L, Chintala S. 2015. Unsupervised Representation Learning with Deep Convolutional Generative Adversarial Networks. https://arxiv.org/abs/1511.06434[2023-03-23].

Raissi M, Perdikaris P, Karniadakis G E. 2019. Physics-informed neural networks: A deep learning framework for solving forward and inverse problems involving nonlinear partial differential equations. Journal of Computational Physics, 378: 686-707.

Rajendra P, Brahmajirao V. 2020. Modeling of dynamical systems through deep learning. Biophysical Reviews, 12: 1311-1320.

Ramesh A, Pavlov M, Goh G, et al. 2021. Zero-shot Text-to-image Generation. https://arxiv.org/pdf/2102.12092[2024-09-01].

Roy S, Rana D. 2020. Machine Learning in Nonlinear Dynamical Systems. https://arxiv.org/abs/2008.13496 [2023-03-23].

Santambrogio F. 2015. Optimal transport for applied mathematicians// Brezis H, Ambrosio L, Berestycki H, et al. Progress in Nonlinear Differential Equations and Their Applications. Basel: Birkäuser: 58-63.

Schäfer A M, Zimmermann H G. 2006. Recurrent neural networks are universal approximators// Kollias S D, Stafylopatis A, Duch W, et al. Artificial Neural Networks-ICANN 2006. Berlin, Heidelberg: Springer.

Schäfer A M, Zimmermann H G. 2007. Recurrent neural networks are universal approximators. International Journal of Neural Systems, 17(4): 253-263.

Shamir O. 2018. Distribution-specific hardness of learning neural networks. Journal of Machine Learning Research, 19(1): 1135-1163.

Shen Z W, Yang H Z, Zhang S J. 2020. Deep network approximation characterized by number of neurons. Communications in Computational Physics, 28(5): 1768-1811.

Sirignano J, Spiliopoulos K. 2018. DGM: A deep learning algorithm for solving partial differential equations. Journal of Computational Physics, 375: 1339-1364.

Tabak E G, Vanden-Eijnden E. 2010. Density estimation by dual ascent of the log-likelihood.

Communications in Mathematical Sciences, 8(1): 217-233.

Valsson O, Parrinello M. 2014. Variational approach to enhanced sampling and free energy calculations. Physical Review Letters, 113(9): 090601.

van den Oord A, Dieleman S, Zen H, et al. 2016. WaveNet: A Generative Model for Raw Audio. http://www.arxiv.org/pdf/1609.03499.pdf [2023-03-23].

Vostretsov B A, Kreines M A. 1961. Approximation of continuous functions by superpositions of plane waves. Doklady Akademii Nauk SSSR, 140(6): 1237-1240.

Weed J. Bach F. 2019. Sharp asymptotic and finite-sample rates of convergence of empirical measures in Wasserstein distance. Bernoulli, 25: 2620-2648.

Xu J C. 2020. Finite neuron method and convergence analysis. Communications in Computational Physics, 28 (5): 1707-1745.

Yang H K, E W N. 2020. Generalization and Memorization: The Bias Potential Model. https://arxiv.org/abs/2011.14269v1[2023-03-23].

Yarotsky D. 2017. Error bounds for approximations with deep ReLU networks. Neural Networks, 94: 103-114.

Zang Y H, Bao G, Ye X J, et al. 2020. Weak adversarial networks for high-dimensional partial differential equations. Journal of Computational Physics, 411: 109409.

Zhang L F, E W N, Wang L. 2018. Monge-Ampère Flow for Generative Modeling. https://arxiv.org/abs/1809.10188[2023-03-23].

第十一章
几何与拓扑

机器学习、深度学习和强化学习的发展已经引起了众多数学家对人工智能的极大关注，相对于统计学家和计算机学家，数学家侧重于从数学分析和几何的角度来研究人工智能模型的机理。比如，把深度神经网络看成一个随机动力系统的离散近似，由此可以引入微分方程、随机分析、微分流形等工具来研究系统的数学性质，并由此发展新的近似格式，指导设计新型的人工智能模型。

直观上，深度神经网络呈现出显著的几何、拓扑特征，因此发掘其内在的拓扑结构是设计新型网络结构和理解深度学习数学机理的一种潜在途径。几何与拓扑是数学中基本的研究领域，蕴含着极为深刻的数学思想。事实上，基于最优传输理论的几何理论，给生成对抗网络提供了深刻的数学支撑。建立深度神经网络与几何和拓扑之间的关系是应用数学的一个潜在重要发展方向。

第一节　科学意义与战略价值

全球新一轮科技革命和产业变革蓬勃兴起，人工智能作为前沿性、战略性技术，正成为促进传统产业升级、培育新兴产业、优化产业结构的重要驱动力量。全球各国都在加快抢占人工智能发展制高点，把握全球竞争的战略主动权。

近年来人工智能再度兴起，主要原因在于深度学习在求解实际问题中的巨大成功。深度学习在搜索技术、数据挖掘、自然语言处理、多媒体学习、语音、推荐和个性化技术，以及其他相关领域都取得了很多成果。深度学习使得机器能够模仿人类的视听和思考等活动，解决了很多复杂的模式识别难题，使得人工智能相关技术取得了很大进步。尽管深度学习的应用成果斐然，但是在其应用过程中，会出现一些难以预料的结果和错误。深度神经网络被证明很容易把输入的信息错误地划分到与真正的类别没有任何相似之处的类别（Nguyen et al.，2015）。此外，许多技术通过对像素进行难以察觉的修改，可以将神经网络对图像的分类转变为任何目标类（Szegedy et al.，2013；Moosavi-Dezfooli et al.，2017；Papernot et al.，2016）。另外，人们发现，很多已经被广泛应用的深度学习模型带有种族偏见等歧视，如萨菲亚·诺布尔（Safiya U. Noble）于2018年发表的《压迫的算法：搜索引擎如何强化种族主义》（*Algorithms of Oppression: How Search Engines Reinforce Racism*）。容易受到非直觉错误的影响仍然是深度神经网络中普遍存在的问题。这些不希望出现的行为和网络表现出来的歧视突显了深度学习可解释的必要性。事实上，学界公认深度学习更多地依赖经验和统计规律，而缺乏理论基础。正是因为缺乏清晰的理论指导，所以深度学习方法不能被独立应用于一些军事、医疗等重大决策中。深度学习的黑箱具有毁灭人类文明的潜在风险。因此对于深度学习有效性的理论解释的探索，用透明严格的数学模型来取代深度学习的黑箱成为目前整个时代最为紧迫的任务。理解深度学习，奠定深度学习的理论基础成为当代科学领域最为迫切的核心问题！多位机器学习领域的领军人物曾在公开场合表示要大力发展深度学习的理论基础，使黑箱变得透明。2018年，美国国防高级研究计划局将一半的基金用于资助可解释人工智能。

目前，常见的深度学习可解释性的研究方法主要包括隐层分析法、敏感性分析法和替代模型法等。其中，隐层分析法研究的是网络中的隐层所提取到的特征究竟表达了什么样的含义，但是并没有解释为什么隐层能够表达相应的含义。敏感性分析法包含变量敏感性分析和样本敏感性分析两类，通过人为变动样本的属性，进而观测这些变动对模型输出值的影响程度来对网络相应部分的作用进行理解。这种方法找到了输入与输出的对应关系，但尚未厘清所找到的对应关系的内部机理。替代模型法则是寻找可理解的模型代替现有网络的一部分模型，替代模型与原模型具有类似的作用，但是更加容易解释。这些研究已经帮助人们对深度学习网络的表现有了一定程度的理解，进而对模型诊断和修改也具有指导意义。然而，深度学习领域的诸多普遍难题，如无法保证对损失函数的优化最终能够收敛到全局最优解、深度网络对超参数异常敏感难以控制、生成过程中遇到的模式坍塌等，依然没有得到很好的解释。基于前述理解而构造的深度神经网络模型，也未能避免以上困境，对系统性能的提升并没有显著的改善。因此人工智能领域的研究者普遍认为，对深度学习网络还需要更加深层次的本质理解。

需要指出的是，当前关于深度学习可解释性的研究，大多尚未探究黑箱背后的深刻数学原理。几何与拓扑是数学中最基本的研究领域，几何与拓扑思想是数学中最重要的一类思想。然而，从几何与拓扑观点或思想寻求深度学习的内在数学原理的工作十分缺乏。

事实上，人工智能应该建立在对数据的深刻理解之上，包括对数据流形进行鲁棒的拓扑性质分析、几何特征提取，以及对数据的分布进行刻画等。无论是分类、决策，还是对抗，只有对数据理解了，才能设计出可被人类理解的人工智能模型，做出能被人类欣然接受的决策。

第二节 发展规律与研究特点

本节在系统梳理几何与拓扑在人工智能研究中的发展历程的基础上，面向人工智能前沿，分析本领域的内在知识逻辑：注重从科学史的角度，结合本领域在人工智能发展过程中的重大创新成果的具体案例，从学科发展动力、人才培养特点、学科交叉状况等方面来分析和总结本领域的发展规律和特点。

人工智能的几何与拓扑研究，主要建立在数据的流形分布假设基础之上。

流形分布假设认为，一定类别的高维数据本质上是分布在低维流形附近的。虽然流形分布假设早已成为领域中学者的共识，但是2000年才在Tenenbaum等（2000）以及Roweis和Saul（2000）在《科学》上发表的论文中正式被提出。基于流形分布假设，我们观察到的高维数据中，存在维度上的冗余，只需要其本质的维度就能唯一地表示。人工智能的重要任务之一就是学习数据所构成流形的几何与拓扑结构。

通常我们所分析的数据，都嵌在高维空间中，而高维空间的计算具有很高的复杂性，同时高维情形下数据样本也具有严重的稀疏性，这就是所谓的维数灾难。为了缓解维数灾难，人工智能专家提出了多种降维方法，目的是找到一种变换，把高维空间中的数据映射到低维子空间中，使得在该子空间中样本密度大大提高，各种计算也变得相对简单。我们把数据本身嵌入的空间称为背景空间，把降维后的低维空间称为隐空间。

一、几何方法

多维缩放（multiple dimensional scaling，MDS）（Cox and Cox，1994）是一种经典的降维方法，其主要思想是使任意两个样本在降维后的低维空间中的距离等于它们在原始高维空间中的距离。获取低维子空间最简单的想法就是对原始高维空间进行线性变换，这种方法被称为线性降维方法，如主成分分析（principal component analysis，PCA）。但是在绝大多数的现实数据中，高维空间中的低维流形就是非线性的，因此需要非线性映射才能进行恰当的低维嵌入。非线性降维的常用方法是基于核技巧对线性降维方法进行“核化”，如核主成分分析（Kernelized PCA，KPCA）（Schölkopf et al.，1998）。

以上方法主要考虑了数据在高维空间中的欧氏距离，进行了数据流形的整体降维。但是上述方法没有充分结合流形本身的特点。由于流形的局部与欧氏空间同胚，数据样本在高维空间的分布虽然看上去非常复杂，但在局部上仍具有欧氏空间的性质，所以可以在局部建立降维映射关系，然后再设法将局部映射关系推广到全局。

基于流形分布假设，直接在高维空间中计算直线距离具有误导性，因为高维空间中的直线距离在低维嵌入流形上是不可达的，而流形上两点间的

“测地距离”，才真正刻画了两个数据之间的相似程度。等度量映射（isomap）（Tenenbaum et al.，2000），就是这样一个尝试计算测地距离的算法。利用流形在局部上与欧氏空间同胚这个性质，对每个点基于欧氏距离找出其近邻点，然后建立一个近邻连接图，图中近邻点之间存在连接，而非近邻点之间不存在连接，于是计算两点之间测地距离的问题，就被转换为计算近邻连接图上两点之间的最短路径问题。得到两点间的测地最短距离后，再采用多维缩放进行降维。局部线性嵌入（locally linear embedding，LLE）（Roweis and Saul，2000）则是遵循流形的局部坐标卡的思想，试图保持邻域内样本之间的线性关系，相当于流形上每个开集到局部坐标卡之间都用线性映射进行逼近。这个方法的优点在于样本变化仅对其附近的低维嵌入产生影响，而不会使得全局都有较大的变动。

从几何分析的观点来看，寻找数据嵌入的一个低维空间，本质上等价于寻找这个空间的黎曼度量。基于这个想法，度量学习（metric learning）（Xing et al.，2003）应运而生。该方法以具体的任务来设定目标，优化度量张量。得到度量张量后，通过对其进行特征值分解，可以找到对应的一组正交基，这组正交基所张成的空间就是降维之后的低维空间。

前述的降维方法，大多是有监督的，而自编码器（autoencoder，AE）（Rumelhart et al.，1986）是一种能够通过无监督学习，学到高维数据的低维表示的神经网络。自编码器由一个编码器和一个解码器构成，编码器将背景空间中的高维样本映射到低维隐空间，而解码器将低维隐空间中的特征编码映射回数据本身所嵌入的高维背景空间。这样就可以通过极小化输入样本与经过编码器降维，再经过解码器重构的样本之间的距离，来训练自编码器。如果限定编码器和解码器都是线性映射，则自编码器所得到的低维隐空间，与前述主成分分析降维方法得到的隐空间是一致的。因此自编码器可以看做是主成分分析的一种推广。

从几何观点来看，自编码器的编码过程，就是一个参数化的过程，而解码器则在一定程度上给出了低维流形在高维背景空间中的嵌入。自编码器中的解码器，被用于生成新的数据。由于高维背景空间中的数据样本非均匀分布，在编码之后，其特征编码往往在低维隐空间中构成复杂的分布，因此，研究数据流形上的概率分布及其在低维隐空间中的分布，成为人工智能的另一重要任务。

变分自编码器（Kingma and Welling，2013）就考虑了数据经过降维后在隐空间的分布问题，将映射到低维隐空间的数据分布用一个或者多个高斯分布去进行拟合。变分自编码器常常被用来生成新的数据。数据生成的过程是依据拟合出的高斯分布在隐空间进行采样，然后通过解码器将采样点映射到高维背景空间，得到新生成的样本。

当我们学习的数据包含多个模态（如数据分布的支集具有多个彼此相离的连通分支）时，若采用一个高斯分布去进行拟合，必然会出现以下两种情况之一：①所得到的拟合高斯分布仅仅拟合了原数据中的单个连通分支，即网络仅仅学到了数据中的一个模态，而丢掉了其他的模态，这种情况被称为模式坍塌；②所得到的拟合高斯分布覆盖了所有的多个高斯分布，但是显然，其中必然会包含原本数据分布之外的部分，这种情况被称为模式混淆。

事实上，在几乎所有的生成模型中，都存在模式混淆或者模式坍塌的情况。

Lei 等（2020）明确提出了深度学习的原则：深度学习的根本目的是学习流形上的概率分布，因此深度学习的核心被解耦为两个任务，一是学习流形结构，二是学习概率分布。深度学习过程本质上是在流形上的所有概率分布构成的空间（沃瑟斯坦空间）中优化特定的能量（如熵）。最优传输理论为沃瑟斯坦空间赋予了黎曼度量，从而将概率统计与黎曼几何相结合。

丘成桐将凸微分几何的闵可夫斯基·亚历山德罗夫（Minkowski-Alexandrov）理论与蒙日-安培（Monge-Ampere）方程相结合，证明了卡拉比（Calabi）猜想和正质量猜想。Kingma 和 Welling（2013）将丘成桐的蒙日-安培方程几何化理论应用于最优传输，并进一步用最优传输理论给出了生成对抗网络的几何解释。生成对抗网络包含一个生成器和一个判别器。生成器用来生成新的样本，判别器用来判断样本是来自真实数据还是来自生成数据。对于最为有效的 WGAN 网络，其判别器用来判断生成数据的分布与真实数据分布之间的沃瑟斯坦距离，即两个分布之间最优传输映射的传输代价。他们指出，生成器计算从隐空间白噪声到生成分布的传输映射，判别器计算从生成分布到数据分布之间的最优传输映射，两者应该彼此合作，而非对抗，从而提高计算效率。

Lei 等（2019）用最优传输映射的正则性理论解释了模式坍塌和模式混淆的本质原因。如果目标测度的支集非凸，那么传输映射在奇异集合上非连续。生成过程本身就是两个分布之间的传输映射，而深度神经网络只能表达连续映射。这一本质矛盾导致模式坍塌和模式混淆。

基于以上理论结果，An 等（2020）利用最优传输的几何化理论，提出了高效算法用于构建克服模式坍塌这一瓶颈的新型自编码－最优传输（AE-OT）几何生成模型。其中，数据流形的学习用自编码器来实现，而隐空间中的概率分布转换，用可解释的透明算法最优传输映射来实现。因此所提出的 AE-OT 几何生成模型，是将黑箱的一半变透明的半可解释生成模型。

在流形结构学习方面，现有的自编码器及其变体，都是将整个流形降维到同一个隐空间。根据微分几何的知识可知，流形可以通过图册中的坐标卡来参数化，因此 Schonsheck 等（2020）提出，将每个坐标卡覆盖的区域分别进行编码和解码，将每个坐标卡解码的结果整合后得到最终的结果。基于这个思想，作者构造了具有多个隐空间的图表自编码器（chart auto-encoder）。

二、拓扑方法

前述研究，更多地在关注数据流形的几何特征。近年来拓扑数据分析成为人工智能中的热点问题。拓扑数据分析是将拓扑学和数据科学结合得到的技术，是以持续同调（persistent homology）为基础，对数据的拓扑特征（topological feature）进行分析的方法。

持续同调为我们提供了一个寻找不需要降维就能精要地刻画数据流形全貌的方法。在拓扑数据分析中，数据流形的拓扑特征如何随构造单纯复形时所选取的半径变化而演变是其中一个重要的研究问题。在拓扑空间中，通常使用一组不变量来描述流形的连通性，流形的结构和构造单纯复形时所选取的半径相关。

具体说来，对于给定的离散数据，如何分析其构成的流形的整体拓扑特征呢？持续同调的做法是以每一个数据点为圆心，选择一个半径：假如基于这个半径，由两个点分别形成的两个圆之间有交集，这两点则连线；假如两个点形成的两个圆之间没有交集，这两点则彼此断开，如此得到所谓的

Vietoris-Rips 复形或者 Cech 复形。随着半径不断增大，我们得到的数据全貌不断变化，相对应的连接度和圈数也在不断变化中：将这些变化持续地记录下来，我们就得到了数据的条形码。每一个数据集的条形码，通过量化每个维度上的不连续性，刻录了一个数据集所有维度上相对持续不变的形状，条形码中有各种长度的线条，越长意味着越高的持续性；相反，很短的线条，则被认为是可以忽略的。在构造流形时，随着半径的不断增大，能保持更长时间的特征是有用的特征，而寿命很短的特征更可能是噪声。这个过程称为持续同调，因为它发现了在半径持续变化时，拓扑空间中持续存在的同源特征，如此自然而然地，持续同调就赋予了机器抗噪的能力。

拓扑数据分析的一般性目的是从高维数据中提取有效信息，按机器学习观点属于无监督学习和表征学习。其分析过程不会引起信息的损失，且被认为对缺失和噪声样本稳定。由于拓扑数据分析的对象具有独立于度量的拓扑特征（按一般用语可表述为“抽象的形状”“点与点之间的关系”），因此拓扑数据分析能够整合并协同分析不同度量（坐标）下的数据集。拓扑数据分析被应用于计算几何学问题，如 3D 扫描仪输出的点云（point cloud）数据的分析、重建和可视化。在图像分析、动图识别、生物信息学和医学领域（如癌症基因样本的研究）中也有广泛应用。

在进行数据降维的过程中，我们除了要找到数据流形的本征维度，把它嵌入低维隐空间，还应该保证这个嵌入保持了原来数据的拓扑特征。Yan 等（2018）开展了这样的研究，首先找到数据流形的拓扑骨架，然后在这个拓扑骨架的约束下对数据流形进行嵌入，从而保持降维前后数据流形的同调群不变。

同时，拓扑数据分析在深度学习比较难学到的周期性特征的提取上和学习成本的优化的指引上具有独特的优势，因此在神经网络的构造和训练过程中也起到了指导作用。

Liu 等（2016）提出了一个用来给音乐音频的时序数据做标签分类的模型的 TDA+CNN 架构，在三层卷积神经网络的中间一层加入拓扑数据分析计算持续性同调拓扑结构的组件，使得拓扑数据分析和卷积神经网络并联，从而增强了模型对于高频周期性信号的捕捉能力。日本富士工程生物研究院也用类似架构的时序数据的深度学习来分析其他的时序数据，获得了接近 25% 的精准度提升。

在神经网络的优化过程中，随机梯度下降算法是最常被使用的方法。但是这种方法非常容易使得优化陷入局部极值，并被用来生成对抗样本。拓扑学中的莫尔斯－斯梅尔（Morse-Smale）理论指出，流形上的关键点（局部极值点）可以进行配对和对消。因此，借助恰当的莫尔斯（Morse）函数及配对方法，可以消去大部分不必要的局部极值点，从而使得优化过程更为有效。Maljovec 等（2014）就将这个思想用在主动学习中，在训练主动学习模型时，代入拓扑数据分析具备的识别“更全局”的最优解的能力去主动寻找（筛选）模型训练的子样本，让误差函数的优化变得更加直接和有效。

三、热带几何观点

热带几何是由巴西数学家兼计算机科学家伊姆雷·西蒙（Imre Simon）于 20 世纪 80 年代发展出来的，“热带”一词就是为了纪念这位工作于热带的科学家对该领域的创造性贡献。热带几何源自热带代数，其核心是热带半环上的几何形状，其中加法运算和乘法运算分别由最大值（最小值）运算和加法运算代替。这样就将通常的多项式变成分段线性函数，把代数簇问题转换为多面体复形的问题。这个过程被称为“热带化”。

Zhang 等（2018）首次建立了热带几何与带有 ReLU 激活函数的前馈神经网络之间的联系，证明了这样的神经网络等价于热带有理映射。前馈 ReLU 神经网络的一个隐藏层可以用奇诺多面体（zonotopes）来刻画，神经网络的决策边界等价于热带超曲面，并且神经网络的线性区域与热带有理函数定义的多面体的顶点数相关。从热带几何的观点可以推出，如果用相同个数的神经元，较深的网络的表达能力远远超出较浅较宽的网络。

Smyrnis 和 Maragos（2020）进一步利用热带几何研究多分类神经网络，通过对其牛顿多胞体的逼近，得到网络对应的热带有理函数的逼近形式，从而能够缩小多分类神经网络的规模。

形态学神经网络（Ritter and Sussner，1996），与热带几何中的“热带化”如出一辙，即将传统神经网络中的加法和乘法，分别用求最大值和加法运算来代替。这样在一个神经元内的计算就由原来的线性函数变成了非线性的，且对应着形态学中的膨胀和腐蚀操作。Dimitriadis 和 Maragos（2020）从热带几何的角度来研究形态学神经网络，首先将二分类的形态学分类器扩展到多分类任务，并对网络的训练、剪枝都做了分析，最后提出了一种提升网络训练收敛性和性能的方法。

从以上三个方面的发展和现状中，我们可以明显地看到人工智能研究所用到的几何与拓扑的理论及工具，随着研究的发展是逐渐深入的：从欧氏几何到黎曼几何，再到几何分析；从线性工具到非线性工具，再到非连续性工具。大学本科层次的几何与拓扑知识，已经难以满足人工智能发展的需要。这对相关领域的人才培养提出了很高的要求。同时，可以发现只有数学领域的专家真正介入人工智能的研究，将工程问题用数学语言进行严谨的刻画，进而引入新的数学工具和办法，才会推动实质性的新突破。因此，数学与信息科学的深度交叉融合，对推动人工智能的发展起着决定性的作用。同时，深刻的数学理论在人工智能领域恰当而优雅的应用，也获得了纯数学家的欣赏。两位菲尔兹奖获得者塞德里克·维拉尼（Cedric Villani）和阿莱西奥·菲加利（Alessio Figalli）在国际数学会议的主旨报告中介绍最优传输在人工智能中的应用时分别引用和介绍了 Lei 等（2019，2020）的工作。这也进一步吸引了越来越多的数学工作者进入人工智能的领域。

目前的学术领域分工越发细致，行业壁垒更加高耸，跨领域研究需要更多的时间和训练。例如，深度学习研究中的最优传输，可以归结为求解高度非线性的蒙日 - 安培方程，其本质工程难度在于解法的复杂度过高，求精确解需要的算力超过目前硬件算力。追根溯源，在基础数学层面，为了保证解的存在性、唯一性和适定性，我们需要用到凸微分几何理论、最优传输和偏微分方程理论，其关键是基于蒙日 - 安培方程解的先验估计。有了基础数学的理论保证，在计算数学领域，我们需要设计各种离散化方法、时域频域变换、迭代格式、预处理方法、多重网格（multigrid）方法、收敛阶估计、误差估计，这一步需要大量的数值计算技巧，这些技巧与偏微分方程的先验估计技巧不同，但是先验估计会给数值算法设计带来本质的启发。有了稳定精确的数值方法，在计算机科学的各个领域，我们还需要根据具体应用来设计具体算法，根据不同应用和不同的精度要求、实时响应要求和硬件预算要求设计不同的数据结构，还需要进行算法设计、并行化设计、内存管理、数据流控制、硬件配置和界面设计等工作。在这一层面，数值计算的方法往往被封装成库函数，被应用层调用，因此所需要的技能与计算数学非常不同。由于社会分工、教育领域的精细化，计算机背景的技术人员一般不会受到偏微分方程先验估计的技能训练，深入精细的数值逼近论训练也不足。但是，推动人工智能本质发展，从零到一的革命性算法，仅有计算机科学领域的技巧往往是不够的，必须要深入理解基础数学的理论。

同时很重要的一个发现是，对于大多数偏重理论的研究，其市场化进程都比较缓慢。但是基于几何角度构建的可解释深度学习模型却迅速被市场接受。例如，华为技术有限公司于 2020 年以超过百万元的金额购买了相关的非独占性专利许可。

第三节　发展现状与发展态势

本节综述了近十几年来中国科学家在相关专题领域的关键贡献，在此基础上评估了我国相关专题领域的发展态势，具体可以包括以下内容：一是国际上本领域的发展状况与趋势；二是从计量学角度总体描述本领域在国内的发展现状，包括人才队伍、资助现状及取得的重要成果，以此来描述本领域在国际上的地位；三是从定性角度，以典型案例分析我国在这一专题领域的优势方向、薄弱方向和交叉学科方向的发展状况；四是介绍总体经费投入与平台建设情况；五是介绍人才队伍情况；六是分析在推动专题领域发展和人才队伍建设、营造创新环境等方面的举措与存在的问题。

自 2000 年流形分布假设被正式提出之后，研究流形学习的工作成为一个热潮。但是由于当时并没有受到很多几何学家与拓扑学家的关注，流形学习中所采用的多是以线性代数为主的相对比较初等的数学工具，并未获得本质性的突破。近年来，国际上从几何与拓扑角度研究人工智能的工作日渐增加，越来越多的几何学家和拓扑学家对人工智能的本质产生兴趣。数据的流形分布假设再一次吸引了数学家特别是应用数学家的目光。从目前来看，非线性工具以及非欧几何都被用于数据流形的分析，大大促进了本领域的发展。

华人学者在本领域中的贡献非常突出。

在几何方向，大连理工大学团队与美国纽约州立大学石溪分校团队合作，将几何分析方法用于深度神经网络的理解，用最优传输理论解释生成对抗网络的原理，并指出生成器和判别器之间应是合作的关系，其训练结果应该相互利用。他们用蒙日－安培方程的正则性理论给出了深度学习的瓶颈问题模式坍塌的根本理论解释；在此基础上，构建了半透明的新型几何生成模型，该模型用可解释的最优传输算法取代了黑箱深度学习的概率分布转换任务，并同时避免了模式坍塌。

在拓扑方面，国际著名拓扑学家吴杰教授的团队将拓扑数据分析推广到超拓扑数据分析，从而对数据科学可以提供同时适用于云数据与图数据的统一的拓扑方法。这一推广大幅提升了拓扑数据分析的可适用范围，对基于图的大数据（如社会网络、经济金融管理数据等），具有潜在的应用；同时去除了拓扑数据分析的确定性数学方法条件，为数据科学及其相关领域通过自我参数设定研发原创性及保密性较强的拓扑算法提供了一定的数学支持。

从热带几何角度研究人工智能的学者相对较少，国内科研院所还鲜见相关的文献发表。

从人才队伍角度来看，由于这些方面的研究对研究人员的交叉背景要求较高，而交叉学科的人员培养往往需要更长的时间、更多的知识储备，因此国内目前的相关人才非常缺乏。从目前从事几何与拓扑研究的人才分布来看，以数学为学科背景的人才转型相对容易，而以信息科学为学科背景的研究人员，后期再来系统学习几何与拓扑的相关知识，则具有相当的难度。

从项目资助来看，2019 年国家自然科学基金委员会信息科学部资助了一项相关的重点项目“几何观点下的深度学习可解释性的关键理论和模型构建”，资助经费 297 万元。数学物理科学部并没有专门资助几何与拓扑领域的重点项目。科学技术部在“十四五”国家重点研发计划“数学与应用研究”重点专项中设立了指南《可解释深度学习的微分几何与最优传输理论》，资助强度约 1000 万元。从几何与拓扑领域的发展需求来讲，整体经费投入还远远不够。目前国家自然科学基金委员会在数学物理科学部的数学与其他学科的交叉中设置了两个相关的三级代码：A0606 人工智能中的数学理论与方法和 A0607 数据科学中的数学理论与方法。此外，对于 2020 年新设立的交叉科学部，其二处为智能与智造领域，会资助一部分数学与人工智能交叉的项目，但是若是具体到人工智能基础之几何与拓扑方面，其资助便显得非常有限了。

实际上，几何与拓扑领域研究的发展目前还受到诸多约束和限制。首先，纯粹信息领域背景的研究人员，不太容易理解几何与拓扑领域最新的研究进展；其次，纯粹数学领域背景的研究人员，如果不花些时间和力气真正沉下心来动手实践，也很难对人工智能有比较深刻的理解。所以无论从哪个方面来讲，大多数研究人员对几何与拓扑领域的工作了解得还不够透彻。从事几何与拓扑研究的人员也依旧是个相对较小的群体，其相关工作与从事人工智能应用的工作相比，所获得的引用、评价和关注要少得多。这大大影响了研究人员从事几何与拓扑研究的积极性。

第四节　发展思路与发展方向

本节结合国际人工智能发展趋势、国家科技发展需求和人才队伍建设需求，前瞻几何与拓扑到 2035 年在人工智能基础上的发展趋势，并且紧扣国家战略需求，分析和判断本领域在人工智能发展中可能的突破口和新的学科生长点，总结本领域能够解决的国家创新发展科技瓶颈问题，明确本领域在人工智能及其科技创新过程中的主攻方向和突破口，提出到 2035 年本领域在人工智能发展中的关键科学问题、总体发展思路、发展目标和重要研究方向。主要包括以下几方面的内容。

一、推动或制约几何与拓扑在人工智能发展中的关键科学问题

（1）如何用人工智能方法从离散数据中重构数据流形，使得重构的流形在拓扑、黎曼度量、各种微分算子、各种曲率测度上收敛到真实的数据流形，

给出逼近误差的精确估计？

（2）对于数据流形的几何与拓扑复杂度，流形嵌入算法的复杂度，流形的等距嵌入、拟共形嵌入、保测度嵌入背后的数学理论，包括存在性、唯一性、正则性等，如何构建神经网络来实现以上的流形嵌入？

（3）深度学习的瓶颈问题模式坍塌的本质数学原因是传输映射的奇异集合的存在。如何准确找到奇异集合？奇异集合存在的充分必要条件、奇异集合的几何与拓扑性质是什么？

（4）数据的不同分布之间的映射如何高效地进行计算？概率分布之间映射的计算，本质上等价于非线性偏微分方程的求解，目前的计算方法随着维数增加，计算复杂度呈指数级增长，这是一个瓶颈问题。

（5）如何识别数据流形中存在的链接（link）、结（knots）等拓扑结构，进而如何在编解码映射中解开扭结结构？

二、围绕解决关键科学问题提出几何与拓扑在人工智能发展中的总体发展思路

1. 离散曲面法丛理论的高维推广

行业中往往有一种认识，只要采样密度足够高，采样的数据构成的离散曲面自然就会逼近原始曲面，反映原始曲面的各种性质。但是著名的施瓦兹（Schwartz）灯笼（图 11-1），给出了一个反例。施瓦兹灯笼是对光滑圆柱面的离散逼近。假如我们在光滑圆柱面上的 $2k$ 个等高线上采样，每个等高线上采 $4k$ 个采样点，然后如图所示建立三角剖分，随着 k 趋向无穷会得到一系列离散曲面。可以证明，离散曲面到光滑曲面的豪斯多夫距离趋于零，但是离散曲面的面积并不收敛光滑曲面的面积，离散高斯曲率测度并不收敛于光滑高斯曲率测度，离散平均曲率测度并不收敛于光滑平均曲率测度。因此根据离散数据如此构建的离散曲面，并不能全面反映原始数据流形的各种几何性质。本质上，这是因为离散法丛并没有收敛到光滑法丛。

为了解决这个问题，首先我们应该保证数据的恰当采样，同时对采得的数据要进行恰当的三角剖分，才能保证黎曼度量、曲率测度的收敛。

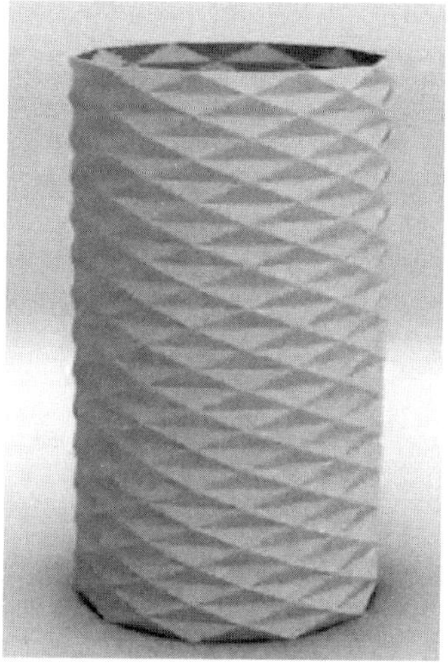

图 11-1　施瓦兹灯笼

根据 ε-δ 采样定理，给定一个黎曼流形，在流形上任取一点，以该点为球心以 ε 为半径的小球中至少包含一个采样点；任意两个采样点之间的距离大于 δ，再对如此采样得到的离散数据点进行德洛奈（Delaunay）三角剖分。随着 ε-δ 的减小，得到一系列离散曲面，这个曲面序列收敛，且其黎曼度量、曲率测度收敛到原始光滑流形的黎曼度量和曲率测度。

神经网络是如何根据数据集学习到数据流形的表达的？神经网络表达的流形是否能够从几何测度上逼近真实的数据流形？深度探究这些问题对理解神经网络的工作机理以及数据本质的结构具有重要意义。将上述理论进行高维推广，用于数据流形的学习与分析，是发展的重要方向之一。

2. 流形嵌入算法的深度神经网络实现

流形的嵌入问题本质是通过求解复杂的偏微分方程来开展研究的。纳什给出了流形的等距嵌入理论；最优传输映射可以提供流形的保测度嵌入；高维流形的共形嵌入一般不存在，但是可以寻求拟共形嵌入。这些都是通过偏微分方程的求解得到的。设计深度神经网络的结构来求解这些偏微分方程，进一步得到数据流形的合理嵌入，是应该深入研究的问题。

3. 蒙日－安培方程的正则性对深度学习网络构建的指导

由于深度学习的重要任务之一是计算概率分布转换，而概率分布转换可以由最优传输映射来实现。事实上，两个概率分布之间的所有传输映射都可以被极分解为一个最优传输映射与一个保测度映射的复合形式。因此，最优传输映射的性质起着根本性作用。计算最优传输映射本质上等价于求解蒙日–安培方程。蒙日–安培方程的正则性理论指出，当目标分布的支集非凸时，最优传输映射存在奇异集，映射在奇异集上不连续。目前的神经网络只能表达连续映射，因此会出现模式坍塌。我们应该探索如何根据蒙日–安培方程的正则性理论来准确定位最优传输映射的奇异集合，并对奇异集合的几何与拓扑性质开展分析。

4. 高维最优传输映射的高效计算

如前所述，最优传输映射是深度学习的核心任务，而计算最优传输映射等价于求解蒙日–安培方程。蒙日–安培方程的高度非线性导致其计算极为困难。目前最优传输的计算方法有很多种类：①基于坎托罗维奇理论的方法，通过线性规划计算最优传输方案，通过加入熵正则项来提高计算效率的辛克霍恩（Sinkhorn）算法，或者用光滑函数逼近离散能量的内斯托罗夫（Nestorov）方法；②基于贝纳穆–布雷尼尔（Benamou-Brenier）流体力学理论发展出的方法，通过求解总动能最小的流场，得到最优传输映射；③基于求解蒙日–安培方程的数值方法，包括不动点方法，线性化蒙日–安培算子，将方程转化为变系数椭圆型偏微分方程方法等；④基于布雷尼尔（Brenier）理论和闵可夫斯基–亚历山德罗夫（Minkowski-Alexandrov）理论，丘成桐、顾险峰提出了几何变分方法，应用计算几何的算法和盖尔范德（Gelfund）理论，发展了一系列方法。但是这些方法的计算复杂度都随着维度的增加而呈指数级增长。但是深度学习中处理的都是高维数据，因此设计高效的最优传输计算方法至关重要。

由于最优传输问题等价于蒙日–安培方程的求解，我们可以把蒙日–安培方程的算子进行离散化并转化为线性椭圆型偏微分方程。通过傅里叶变换，将微分算子转化为代数算子，因此在频域求解线性椭圆型偏微分方程存在快速傅里叶解法。同时，基于切片（sliced）最优传输映射，可以将高维最优传输问题转化为随机投影和低维最优传输。结合切片方法和低维快速傅里叶变换（fast Fourier transform，FFT）算法，有望设计出高效的高维最优传输算法。

5. 数据流形的同痕判定

实际问题中的数据流形可能非常复杂，我们无法了解流形的全貌，只能通过拓扑计算得到一些拓扑特征。同时，在高维嵌入的数据流形中可能存在着扭结或者链结构。扭结或者链结构这种拓扑障碍在数据降维过程中很难处理，容易导致数据流形的折叠，从而使得学习过程失败。因此识别数据流形中的扭结或者链结构，并在流形降维的过程中巧妙处理，对学习任务的成败起着决定性作用。

吴文俊院士提出的 Haefliger-Wu 不变量，给出了判断两个扭结是否同痕的一个方法。该方法与维数无关，因此可以用于任意维度的流形扭结或链结构判断。其核心思想是构建流形的去心积流形，根据去心积流形的同调群来计算两个扭结是否同痕。如果流形与环面不同痕，则必然含有扭结或者链结构。

三、促进新的领域生长点的形成以及服务于国家战略需求的发展目标

将深度学习解耦成流形学习与概率测度学习，流形学习依赖于高效严密的拓扑算法，概率测度学习依赖于最优传输算法。

最优传输问题具有强烈非线性特征，几何变分和流体力学算法的空间复杂度随维数增加呈指数增长；坎托罗维奇法依赖于线性规划，本身是 NP 难问题；辛克霍恩算法比较高效，但是具有误差；蒙日 - 安培方程的数值解法虽然可以借助傅里叶变换来加速，但是高维计算依然困难。该领域发展的目标在于进一步发展最优传输理论，特别是最优传输映射奇异集合理论，给出奇异集合存在的充分必要条件、奇异集合的完整精确的刻画，从而得到对模式坍塌的更加深入的理解。

应发展严格的计算理论，给出最优传输映射收敛阶、稳定性的证明，给出奇异集合的逼近论；设计严格、高效、精确的算法，适用于大规模、高维问题，也适用于具有复杂拓扑几何的流形上最优传输映射问题；进一步开发相应的硬件，可以支持傅里叶变换、多重网格、区域分解（domain decomposition）和并行算法，如蒙特卡洛方法，从而进一步提高计算效率。

流形学习依赖于计算拓扑的发展。理论上，其发展目标是进一步发展流形嵌入理论，研究保持几何结构的各种嵌入问题，如等距嵌入、共形嵌入、

光滑嵌入（即拓扑嵌入），研究嵌入映射的存在性、唯一性、正则性。同时研究同伦、同痕嵌入的动力学问题。在算法层面，设计保持不同几何结构的流形嵌入算法、拓扑不变量的计算方法、拓扑解除扭结的算法、流形可容许标准度量的算法。这些算法构成了下一代深度学习的基础。

四、提出未来几何与拓扑在人工智能研究中的重要研究方向

1. 构建有效计算拓扑特征的神经网络

拓扑中的各种复形可以用图网络来表示，持续同调可以用网络来高效计算，黎曼度量则用图中的边长表示。里奇（Ricci）流如何用网络来计算？叶状结构的计算归结为图值调和映射。那么，如何用图网络表示相应的流形来计算非线性热流，从而得到调和映射？如何表示所得的调和映射？如何改变图网络的连接结构，从而表示流形的覆盖空间？如何设计卷积神经网络，从而得到同伦形变？这些都是有待研究的问题。

2. 构建高维最优传输映射的神经网络

对于几何变分法，如何用深度网络来逼近布雷尼尔势能函数，将几何变分法中的能量设计为损失函数，设计随机梯度下降进行优化？对于贝纳穆－布雷尼尔（Benamou-Brenier）方法，如何用深度网络来表示流场，将流场的动能表示成损失函数，用网络进行优化得到最优流场？对于基于蒙日－安培方程的数值方法，如何用深度网络表示索伯列夫空间？如何表达各种微分算子？如何表达能量优化？基于切片最优传输，如何用深度网络表达随机投影？低维结果如何映射回高维空间？这些都是需要研究的问题。

第五节　资助机制与政策建议

本节从支撑专题领域发展的软、硬件环境建设要求出发，结合制约几何

与拓扑发展的关键政策问题，明确专题领域在人工智能发展的牵引动力，从能力建设、队伍建设、制度建设、法规建设、国际合作政策、组织保障等方面出发，提出有利于本领域在人工智能发展中的有效资助机制与政策建议，特别是通过学科交叉、人才培养、资助机制、国际合作、评价机制建设等综合途径推动本领域在人工智能基础研究中发展的政策建议。

人工智能的本质在于学习数据的特征。从几何与拓扑角度研究数据流形，是最为自然的描述和表达方式。因此几何与拓扑的研究在人工智能中具有根本的重要性。但是如前文所分析的，几何与拓扑研究的开展并不容易。

在人才培养方案上，建议参考清华大学早年在计算机系设立的理论班方案，大大加强人工智能相关专业在本科教学中数学基础课程的比例。本科生在学习计算机系基础课程的同时，学习数学系的相关基础课程，尤其是抽象代数、微分几何、代数拓扑、数学物理方程等，同时培养学生的数学基础、抽象思维和编程能力。为此，建议设立专项教学改革项目、教材建设项目，研究面向人工智能的相关数学课程建设，组织教材编写。课程应覆盖数学系相关课程的基本知识、逻辑链条，同时着重突出如何在人工智能中开展应用。相关项目负责人应该是具有交叉学科背景的教学研究人员。在研究生培养阶段，可设定一定名额，专门面向数学学院本科生进行定向招生。目前，我国多个高校成立了人工智能学院，其人员主要来自计算机学院。应鼓励数学学院相关教师及科研人员全职加入人工智能学院。

在资助机制上，建议国家自然科学基金委员会数学物理科学部和信息科学部联合设置专项项目，大大提高项目资助额度和数量，鼓励更多的学者开展几何与拓扑的研究。另外，建议以几何与拓扑为主题设立国际合作重点项目、国际研讨会专项项目等。

目前，人工智能相关的会议较多，每个会议接收的文章数量也很大。从事几何与拓扑偏理论方面研究的人员，在发表文章的数量上，与偏应用方面的研究人员相比差距较大。目前我国的教育评价体制改革正在深入，逐渐由同行评审代替传统的文章数量和档次评比。但是由于从事几何与拓扑研究的专家较少，在同行评审的时候，很难送到小同行手中，所以同行评审的客观性也不易保证。因此，恰当创新评价机制，具有根本的重要性。

本章参考文献

An D S, Guo Y, Lei N, et al. 2020. AE-OT: A New Generative Model Based on Extended Semi-Discrete Optimal Transport. https://openreview.net/pdf?id=HkldyTNYwH[2024-12-01].

Cox T F, Cox M A. 1994. Multidimensional Scaling. London: Chapman & Hal.

Dimitriadis N, Maragos P. 2020. Advances in the Training, Pruning and Enforcement of Shape Constraints of Morphological Neural Networks using Tropical Algebra. https://arxiv.org/abs/2011.07643[2023-03-23].

Kingma D P, Welling M. 2013. Auto-encoding Variational Bayes. https://arxiv.org/pdf/1312.6114[2023-03-23].

Lei N, An D S, Guo Y, et al. 2020. A geometric understanding of deep learning. Engineering, 6(3): 361-374.

Lei N, Su K H, Cui L, et al. 2019. A geometric view of optimal transportation and generative model. Computer Aided Geometric Design, 68: 1-21.

Liu J Y, Jeng S K, Yang Y H. 2016. Applying Topological Persistence in Convolutional Neural Network for Music Audio Signals. https://arxiv.org/abs/1608.07373[2023-03-23].

Maljovec D, Wang B, Moeller J, et al. 2014. Topology-Based Active Learning, Sci Institute Technical Report. University of Utah.

Moosavi-Dezfooli S M, Fawzi A, Fawzi O, et al. 2017. Universal Adversarial Perturbations https://openaccess.thecvf.com/content_cvpr_2017/papers/Moosavi-Dezfooli_Universal_Adversarial_Perturbations_CVPR_2017_paper.pdf[2024-12-01].

Nguyen A, Yosinski J, Clune J. 2015. Deep neural networks are easily fooled: High confidence predictions for un-recognizable images// 2015 IEEE Conference on Computer Vision and Pattern Recognition (CVPR). New York: IEEE: 427-436.

Papernot N, McDaniel P, Jha S, et al. 2016. The limitations of deep learning in adversarial settings// Proceedings of the 2016 IEEE European Symposium on Security and Privacy (EuroS&P). New York: IEEE: 372-387.

Ritter G X, Sussner P. 1996. An introduction to morphological neural networks//Proceedings of 13th International Conference on Pattern Recognition. Vienna: IEEE: 709-717.

Roweis S T, Saul L K. 2000. Nonlinear dimensionality reduction by locally linear embedding.

Science, 290(5500): 2323-2326.

Rumelhart D E, Hinton G E, Williams R J. 1986. Learning internal representations by error propagation// Rumelhart D E, McClelland J L. Parallel Distributed Processing: Explorations in the Microstructure of Cognition, Vol 1: Foundations. Cambridge: MIT Press: 318-362.

Schölkopf B, Smola A, Müller K R. 1998. Nonlinear component analysis as a kernel eigenvalue problem. Neural Computation, 10(5): 1299-1319.

Schonsheck S, Chen J, Lai R J. 2020. Chart Auto-Encoders for Manifold Structured Data. https://arxiv.org/abs/1912.10094v1[2023-03-23].

Smyrnis G, Maragos P. 2020. Multiclass neural network minimization *via* tropical newton polytope approximation// Daumé H, Singh A. ICML'20: Proceedings of the 37th International Conference on Machine Learning. Cambridge: JMLR: 9068-9077.

Szegedy C, Zaremba W, Sutskever I, et al. 2013. Intriguing Properties of Neural Networks. https://arxiv.org/abs/1312.6199v3[2023-03-23].

Tenenbaum J B, De Silva V, Langford J C. 2000. A global geometric framework for nonlinear dimensionality reduction. Science, 290(5500): 2319-2323.

Xing E P, Jordan M I, Russell S J, et al. 2003. Distance metric learning with application to clustering with side-information// Becker S, Thrun S, Obermayer K. NIPS'02: Proceedings of the 15th International Conference on Neural Information Processing Systems. Cambridge: MIT Press: 521-528.

Yan L, Zhao Y D, Rosen P, et al. 2018. Homology-Preserving Dimensionality Reduction *via* Manifold Landmarking and Tearing. https://arxiv.org/abs/1806.08460[2023-03-23].

Zhang L W, Naitzat G, Lim L H. 2018. Tropical Geometry of Deep Neural Networks. https://proceedings.mlr.press/v80/zhang18i/zhang18i.pdf[2024-12-01].

第十二章

统计物理学

统计物理学是处理复杂系统涌现行为的基础理论分析方法，本章也称统计物理。其主要思想是，将神经元类比为一个参与复杂相互作用的粒子，研究成千上万的神经元组成的统计力学系统，探讨在各种训练模型参数、训练数据等约束条件下，神经网络在不同相互作用下的整体性质。从早期研究联想记忆的相图到近期受限玻尔兹曼机的平衡态性质以及深度神经网络的训练收敛稳定性，统计物理作为不可缺少的工具贯穿于整个人工智能近几十年的理论发展中。统计物理在理解大规模人工智能模型的机理，提高训练模型的稳定性、训练速度，降低训练成本，以及预测误差方面有着重要的指导价值。目前，在斯坦福大学、哈佛大学以及谷歌、微软、脸书、美国国际商用机器公司等主要的大学和科技公司均有多位统计物理背景的研究人员，他们引领这一领域的发展，而我国在这一领域的科研力量还相对薄弱，需要形成全方位的鼓励创新机制以促进其在国内的发展及相关衍生新兴研究方向的培育。

统计物理通常从研究一系列可以严格求解的简化的随机模型入手。通过对简化模型的理论分析，可以得到具有普遍适用性的结论，并推广到更为复杂、具有实际应用的模型中。当前主要的研究对象是具有数据生成能力的玻尔兹曼机和深度前馈或循环神经网络，研究内容包括这些网络结构在训练过程中的非平衡统计物理性质以及训练稳定后满足特定的玻尔兹曼分布时的平衡态统计物理性质。近期，一部分理论研究已经广泛应用于实际的人工智能训练。例如，利用统计物理中的平均场方法研究深度网络的初始化，从而避免梯度爆炸和梯度消失，甚至使得具有上百甚至上千层的超深度网络训练成为可能。统计物理中的平均场理论也在探索深度学习过参数化推广能力的起源方面发挥了举足轻重的作用。

本章还展望了如何利用统计物理探索人工智能基础模型、训练算法，以及人工智能可解释模型等未来重要研究方向，并且探讨了新兴交叉领域。基于这一目标，我们给出以下 4 个主要的研究方向：①神经网络稳态行为的统计物理解释；②神经网络、统计物理与生物智能的联系；③基于典型性能分析的通用机器学习统计物理理论；④统计物理启发的人工智能模型和算法。为了促进“人工智能中的统计物理”这一新领域的发展，我们还提出如下政策建议：①建立机器学习相关统计物理学科方向，加强这一专题领域重要问题的凝练，对学科方向进行整体布局；②建立若干交叉学科中心，开展机器学习、统计物理、统计学、计算机科学、脑科学等学科协同创新；③推动相关基础教材的编写和翻译，推动与国际前沿研究的学术交流；④设立虚拟资助中心，建立严格的小同行评审制度，瞄准工作是否扎实、是否具有前瞻性、是否在解决目前领域的重要问题、是否在开辟未来的重要研究方向等进行原始创新性评估。

第一节　发展状况

一、国际上近 10 年的发展状况

1. 平衡统计物理机器学习模型

统计物理用于研究机器学习，尤其是以神经网络为代表的研究方向，已经有 40 多年的历史。早期的研究集中于分析联想记忆网络（Hopfield,

1982）。AGS[①] 作了开创性研究，发现这一类网络是通过神经科学的赫布律设计的简单循环神经网络，能够实现被部分破坏的记忆模式的提取，从而模拟大脑的联想记忆功能。统计物理的主要贡献在于严格解析了联想记忆的相图，发现了记忆相、顺磁相和自旋玻璃相，并且证明记忆相的转变均为一级相变（Amit et al.，1985）。这个工作使得统计物理第一次能够给复杂的神经网络结构与功能之间的关系带来深刻的理解，并由此开启了计算（理论）神经科学这一学科，至今已在美国形成两个顶级会议——美国认知神经科学学会（CNS）年会和计算与系统神经科学大会（COSYNE）。这篇开创性论文的作者之一丹尼尔·阿米特更是在1989年就出版了学术专著《脑功能建模》（*Modeling Brain Function*），并将自己的一生贡献给了计算神经科学的早期发展，培养了很多这一领域的领导者，如尼古拉斯·布鲁内尔（Nicolas Brunel）等。另一作者哈伊姆·桑波林斯基在以色列创建了埃德蒙和莉莉·萨夫拉脑科学中心（Edmond & Lily Safra Center for Brain Sciences），大力发展神经物理学（neurophysics），成为横贯统计物理、神经网络和脑科学的大师级的人物，培养的杰出学生数目众多，包括苏里亚·甘古力（Surya Ganguli）、贤俊·塞巴斯蒂安·胜（Hyunjune Sebastian Seung）等科学家。同一时期受阿米特影响的粒子物理研究者拉里·艾伯特（Larry Abbott）转向神经网络和脑科学，在哥伦比亚大学创建了享誉世界的祖克曼心智大脑行为研究所（Zuckerman Mind Brain Behavior Institute），培养了后来在这一领域相当活跃的多数年轻学者。这是统计物理研究神经网络的起点并展现了巨大的学科影响。无疑，物理学家在40多年的研究发展中扮演着不可或缺的角色。如今无论在机器学习或神经科学有建树的科学家中，有相当一部分在职业生涯早期接受过统计物理或物理学的严格训练。

虽然在20世纪90年代中后期到21世纪初，统计物理对神经网络的研究陷入低谷，主要原因是神经网络作为工具本身没有多少突破，或者沿着AGS开创的道路已经把能够计算的网络架构做了透彻的分析。直到辛顿等深入研究了受限玻尔兹曼机（Hinton et al.，2006），并且在2012年辛顿指导其学生拿下ImageNet图像分类的冠军（比第二名大比例胜出）之后，多个

① AGS分别为丹尼尔·阿米特（D. J. Amit），海因茨·古特弗罗因德（H. Gutfreund），哈伊姆·桑波林斯基（H. Sompolinsky）。

领域的科学家才纷纷关注神经网络的算法和理论机制，包括统计物理方向的研究者。首先是关于受限玻尔兹曼机的平衡态的研究，我国学者黄海平在博士后期间就提出并系统研究了随机受限玻尔兹曼机的统计行为，并导出神经元活动状态和关联的物理方程，从而阐明了模型的失稳行为（Huang and Toyoizumi，2015）。同期，法国学者弗洛伦特·克尔扎卡拉（Florent Krzakala）小组提出用高温展开的方法训练受限玻尔兹曼机，并进一步研究了训练后的玻尔兹曼机的自由能分布（Tramel et al.，2018）。另外，黄海平在博士后期间为了研究数据量对无监督学习的影响（Huang and Toyoizumi，2016；Huang，2017），提出了只有一个隐层神经元的玩具模型，该模型可用统计物理方法完全刻画其学习过程的相变行为，由此发现了无监督学习的自发对称性破缺。随后，英国和意大利研究小组发现了在更一般的无监督学习网络有类似的性质（Barra et al.，2017）。自此，关于受限玻尔兹曼机的统计力学研究形成了热点，代表性的工作有：法国学者雷米·莫纳松（Remi Monasson）的小组刻画了随机稀疏受限玻尔兹曼机隐层神经元状态的集群表现，发现除铁磁和玻璃相外，还存在有利于学习的复合相（Tubinana and Monasson，2016）；法国学者 Decelle 等（2017）提出了受限玻尔兹曼机的谱动力学，可以建立学习动力学与权重空间低秩分解的模式变化之间的关系；美国学者 Hartnett 等（2018）仔细研究了受限玻尔兹曼机的复本对称破缺行为，发现了超测度（ultra-metric）结构。黄海平课题组在 2020 年完整地刻画了无监督学习的数据驱动相变，即由对称性自发破缺引起的连续相变（Hou and Huang，2020）。

近年来，统计物理对神经网络的研究也不限于受限玻尔兹曼机。受限玻尔兹曼机本质上是一类能量模型（即统计物理方法较易处理）。平均场理论被用于分析随机深度网络的功能区域，如有序相与混沌相的转变（Poole et al.，2016）。戴维·萨德（David Saad）课题组引入参考网络，研究另一组网络的学习误差，从而利用生成函数方法探讨深度学习的函数空间（Mozeika et al.，2020）。黄海平课题组利用平均场理论阐明了神经网络维度下降和退相关的机制（Huang，2018；Zhou and Huang，2021）。桑波林斯基课题组提出了流形的几何分类的统计力学分析，建立了流形维度、流形半径、最大边缘距离、锚点与分类容量的解析关系（Chung et al.，2018）。这些基础研究提供的物理概念近几年被广泛应用于分析深度网络和视觉皮层网络（Cohen et al.，

2020），展示了对交叉学科广泛的影响力。统计物理方法也可应用于理解生成扩散模型和大模型的推理能力，此方面的研究方兴未艾。

2. 模型训练的非平衡统计物理理论

非平衡统计物理和理论物理在理解和改善大规模机器学习模型训练方面有着诸多的应用。两者的联系在于机器学习模型中的每个参数可类比为物理系统中的一个基本粒子，模型的训练过程可以看作是这些粒子随训练迭代的演化过程。利用统计物理中的动态平均场理论（Mignacco et al.，2020）、动态副本对称（Coolen et al.，1996）等方法，我们可以研究模型的训练损失的演化规律，从理论上理解模型训练的收敛性和泛化能力。接下来，我们从训练的初始化、训练过程的收敛性以及训练结束的泛化性三个方面来介绍非平衡统计物理理论对机器学习的主要贡献。

1）初始化深度神经网络的动态平均场理论

随机初始化参数的选择在模型训练中是一个重要的问题。不合适的参数会导致梯度随模型层数的增长而呈指数增长（梯度爆炸）或者指数衰减（梯度消失），以至于无法进行有效训练。针对这一问题，2017 年谷歌公司和斯坦福大学的研究人员利用统计物理中的平均场方法给出了完整的理论并成功应用在多种深度网络模型中（Pennington et al.，2017；des Combes et al.，2018）。其主要思路是将深度神经网络层数的递进看作是离散的迭代过程，他们利用动态平均场的方法研究了随机初始化的方差与网络结构、激活函数等模型超参数之间的定量关系，给出了避免梯度爆炸和梯度消失的初始化的参数方程。这种理论指出，深度神经网络在训练时呈现出一种处于混沌边缘（edge of chaos）状态（Sompolinsky et al.，1988；Yang and Schoenholz，2017）的临界现象。这种现象在很多统计物理可描述的复杂系统中都有出现，通过类比可以研究其更深层次的机制。基于这种分析，研究人员成功地训练了具有 1000 层的超深网络（Xiao et al.，2018）。此外，该方法对动态迭代的神经网络模型，如循环神经网络、长短期记忆人工神经网络的训练也提供了很好的初始化理论依据（Chen et al.，2018）。

2）基于非平衡统计物理的训练收敛理论

如何更快速、更稳定地训练大规模机器学习模型，以减少超参数调节次数、加快训练速度、降低实验成本是机器学习领域关注的主要问题。统计物理的观点认为，机器学习模型的训练是一个复杂的多变量相互作用演化的过程，利用非平衡态统计物理方法我们可以建立模型参数与训练损失之间的定量演化的关系，进而给出优化的训练方法，同时会对模型训练的本质产生更深入的理解。使用非平衡统计物理方法研究浅层神经网络的工作最早开始于 20 世纪 80～90 年代（Sompolinsky et al.，1988；Saad and Solla，1995；Bottou，1998；Luo and Wong，2001）。在 2000 年初，随着神经网络研究进入暂时的低谷，其相关理论研究也有大约 10 年的缓慢发展期。之后随着深度学习应用的发展，对深度大规模神经网络训练的研究重新引起了人们的关注。接下来，我们将介绍近些年在新一波热潮中涌现的一些新结果（Saxe et al.，2013；Wang and Lu，2017；Goldt et al.，2019；Wang et al.，2019；Straat and Biehl et al.，2019）。

深度线性神经网络的动力学：哈佛大学学者安德鲁 · M. 萨克斯（Andrew M. Saxe）在 2013 年前后发表了一系列以深度线性神经网络为主要研究目标的训练动力学理论（Saxe et al.，2013；Goodfellow et al.，2014）。尽管研究对象是形式简单的线性模型，但作者观测到在训练过程中涌现出的非线性模型中也会出现的现象，如长时间停留在一个半稳态后快速收敛到另一个稳定态，以及无监督的预训练有助于监督模型的快速收敛等。

浅层非线性神经网络的动力学：早在 20 世纪 90 年代，统计物理在单层和两层神经网络上有着丰富的研究（Saad and Solla，1995；Bottou，1998）。哈佛大学、牛津大学和巴黎高等师范学院的几位机器学习和统计物理领域的学者合作，以教师－学生模型从新的角度研究了两层有监督神经网络的动力学（Goldt et al.，2019）。几位学者利用常微分方程来描述回归问题的训练过程，可以准确地描述训练中的平台效应，即一段时间内误差下降会由快变慢然后再次变快。中国科学院自动化研究所的王闯等在哈佛大学访学期间利用动态平均场方法研究了无监督的独立成分分析（Wang and Lu，2017），以及两层对抗生成模型（生成对抗网络）训练的动力学过程（Wang et al.，2019）。他们发现增加适当额外噪声有助于改善对抗生成模型的稳定性，并给出了严格的证明。东京大学的学者利用统计物理方法研究了非线性神经网络模型中的平台现象（Yoshida and Okada，2020）。此外，柏林科技大学的学者将统计物理的方法用于研究贝叶斯模型的学习过程（Çakmak and Opper，2020）。斯坦福大学的两位学者尝试将两层神经网络的平均场方法扩展到多层神经网络的研究中（Nguyen and Pham，2020；Pham and Nguyen，2021），并取得了一定进展，但其所建立的无限维的泛函方程过于复杂，目前尚无法得到实用、简洁的结论。如何将理论上可分析的简单模型逐渐拓展到实际的深层模型还是一个开放的问题。

3）超参数神经网络的泛化性

神经网络模型往往拥有远超训练数据量的参数，但为何可以有效避免过拟合？对于高度非线性的网络结构，如何训练可以得到泛化性能更好的模型？非平衡统计物理研究这些泛化问题主要有两条路线。一条是以教师－学生模型为框架，将研究动态训练损失方法推广到研究泛化误差上；另一条是研究训练收敛点的平整度，通过计算收敛点的局部熵来寻找局部平滑的解，而这类解通常被认为更具有泛化能力。

第一条路线：哈佛大学的两位学者（Advani and Saxe，2017）研究了深度过拟合的线性网络的梯度迭代训练过程，发现当模型大小与等效的自由参数数量大致相当时，过训练问题最严重，通过增加或者减少模型参数均可以提高模型的泛化能力。这种双下降现象（Dobriban and Wager，2018）在统计领域得到了不少关注（Hastie et al.，2019；Mei and Montanari，2019）。巴黎高等师范学院的学者研究了随机梯度迭代与梯度迭代在热力学极限下的泛化误差的不同（Mignacco et al.，2021）。他们利用动态平均场方法计算出随机梯度方法比梯度方法训练得到的模型泛化能力更好，在一些条件下确定性的梯度甚至无法找到有效的解。

第二条路线：主要基于一个假设——局部相对平滑的极小点的泛化能力比局部尖锐的极小点的泛化能力要好。从统计物理的角度看，局部的平整性可以通过计算半稳态的局部熵来描述。脸书人工智能研究院杨立昆与一些具有统计物理背景的学者共同提出了熵导向的随机梯度优化方法（Chaudhari et al.，2019），获得了更好的模型泛化性。此外，微软研究院研究人员提出了能量与熵相互竞争的随机梯度训练方法（Zhang et al.，2018），相关的基于局部熵的方法还可以扩展到消息传递方法、蒙特卡洛方法来训练机器模型（Baldassi et al.，2016）。

除上述研究方向外，一些学者还关注训练过程中的非平衡统计物理现象和反常现象。例如，脸书人工智能研究院的 Yaida（2018）研究了随机梯度下降算法中的涨落耗散定理。美国国际商用机器公司和我国北京大学的学者（Tan et al.，2021）发现了训练深度模型时出现的反线性相应定律，并基于此给出在线学习的一种抗灾难性遗忘的方法。

总之，使用统计物理方法研究机器学习模型在近几年有着快速进展，国际上一些知名的大学（如哈佛大学、斯坦福大学、巴黎高等师范学院、东京大学）和主要的 IT 公司（如脸书、微软、谷歌、美国国际商用机器公司）的研究院均有许多具有统计物理背景的学者参与研究。一些初期的纯理论研究，如针对深度网络模型的初始化理论，目前已经成功应用在了实际的通用训练中。目前，对于可近似线性化的模型以及浅层的神经网络模型，使用统计物理方法可以清晰地理解其内在训练和泛化性的机理。在多层神经网络领域，目前的研究有一定进展，但离实际应用的具有复杂结构的深度网络模型还有一定距离。相对于纯数学的方法，统计物理方法利用热力学极限，研究系统趋于无穷大时的渐进性质，可以简化复杂模型的研究难度，同时在理论上的高维极限的研究对实际模型有很好的吻合。相关结果在指导实际模型的训练、选择超参数、增加训练稳定性、提高训练速度、降低泛化误差方面都有不小的贡献。

二、从计量学角度总体描述国内的发展现状

1. 研究团队

我国统计物理本身发展就较为薄弱，一方面，统计物理基础理论方面的发展缓慢，长期以来缺少基础理论方面的贡献，尤其缺少国际认可度高的理论贡献；另一方面，其他交叉学科的研究也较晚进入我国，反过来制约了统计物理研究学者的前沿选题能力和对基础问题的挖掘。因此，我国统计物理在理解神经网络机制方面的研究的起步比欧洲、美国、日本等国家和地区较晚，这在学科发展历史上造成了积淀不够、学生培养不足、尚未形成具有国际影响力的研究方向或特色等问题。所幸的是，在 21 世纪初，有一批学者把神经网络的交叉学科和相关研究方法引入国内（如中国科学院理论物理研究

所的周海军研究员等），从而培养了一批擅长自旋玻璃技术方法的青年学者，如黄海平、张潘、王闯等，为神经网络研究热潮在2012年之后的再度兴起储备了一定量的研究人员。

目前国内以统计物理方法研究机器学习相关交叉问题的学者不多，具体人员信息见表12-1。相对于国内从事统计物理研究的人员和从事机器学习、人工智能研究的人员数量，做这两方面交叉领域研究的人还很少，尚未形成一个稳定的研究群体。目前该领域的研究在国内还处于起步阶段。

表12-1　目前国内以统计物理方法研究机器学习相关的交叉问题的学者

大学 / 机构	研究人员	研究方向
上海交通大学	许志钦	理论机器学习
中山大学	黄海平	神经网络的统计物理解释
中国科学院理论物理研究所	周海军	统计物理、自旋玻璃与机器学习交叉研究
中国科学院理论物理研究所	张潘	统计物理、量子信息与机器学习交叉研究
中国科学院自动化研究所	王闯	高维统计的物理模型及其分析
厦门大学	赵鸿	联想记忆网络的分析
香港科技大学	王国彝	连续吸引子网络的分析

2. 资助现状

表12-2给出了以统计物理方法研究机器学习领域近些年受国家自然科学基金资助情况。2020年之后获资助的项目并未列入，可喜的是这类项目有逐年增加的趋势。

表12-2　近些年受国家自然科学基金资助项目表

主持人	项目名称	项目类别	资助年限
黄海平	无监督学习的统计物理研究	青年基金项目	2019～2021年
涂展春	利用机器学习发掘力学系统的基本物理规律	面上项目	2020～2023年
张潘	基于神经网络的统计力学新方法的研究	面上项目	2020～2023年
周海军	自旋玻璃与神经网络的若干统计物理问题	面上项目	2020～2023年
陈阳	神经网络连续学习的动力学机制研究	青年基金项目	2020～2022年
严钢	生物神经网络的结构与动力学推断及可控性研究	面上项目	2019～2022年

3. 取得的主要成果

总结国内学者在相关的统计物理杂志和主要的机器学习会议、期刊上的工作，可以看出这一专题方向取得了一定成果，但主要的成果还集中于统计物理领域的期刊发文，在神经信息处理系统大会（NeurIPS）、国际机器学习会议（ICML）、《机器学习研究期刊》（JMLR）等国际知名的机器学习会议、期刊上的工作还较少，具有国际影响力的统计物理与机器学习交叉领域的成果更少，这也说明鼓励这一方向研究的迫切性。

第二节 平台建设情况与推动专题领域发展的举措和存在的问题

在资金支持方面，国内目前对统计物理与机器学习理论交叉领域的投入相对比较分散，在基金支持方面主要通过国家自然科学基金委员会以国家自然科学基金青年基金项目和面上项目进行支持，详见表 12-2，主要的资助项目从近几年开始启动。相较于欧美在 20 年前已经有一定数量的研究团队在多个知名高校和主要 IT 公司的研究院开展研究的状况，我国的整体研究团队建设要晚于国外 5～10 年，目前尚未形成稳定的研究团队。

在科研交流平台方面，目前有少量统计物理会议开设机器学习专题，如中国物理学会凝聚态物理与统计物理分会举办的海峡两岸统计物理与复杂系统学术会议。对于机器学习与人工智能领域，目前国内有一些新兴的交流平台，如北京智源人工智能研究院以定期报告的形式提供线上和线下的机器学习理论交流，但目前尚缺乏以统计物理与机器学习理论为专题的交流平台。

整体来讲，目前统计物理与机器学习理论这一领域在国内还处在初级发展阶段，缺少有影响力的交流平台。在基金支持方面，由于物理领域没有专门的机器学习或人工智能理论的子方向，在基金支持方面没有专门的渠道。现有的研究团队主要依靠传统统计物理方向的研究为这一新领域提供支持。

第三节　关键科学问题、发展思路、发展目标和重要研究方向

一、关键科学问题

人工智能的跨越式发展需要基础理论的创新和变革。算力和数据仅仅是提供了能源，科学概念的提出和规律的总结依然要靠具有深厚理论功底的研究人员来完成。统计物理是处理大量粒子相互作用的复杂系统的首选工具，应在人工智能发展中扮演重要角色。历史上，平均场理论、变分方法、贝蒂近似、随机动力学（如布朗运动）等均起源于统计物理，后在计算机科学和机器学习中获得流行和发展。以下仅从笔者研究经历角度列举一些重要的科学问题。

关键问题 1：无监督学习的本质。在当今的深度学习时代，大部分的研究依然集中于分析标签数据的监督学习。但是，近年来，图灵奖得主辛顿、杨立昆和本希奥都在不同场合强调了无监督学习的重要性。从神经科学角度来讲，这是理解生物智能的必经之路。因为每个动物在面对复杂的自然环境时为了生存下去都需要建立一套无监督学习的方法，这体现在占大脑较大比重的脑皮层神经环路的复杂结构特征上。因此从生物学角度弄清无监督学习在脑皮层实现的机制是非常困难的，无论从科学角度还是从技术角度。然而，人工神经网络给我们提供了清晰的网络结构、输出层的行为表现和学习任务的数学定义。这就为我们深入研究无监督学习提供了模型定义上的便利。然而，对无标签数据的学习是如何发生的？背后的物理规律是怎样的？这与基础物理的对称性破缺有何本质联系？在大规模网络和数据结构情形下，哪些细节是可以忽略的？哪些固有因素是重要的？这些科学问题的解决无疑会极大地促进人工智能的发展，尤其是当下基于预测下一个单词的大语言模型的发展。

关键问题 2：深度学习的非高斯行为。在热力学极限下，即每层神经元数量趋于无穷时，深度网络的热力学行为等同于高斯过程，从而严格可解。然而，这与实际网络的特征学习相距甚远，因而并不能解释实际多层网络的集体行为。那么，能否在高斯近似下并在微扰下展开探讨有限宽度修正？在有限宽度修正下，特征学习的规律是怎样的？并且，考虑了结构化数据的影响之后，这种特征学习的过程是如何发生的？这些科学问题是非常重要的，因为它们甚至关联着深度网络被当作视觉皮层模型的许多性质（如数据流形的解纠缠、非线性维度变换等基础物理问题），甚至与统计物理的重整化群思想不无联系。

关键问题 3：深度学习的能量景观。深度学习本质上是一个非凸优化问题。物理上的非凸优化模型中比较典型的有自旋玻璃体系的能量景观。历史上自旋玻璃领域积累了不少理论技术和概念，如弗朗兹–帕里西（Franz-Parisi）势函数方法。深度学习的能量景观可能完全不同于自旋玻璃体系，那么，深度学习的能量景观如何刻画？是否可以提出简单但蕴含丰富物理内涵的模型以揭示本质特征？这种景观与深度学习的反常学习行为（如过参数化但不过拟合等行为）有何本质联系？这些科学问题值得进一步深入研究。

关键问题 4：深度学习的对称性与守恒律。在物理科学里，对称性与守恒律可谓是第一原则，从中可以推演出力学规律、能量守恒等。在深度网络中，对称性的操作也是普遍存在的，如重新标度权重（无论是乘性的还是加性的），甚至是旋转或者置换操作。那么这些对称性在什么情形下保持，什么情形下被破坏，又与神经网络的性能有何关系？这些问题的解决必然启发深刻的针对神经网络的物理规律的确立。

关键问题 5：训练深度神经网络的非平衡统计物理的理论。近几年，基于动态平均场方法的非平衡统计物理理论在训练深度神经网络模型方面进展显著，但目前的理论分析只适用于近初始态、近线性化模型、浅层神经网络等简化的情形，离描述实际使用的深度神经网络模型还有一段距离。建立能够描述大规模神经网络训练的统计物理理论不仅具有理论意义，也有着重要的应用需求。在理论方面，理解训练深层神经网络是一个高维非凸优化问题，深度神经网络的学习过程如何避免限制在局部极值点，如何收敛到理想的稳定点等都需要探索一个能够描述整个训练演化过程的理论。在应用方面，目前训练大规模的神经网络模型的成本仍然很高，往往在得到理想的结果前，还需要大量的超参数调教实验。构建一个描述大规模模型训练过程的理论方法可以从理论上计算最优参数的选择条件，减少尝试次数，降低实验成本。

关键问题 6：非平衡统计物理的严格基础数学框架。使用统计物理方法对高维机器学习训练进行建模通常会利用微扰方法、泰勒展开，直接忽略一些高阶小量，进而得到形式上简洁的数学方程，其正确性通常是通过实验进行验证的，但往往缺少严格的数学理论支撑。发展非平衡统计物理的严格数学框架，一方面为微扰建模、动态平均场等工具提供坚实的理论基础，另一方面也能促进高维统计在机器学习理论方面的发展。此外，发展严格的理论框架，整合统计物理中的数学方法，可以使得分散的近似建模方法实现系统化、通用化，也便于同理论计算机领域、统计学习领域的研究建立共同的交流基础。

关键问题 7：统计物理启发的实用性训练算法和训练策略。针对大规模神经网络模型训练时间长、收敛不稳定的问题，以及最优超参数随模型结构、训练数据变化而产生复杂变化，经验式调参成本高、周期长等问题，研究使用统计物理方法对大规模模型在实际训练情境下开展随机梯度训练的收敛性、模型训练的实时泛化性的理论研究，最终能给出有助于提高训练收敛稳定性的指导性方案和选择最优超参数的定量性的结论。特别是针对多种不同的机器学习模型方式，如训练生成对抗模型、无监督判别式学习等易出现不稳定情形的问题，研究如何稳定训练的策略。

关键问题 8：基于统计物理的泛化与过拟合理论。目前主要的统计物理机器学习理论是基于教师－学生模型的泛化误差分析理论，这种方法实际上对训练样本的分布提出了较强的假设，同时为了简化分析，往往还只考虑训练样本是独立抽取、只使用一次。这些假设与实际情形相差较远。为了适应真实世界的训练数据，研究不依赖特定训练数据分布假设的泛化误差分布的统计物理理论，并考虑样本重复使用情况下的泛化能力的理论描述。研究如何训练得到泛化性、迁移性更高的模型，希望在实际应用中能够给予理论指导，对实际模型的训练提供指导性的模型设计、训练方案的指导性原则。

二、总体发展思路

1. 平衡态统计物理相关问题的发展思路

这些关键科学问题的解决十分依赖研究人员扎实的理论物理功底和物理直觉能力。因此在发展思路上，相关研究人员应该对相关物理概念和基础进行系统的学习，并且密切关注当下世界各国的研究进展，适时提出可解析求解或模拟研究的科学问题。针对这些科学问题，笔者列举了以下思路。

（1）无监督学习的本质，主要是利用统计物理方法导出无监督学习随数据量变化的相图，并且发展相应的统计物理思想启发的算法对该相图的一般性进行验证。

（2）深度学习的非高斯行为，主要是利用经典场论的微扰展开技术对热力学极限下的理想网络做高阶行为分析，以建立网络特征学习的规律。

（3）深度学习的能量景观，主要是利用统计物理的自由能、熵等概念提出玩具模型，揭示深度学习空间的几何特性。

（4）深度学习的对称性与守恒律，主要是基于物理学群论的思想，探讨各种数学变换下深度网络的集体行为，并且启发新算法的设计。

2. 非平衡态统计物理相关问题的发展思路

关于非平衡态统计物理在机器学习训练方面的理论发展，总体思路是倡导基础理论模型建立与应用算法分析两个路线并行发展，并促进统计物理方法与相关领域（如机器学习、应用数学等领域）的交流。在基础理论模型中，提倡逐步建立由简单可解的模型到复杂符合实际应用的模型的逐步分析路线。在相关领域交叉结合方面，促进从实际机器学习应用研究中抽象出有实用价值的理论研究问题，利用统计物理方法进行建模分析，再利用统计和严格的数学工具给予证明，最后将相关结论推广应用到实际的大规模模型训练中。

在基础理论模型方面，主要思路是从理论上建立足够简单但不平庸的简化模型，通过估计分析一系列的简化模型来逐步逼近更为复杂的接近实际的深度神经网络模型。针对深度网络的训练理论的研究，首先，研究相对简单的二层、三层教师－学生模型训练过程的动力学性质。对此，一方面，国际上已经有一些成果可以借鉴；另一方面，相关的研究工具可以利用前期统计物理在压缩感知、稀疏信号编码等问题上的研究经验进行深入研究。其次，探索如何将浅层的动力学建模方法拓展到深层网络，同时解决描述方程因层数累积导致方程更为复杂的问题，寻找更为简洁的描述方程。

在统计物理理论严格化方面，主要思路是通过促进统计物理与应用数学以及统计领域的交叉合作来共同建立严格的动态高维随机过程的分析框架。具体而言，促进具有统计物理背景的研究人员提出对基础模型的近似描述的积分微分方程，并利用实验验证初步的正确性。接下来，把结论抽象为数学问题（如高维的随机过程的收敛性），然后通过与应用数学和统计领域相关的研究人员合作，明确近似假设等设定，然后逐步把近似描述方程进行严格化，再抽象推广到更一般的动力学问题或者其他机器学习模型训练的分析中。

在统计物理启发式训练算法、高效率训练策略和泛化能力增强方面，建议从实际训练问题出发，与机器学习、计算机视觉领域交叉。首先，明确哪些实际模型易存在训练不稳定、收敛慢的机器学习问题。例如，对抗生成模型和无监督判别式模型，就要从实际问题中明确可调节的参数集合和调节范围。其次，要简化模型以易于统计物理分析，研究实际训练中可调节参数之间的定量关系。最后，根据在建模模型上的分析，得到一些适用于更为复杂、真实应用的模型训练参数的选择。

三、发展目标

总体目标：为算法、基础模拟软件、模型训练提供核心技术，为人工智能在可解释模型方面奠定理论基础，并且以此促进新兴交叉领域的形成，带动相关学科交叉型研究团队的培育。

1. 构建相对完整的统计物理分析模型与算法的理论框架

构建基于统计物理的启发式机器学习模型和训练算法，形成较为完整的分析大规模算法的典型性能的框架和优化超参数的指导准则，为实际训练的超参数选择提供理论支持。对于多层深度学习网络训练过程，可以使用简洁的微分方程描述训练损失的变化。在模型的泛化性方面提供理论支持，并通过理论指导模型的结构选择和训练方式的优化。在算法、基础模拟软件包、模型训练方面提供核心技术，在人工智能可解释性、提高训练效率方面提供理论与实用技术支持。

2. 促进“人工智能中的统计物理”这一新领域的发展

将国内相关学者队伍发展为一个50～100人的研究群体，分布于国内各个高校和研究院所。构建跨越数学、物理学与计算机、人工智能领域的复合型人才培养方案。利用“强基”政策，培养一批数理基本功扎实的跨学科人才。

四、重要研究方向

1. 神经网络稳态行为的统计物理解释

类似统计物理的一些经典模型，比如伊辛（Ising）模型、谢林顿－柯克帕特里克（Sherrington-Kirkpatrick）模型等，神经网络也可能存在一个约化模型，从该模型的统计物理研究中，人们可以复现实际复杂神经网络的多数性质。这个方向关注神经网络的平衡性质（如长时极限，忽略训练的瞬时状态等）。典型的神经网络架构包括受限玻尔兹曼机、自动编码器、卷积神经网络、循环神经网络等。

2. 神经网络、统计物理与生物智能的联系

因为从单一学科角度去研究神经网络具有局限性，所以在统计物理思想帮助下，构建神经网络和生物智能在原理上的桥梁十分重要。首先，可以促进中国脑科学项目在分析海量实验数据方面的基础理论创新。其次，反哺统计物理，促进其产生新的科学问题，甚至可能革新统计物理的旧思维。最后，这三者的联结更容易推进类脑计算的发展，对国家核心技术战略的发展起到至关重要的支撑作用。

3. 基于典型性能分析的通用机器学习统计物理理论

相对于传统的机器学习理论通常研究最坏情况下的有限尺寸模型的性能，

统计物理利用大规模随机系统的分析方法，研究通用机器学习模型在系统趋于无穷大时的典型性能，研究在高维极限情况下，随机系统表现的确定性定律。基于这种渐进条件下的确定性性质，对现有模型和训练方法提出更有效的训练方案和超参数的选择优化理论。

4. 统计物理启发的人工智能模型和算法

统计物理在计算和模拟大量相互作用系统方面有着许多有效的方法，如蒙特卡洛方法、基于变分优化的方法等。通过利用统计物理方法对现有模型与算法的理解，设计研究有效利用高维统计性质的人工智能模型和算法，有效降低训练超大规模的深度神经网络模型的成本，最终形成构造通用人工智能模型的方法。

第四节　资助机制与政策建议

一、资助机制

在国家自然科学基金统计物理与复杂系统领域设置机器学习的统计物理专门方向，鼓励该领域研究群体的形成；设立若干交叉学科中心，鼓励统计物理与机器学习、脑科学交叉方向的研究，对青年研究人员形成稳定的支持。长期资助青年人才的培养。比如，设立暑期学校，每年定期邀请国内外专家对学生进行前沿与基础的培训。

二、政策建议

（1）建立与机器学习相关的统计物理学科方向。

（2）建立若干交叉学科中心，开展机器学习、统计物理、统计学、计算机科学、脑科学等学科的协同创新。

（3）推动相关领域基础教材的编写和翻译，培育新一代研究力量，定期举行基础和前沿的讲座，营造科学讨论氛围。

（4）加强这一专题领域重要问题的凝练，对学科方向进行整体布局，打造相关研究生态，鼓励相关方面人才的引进和培育。

（5）设立虚拟资助中心，主要是为年轻学者（45 岁以下）提供长期稳定的支持，建立严格的小同行评审制度。比如，只关注申请人工作本身的质量（与论文是否发在顶级会议或顶级刊物无关），瞄准工作是否扎实、是否具有前瞻性、是否在解决当前领域的重要问题、是否在开辟未来的重要研究方向等进行评估。

本章参考文献

Advani M S, Saxe A M. 2019. High-dimensional dynamics of generalization error in neural networks. Neural Networks, 132 (2020): 428-446.

Amit D J, Gutfreund H, Sompolinsky H. 1985. Storing infinite numbers of patterns in a spin-glass model of neural networks. Physical Review Letters, 55(14): 1530-1533.

Baldassi C, Borgs C, Chayes J T, et al. 2016. Unreasonable effectiveness of learning neural networks: From accessible states and robust ensembles to basic algorithmic schemes. Proceedings of the National Academy of Sciences of the United States of America, 113(48): E7655–E7662.

Barra A, Genovese G, Sollich P, et al. 2017. Phase transitions in restricted Boltzmann machines with generic priors. Physical Review E, 96: 042156.

Bottou L. 1998. Online algorithms and stochastic approximations// Saad D. Online Learning and Neural Networks. Cambridge: Cambridge University Press: 6.

Çakmak B, Opper M. 2020. Analysis of Bayesian inference algorithms by the dynamical functional approach. Journal of Physics A Mathematical and Theoretical, 53(27): 274001.

Chaudhari P, Choromanska A, Soatto S, et al. 2019. Entropy-SGD: Biasing Gradient Descent into Wide Valleys. Journal of Statistical Mechanics: Theory and Experiment, 2019(12):124018.

Chen M M, Pennington J, Schoenholz S S. 2018. Dynamical Isometry and a Mean Field Theory of RNNs: Gating Enables Signal Propagation in Recurrent Neural Networks. https://proceedings.

mlr.press/v80/chen18i/chen18i.pdf[2024-12-01].

Chung S Y, Lee D D , Sompolinsky H. 2018.Classification and geometry of general perceptual manifolds. Physical Review X, 8(3): 031003.

Cohen U, Chung S Y, Lee D D. 2020. Separability and geometry of object manifolds in deep neural networks. Nature Communications,11: 746.

Coolen A C, Laughton S N, Sherrington D. 1996. Dynamical replica theory for disordered spin systems. Physical Review B, 53(13): 8184-8187.

Decelle A, Fissore G, Furtlehner C. 2017.Spectral Dynamics of Learning in Restricted Boltzmann Machines. https://inria.hal.science/hal-01652314/file/main.pdf[2024-12-01].

des Combes R T, Pezeshki M, Shabanian S, et al. 2018. On the Learning Dynamics of Deep Neural Networks. https://arxiv.org/abs/1809.06848v1[2023-03-23].

Dobriban E, Wager S. 2018. High-dimensional asymptotics of prediction: Ridge regression and classification. The Annals of Statistics, 46(1): 247-279.

Feng Y, Tu Y H. 2021. The inverse variance–flatness relation in stochastic gradient descent is critical for finding flat minima. Proceedings of the National Academy of Sciences of the United States of America, 118(9): e2015617118.

Gao C Y, Cecconi F, Vulpiani A, et al. 2019. DCA for genome-wide epistasis analysis: The statistical genetics perspective. Physical biology, 16(2): 026002.

Goldt S, Advani M S, Saxe A M, et al. 2019. Dynamics of Stochastic Gradient Descent for Two-Layer Neural Networks in the Teacher-Student Setup. https://proceedings.neurips.cc/paper/2019/file/cab070d53bd0d200746fb852a922064a-Paper.pdf[2024-12-01].

Goodfellow I J, Vinyals O, Saxe A M. 2014. Qualitatively Characterizing Neural Network Optimization Problems. https://arxiv.org/abs/1412.6544[2023-03-23].

Hartnett G S, Parker E, Geist E. 2018.Replica symmetry breaking in bipartite spin glasses and neural networks. Physical Review E,98(2): 022116.

Hastie T, Montanari A, Rosset S, et al. 2022. Surprises in high-dimensional ridgeless least squares interpolation. Annals of Statistics, 50(2):949.

Hinton G E, Osindero S, Teh Y-W. 2006. A Fast Learning Algorithm for Deep Belief Nets. Neural Computation, 18(7): 1527-1554.

Hopfield J J. 1982. Neural networks and physical systems with emergent collective computational abilities. Proceedings of the National Academy of Sciences of the United States of America,

79(8): 2554-2558.

Hou T Q, Huang H P. 2020. Statistical physics of unsupervised learning with prior knowledge in neural networks. Physical Review Letters, 124(24): 248302.

Huang H P. 2017. Statistical mechanics of unsupervised feature learning in a restricted Boltzmann machine with binary synapses. Journal of Statistical Mechanics: Theory and Experiment, 2017: 053302.

Huang H P. 2018. Mechanisms of dimensionality reduction and decorrelation in deep neural networks. Physical Review E, 98(6): 062313.

Huang H P, Toyoizumi T. 2015.Advanced mean field theory of the restricted Boltzmann machine. Physical Review E, 91(5): 050101.

Huang H P, Toyoizumi T. 2016. Unsupervised feature learning from finite data by message passing: Discontinuous versus continuous phase transition. Physical Review E, 94(6): 062310.

Li C, Huang H P. 2020. Learning credit assignment. Physical Review Letters, 125(17): 178301.

Luo P, Wong K Y M. 2001. Cavity approach to noisy learning in nonlinear perceptrons. Physical Review E, Statistical, Nonlinear, and Soft Matter Physics, 64: 061912.

Mei S, Montanari A. 2019. The generalization error of random features regression: Precise asymptotics and double descent curve. Communications on Pure and Applied Mathematics, 75(4): 667-766.

Mignacco F, Krzakala F, Urbani P, et al. 2020. Dynamical mean-field theory for stochastic gradient descent in Gaussian mixture classification. Advances in Neural Information Processing Systems, 33:9540.

Mignacco F, Urbani P, Zdeborová L. 2021. Stochasticity helps to navigate rough landscapes: Comparing gradient-descent-based algorithms in the phase retrieval problem. Machine Learning: Science and Technology, 2(3): 035029.

Mozeika A, Li B, Saad D. 2020. Space of functions computed by deep-layered machines.Physical Review Letters,125: 168301.

Nguyen P-M, Pham H T. 2020. A rigorous framework for the mean field limit of multilayer neural networks. Mathematical Statistics and Learning, 6 (2023): 201-357.

Pennington J, Schoenholz S S, Ganguli S. 2017. Resurrecting the Sigmoid in Deep Learning Through Dynamical Isometry: Theory and Practice. https://proceedings.neurips.cc/paper_files/paper/2017/file/d9fc0cdb67638d50f411432d0d41d0ba-Paper.pdf[2024-12-01].

Pham H T, Nguyen P-M. 2021. Global Convergence of Three-Layer Neural Networks in the Mean Field Regime. https://arxiv.org/abs/2105.05228[2023-03-23].

Poole B, Lahiri S, Raghu M, et al. 2016. Exponential expressivity in deep neural networks through transient chaos// Lee D D, Sugiyama M, Luxburg U V, et al. Advances in Neural Information Processing Systems 29. NY: Curran Associates: 3360-3368.

Saad D, Solla S A. 1995. Exact solution for on-line learning in multilayer neural networks. Physical Review Letters, 74(21): 4337.

Saxe A M, McClelland J L, Ganguli S. 2013. Exact Solutions to the Nonlinear Dynamics of Learning in Deep Linear Neural Networks. https://arxiv.org/abs/1312.6120[2023-03-23].

Sompolinsky H, Crisanti A, Sommers H J. 1988. Chaos in random neural networks. Physical Review Letters, 61(3): 259-262.

Straat M, Biehl M. 2019. On-Line Learning Dynamics of ReLU Neural Networks Using Statistical Physics Techniques. https://arxiv.org/abs/1903.07378v1[2023-03-23].

Tan H R, Wang C, Wu S-T, et al. 2021. Proxy graph matching with proximal matching networks. Proceedings of the AAAI Conference on Artificial Intelligence, 35: 9808-9815.

Tramel E W, Gabrié M, Manoel A, et al. 2018. Deterministic and generalized framework for unsupervised learning with restricted Boltzmann machines. Physical Review X, 8: 041006.

Tubiana J, Monasson R. 2017. Emergence of compositional representations in restricted Boltzmann machines. Physical Review Letters, 118: 138301.

Wang C, Hu H, Lu Y M. 2019. A Solvable High-Dimensional Model of GAN. https://scholar.harvard.edu/files/yuelu/files/gan-a-sovable-model.pdf[2024-12-01].

Wang C, Lu Y. 2017. The scaling limit of high-dimensional online independent component analysis. Advances in Neural Information Processing Systems, 30: 6641-6650.

Xiao L C, Bahri Y, Sohl-Dickstein J, et al. 2018. Dynamical isometry and a mean field theory of CNNs: how to train 10,000-layer vanilla convolutional neural networks. PMLR, 80: 5393-5402.

Yaida S. 2018. Fluctuation-Dissipation Relations for Stochastic Gradient Descent. https://arxiv.org/pdf/1810.00004[2024-12-01].

Yang G, Schoenholz S S. 2017. Mean Field Residual Networks: On the Edge of Chaos. https://papers.nips.cc/paper/2017/file/81c650caac28cdefce4de5ddc18befa0-Paper.pdf[2024-12-01].

Yoshida Y, Okada M. 2020. Data-dependence of plateau phenomenon in learning with neural network: Statistical mechanical analysis. Journal of Statistical Mechanics: Theory and

Experiment, (12): 124013.

Zhang Y, Saxe A M, Advani M S, et al. 2018. Energy-entropy competition and the effectiveness of stochastic gradient descent in machine learning. Molecular Physics, 116(21-22): 3214-3223.

Zhou J W, Huang H P. 2021. Weakly correlated synapses promote dimension reduction in deep neural networks. Physical Review E, 103: 012315.

第十三章

科 学 计 算

科学计算是从古老的计算数学发展起来的一门具有现代意义的新学科，它和理论计算以及实验并列为三大科学研究手段，人工智能目前已逐渐成为第四种科研范式。本章主要探讨科学计算在人工智能中的科学意义与战略价值、发展规律与研究特点、发展现状与发展态势、发展思路与发展方向，以及资助机制与政策建议。

第一节　科学意义与战略价值

自 2010 年以来，人工智能相继在语音识别、计算机视觉等领域取得了重大进展，并涌现了大量围绕这些领域的新型产业。除被广泛应用在图像处理、语音识别等传统人工智能领域中，人工智能在科学与工程计算方面也发挥着重要作用。经典的科学计算一般以数学模型为基础，以理论分析及数值方法为手段，对气候气象、能源材料、航空航天、生物医药、工业制造等应用领域的问题进行模拟。这种手段在过去的半个多世纪改变了科学研究的面貌，这些成就也激励着人们不断去挑战更为本质的困难问题。

随着科学研究和工程技术的不断发展，涌现出许多不能单纯用数学模型或数据来描述的科学问题。一方面，在科学与工程的诸多领域存在待求解的问题，其机理不清楚，相关的模型不成熟甚至没有模型；另一方面，对于很多科学问题，相关的数据并不完备或不精确。此外，有些问题虽然具有明确的机理，但由于问题过于复杂，传统算法往往面临维数灾难、多尺度耦合等困难而难以求解。因此，我们需要将模型和数据进行互补与融合以进行数值模拟，从而加强对这类问题的认识。对于上述问题，结合人工智能技术，特别是基于神经网络的深度学习技术，融合实验或者计算产生的数据以及已有机理进行可计算建模，从而得到复杂问题的有效解决方式，已逐渐成为当今科学计算领域新的研究方向，乃至形成新的研究范式。2021 年，鄂维南院士在《美国数学会通讯》上发表文章指出，机器学习辅助建模是科学计算的一个重要应用方向（E，2021）。与此同时，以深度学习为代表的人工智能在内在机理、数学理论以及算法的稳健性和精度上缺乏严格的数学论证。

社会的基本运行离不开强大的算力支持，在基础设施建设、城市运营维护、农业生产、工业制造、金融服务、医疗保健、艺术创作、休闲娱乐等行业，硬件算力的支撑作用愈发显著。算力、算法、数据已经成为公认的人工智能三大核心要素。其中，来自高性能计算机提供的算力支撑已经成为推动人工智能基础研究和应用发展的主要驱动力量。比如，据 OpenAI（2018）统计，在 2013～2019 年短短 6 年间，机器学习的算力需求增长了 30 万倍，远远超过了高性能计算机硬件性能的提升速度。不仅如此，如果要在一天内完成 AlphaGo Zero 的训练，所需的算力已经超过 E 级（Exa-ops 量级，每秒钟百亿亿次浮点运算）。麻省理工学院等机构的研究人员在 2020 年分析了上千篇相关论文后得出如下结论：三年的算法研究成效不如将算力提高 10 倍（Thompson et al.，2020）。2019 年，强化学习创始人理查德·萨顿（Richard Sutton）甚至在题为《苦涩的教训》（“The Bitter Lesson”）的一篇著名博客文章中提出了“搜索、学习，充分利用大规模算力才是王道”（Sutton，2019），亦即“算力常胜”的观点，这引发了广泛讨论。据估算，2020 年发布的具有 1750 亿个参数的 GPT3 模型，其训练所需耗费的算力成本达到了千万美元量级（Brown et al.，2020）。伴随着大数据、人工智能、物联网、区块链、数字孪生等技术的快速发展，算力与众多行业领域的融合进一步加强，催生了智慧城市、先进制造、智能交通、工业互联网、元宇宙、脑机接口等一批新兴行业的概念与发展模式。

人工智能已经逐渐成为高性能计算机发展的主要需求来源和核心推动力。美国阿贡国家实验室副主任瑞克·史蒂文斯（Ricks Stevens）甚至宣称“人工智能就是下一代的E级计算”（Trader and Russell，2019）。一些尖端高性能计算机，如在2018～2019年世界高性能计算机TOP500排行榜排名第一的美国顶点（Summit）系统，其半精度机器学习性能可达双精度浮点计算性能的16倍，基于该系统的极端天气模式分析应用成果的实测训练性能达到了E级，并于2018年获得了高性能计算应用领域的世界最高奖——美国计算机协会戈登贝尔奖（Gordon Bell Prize）（Kurth et al.，2018）。2020年6月发布的全球超级计算机500强中排名第一的日本富岳（Fugaku）系统，在设计上更加注重不同计算精度的平衡，包揽了四项基准测试的第一名。由此可见，一方面，强大的算力有效助力人类对人工智能基础研究的创新，加速提高人类对客观世界的认知水平；另一方面，人工智能技术的进步也将反哺算力发展，最终形成算力与创新二者相互促进的发展模式，共同推动社会整体文明进程。

最近，来自阿伯丁大学、麻省理工学院等机构的研究者对机器学习的算力需求进行了系统性的梳理，通过分析100多个具有里程碑意义的机器学习系统的数据集，将机器学习的算力需求分为三个时代——前深度学习时代、深度学习时代和大模型时代，很好地梳理出当前的人工智能算力演进的主要脉络（Sevilla et al.，2022）。他们强调：在2010～2022年，机器学习训练算力共增长了100亿倍。其中，在2010年之前训练神经网络所需的算力增长速度大约为每20个月翻一番，与算力发展的摩尔定律基本吻合；自21世纪初深度学习问世以来，训练所需算力快速增长，大约每6个月翻一番；2015年末，随着大规模神经网络模型的出现，训练算力的需求提高了10～100倍，呈现出爆炸性增长态势，远远超过计算机硬件算力的提升速度。

伴随着浮点运算能力不断增高，单位能耗不断降低，以及应用水平不断提升，高性能计算已迈入E级时代，为更具挑战性的计算任务提供了广阔舞台。由于经典冯·诺依曼体系结构存在“存储墙”与“功耗墙”等瓶颈问题，基于超大规模集成电路技术的处理器芯片工艺逐渐逼近摩尔定律的物理极限，现代高性能计算机的硬件体系结构设计正呈现新的发展态势。据TOP500组织统计，过去30年左右的时间，全球排名前500的超级计算机的综合性能提升速度近似为“十年千倍”，超过摩尔定律的预测，但是自2013年6月起，这一发展速度已经难以维持。事实上，即使“十年千倍”的算力提升速度能够持续，也远远不能满足人工智能对算力的需求。在这种情况下，为了弥补算力需求上的巨大鸿沟，高性能计算机的硬件体系结构日趋复杂，单纯依靠多核CPU已经无法提供足够的算力输出，以异构、众核为代表的系统成为发展主流，GPU、NPU等加速处理器成为支撑人工智能计算需求的主要算力来源。此时，大多数并行算法和软件已经不再与高性能计算机的硬件体系结构适配，来自硬件性能提升的“免费午餐”已经结束（Sutter，2005）。由此可见，人工智能的基础算法必须与底层硬件特征合理匹配，才有可能充分挖掘高性能计算机硬件的强大算力。

2017年，图灵奖得主约翰·汉尼斯（John Hennessy）、大卫·帕特森（David Patterson）在著名的《计算机体系结构的新黄金时代》图灵讲座中引用了一篇题为《性能极限后仍大有可为：摩尔定律之后什么将驱动计算机性能发展？》（“There’s plenty of room at the top: What will drive computer performance after Moore’s law?”）的论文（Leiserson et al.，2020），从中指出，在后摩尔定律时代，虽然“底部”的半导体工艺进展乏力，仍可以从“顶部”的算法、软件和专用硬件三个角度提升计算机的实际应用性能。在算法方面，以最大流问题为例，1970年以来，算法对应用性能的提升不亚于硬件性能的加速；在软件实现和性能优化方面，以4096阶稠密矩阵乘法为例，从简单的Python语言实现到细致调优的C语言实现，在同一硬件平台上的实测性能可以提升6万余倍；在专用硬件方面，则可以针对机器学习等具体问题设计具有专用加速效果的处理器，从而实现应用性能的大幅度提升。由此可见，人工智能的基础研究和应用水平，不光需要“底部”硬件的算力支撑，而且在很大程度上还依赖于“顶部”的算法、软件和专用化硬件技术的协同发展。

在过去数十年间，发达国家始终将充分发挥计算机硬件算力与算法、软件、应用的协调发展作为国家战略给予高度重视，美国、欧盟各国、日本等实施了多个国家计划，从国家层面上给予长期稳定的经费支持，以保障所制定目标的顺利实现。政府的大力支持使得美国等国家在计算机、科学计算、人工智能等领域取得了巨大的进步，尤其是在计算机硬件算力、基础算法、应用软件等方面一直保持了世界领先地位。近年来，数字经济与实体经济加速融合，算力对产业变革和国家竞争力的支撑价值已经在世界范围内得到公认。国际权威机构国际数据公司（International Data Corporation，IDC）、浪潮电子信息产业股份有限公司、清华大学全球产业研究院联合发布《2021—2022全球计算力指数评估报告》，报告对6个大洲的15个国家，从计算能力、计算效率、应用水平和基础设施支持4个维度对各国计算力水平进行全面评估，从计算力指数和经济理论角度揭示了全球主要国家GDP、数字经济与计算力之间的关联性和相互拉动作用。报告显示，“十五个重点国家的计算力指数平均每提高1点，国家的数字经济和GDP将分别增长3.5‰和1.8‰”（IDC等，2022）。对国家而言，应充分发挥算力投入的正网络外部性效应和溢出效应，进一步加大对算力相关产业，尤其是数据中心、智能计算中心等算力基础设施的投资。对于处于追赶者阵营和起步阶段的国家而言，计算力提升更是促进其传统产业数字化转型的重要手段。加大对数据中心、智能计算中心等算力基础设施的投资，将进一步增强算力资本与传统物质资本之间的互补效应和协同效应，提高一国生产物品和服务的能力，提升数字经济在国民经济中的比重，最终提升整体经济发展水平。

第二节　发展规律与研究特点

随着基于大数据的机器学习在传统人工智能中的成功应用及产业化，数据驱动的神经网络建模在科学与工程应用中也受到科研工作者的青睐（Brunton et al.，2016；Long et al.，2018；Rudy et al.，2017）。纯数据驱动算法主要是基于对大量数据的分析，提炼出潜在规律。然而，这类方法具有一些缺点：①并不是所有的科学问题都有大量的可用数据，特别是高保真数据，大量科学问题的相关数据并不完备；②这类纯基于数据的建模所学习的规律通常不具有可解释性；③这类模型对训练参数外的预测，即所谓的外插，效果一般不太好；④对计算资源的要求非常高。因此，如何合理利用少量数据来解决科学工程问题是当前面临的新挑战，而融合数据与问题内在机理的建模是非常自然的想法。结合机理能有效地减少对数据的依赖，而且所用的机理本身就是对物理规律的一种表达。

近年来，融合数据与物理机理的神经网络深度学习算法在微分方程求解与建模中吸引了大量研究者的关注（Carleo and Troyer，2017；Han et al.，2018；E and Yu，2018；Sirignano and Spiliopoulos，2018；Raissi et al.，2019，2020）。基于神经网络求解微分方程可追溯到20世纪90年代（Dissanayake and Phan-Thien，1994；Lagaris et al.，1998）。由于计算能力的限制，这类方法当时并没有引起重视。近年来，随着高性能计算的发展，特别是GPU并行的应用，这类方法得到了快速发展。深度学习求解微分方程主要是将方程以残差或变分形式嵌入待训练的损失函数，继而通过神经网络的训练（优化）机制不断更新神经网络中的参数以得到所求的数值（预测）解。与传统微分方程数值求解类似，深度学习求解微分方程一般可分为正问题（求解给定初边值的微分方程）与反问题（利用所给数据学习微分方程及其他相关未知数据），这里的反问题求解过程其实就是深度学习辅助建模过程。相较于传统数值方法，深度学习求解微分方程和建模具有如下特点。

深度学习算法的程序简洁易懂、原理简单，是微分方程数值求解的强有力工具，对于很多初学者来说，不需要掌握太多的计算数学理论知识就能理解并实现此算法。

深度学习求解反问题或辅助建模的实现方式简单，效率更高。传统数值方法求解反问题时需要求解大量的正问题，计算成本高，而深度学习求解反问题（建模）时将模型中未知参数与神经网络待优化参数同步并行优化，不需要求解正问题，实现简单且计算效率高（Raissi et al.，2019）。

传统数值方法受到维数灾难的限制，而基于神经网络的深度学习算法则能更好地处理维数灾难问题（Carleo and Troyer，2017；Han et al.，2018）。从逼近论的角度来看，神经网络为高维函数提供了一种有效的低维表达方式。

融合数据与机理的深度学习算法不仅为传统数值方法所面临的诸多难

题及瓶颈问题提供了新的思路与发展方向，数据与机理的结合也为科学研究开拓了新范式，一方面，我们可以通过数据和相关机理来不断完善数学模型；另一方面，我们可以分析并利用所获模型来引导新数据的获取及求解新的问题。近年来，一类融合数据与机理的深度算子学习算法引起了大家的关注（Lu，2021a）。深度算子学习主要是通过数据来学习积分算子或微分算子，可理解为学习不同函数空间之间的映射。这类算法在求解新的微分方程时不需要重复训练，采用训练好的算子加上少许数据就能对新问题进行高效求解（Mao et al.，2021）。需要指出的是，融合数据与机理的深度学习算法虽然在算法设计、实现及应用上体现了一定的优势，但是由于一般结构神经网络的数学理论不完善，深度学习求解微分方程相关理论方面的研究尚处于起步阶段。这些因素对深度学习求解微分方程算法的进一步发展造成了严重阻碍，同时也给数学工作者带来了新的机遇与挑战。

数值线性代数一直为科学和工程计算提供核心算法支撑，在机器学习模型中也有着同样重要的作用，被列入海量数据处理中的七个“巨人”问题之一（National Research Council，2013）。例如，大数据情形下岭回归模型需要近似样本的协方差矩阵（Wang et al.，2017），在线牛顿法需要近似目标函数的海塞矩阵（Luo et al.，2016），广义特征值分解需要近似矩阵乘法（Ma et al.，2015）等。随着问题规模的增大，一个重要的趋势是在有限的计算和存储资源下进行实时处理。在此场景下，高效处理大矩阵是其中的核心问题。学者们由此提出了一系列处理矩阵的近似算法（也适用于流数据处理），包括加州大学伯克利分校教授杰拉尼·尼尔森（Jelani Nelson）等提出的基于约翰逊－林登斯特劳斯（Johnson-Lindenstrauss）变换的随机投影算法（Kane and Nelson，2014）、卡内基梅隆大学教授大卫·伍德拉夫（David P. Woodruff）等提出的基于子空间嵌入算法（Clarkson and Woodruff，2017）、松果公司（Pinecone 公司）创始人伊多·利伯蒂（Edo Liberty）提出的频繁方向算法（Liberty，2013）等。这些方法大幅降低了模型训练过程中的所需的计算开销，同时拥有严格的理论保证。由此可见，矩阵算法在人工智能模型中具有重要作用。人工智能的应用场景也反过来推动了传统数值代数领域的发展，包括对快速矩阵乘法这类底层算法的探索（Fawzi et al.，2022）。对于图结构的线性方程组，Peng 和 Vempala（2021）发展了比矩阵乘法复杂度更低的解法。另外，混合精度算法能在深度学习训练中部分使用低精度运算从而大大加速训练过程而不影响整体精度（Micikevicius et al.，2018）。近年来，人们发展了一系列混合精度数值线性代数算法作为深度学习模型算法基础（Higham and Mary，2022）。

同时，我们注意到深度学习的发展离不开数值优化算法的支撑。例如，神经网络训练中最为常用的反向传播算法（back-propagation algorithm）与数值优化中的梯度下降算法（Rumelhart et al.，1986）以及拉格朗日法（LeCun，1988）密切相关。同时，大量复杂的大规模深度神经网络训练问题也促使数值优化领域的学者进一步提升梯度方法的效率，提出了随机梯度算法、基于动量的加速算法等新方法（Bottou et al.，2018）。这些算法无疑是当前深度学习应用的重要基础引擎。另外，近期获得巨大关注的强化学习领域的各种应用也与数值优化算法的发展密不可分（Bertsekas，2022）。这些亮眼的应用展示了复杂超大规模动态优化数值算法的巨大进步。不难发现，数值优化算法与人工智能的发展相辅相成。人工智能需要数值优化算法作为基石，同时人工智能新应用也引领了数值优化算法的研究方向，可以认为这两者的发展螺旋式交叉并一同向上向前发展。

融合数据与机理的深度学习算法不仅极大地推动了计算科学的发展，而且在解决生物医学、航空航天、能源、环境、材料、化工等诸多领域日益增长的科学问题上展现出巨大的潜力。这类算法在工程领域广泛应用的同时也促进了交叉学科的发展，首先，我们需要运用工程学科背景知识或原理并通过数学语言（如微分方程）来建立模型；其次，我们需要选择合适的数学工具来对这些模型进行分析，并将结果应用到新的相关领域科学问题上；最后，我们当然也需要借助计算机和算法。因此，需要数学、计算机以及相关工程学科的交叉研究。对于交叉研究的发展，我们需要不同学科相互协作，人工智能是这些学科之间的桥梁和纽带，而人工智能求解微分方程是重要工具。我们可以通过共同培养研究生或资助年轻教师访问等方式来促进交叉学科的发展及交叉人才的培养。除需要这类交叉或综合性人才之外，我们也需要有一批基础数学人才投入深度学习理论研究之中。

第三节　发展现状与发展态势

近年来，基于神经网络的深度学习算法为微分方程数值求解掀起了新一轮热潮。第一个成功的尝试归功于韩劼群和鄂维南，他们在2016年提出了一种基于深度学习的算法求解高维控制问题（Han and E，2016）。相关方法以及学术论文呈井喷式增长，其中代表性方法有四种：① Sirignano 和 Spiliopoulos（2018）提出的深度伽辽金法；②北京大学鄂维南团队发展的基于里茨变分原理的深度里茨法（E and Yu，2018）；③北京大学鄂维南团队以及德国明斯克大学的詹特森（Jentzen）等发展的倒向随机微分方程（backward stochastic differential equations）与深度学习相结合的高维偏微分方程和高维控制问题的求解算法（Han and E，2016；Han et al.，2018）；④美国布朗大学卡尼达克斯（G. Karniadakis）团队发展的基于方程残差的物理信息神经网络深度学习算法（Raissi et al.，2019）。与上述工作类似的方法以及相关文献实在太多，我们不再一一列举。下面我们以谷歌学术引用数据来阐述此类算法的受关注程度。截至2024年4月4日，根据谷歌学术网站统计，《物理信息神经网络：用于解决涉及非线性偏微分方程的正反问题的深度学习框架》（“Physics-informed neural networks: A deep learning framework for solving forward and inverse problems involving nonlinear partial differential equations”）（Raissi et al.，2019）被提出以来，引用已达8600余次，其在《计算物理学杂志》（*Journal of Computational Physics*，*JCP*）的下载量及被引次数一直排在首位。截至2024年4月4日，根据谷歌学术网站统计，《求解偏微分方程的深度学习算法》（“DGM: A deep learning algorithm for solving partial differential equations”）（Sirignano and Spiliopoulos，2018）的引用次数已达1900余次，《深度里茨法：一种解决变分问题的基于深度学习的数值算法》（“The Deep Ritz method: A deep learning-based numerical algorithm for solving variational problems”）（E and Yu，2018）引用次数也达800余次，这些引用涉及的领域除数学外，还涵盖了大量的应用领域。总之，深度学习求解微分方程的方法方兴未艾，发展潜力不可限量。

在程序包开发方面，一般是基于 Tensorflow 或 PyTorch 平台，包括 Gpytorch（Gardner et al.，2018）、PyDENs（Koryagin et al.，2019）、NeuroDiffEq（Chen et al.，2020）、SimNet（Hennigh et al.，2021）、DeepXDE（Lu，2021b）及 SciANN（Haghighat and Juanes，2021）等，另外还有基于 Julia 平台的 ADCME（Xu and Darve，2020）等，值得一提的是，我国华为技术有限公司也开发了一款新的深度学习工具 MindSpore 用于科学计算。

我国在人工智能与科学计算领域的研究一直走在人工智能与科学计算领域的前列，推动并引领这个方向的发展。除前面提到的深度里茨法及高维偏微分方程求解算法，北京大学鄂维南团队在神经网络的数学理论、基础算法、误差估计等理论分析、深度学习辅助建模、深度势能及其应用等方面都取得了一系列瞩目的成果（E，2017；E and Ma，2019；E et al.，2020，2022），他们还因此获得了 2020 年的戈登贝尔奖；浙江大学包刚团队针对高维偏微分方程求解以及偏微分方程反问题发展了一类对抗神经网络算法（Zang et al.，2020；Bao et al.，2020）；中国科学院明平兵团队（Liao and Ming，2021）和北京大学杨超团队（Sheng and Yang，2021）分别针对深度学习求解偏微分方程的边界条件处理以及复杂区域处理发展了相关算法。同时，我国也涌现出一批青年人才并在该领域取得了一些优秀成果。中国科学院于海军基于模型降阶思想将昂萨格变分原理融合进深度学习算法中（Yu et al.，2021）；北京大学董彬团队基于数据驱动发展了一类学习微分方程算法 PDE-net（Long et al.，2018，2019）；清华大学史作强结合流形理论与偏微分方程来研究机器学习以提高深度学习算法的稳定性（Shi，2019）；复旦大学李颖洲及其合作者基于蝶式快速算法结构提出了稀疏连接的卷积神经网络 Butterfly-Net（Li et al.，2020a），也提出了基于变分的求解 PDE 算子映射训练框架（Li et al.，2020b，2020c）；上海交通大学许志钦团队主要研究的是神经网络训练的内在机理与数学理论（Xu et al.，2020；Luo et al.，2021）；厦门大学毛志平与合作者共同开发了一套基于物理信息神经网络算法求解微分方程的开源程序包 DeepXDE（Lu，2021b），他们还采用深度学习或深度算子学习算法对高超声速流中的激波进行了模拟（Mao et al.，2020，2021）；中国科技大学陈景润团队在求解高阶微分方程上发展了一套算法（Lyu et al.，2022）；其他相关专家还包括中国科学院的周涛以及上海师范大学的郭玲等。

数值代数作为数值算法的底层核心，从20世纪后半叶开始取得了飞速的发展，几类基本问题都发展出了高效且稳定的算法。随着20世纪90年代软件包LAPACK逐步发展成熟，中小规模矩阵计算问题基本得以解决。数值代数的研究重点转向了针对大规模矩阵计算的方法，包括克雷洛夫（Krylov）子空间投影法并行算法、随机算法、混合精度算法等。流数据场景的矩阵近似算法作为诸多大规模机器学习模型存储和计算的核心问题，也得到了长足发展。

随着国家对基础科研的日益重视，近年来，我国科研人员在数值代数和人工智能的交叉领域也取得了一系列成果。复旦大学邵美悦是ScaLAPACK软件包中最新特征值算法的主要开发者（Granat et al.，2015）。北京大学张志华及其合作者在随机矩阵领域提出了一系列高效的近似算法并将其运用于二阶优化（Wang and Zhang，2013；Wang et al.，2016a，2016b；Luo et al.，2019）；复旦大学黄增峰提出的最优频繁方向算法（Huang，2018）获得了机器学习顶级会议ICML的最佳论文亚军奖。复旦大学高卫国及其合作者（Lu，2021c）针对Transformer类模型的空间和时间复杂度难题，提出一种无softmax的自注意力机制，通过低秩矩阵分解来近似一个完整的自注意力矩阵，显著提高了算法计算效率。

数值优化算法作为大量实际应用的核心引擎，受到国外政府、高校、商业公司的重视。事实上，20世纪80年代以来，国际上涌现了多家数值优化求解软件公司，产生了众多商业求解器如CPLEX（IBM，2009）、Gurobi、KNITRO（Byrd et al.，2006）以及Xpress① 等。随着人工智能应用的发展，数值优化算法的发展更是进入了快车道，科技公司（如谷歌、微软、苹果、脸书以及亚马逊等）纷纷成立内部数值优化算法研究部门，开发了大量优秀数值优化算法工具包。同时，国际名校数学、工程与计算机学院也聚集了一批数值优化领域的专家学者。

我国在数值优化领域的起步较晚，基础较为薄弱。近年来，随着投入增

① FICO® Xpress Optimization Help. https://www.fico.com/fico-xpress-optimization/docs/latest/overview.html[2024-09-01].

加与政策的扶持，我国科研人员在国际数值优化领域的综合影响力不断提升，并涌现出一批杰出的科研人员。例如，中国科学院袁亚湘于 2017 年当选为国际工业与应用数学联合会主席，同年获美国工业与应用数学学会杰出贡献奖；香港理工大学孙德锋于 2018 年获得了每三年颁发一次的 2018 国际数学规划比尔 - 奥查德 - 海斯（Beale-Orchard-Hays）奖（国际数值优化领域最高荣誉之一）；中国科学院数学与系统科学研究院戴彧虹于 2022 年 7 月在国际数学家大会做 45 分钟邀请报告，同年 9 月，在第 24 届国际数学规划大会上通过国际数学优化学会（Mathematical Optimization Society，MOS）的会议平台做 1 小时大会报告。同时，国内科技公司（如阿里巴巴、腾讯、百度、字节跳动、京东以及华为等）也纷纷成立数值优化算法研究部，并与高校合作利用优化算法提升公司运营效率。

第四节 发展思路与发展方向

一、机器学习求解偏微分方程

总的来说，我国学者关于神经网络求解微分方程算法的研究主要集中在算法设计、理论分析及对神经网络收敛机理等基础研究上，取得的相关成果处于国际领先水平，然而也存在问题，包括：与应用领域的合作较少，缺乏突出的解决实际问题的案例，资源较为分散，人才培养及团队建设尚处于起步阶段。近年来，科学技术部“数学与应用数学”重点研发项目中已包含数据与机理的融合以及复杂环境下的建模等相关课题，这在一定程度上推进了人工智能建模的发展，不过其中的青年科学家项目主要资助的却是基础数学研究，这在某种程度上不太利于相关研究方向青年学者的发展。此外，大部分国内数值优化研究人员的工作重心依然在理论部分，在大规模数值模拟以及实际场景的应用方面略显不足。随着大数据时代来临，人工智能的发展迫切需要研究人员转换思路，以理论指导数值优化算法设计，并以实际数值实践效果引导理论研究方向。

围绕国家战略需求以及本领域的发展趋势，本节列出机器学习求解偏微分方程的发展思路与主要发展方向如下。

（1）高维问题。目前深度学习求解的微分方程相对集中于低维问题，缺乏针对实际问题的深度学习求解高维偏微分方程或高维变分问题的成功算例。

（2）复杂系统及多尺度问题建模与仿真，利用深度学习算法的灵活性，将数据和已知机理结合在一起，提高建模的有效性。对于多尺度建模，我们可以在微观尺度下通过深度学习来解构对应宏观效应的本构关系，并利用守恒律或变分原理来导出宏观模型。另外，我们也可以利用微观尺度下的模拟数据结合守恒律或变分原理来构建宏观模型。

（3）精度问题。目前深度学习求解偏微分方程普遍精度较低。近年出现了基于极限学习的有益尝试（Dong and Li，2021；Shang et al.，2022；Chen et al.，2022），针对一维、二维椭圆问题获得了谱精度，但是该方法的机理目前并不清楚，还需要利用更实际的算例特别是高维偏微分方程或高维变分问题来检验算法的有效性。

（4）噪声数据问题。大多数据都是带有噪声的，高保真的数据一般非常少。对于噪声数据，可以采用贝叶斯神经网络来克服噪声数据带来的过拟合问题（Yang et al.，2021）。

（5）从数学的角度去思考人工智能。比如，可以从频域原则、连续方程等角度去思考神经网络的训练；通过解景观去理解数据或物理机理对神经网络训练的影响；可以根据 PDE 的推导过程或是 PDE 的数值求解过程来解释深度学习的训练过程等。我们就能更好地理解深度学习的内在机理，从而为深度学习设计出更好的算法。

（6）深度学习求解微分方程的数学理论，包括适定性分析、误差估计等。在深度学习函数逼近的数学理论分析领域，研究工作已经有了很大的进展（E et al.，2019；Pinkus，1999；Devore et al.，2021）。但是这些理论上的结果和实际计算精度还有很大的差距，而且只有逼近误差，不足以说明深度学习求解微分方程的整体精度。

（7）深度学习求解微分方程与高性能计算的结合。结合区域分解的思想，充分发挥 GPU 并行算法的威力。

（8）基础算法研究与应用部门的合作。促进交叉学科的发展，并将研究成果真正应用于航空航天、生物医学、材料科学、能源等各领域，解决其中的痛点以及瓶颈问题。

二、计算能力是支撑人工智能发展的重要驱动力量

在我国，人工智能的算力建设也正在不断得到重视和加强。我国互联网、5G、智能手机用户数量，以及机动车保有量等均位居世界第一，伴随而来的是各行业对计算的巨大需求。《2021—2022 全球计算力指数评估报告》指出，我国计算力指数稳居全球第二，处于领跑者阵营。其中反映先进计算的人工智能算力发展领跑全球，人工智能服务器支出规模同比增长 44.5%，居于全球首位。国内众多企业与机构面向当前计算领域存在的挑战与机遇，结合自身技术特点在图像语音文字识别、智能家居、智慧交通、智能制造、仿真模拟、医疗保健、金融服务等应用场景中积极布局，利用先进计算手段应对海量数据实时分析处理、通信与网络安全等关键问题。当前国内市场应用的牵引进一步激发了算力的发展，形成了以市场应用带动计算发展、计算发展惠及应用市场的互相促进的整体发展模式。

三、面向智能计算的数值代数算法

围绕国家战略需求以及本领域的发展趋势，面向智能计算的数值代数算法的发展思路与主要发展方向如下。

（1）求解高维模型的子空间方法。为了保证模型的泛化性能，深度学习类模型往往采用过参数化设计，其目标函数是带惩罚项的非线性最小二乘形式，在迭代过程中有大量冗余的空间，从而导致数值算法收敛异常缓慢，往往在非极值点的驻点附近无法下降。随机算法和正则化项在一定程度上消除了矩阵型列参数空间的相关性，但存在着下降方向不理想、局部条件数仍然非常大等问题，这方面的研究有待于进一步发展。

（2）特征值类问题的混合精度法。目前的混合精度线性代数算法主要是针对线性方程组和最小二乘等问题求解的，主要思路是直接法和迭代法在不

同精度下的有效结合。人工智能模型用得更多的是特征值和奇异值算法，而针对这类问题的混合精度算法还远未成熟，其困难在于：一是基于矩阵变换运算的算法不易推广到混合精度，传统的算法不能直接使用；二是对于迭代法低精度相当于高精度的预处理，缺乏有效的精度切换原则以保证在加快速度的同时总体精度不损失。

四、人工智能的优化算法

在大数据时代，人工智能发展中所遇到的优化问题形式越来越多，规模越来越大，复杂程度越来越高。这些困难的问题对数值优化学科的发展提出了新的要求。接下来，我们从面向人工智能优化问题的理论研究与算法的角度列举一些关键科学问题与发展方向。

（1）深度神经网络训练的优化理论与算法。深度神经网络的训练问题（LeCun et al.，2015；Goodfellow et al.，2016）规模巨大，经典数值优化算法无法在限定时间内给出高质量的近似解。当前，深度神经网络的规模越来越大，如华为云盘古大模型（参数 2000 亿个）、北京智源“悟道”模型（参数 1.75 万亿个）、百度文心大模型（PCL-BAIDU Wenxin，即 ERNIE 3.0 Titan 模型，参数 2600 亿个）以及阿里巴巴达摩院 M6 模型（参数 10 万亿个）。这些优化问题的未知数量远超经典常见优化算法可以处理问题规模的上限。同时，针对这些问题的优化理论研究也较为欠缺，尚无系统性进展。针对这些超大规模优化问题，如何设计高效稳定的数值优化算法，同时得到完备的收敛理论结果是重要的研究方向。

（2）大规模连续优化问题的求解软件包开发。很多人工智能应用的核心是求解大规模连续优化问题。当前，工业界求解这些问题的普遍方式为建立优化模型，调用现有优化求解软件包进行求解。然而，现有的大量工业级优化求解软件包由国外公司开发，这些产品通常会有严苛的版权要求。产品的使用受到国际政治环境的影响，同时它们也无法满足我国工业界的定制化需求。因此，我们需要开发常见大规模连续优化问题的高效稳定求解软件包，并为工业界实际应用实现定制化开发。

（3）大规模离散优化问题的快速求解。人工智能在工业界的重要应用之一——智能制造也涉及大量的大规模离散优化问题。特别地，在生产计划安排与仓储物流领域，每天甚至每小时就需要求解规模达上千万的离散优化问题，如物料排产、仓储优化、配送中心选址及最优运输等核心问题。这些复杂离散问题的求解需要结合离散优化、图论、排队论以及机器学习算法进行快速求解（Nair et al.，2020）。

（4）高维复杂黑箱优化问题的高效算法与理论。高维复杂黑箱优化问题的目标与约束函数的数学表达式通常无显式表达。这类问题通常无法使用连续优化算法进行求解。这类问题的代表为集成电路设计自动化领域的大量优化问题。它们的目标函数与约束函数通常以黑箱形式出现，而且这些问题通常都是复杂离散优化问题。当前求解这些问题通常需要引入大量复杂的启发式步骤，通常求解效果欠佳，也缺乏理论保证。同时，这些复杂离散问题的求解思路通常各不相同，缺乏较为统一的框架。如何结合机器学习技术与流行黑箱优化算法，设计高效算法以求解高维复杂黑箱优化问题，是具有重要实际应用价值的问题。

（5）不确定情景下的实时决策算法。人工智能实时决策如自动驾驶控制通常需要优化算法在没有完整精确数据的情况下做出决策。这些实时决策问题通常可以建模为复杂随机优化问题。考虑到这些问题所面对的是带有噪声的实时数据流，我们需要设计高效鲁棒的在线优化算法。如何针对复杂不确定情景，在极短的时间内获取高质量决策是重要的科研问题。

（6）分布式二阶优化算法。经典的二阶优化算法相比一阶优化算法具有好的收敛率，但迭代所需的计算代价巨大，难以用于训练大规模机器学习模型。因此，通过分布式框架将计算分摊到不同机器，并结合数值代数方法近似二阶信息是一种合理的选择。如何在保持二阶优化算法收敛率优势的前提下降低通信代价，并减小迭代所需开销，是分布式优化中的一个重要问题。

这些问题表明，数值优化算法的研究应面向超大规模复杂问题，发展新型高效稳定算法。我们应考虑结合人工智能数据分析手段，利用数据进行定制化算法设计。同时，我们应鼓励数值优化科研人员多与工业界交流，使用所开发的算法求解实际问题，在实践中验证并进一步提高算法设计能力。

第五节　资助机制与政策建议

以多种方式吸引和培养人工智能高端人才和创新创业人才，依托重大工程项目，加大青年科研工作者的资助力度，支持一批领军人才和青年拔尖人才的成长。建立长效评价机制，注重成果落地。加强计算数学与其他应用学科的交叉研究，支持高等学校加强人工智能相关学科专业建设及人才培养。促进校企合作，鼓励高校科研工作者与企业相互合作以解决算法落地应用问题。

本章参考文献

IDC, 浪潮电子信息产业股份有限公司, 清华大学全球产业研究院. 2022. 2021-2022全球计算力指数评估报告. https://www.inspur.com/lcjtww/resource/cms/article/2734773/2734784/2022122613493315670.pdf[2024-01-25].

Bao G, Ye X J, Zang Y H, et al. 2020. Numerical solution of inverse problems by weak adversarial networks. Inverse Problems, 36(11): 115003.

Bertsekas D. 2022. Lessons from Alphazero for Optimal, Model Predictive, and Adaptive Control. Belmont: Athena Scientific.

Bottou L, Curtis F E, Nocedal J. 2018. Optimization methods for large-scale machine learning. SIAM Review, 60(2): 223-311.

Brown T, Mann B, Ryder N, et al. 2020. Language models are few-shot learners. Advances in Neural Information Processing Systems, 33: 1877-1901.

Brunton S L, Proctor J L, Kutz J N. 2016. Discovering governing equations from data by sparse identification of nonlinear dynamical systems. Proceedings of the National Academy of Sciences of the United States of America, 113(15): 3932-3937.

Byrd R H, Nocedal J, Waltz R A. 2006. KNITRO: An Integrated Package for Nonlinear

Optimization. https://users.iems.northwestern.edu/~nocedal/PDFfiles/integrated.pdf[2024-09-01].

Carleo G, Troyer M. 2017. Solving the quantum many-body problem with artificial neural networks. Science, 355(6325): 602-606.

Chen F Y, Sondak D, Protopapas P, et al. 2020. NeuroDiffEq: A Python package for solving differential equations with neural networks. Journal of Open Source Software, 5(46): 1931.

Chen J R, Chi X R, E W N, et al. 2022. Bridging traditional and machine learning-based algorithms for solving PDEs: The random feature method. Journal of Machine Learning, 1(3): 268-298.

Clarkson K L, Woodruff D P. 2017. Low-rank approximation and regression in input sparsity time. Journal of the ACM, 63(6):1-45.

DeVore R, Hanin B, Petrova G. 2021. Neural network approximation. Acta Numerica, 30: 327-444.

Dissanayake M W M G, Phan-Thien, N. 1994. Neural-network-based approximations for solving partial differential equations. Communications in Numerical Methods in Engineering, 10(3): 195-201.

Dong S C, Li Z W. 2021. Local extreme learning machines and domain decomposition for solving linear and nonlinear partial differential equations. Computer Methods in Applied Mechanics and Engineering, 387: 114129.

E W N. 2017. A proposal on machine learning *via* dynamical systems. Communications in Mathematics and Statistics, 5(1): 1-11.

E W N. 2021. The dawning of a new era in applied mathematics. Notices of the American Mathematical Society, 68(4): 565-571.

E W N, Ma C, Wu L. 2019. A priori estimates of the population risk for two-layer neural networks. Communications in Mathematical Sciences, 17(5): 1407-1425.

E W N, Ma C, Wu L. 2020. Machine learning from a continuous viewpoint, I. Science China Mathematics, 63(11): 2233-2266.

E W N, Ma C, Wu L. 2022. The Barron space and the flow-induced function spaces for neural network models. Constructive Approximation, 55(1): 369-406.

E W N, Yu B. 2018. The deep Ritz method: A deep learning-based numerical algorithm for solving variational problems. Communications in Mathematics and Statistics, 6(1): 1-12.

Fan Y W, Bohorquez C O, Ying L X. 2019a. BCR-Net: A neural network based on the nonstandard wavelet form. Journal of Computational Physics, 384: 1-15.

Fan Y W, Feliu-Fabà J, Lin L, et al. 2019b. A multiscale neural network based on hierarchical nested bases. Research in the Mathematical Sciences, 6: 21.

Fan Y W, Lin L, Ying L X, et al. 2019c. A multiscale neural network based on hierarchical matrices. Multiscale Modeling and Simulation, 17(4): 1189-1213.

Fawzi A, Balog M, Huang A, et al. 2022. Discovering faster matrix multiplication algorithms with reinforcement learning. Nature, 610: 47-53.

Feng K. 1985. Computing—A new third scientific method (in Chinese). Encyclopedic Knowledge, 71(5): 43-46.

Gao H, Sun L N, Wang J-X. 2021. PhyGeoNet: Physics-informed geometry-adaptive convolutional neural networks for solving parameterized steady-state PDEs on irregular domain. Journal of Computational Physics, 428: 110079.

Gardner J R, Pleiss G, Bindel D, et al. 2018. Gpytorch: Blackbox matrix-matrix Gaussian process inference with GPU acceleration// Bengio S, Wallach H M, Larochelle H, et al. NIPS'18: Proceedings of the 32nd International Conference on Neural Information Processing Systems. New York: Curran Associates Inc: 7587-7597.

Goodfellow I, Bengio Y, Courville A. 2016. Deep Learning. Cambridge: MIT Press.

Granat R, Kågström B, Kressner D, et al. 2015. Algorithm 953: Parallel library software for the multishift QR algorithm with aggressive early deflation. ACM Transactions on Mathematical Software, 41(4):1-23.

Haghighat E, Juanes R. 2021. SciANN: A Keras/TensorFlow wrapper for scientific computations and physics-informed deep learning using artificial neural networks. Computer Methods in Applied Mechanics and Engineering, 373: 113552.

Han J Q, E W N. 2016. Deep Learning Approximation for Stochastic Control Problems. https://arxiv.org/abs/1611.07422v1 [2023-03-23].

Han J Q, Jentzen A, E W N. 2018. Solving high-dimensional partial differential equations using deep learning. Proceedings of the National Academy of Sciences of the United States of America, 115(34): 8505-8510.

Hennigh O, Narasimhan S, Nabian M A, et al. 2021. NVIDIA SimNet™: An AI-accelerated multi-physics simulation framework. International Conference on Computational Science, 12746:

447-461.

Hey T, Tansley S, Tolle K, et al. 2009. The Fourth Paradigm: Data-Intensive Scientific Discovery. Redmond: Microsoft research.

Higham N J, Mary T. 2022. Mixed precision algorithms in numerical linear algebra. Acta Numerica, 31: 347-414.

Huang Z F. 2019. Near optimal frequent directions for sketching dense and sparse matrices. Journal of Machine Learning Research, 20(56): 2018-2040.

IBM. 2009. IBM ILOG CPLEX V12.1: User's Manual for CPLEX. https://www.ic.unicamp.br/~fkm/software/cplex/Cplex121-Manual.pdf[2024-09-01].

Kane D M, Nelson J. 2014. Sparser Johnson-Lindenstrauss transforms. Journal of the ACM, 61(1):1-23.

Khoo Y, Ying L X. 2019. SwitchNet: A neural network model for forward and inverse scattering problems. SIAM Journal on Scientific Computing, 41(5): A3182-A3201.

Koryagin A, Khudorozkov R, Tsimfer S. 2019. PyDEns: A Python Framework for Solving Differential Equations with Neural Networks. https://arxiv.org/abs/1909.11544[2023-03-23].

Kurth T, Treichler S, Romero J, et al. 2018. Exascale Deep Learning for Climate Analytics. https://arxiv.org/pdf/1810.01993[2024-08-23].

Wiggers K. 2020. MIT Researchers Warn That Deep Learning is Approaching Computational Limits. https://venturebeat.com/2020/07/15/mit-researchers-warn-that-deep-learning-is-approaching-computational-limits/[2020-07-27].

Lagaris I E, Likas A, Fotiadis D I. 1998. Artificial neural networks for solving ordinary and partial differential equations. IEEE Transactions on Neural Networks, 9(5): 987-1000.

LeCun Y. 1989. A theoretical framework for back-propagation//Touretzky D, Hinton G, Sejnowski T. Proceedings of the 1988 Connectionist Models Summer School Volume 1. San Mateo: Morgan Kaufmann Publishers: 21-28.

LeCun Y, Bengio Y, Hinton G. 2015. Deep learning. Nature, 521: 436-444.

Leiserson C E, Thompson N C, Emer J S, et al. 2020. There's plenty of room at the top: What will drive computer performance after Moore's law? Science, 368(6495): eaam9744.

Li Y Z, Cheng X Y, Lu J F. 2020a. Butterfly-Net: Optimal function representation based on convolutional neural networks. Communications In Computational Physics, 28(5): 1838-1885.

Li Y Z, Lu J F, Mao A Q. 2020b. Variational training of neural network approximations of solution maps for physical models. Journal of Computational Physics, 409: 109338.

Li Z Y, Kovachki N B, Azizzadenesheli K, et al. 2020c. Fourier Neural Operator for Parametric Partial Differential Equations. https://www.xueshufan.com/publication/3092923133[2024-09-01].

Liao Y L, Ming P B. 2021. Deep Nitsche method: Deep Ritz-method with essential boundary conditions. Communications in Computational Physics, 29(5): 1365-1384.

Liberty E. 2013. Simple and deterministic matrix sketching// Ghani R, Senator T E, Bradley P, et al. KDD'13: Proceedings of the 19th ACM SIGKDD International Conference on Knowledge Discovery and Data Mining. New York: Association for Computing Machinery: 581-588.

Long Z C, Lu Y P, Dong B. 2019. PDE-Net 2.0: Learning PDEs from data with a numeric-symbolic hybrid deep network. Journal of Computational Physics, 399: 108925.

Long Z C, Lu Y P, Ma X Z, et al. 2018. PDE-Net: Learning PDEs from Data. http://proceedings.mlr.press/v80/long18a/long18a.pdf[2024-09-01].

Lu J C, Yao J H, Zhang J G, et al. 2021c. SOFT: Softmax-free Transformer with Linear Complexity. https://arxiv.org/abs/2110.11945[2023-03-23].

Lu L, Jin P Z, Pang G F, et al. 2021a. Learning nonlinear operators *via* DeepONet based on the universal approximation theorem of operators. Nature Machine Intelligence, 3: 218-229.

Lu L, Meng X H, Mao Z P, et al. 2021b. DeepXDE: A deep learning library for solving differential equations. SIAM Review, 63(1): 208-228.

Luo H P, Agarwal A, Cesa-Bianchi N, et al. 2016. Efficient second order online learning by sketching// Lee D D, von Luxburg U, Garnett R, et al. NIPS'16: Proceedings of the 30th International Conference on Neural Information Processing Systems. New York: Curran Associates Inc: 910-918.

Luo L, Chen C, Zhang Z H, et al. 2019. Robust frequent directions with application in online learning. Journal of Machine Learning Research, 20(1):1697-1737.

Luo T, Xu Z-Q J, Ma Z, et al. 2021. Phase diagram for two-layer ReLU neural networks at infinite-width limit. Journal of Machine Learning Research, 22(71): 1-47.

Lyu L Y, Zhang Z, Chen M X, et al. 2022. MIM: A deep mixed residual method for solving high-order partial differential equations. Journal of Computational Physics, 452: 110930.

Ma Z, Lu Y, Foster D. 2015. Finding linear structure in large datasets with scalable canonical correlation analysis// Bach F, Blei D. ICML'15: Proceedings of the 32nd International

Conference on International Conference on Machine Learning -Volume 37. Cambridge: MIT Press: 169-178.

Mao Z P, Jagtap A D, Karniadakis G E. 2020. Physics-informed neural networks for high-speed flows. Computer Methods in Applied Mechanics and Engineering, 360: 112789.

Mao Z P, Lu L, Marxen O, et al. 2021. DeepM&Mnet for hypersonics: Predicting the coupled flow and finite-rate chemistry behind a normal shock using neural-network approximation of operators. Journal of Computational Physics, 447: 110698.

Micikevicius P, Alben J, Garcia D, et al. 2018. Mixed Precision Training. https://arxiv.org/pdf/1710.03740[2024-09-01].

Nair V, Bartunov S, Gimeno F, et al. 2020. Solving Mixed Integer Programs Using Neural Networks. https://arxiv.org/pdf/2012.13349[2023-03-23].

National Research Council. 2013. Frontiers in Massive Data Analysis. Washington: The National Academies Press.

OpenAI. 2018. AI and Compute. https://openai.com/blog/ai-and-compute/[2023-03-23].

Peng R, Vempala S. 2021. Solving Sparse Linear Systems Faster than Matrix multiplication. https://epubs.siam.org/doi/pdf/10.1137/1.9781611976465.31[2024-12-01].

Pinkus A. 1999. Approximation theory of the MLP model in neural networks. Acta Numerica, 8: 143-195.

Raissi M, Perdikaris P, Karniadakis G E. 2019. Physics-informed neural networks: A deep learning framework for solving forward and inverse problems involving nonlinear partial differential equations. Journal of Computational Physics, 378: 686-707.

Raissi M, Yazdani A, Karniadakis G E. 2020. Hidden fluid mechanics: Learning velocity and pressure fields from flow visualizations. Science, 367(6481): 1026-1030.

Rudy S H, Brunton S L, Proctor J L, et al. 2017. Data-driven discovery of partial differential equations. Science Advances, 3(4): e1602614.

Rumelhart D E, Hinton G E, Williams R J. 1986. Learning representations by back-propagating errors. Nature, 323(6088): 533-536.

Sevilla J, Heim L, Ho A, et al. 2022. Compute Trends Across Three Eras of Machine Learning. https://arxiv.org/abs/2202.05924[2023-03-23].

Shang Y, Wang F, Sun J B. 2022. Deep Petrov-Galerkin Method for Solving Partial Differential Equations. https://arxiv.org/abs/2201.12995v1[2023-03-23].

Sheng H L, Yang C. 2021. PFNN: A penalty-free neural network method for solving a class of second-order boundary-value problems on complex geometries. Journal of Computational Physics, 428: 110085.

Shi Z Q. 2019. Nonlocal approximation of elliptic operators with anisotropic coefficients on manifold. Communications in Mathematical Sciences, 17(3): 859-882.

Sirignano J, Spiliopoulos K. 2018. DGM: A deep learning algorithm for solving partial differential equations. Journal of Computational Physics, 375: 1339-1364.

Sutter H. 2005. The Free Lunch is Over: A Fundamental Turn Toward Concurrency in Software. http://www.gotw.ca/publications/concurrency-ddj.htm[2023-03-23].

Sutton R. 2019. The Bitter Lesson. http://www.incompleteideas.net/IncIdeas/BitterLesson.html[2023-03-23].

Thompson N C, Greenewald K, Lee K, et al. 2020. The Computational Limits of Deep Learning. https://ide.mit.edu/wp-content/uploads/2020/09/RBN.Thompson.pdf[2024-09-01].

Trader T, Russell J. 2019. AI is the Next Exascale-Rick Stevens on What that Means and Why It's Important. https://www.hpcwire.com/2019/08/13/ai-is-the-next-exascale-rick-stevens-on-what-that-means-and-why-its-important/[2023-03-23].

Wang S S, Gittens A, Mahoney M W. 2017. Sketched ridge regression: optimization perspective, statistical perspective, and model averaging. Journal of Machine Learning Research, 18: 8039-8088.

Wang S S, Luo L, Zhang Z H. 2016a. SPSD matrix approximation vis column selection: Theories, algorithms, and extensions. Journal of Machine Learning Research, 17: 1-49.

Wang S S, Zhang Z H, Zhang T. 2016b. Towards more efficient SPSD matrix approximation and CUR matrix decomposition. Journal of Machine Learning Research, 17: 1-49.

Wang S S, Zhang Z H. 2013. Improving CUR matrix decomposition and the Nystrom approximation *via* adaptive sampling. Journal of Machine Learning Research, 14(1): 2729-2769.

Xu K L, Darve E. 2020. ADCME: Learning Spatially-Varying Physical Fields Using Deep Neural Networks. https://arxiv.org/pdf/2011.11955[2023-03-23].

Xu Z S, Li Y Z, Cheng X Y. 2020. Butterfly-Net2: Simplified Butterfly-Net and Fourier Transform Initialization. http://proceedings.mlr.press/v107/xu20b/xu20b.pdf[2024-12-01].

Xu Z-Q J, Zhang Y Y, Luo T, et al. 2020. Frequency principle: Fourier analysis sheds light on deep neural networks. Communications in Computational Physics, 28(5): 1746-1767.

Yang L, Meng X H, Karniadakis G E. 2021. B-PINNs: Bayesian physics-informed neural networks for forward and inverse PDE problems with noisy data. Journal of Computational Physics, 425: 109913.

Yu H J, Tian X Y, E W N, et al. 2021. OnsagerNet: Learning stable and interpretable dynamics using a generalized Onsager principle. Physical Review Fluids, 6(11): 114402.

Zang Y H, Bao G, Ye X J, et al. 2020. Weak adversarial networks for high-dimensional partial differential equations. Journal of Computational Physics, 411: 109409.

Zhu Y H, Zabaras N, Koutsourelakis P-S, et al. 2019. Physics-constrained deep learning for high-dimensional surrogate modeling and uncertainty quantification without labeled data. Journal of Computational Physics, 394: 56-81.

附录：参与本书编写人员名单

第一章：袁亚湘　郭田德

第二章：张　朋　刘　宁　周天罡　钱晨灿

第三章：朱莉琪　张文新

第四章：耿　直　邵启满　崔恒建　邓　柯　郭建华　林　伟　荆炳义
李　雷　林华珍　刘卫东　马一方　史建清　唐年胜　王汉生
王兆军　姚　方　周晓华　周　勇　朱宏图

第五章：巩馥洲

第六章：文再文　郭田德　戴彧虹　徐大川　王彦飞　黄正海　刘　歆

第七章：高小山　申立勇　陈绍示　詹乃军

第八章：闫桂英　白　铂　褚　嵗　范更华　郭田德　候建峰　康丽英
李海英　李　鑫　李兴建　吕长虹　苗正科　任　伟　荣　钰
史永堂　唐与聪　王光辉　王维凡　吴凌云　徐挺洋　张凌宇
张胜贵　张晓东　张晓岩　周　川

第九章：陈旭瑾　曹志刚　杜　野　李　韬　王子贺

第十章：鄂维南　明平兵　吴　磊

第十一章：雷　娜　张志华

第十二章：黄海平　王　闯

第十三章：高卫国　毛志平　明平兵　杨　超

通稿：袁亚湘　郭田德

关键词索引

G

H

J

K

L

M

N

P

Q

R

S

T

W

X

Y

Z

其　他